基本電學

賴柏洲　編著

全華圖書股份有限公司

序言

一、本書適合科大、技術學院一學年，每學期 3 學分，每週授課 3 小時使用。

二、本書共分十九章，若因教學時數不夠，章節後※號者可略去不授或每章可摘其有關內容講授。

三、本書之目標在於灌輸讀者基本電學知識，俾能進一步研習電機、電子、電腦及自動控制等方面的相關學科。

四、本書教材之選取是參考國內外之基本電學、電路學及電路分析方面的書籍，選擇其能適合目前各專科學校學生程度者，並由編輯者多年實際教學累積之經驗與心得編寫而成。

五、本書用辭力求簡潔明瞭、深入淺出，並輔以諸多例題與習題，俾與學生練習。本書每一定理、定義或敘述之後，均以例題加以說明，讓讀者能建立觀念，而後融會貫通。每一習題均附有解答，以幫助那些想進修或參加公職考試的學子。

六、**另本書備有教師手冊**，內有詳細的習題解答，僅供教師使用，歡迎教師參考指正。

七、本書雖經審慎編寫，仔細校訂，惟疏漏或錯誤之處在所難免，尚祈先進、讀者不吝指正，不勝感激。

賴柏洲　謹誌於國立台北科技大學

電子工程系／電腦與通訊

研究所

編輯部序

　　「系統編輯」是我們的編輯方針，我們所提供給您的，絕不只是一本書，而是關於這門學問的所有知識，它們由淺入深，循序漸進。

　　本書循序漸進的介紹基本電學知識，並在每一個定理、定義、敘述之後，均有例題加以說明，幫助讀者迅速的瞭解本書內容，奠定將來學習電子學、電路學及其它專業課程的基本觀念，是本很好的入門教科書。適用於大學、科大電子、電機科系「基本電學」課程。

　　同時，為了使您能有系統且循序漸進研習相關方面的叢書，我們以流程圖方式，列出各有關圖書的閱讀順序，以減少您研習此門學問的摸時間，並能對這門學問有完整的知識。若您在這方面有任何問題，觀迎來函連繫，我們將竭誠為您服務。

相關叢書介紹

書號：05947
書名：電路學
編著：曲毅民

書號：06186
書名：電子電路實作與應用
　　　(附 PCB 板)
編著：張榮洲.張宥凱

書號：06448/06449
書名：電子學(基礎概念/進階分析)
編著：林奎至.阮弼群

書號：00706
書名：電子學實驗
編著：蔡朝洋

書號：05195
書名：電子儀表
編譯：蕭家源.劉健群

書號：06296
書名：專題製作－電子電路及
　　　Arduino 應用
編著：張榮洲.張宥凱

流程圖

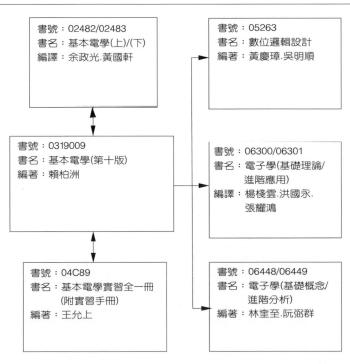

書號：02482/02483
書名：基本電學(上)/(下)
編譯：余政光.黃國軒

書號：05263
書名：數位邏輯設計
編著：黃慶璋.吳明順

書號：0319009
書名：基本電學(第十版)
編著：賴柏洲

書號：06300/06301
書名：電子學(基礎理論/
　　　進階應用)
編譯：楊棧雲.洪國永.
　　　張耀鴻

書號：04C89
書名：基本電學實習全一冊
　　　(附實習手冊)
編著：王允上

書號：06448/06449
書名：電子學(基礎概念/
　　　進階分析)
編著：林奎至.阮弼群

目錄
CONTENTS ■ ■ ■ ■

Chapter **1**

導論

　　電是一種能量，它可以極便捷的方式，極高的效率轉變而爲機械能(如電動機)、熱能(如電熱器)、化學能(如電鍍)、光能(如電燈)、聲能(如揚聲器)、磁場能(如電磁鐵)等。在人類的生活史上，電能扮演著極重要的角色，沒有電能，則一切活動都將停擺。

　　本章導論爲使初學者對電學有充分的認識而撰述，主要是討論電的性質，並簡短地介紹電學的發展史。

1.1　電學發展史

　　早在西元前 600 年，希臘學者達里斯(Thales)發現用毛皮摩擦琥珀(一種天然樹脂的化石)後，會吸引小羽毛或小紙屑等輕微物體的能力，當時雖然無法解釋此現象，但希臘文的琥珀(elektron)即演變爲英文中的電(electricity)字。西元前 300 年在希臘美格納森(Magnesia)地方發現一種礦石有吸引鐵的能力，今天英文中的磁(magnetism)字即來自希臘地名美格納森。

　　從希臘人發現電的特性後，一直都沒有很大的進展，直到 1600 年，英國實驗物理學家吉柏特(Gilbert)發表任何物質經互相摩擦皆可「帶電」，只是帶電的

程度不同而已。同時他亦發現鐵與磁石摩擦可使鐵變爲磁鐵,後來磁動勢(mmf)的單位引用吉柏特爲名。

在十八世紀,電學的發展相當蓬勃,於 1752 年美國富蘭克林(Benjamin Franklin)完成著名的風箏實驗,說明了空中閃電爲電的特性,他以正及負來解釋兩種不同性質的帶電體。於 1785 年法國人庫倫,由實驗證明兩帶電體間有作用力,此作用力的大小與兩電荷之電量乘積成正比,與電荷間的距離平方成反比,此即有名的**庫倫定律**(Coulomb's Law),後來將靜電中電荷的單位定名爲庫倫。於 1800 年義大利物理學家伏特(Volta)發明了世界上第一個伏打電池(Volta Cell),提供了實驗室需要的電源,後來電動勢或電壓的單位引用伏特爲名。

於 1820 年丹麥奧斯特(Oersted)發現當電流通過導體時,會使導體附近的磁針產生偏轉的現象,得知電流會產生磁場效應的結果,這是使電學與磁學發生關聯的重要理論,爲了紀念其貢獻,乃將磁場強度的單位定名爲奧斯特。1822 年法國科學家安培(Ampere)發現了一帶電流導線在某點所產生的磁場與其所帶電流成正比,與該點到導線之距離成反比,此即著名的**安培定律**(Ampere's Law),安培後來成爲電流的單位。1826 年歐姆(Ohm)發現電路中電壓、電流與電阻三者間之關係,此即著名的**歐姆定律**(Ohm's Law),後來將電阻的單位定名爲歐姆。1879 年愛迪生在美國公開表演白熾燈泡,刺激了對發電廠的發展及爭論交直流發電方式,最後因交流電具有優越的傳輸能力,而尼加拉瀑布發電廠於 1891 年完成後,始奠定今日之交流電力系統。1831 年英國科學家法拉第(Faraday)和美國亨利(Henry)在不同的試驗中,發現磁鐵在線圈上移動,線圈會產生電流現象。到此人類已知道電會產生磁,磁會產生電,爾後的發電機、電動機與變壓器的發明,皆以他們的理論爲基礎而創造出的。1843 年英國物理學家焦耳(Joule)提出電能與熱能交換定律。

人類真正利用電能始於近百餘年,1837 年莫斯(Morse)發明電報機,1878 年貝爾(Bell)首創電話交換機,1882 年愛迪生(Edison)在紐約創辦直流電力廠,人類才開始享受電的福址。

十九世紀末,於 1888 年,德國赫芝(Hertz)發現能以光速運動的電磁波與無線電波,從此揭開了無線電世界的序幕,爲現代的通訊系統如電話、電報、電視及衛星通訊,舖了一條康莊大道,目前頻率以赫芝(Hz)爲單位,就是取 Hertz 名字之首尾二字。

到了二十世紀，電學有了快速發展，1901 年馬可尼(Marconi)發明無線電完成無線電通訊。1904 年佛萊銘(Fleming)製成二極管(diode)。1906 年德富雷斯特(De Forest)發明了真空管，使無線電通訊一日千里。於 1920 年代發明了電視，1930 年代發明了雷達，1940 年代發明了電子計算機，1948 年美國貝爾公司之巴頓(Bardeen)、布拉登(Brattain)與蕭克萊(Shockley)發明電晶體。1951 年雷明頓公司(Remington Co.)推出第一部商用電子計算機(UNIVAC)。1958 年美國陸軍通訊兵在微小模型計劃(Micro Module project)製造了第一顆積體電路(Integrated Circuit，IC)。電子計算機於是由真空管經電晶體而進入 IC，發展成大型的電子計算機，指揮人類登陸月球，窺探太空，引起了所謂第二次工業革命，皆為電學的頁獻。

電學的影響力已伸展到人類的生活領域中，它和人類的生活息息相關，**電學已不再是學電子、電訊、電機或電腦者的專利，它已成為人人必備的基本知識。**

1.2　電的性質

藉著電可以產生光、熱和運動，使一些如電燈、電爐、電動機、電話或大者如電子計算機能操作應用，莫不以電能變換，始臻功效。當然這些都有共同的性質，都是由**電荷**(charge)或**質點**(particles)的運動而工作，這些電荷包含在原子中，且**原子是所有物質的基本元素。**

一、物質的結構

凡具有質量且佔有空間的東西皆稱為物質(matter)，不論其以固體、液體或氣體形態存在，皆可分成**化合物**或**混合物**兩大類。若再將此兩大類，以物理方法分割至最小微粒，即稱為**分子**(molecule)。分子仍具有物質的特性。若再將分子以化學方法分解，則可分析出各種不同特性的**元素**(element)。這些元素已失去原來物質的特性。目前自然元素有 92 種，而人造元素有 11 種。分子可由單一元素組成，如金、銅、鋁等，亦可由多種元素組成，如水、硫酸、鹽等。元素是由不同結構的原子(atom)組成，故每一元素的性質皆不相同。而任何元素的原子皆由**質子**(proton)、**中子**(neutron)與**電子**(electron)三種基本質點所組成。圖 1.1 所示為物質的結構分析圖。

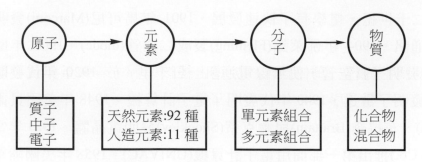

圖 1.1　物質的結構分析圖

二、原子的結構

　　各種物質皆由一種最小的單位所組成，此種最小的單位稱為原子。每一個原子的結構，居其中心的是一個佔著全部原子質量的最大部份之**原子核**(nucleus)，及一個或一個以上**電子**在環繞原子核的軌道上運行，電子是帶負電的，我們稱其帶有**電荷**(electrical charge)。原子核又由兩部份所組成，一部份是由一個或一個以上稱之為**質子**的帶正電質點所組成；一部份是由不帶電荷的**中子**所組成。

　　最簡單的原子是氫，其原子核中僅有一個質子而無中子，圍繞著原子核運行的僅有一個電子，如圖 1.2(a)所示。氦原子的結構亦很簡單，其原子核包含有兩個質子和兩個中子，在其外圍有二個電子，與質子數量相等，如圖 1.2(b)所示。在正常狀態下，原子核外之電子數，常與核內之質子數相等，而其電性相反，由於正負電中和的結果使原子呈中性。

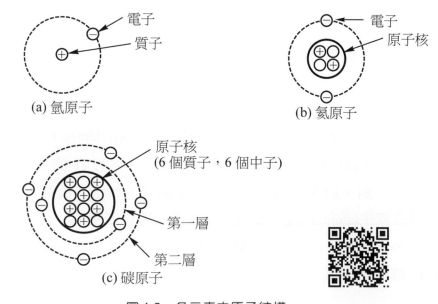

圖 1.2　各元素之原子結構

質子與中子的質量相近且遠大於電子的質量(質子質量約爲電子質量的 1836 倍)。故原子的質量主要來自原子核,因此核內質子與中子的總數即爲**原子量**。而電子在約爲核直徑一萬倍距離的軌道上繞核運行,其數量與質子數相等,此數量即爲元素的**原子序**。各位讀者可參閱附錄 I。

電子爲了維持固定軌道上運行,必須具備能量,故將電子環繞運行的軌道稱爲**能圈**(energy shell)。每一能圈對應一固定**能階**(energy level),愈接近原子核其能階愈低,愈往外,其能階愈高。每一能階由內至外,依序定名爲 *K*、*L*、*M*、*N*、*O*、*P*、*Q* 階,如圖 1.3 所示。每一能圈內所容納的電子數目,都有一定的限制,其最大容納電子數,由內層向外層分佈排列,依 $2n^2$ 成定值,(其中 *n* 爲層數),如表 1.1 所示爲各能圈內所能容納的最大電子數。

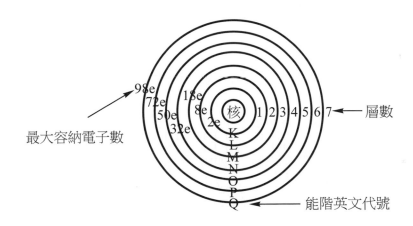

圖 1.3 電子軌道能階圖

表 1.1 各能圈所能容納之電子數

層次 *n*	*K* 1	*L* 2	*M* 3	*N* 4	*O* 5	*P* 6	*Q* 7
最大容納 ($2n^2$)	2×1^2 $= 2e$	2×2^2 $= 8e$	2×3^2 $= 18e$	2×4^2 $= 32e$	2×5^2 $= 50e$	2×6^2 $= 72e$	2×7^2 $= 98e$
實際電子數	2e	8e	18e	32e	50e	72e	98e

註:實際電子數係指目前所發現的 103 種元素所佔的軌道電子數

　　每一能圈又可分成若干個副圈(subshell)，這些副圈由內至外定名爲 s、p、d、f、g、h、i 階。每一副圈所能容納的電子數亦有一定的限制，由內而外排列，依 $2+4(m-1)$ 成定值，(其中 m 爲副圈階數，如表 1.2 所示爲每一副圈所可容納最大電子數。圖 1.4 所示爲電子軌道內各能圈的副圈分佈圖。各位讀者可參閱附錄 J 化學元素軌道電子能圈。

表 1.2　每一副圈所可容納最大電子數

副圈 m	s 1	p 2	d 3	f 4	g 5	h 6	i 7
最大容納電子數 $2+4(m-1)$	$2+4(1-1)$ $=2$	$2+4(2-1)$ $=6$	$2+4(3-1)$ $=10$	$2+4(4-1)$ $=14$	$2+4(5-1)$ $=18$	$2+4(6-1)$ $=22$	$2+4(7-1)$ $=26$

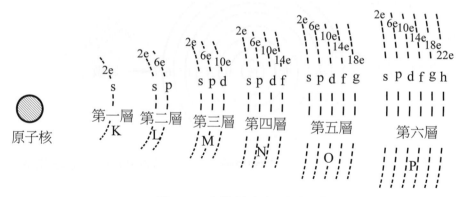

圖 1.4　各能圈內之副圈分佈圖

　　原子最外層能圈上的電子稱爲**價電子**(valence electron)。由於價電子遠離原子核，受原子核的約束力遠不如內層的電子，故最不安定。當價電子爲 8 個時，其化學性最安定。稱爲**八隅體**。任何原子均有形成八隅體的趨勢，故價電子若少於 4 個，極易受母體原子的排斥，而脫離母體原子，而形成**自由電子**(free electrons)。若價電子多於 4 個，則受母體原子的束縛，不僅不會脫離母體原子，而且還會吸引其他原子的電子而形成八隅體，此類電子又稱爲**束縛電子**(bound electrons)。若價電子爲 4 個，則不受排斥，亦不受束縛，與同爲 4 個價電子的其他原子，以共價鍵方式結合成八隅體。

　　原子失去電子或獲取電子的過程稱為**電離**或**游離**(ionzation)。電離後的原子稱為**離子**，而價電子少於 4 個的原子，極易失去電子，而形成帶正電的**陽離子**(cation)。價電子多於 4 個的原子，極易獲取其他原子中的電子，而形成帶負電的**陰離子**(aniou)。例如銅原子中有 29 個電子，第一層有 2 個，第二層有 8 個，第三層有 18 個，剩下一個位於第四層，此單一個電子，很容易在銅中從一個原子移到另一個原子，因其容易脫離，而形成自由電子，這些移動的自由電子形成了電流，這些電流就是電特性的原理。

　　物質電離後即成為**帶電體**，在兩帶電體之間有一作用力，這是電的本質，兩帶電體若帶相反極性的電荷，則會彼此互相吸引，若帶相同極性的電荷，則會互相排斥。

【例題 1.1】

試求出矽（Si）其電子分佈最外層的電子數有幾個。（矽的原子序 = 14）

解　第一層 K 層（1s）有 2 個，第二層 L 層（2s，2p）有 8 個，故：

最外層第三層 M 層有 4 個（$14 - 2 - 8 = 4$）即：

$1s^2$，$2s^2$，$2p^6$，$3s^2$，$3p^2$。

1.3　導體、絕緣體與半導體

　　若物質之價電子少於 4 個，則極易失去電子，則相對的提供多數自由電子，且有很佳的導電度者，稱為**導體**(conductor)。金屬大部份是導體，其中以銀的導電性最佳，銅次之。兩者最外層同樣只有一個價電子，易脫離軌道而形成自由電子，但銅的價格低廉，且可製成不同大小和形狀的線狀體，故銅是最廣泛被使用的導體。

　　可允許電流流動之物質的特性，稱為**導電度**(conductivity)。表 1.3 所示為與銀做比較之不同物質的導電度。

　　若物質之價電子多於 4 個，則極易獲取他原子中的電子，則相對的其僅會提供少數的自由電子，且具有很差的導電度者，稱為**絕緣體**(insulator)或**介質**(dielectric)。如塑膠、陶瓷、橡膠、紙和大部份的氣體是絕緣體的例子。

　　若以電壓形式施加於足量的外力，任何物質均將**崩潰**(break down)，進而傳導大電流。絕緣體能支持不致崩潰的電壓值之能力，稱為**介質強度**(dielectric strength)，以伏特／密爾(厚度)或 V/mil 為單位，表 1.4 為一些常見之絕緣體的介質強度之比較表。

表 1.3　與銀做比較不同物質的導電度

物質	相對導電度
銀	1.000
銅	0.945
鋁	0.576
鎢	0.297
碳	0.017
鎳	0.015

表 1.4　介質強度比較表

物質	介質強度(V/mil)
空氣	21
陶質	150
紙	305
高分子化合物	335
塑膠	1000
石墨	1050

　　若物質之價電子等於 4 個，則其不易失去電子，亦不易由他原子中獲得電子，故其導電度介於導體與絕緣體之間者，稱為**半導體**(semiconductor)。矽與鍺為其例，可用以製作電晶體、IC 等半導體元件。其他半導體物質，用以製作電阻器及電阻絲，我們將在第三章中討論。

1.4　單位和因次

一、單　位

　　用以表示某一物理量所定的測量標準稱為單位(unit)。目前國際上以長度、質量、時間、電流、熱動溫度、物質量及光度等七項作為物理上的**基本量**。而其他的量皆由基本量推演導出，稱為**導出量**。而七項基本量中，又以**長度、質量**和**時間**為最常用，因此，即以此三項基本量作為單位系統制的基礎。

　　在工程與科學的測量及計算上，常用的測量單位有四種，即(1) FPS **制**，(2) MKS **制**，(3) CGS **制**和(4) SI **制**，其中第(1)項為英制，第(2)、(3)項為公制，第(4)項為國際標準單位。

英語系國家多採用英制，例如長度單位多採用碼(或呎、吋)等，力的單位用磅，溫度用°F。MKS制與CGS制是以使用的單位來命名的，例如MKS制中的公尺、公斤、秒等，而CGS制則爲公分、公克及秒。1960年國際度量衡會議上決定以MKS制作爲國際單位系統，稱爲**國際單位制**，簡稱**SI制**。表1.5所列爲各單位制之比較。

表 1.5　各單位制之比較表

制別\單位	英制	公制		SI 制
		MKS	CGS	
長度	碼(yd)	公尺(m)	公分(cm)	公尺(m)
質量	斯勒格(slug)	公斤(kg)	公克(g)	公斤(kg)
力	磅(lb)	牛頓(N)	達因(dyn)	牛頓(N)
溫度	華氏(°F)	攝氏(°C)	攝氏(°C)	克氏(K)
能量	呎-磅(ft-lb)	牛頓-公尺(N-m)	達因-公分(dyne-cm)	焦耳(J)
時間	秒(s)	秒(s)	秒(s)	秒(s)

二、電的單位

電的單位可分爲**絕對單位制**和**實用單位制**兩種。絕對單位制是用於純理論科學，其所有單位導源於長度爲公分(cm)，質量爲公克(g)，時間爲秒(s)，所以又稱爲CGS制。在靜電學中，若依**靜電庫倫定律**導出電荷單位，再依此單位導出其他電磁量的單位，稱爲 CGS **靜電單位制**(esu system)。若依**靜磁庫倫定律**先定磁極單位，再導出其他單位，則稱爲 CGS **靜磁單位制**(emu system)。上述兩種單位制均由公分、公克和秒的單位導出，都可稱爲絕對單位制。而實用單位制則是我們日常所慣用的單位，爲世界各國統一使用。它們仍溯源於絕對單位，所不同者，僅在一定的比率而已，讀者可參閱附錄F。

SI 制包含七個基本單位及二個補充單位，如附錄 E-1 所示。由此九個基本單位單位所推導出來的特定單位如附錄E-2至附錄E-5。附錄E-5中的十三個電、機、磁實用單位之定義供讀者參考。

SI 制的最大的好處是它的基本單位或導出單位皆可利用其直接相乘得到，而不需用到**轉換因子**。相反地，英制單位就要用到 12、3、5280 及 60 的轉換因子；如 12 英吋 = 1 英呎；3 英呎 = 1 碼；5280 英呎 = 1 英哩、60 秒 = 1 分等等。而 SI 制的計算中只唯一用到 10 乘冪的轉換因子。所以各單位制中的換算極為重要，各位讀者可參閱附錄 D 所示，當我們要自某一單位轉換至另一單位時，若轉換方向與箭頭方向一致，則乘上該轉換參數；若方向相反則除以該參數。

三、因　次

任何物理量都可用長度、質量、時間和電量四種基本量表示，此種表示法即為該物理量的**因次**(dimension)。若分別以 L、M、T 和 Q 表示長度、質量、時間和電量，則電流 I 的因次為：

$$I = \frac{Q}{T}$$

加速度 a 的因次為：

$$a = \frac{L}{T^2}$$

力 F ($F = ma$)的因次為：

$$F = M\frac{L}{T^2}$$

電場的強度 E ($E = \frac{F}{Q}$)的因次為：

$$F = M\frac{L}{T^2 Q}$$

電壓 $V = Ed$ (d 為距離)的因次為：

$$V = \frac{ML}{T^2 Q}L = \frac{ML^2}{T^2 Q}$$

附錄 G 為電學物理量的單位和因次表，讀者可參閱之，由此附錄可檢驗一等式是否正確，因一等式之左右兩邊各項的因次必須一致；且可由因次導出其它若干物理公式。

【例題 1.2】

電荷 50 庫倫，在 $\dfrac{1}{10}$ 秒內放電完畢，試求其放電電流 I。

解
$$I = \frac{Q}{T} = \frac{50}{\frac{1}{10}} = 500\,(\text{A})$$

【例題 1.3】

在 10 秒內有 50 庫倫電荷通過一電動機時，放出 5500 焦耳能量，試求此電動機兩端之電壓。

解　依附錄 F，可得：

$$V = \frac{W}{Q} = \frac{5500}{50} = 110\,(\text{V})$$

電學愛玩客

透過三價與五價元素所組成的電子元件，最早在 1962 年出現，早期只能夠發出低光度的紅光，當作指示燈利用。時至今日，能夠發出的光已經遍及可見光、紅外線及紫外線，光度亦提高到相當高的程度。用途由初時的指示燈及顯示板等，隨著白光發光二極體的出現，近年逐漸發展至被普遍用作照明用途。

1.5　科學與工程標記法

一、科學標記法

　　SI制比英制的優點是使用 10 的次方表示量的大小，因此包含很大及很小的數字，10 的乘冪為一有用的工具。故用 10 的乘冪表示一量之大小，稱之為**科學標記法**。科學標記法可以避免在小數點前或後書寫許多零。例如距離 2,136,000.00 公尺，使用科學標記法為 2.316×10^6 公尺，是以左邊具有小數點的數乘以適當 10 的次方而得。在正次方時，10 的次方數由數的小數點向左數到新表示法所定小數點位置為止有幾個數即是。10 的正次方定義如下：

$$1 = 10^0$$
$$10 = 10^1$$
$$100 = 10^2$$
$$1000 = 10^3$$

以此類推。對於 10 的負次方定義如下：

$$\frac{1}{10} = 0.1 = 10^{-1}$$
$$\frac{1}{100} = 0.01 = 10^{-2}$$
$$\frac{1}{1000} = 0.001 = 10^{-3}$$

　　以此類推。但此法並非常為最有用的數字形式。試考慮下列另一種工程標記法。

二、工程標記法

　　某些 10 的乘冪，常與一些基本物理單位相連用；對**這些 10 的乘冪，常給予特別的名稱，做為單位名稱的字首**稱之為**工程標記法**。用了這些字首，便不需寫出有關之 10 的乘冪，稱為**工程標記法**。例如在重工業或公共設施電路方面，常用仟伏(kV)，仟瓦(kW)或百萬瓦(MW)等表示，在低功率電子和通訊電路方面，常用毫伏(mV)及微安(μA)等表示。表 1.6 所列的是電學單位常用的字首。表 1.7 表示在 -12 至 $+12$ 範圍內之 10 的乘冪及工程技術上相關的字首及符號。

表 1.6　電學單位常用的字首

值	字首	符號	中文名稱	值	字首	符號	中文名稱
10^1	deka	dk	拾	10^{-1}	dice	d	分
10^2	hecto	h	佰	10^{-2}	centi	c	厘
10^3	kilo	K 或 k	仟	10^{-3}	milli	m	毫
10^6	mega	M	百 萬	10^{-6}	micro	μ	微
10^8			億	10^{-9}	nano	n	塵
10^9	giga	G	十 億	10^{-10}	angstrom	Å	埃
10^{12}	tera	T	兆	10^{-12}	pico	p	漠
10^{15}	peta	P	仟 兆	10^{-15}	femto	f	毫 漠
10^{18}	exa	E	百萬兆	10^{-18}	atto	a	微 漠

表 1.7　科學與工程標記法

10 的乘冪	數值	字首	符號
10^{-12}	0.000000000001	pico	p
10^{-11}	0.00000000001		
10^{-10}	0.0000000001		
10^{-9}	0.000000001	nano	n
10^{-8}	0.00000001		
10^{-7}	0.0000001		
10^{-6}	0.000001	micro	μ
10^{-5}	0.00001		
10^{-4}	0.0001		
10^{-3}	0.001	milli	m
10^{-2}	0.01	centi	c
10^{-1}	0.1	deci	d
10^0	1		
10^1	10	deca	dk
10^2	100	hecto	h
10^3	1000	kilo	k
10^4	10000		
10^5	100000		
10^6	1000000	mega	M
10^7	10000000		
10^8	100000000		
10^9	1000000000	giga	G
10^{10}	10000000000		
10^{11}	100000000000		
10^{12}	1000000000000	tera	T

【例題 1.4】

試求下列各題之數量轉換：

(a) 5800000Ω等於多少 MΩ，kΩ。

(b) 465nm 等於多少 μm，pm。

(c) 250μF等於多少 pF，μμF。

解 (a) $5800000\Omega = 5.8 \times 10^6\Omega = 5.8(M\Omega)$

$5800000\Omega = 5.8 \times 10^3 \times 10^3\Omega = 5.8 \times 10^3 k\Omega = 58000(k\Omega)$

(b) $465nm = 465 \times 10^{-9}m = 465 \times 10^{-3} \times 10^{-6}\,m = 465 \times 10^{-3}(\mu m)$

$465nm = 465 \times 10^{-9}m = 465 \times 10^3 \times 10^{-12}m = 465 \times 10^3\,pm = 465000(pm)$

(c) $250\mu F = 250 \times 10^{-6}F = 250 \times 10^6 \times 10^{-6} \times 10^{-6}F$

$= 250 \times 10^6 \times 10^{-12}F = 250 \times 10^6(pF)$

$= 250 \times 10^6 pF = 250 \times 10^6 \times 10^{-12}F = 250 \times 10^6(\mu\mu F)$

【例題 1.5】

試求下列各題之 10 的乘冪：

(a) $(3.5 \times 10^4) \pm (7 \times 10^3)$，(b)$1.5 \times 10^2 \times 3 \times 10^{-4}$

(c) $(7.5 \times 10^4) \div (1.5 \times 10^{-2})$

解 (a) $(3.5 \times 10^4) \pm (7 \times 10^3) = (3.5 \times 10^4) \pm (0.7 \times 10^4)$

$= (3.5 + 0.7) \times 10^4 與 (3.5 - 0.7) \times 10^4$

$= 4.2 \times 10^4 與 2.8 \times 10^4$

(b) $1.5 \times 10^2 \times 3 \times 10^{-4} = (1.5 \times 3) \times 10^{2+(-4)} = 4.5 \times 10^{-2}$

(c) $(7.5 \times 10^4) \div (1.5 \times 10^{-2}) = \dfrac{7.5}{1.5} \times 10^{[4-(-2)]} = 5 \times 10^6$

Chapter **2**

基本電量

　　典型的兩端元件是電阻器、電容器、電感器、電壓源和電流源，各兩端元件分別各有不同的尺寸及形狀。我們將在以後各章中專門討論電阻器、電容器和電感器，本章僅討論電壓源及電流源，同時說明電的各種基本量，如電荷、電流、電壓、功率與能量，此為研讀以後各章的基礎。

2.1　電荷與電流

一、電荷

　　原子內的電子或質子是為基本電荷(charge)，每個電子帶有負電荷，質子帶有正電荷，而中子不帶電荷。帶電體內含有電荷的數量稱為**電量**。電量的單位是**庫倫**(Coulomb；C)，一個電子帶有約 1.6×10^{-19} 庫倫的負電荷，即 1 庫倫電荷含有 $1 \div (1.6 \times 19^{-19}) = 6.25 \times 10^{18}$ 個電子。

　　由實驗得知，不同極性的電荷互相吸引，而同極性的電荷則互相排斥，電荷間互相吸引或排斥力，稱為**靜電力**。法國科學家庫倫於公元 1784 年提出兩帶電體間的靜電力與距離、電量有關，定名為**庫倫靜電定律**，即**兩帶電體其大小若與其間之距離相較甚小時，則其相互間的作用力** F，**與兩者所帶電量** Q_1 **和** Q_2

之乘積成正比，而與其間距離d之平方成反比，作用力的方向若帶同極性電荷則互相排斥，若帶不同極性電荷則互相吸引。以數學式表示則為：

$$F = k\frac{Q_1 Q_2}{d^2} \quad\text{...} (2.1)$$

其中k為比例常數，其值依力、電量、距離及所在之介質等關係而定。

1. 在CGS制中，F的單位是達因(dyne)，d的單位是公分(cm)，Q的單位是電荷靜電單位(esu)或靜電庫倫(SC)，(簡稱靜庫)，而$k = \frac{1}{\epsilon_o} = 1$dyne-cm/esu^2 ($\epsilon_o$為真空或空氣的介電係數，$\epsilon_o = 1$)則：

$$F = \frac{Q_1 Q_2}{d^2}(\text{達因}) \quad\text{...} (2.2)$$

2. 在 MKS 制中，F 的單位牛頓(N)，d 的單位是公尺(m)，Q 的單位是庫倫(C)，而$k = \frac{1}{4\pi\epsilon_o} = 9 \times 10^9$ N-m^2/C^2 $\left(\text{因為 } \epsilon_o = \frac{1}{36\pi} \times 10^{-9}\right)$則：

$$F = \frac{1}{4\pi\epsilon_o}\frac{Q_1 Q_2}{d^2} = 9 \times 10^9 \frac{Q_1 Q_2}{d^2} (\text{N}) \quad\text{...................} (2.3)$$

又 1 庫倫 $= 3 \times 10^9$ 靜電庫倫，1 牛頓 $= 10^5$ 達因，因 1 庫倫含有 6.25×10^{18} 個電子，為一相當大的電量單位，故常用微庫倫(μC)計算，即 $1\mu\text{C} = 10^{-6}\text{C}$。

由(2.1)式可知，當同極性電荷之斥力時$F > 0$，不同極性電荷之引力時$F < 0$。

【例題 2.1】

在空氣中若2C之電荷與5C之電荷間隔為10m，試求其間的作用力為何？力的方向如何決定？

解 $F = k\dfrac{Q_1 Q_2}{d^2} = 9 \times 10^9 \dfrac{2 \times 5}{10^2} = 9 \times 10^8 (\text{N})$

力的方向由電荷之正負決定，若同為正或負則相斥；否則相吸。

【例題 2.2】

電荷各為 $+50$，$+250$ 及 $-300SC$ 之小球。以 $10cm$ 之間隔依次排列於同一直線上，試求各小球所受之力。

解 設受力的方向，左為正(相斥，$F > 0$)，右為負(相吸，$F < 0$)：

Q_1 所受之力 F_1 為：

$F_1 = F_{21} + F_{31} = 87.5 \text{(dyne)}$，向右。

Q_2 所受之力 F_2 為：

$F_2 = F_{12} + F_{32} = \dfrac{50 \times 250}{10^2} + (-\dfrac{250 \times 300}{10^2}) = -625 \text{(dyne)}$，向右。

Q_3 所受之力 F_3 為：

$F_3 = F_{13} + F_{23} = (-\dfrac{50 \times 300}{20^2}) + (-\dfrac{250 \times 300}{10^2}) = -787 \text{(dyne)}$，向右。

二、電流

單位時間內，通過導體某一截面的電量，稱為電流(current)，以符號 I 表示，以數學式表示之為：

$$I = \frac{Q}{t} \left(安培 = \frac{庫倫}{秒} \right) \quad\text{.................................(2.4)}$$

若 Q 的單位為庫倫，而 t 為秒，電流的單位為庫倫／秒(c/s)，又稱為**安培** (Ampere；A)，是為紀念法國人安培而命名，因此 **1 安培＝1 庫倫／秒**。

電流的方向

電流爲**導體中自由電子流動所形成**，因此電路電流是由負電荷移動所形成，此種導體電流稱爲**電子流**(electron current)。但在電路分析上，一般都想像電流是經由**正電荷移動所形成**，此種習慣是導源於富蘭克林所作風箏試驗，認爲電是由正往負方向流動，此種電流與電子流有區別，稱之爲**慣用電流**(conventional current)。慣用電流與電子流方向相反，本書將採用慣用電流。如圖 2.1 所示，即說明同一導體中的電子流和慣用電流。

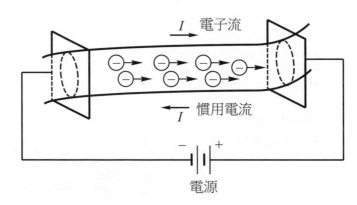

圖 2.1　同一導體中的電子流和慣用電流

電流的種類

電流依其流量大小及方向極性的變化可分爲下列四種：

1.　**直流**(Direction Current；DC)

　　　電流流量大小及方向極性不隨時間而變化者，如圖 2.2 所示者，稱爲**直流**。

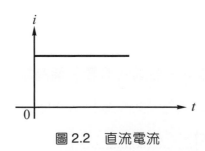

圖 2.2　直流電流

2.　**交流**(Alternating Current；AC)

　　　電流流量大小及方向極性隨時間作週期性規則變化者，如圖 2.3 所示，稱爲**交流**。

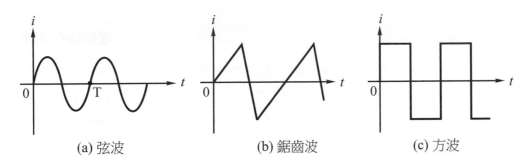

(a) 弦波　　　　(b) 鋸齒波　　　　(c) 方波

圖 2.3　交流電流

3. **脈動電流**(pulsating current)

　　電流的方向極性不變，僅電流流量隨時間作週期性變化者，是一種含有交流成分的直流(註：只要其平均值不為零，便認為是直流)，如圖 2.4 所示。

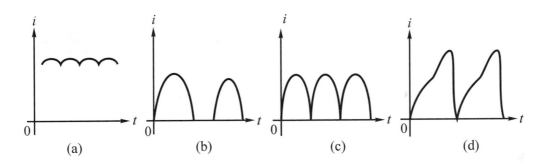

(a)　　　　　(b)　　　　　(c)　　　　　(d)

圖 2.4　脈動電流

4. **脈波電流**(pulse current)

　　電流的方向極性不變，而電流波幅變化極大，有電流的時間極短促，且變化具有週期性者，如圖 2.5 所示。

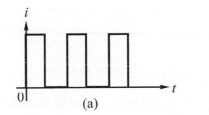
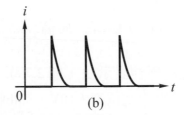

(a)　　　　　　　　　　　(b)

圖 2.5　脈波電流

2.2 　電壓

使電流在元件流動的外力稱為**電動勢**(electromotive force；emf)，電池的正負極端或直流電機的接端，不論其通路接通與否，即具有電動勢存在。一旦電路接通，電動勢使電荷中存有的能量來推動電子，形成電流。

電荷儲存而尚未用的能量稱為**位能**。一個電荷的位能是等於產生這一電荷所做的功。測量一單位電荷所作功的單位稱為**伏特**，簡稱為**伏**。**因此，一個電荷的電動勢等於此電荷儲存的位能，亦用伏特數來表示。**

欲使電荷流動必須具備位能，稱為單位電荷所具有的位能為**電位**(potential)。當有兩個電位不相等的電荷存在時，這兩個電荷間的電動勢，應等於這兩個電荷間的**電位差**(potential difference)。由於每個電荷的位能是以伏特為單位，所以電位差的單位亦以伏特來表示。兩個電荷間的電位差就是這兩個電荷間的電動勢，通常稱為**電壓**(voltage)。

如電壓跨接在元件兩端就產生作功，把電荷從元件的一端移動到另一端，電壓的電位也是伏特(Volt；V)，是紀念發明電池的意大利物理學家伏特而命名。圖 2.6 為元件標示電壓的極性表示法，代表元件兩端的電壓為 V 伏特，+、− 表示極性 a 點比 b 點電位高，即 a 端比 b 端高出 V 伏特之電位。

圖 2.6　電壓的極性表示法

因為伏特是 1 庫倫電荷作 1 焦耳的功，故可定義 1 伏特是 1 焦耳／庫倫，即：

$$1 \text{ 伏特} = 1 \text{ 焦耳／庫倫} \dotfill (2.5)$$

圖 2.6 是電壓極性表示法，圖 2.7(a)、(b)所示為兩種等效電壓的表示法，(a)圖中，a 端點比 b 端點的電位高 +10V，而(b)圖中，b 點比 a 點高 −10V(或比 a 點低 +10V)。

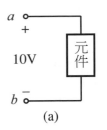

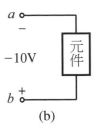

圖 2.7　等效電壓的兩種表示法

我們將使用雙下標符號 V_{ab} 表示 a 點對 b 點電位差。圖(a)中，$V_{ab}=10\text{V}$，使用此符號，具有 $V_{ba}=-V_{ab}$ 的關係，則 $V_{ba}=-10\text{V}$，由圖(b)中可看清楚。

2.3　功及功率

一、功(work)

電路中已知兩點間之電位差或電壓為 V，此電壓促使電荷 Q 在電路中由某一點移至另一點的能力，稱之為**作功**，以 W 表示，即：

$$W=VQ(\text{J}) \quad\text{..}(2.6)$$

二、功率(power)

電荷作功的速率，亦即電荷於單位時間內所作的功，稱之為**功率**，以 P 表示，即：

$$P=\frac{W}{t}\ (\text{W}) \quad\text{..}(2.7)$$

(2.7)式中，W 的單位為焦耳(J)，t 的單位為秒(s)，P 的單位是瓦特(W)，由於 $W=VQ$，故

$$P=\frac{W}{t}=\frac{VQ}{t}=V\frac{Q}{t}=VI\ (\text{W}) \quad\text{................................}(2.8)$$

而

$$P=VI=V\left(\frac{V}{R}\right)=\frac{V^2}{R}\ (\text{W}) \quad\text{................................}(2.9)$$

又

$$P=VI=IR\cdot I=RI^2\ (\text{W}) \quad\text{................................}(2.10)$$

功率的英制單位為**馬力**(HP)，其與瓦特的關係為：

$$1 \text{ 馬力} = 746 \text{ 瓦特} = 0.746 \text{ 仟瓦} = \frac{3}{4} \text{ 仟瓦(近似值)} 。$$

(2.8)至(2.10)式的功率方程式不僅應用於直流電，亦可應用於交流電中。若電壓 $v(t)$ 及電流 $i(t)$ 均隨時間而變化，則 P 亦隨時間瞬時變化，即其瞬時功率 $P(t)$ 為：

$$P(t) = v(t)i(t) \quad\text{...} \quad (2.11)$$

【例題 2.3】

若電流為 5A 時，試問在 10Ω 電阻器上所消耗的功率為若干？

解　$P = I^2 R = (5)^2 \times 10 = 250(\text{W})$

【例題 2.4】

一電動機在 550V 電壓下，取用 30A 電流；若不計其損失，試求其輸出之馬力。

解　功率輸入 $= 550 \times 30 = 16500(\text{W})$

因不計其損失，故功率輸出 $= 16500 \div 746 = 22.12(\text{hp})$

【例題 2.5】

某元件所消耗的功率為 20 瓦特，試求其通過 5 歐姆電阻之電流。

解　$\because P = I^2 R$，故 $I = \sqrt{\dfrac{P}{R}} = \sqrt{\dfrac{20\text{W}}{5\Omega}} = 2(\text{A})$

【例題 2.6】

一白熾電燈之額定電壓為 110V，功率為 60W，其額定電流及電阻各為若干？又若電力公司所供給之電壓為 100V，則此電燈實耗功率為若干？

解　此電燈之額定電流為：

$$I = \frac{P}{V} = \frac{60}{110} = 0.545(\text{A})$$

其額定電阻為：

$$R = \frac{V}{I} = \frac{110}{0.545} = 202(\Omega)$$

今電壓降低為 100V，因其額定電阻不變，則於此電壓時之電流值為：

$$I' = \frac{V}{R} = \frac{100}{202} = 0.495A$$

所以實耗功率為：

$$P' = I'^2 R = 0.495^2 \times 202 = 49.5(W)$$

2.4 能量

　　供給一段時間的功率之為**能量**(energy)，故**能量為功率乘以時間**，可以下式表示之：

$$W = Pt \ (J) \quad\dots\dots\dots\dots\dots\dots\dots\dots\dots\dots\dots\dots (2.12)$$

上式中，功率是以瓦特(焦耳／秒)來量測，而時間是以秒計，所以能量單位應以焦耳來表示，焦耳在 SI 制中單中位為瓦特秒(Ws)，在實用上，瓦特秒的單位太小，因此採用仟瓦小時(kilowatt hour；KWh)為實用單位，用來表示能量的大小，如下式所示：

$$W = \frac{Pt}{1000} \ (KWh) \quad\dots\dots\dots\dots\dots\dots\dots\dots\dots\dots\dots (2.13)$$

$$1KWh = 1KWh \left(\frac{60 \ 分}{1 \ 時}\right)\left(\frac{60 \ 秒}{1 \ 分}\right)\left(\frac{1000W}{1KW}\right)$$

$$= 3.6 \times 10^6 \ Ws = 3.6 \times 10^6 (J) \quad\dots\dots\dots\dots\dots (2.14)$$

　　一仟瓦小時俗稱一度，即一種電器當功率為一仟瓦而繼續使用一小時所承受或發生的能量，圖 2.8 所示為測量仟瓦的仟瓦小時錶。

　　能量的單位是瓦特秒，也可用焦耳或電子伏特表示，

$$1 \ 焦耳 - 1 \ 伏特 \times 1 \ 庫倫 = 1 \ 瓦特 \times 1 \ 秒 = 10^7 \ 爾格(erg) \dots\dots (2.15)$$

　　電子伏特即是 1 個電子通過 1 伏特電位所作的功，因 1 庫倫含有 6.25×10^{18} 個電子，故 1 個電子具有 1.602×10^{-19} 庫倫的電量，所以

$$1 \text{ 電子伏特(eV)} = 1 \text{ 電子電量} \times 1 \text{ 伏特}$$
$$= 1.602 \times 10^{-19} \text{ 庫倫} \times 1 \text{ 伏特}$$
$$= 1.602 \times 10^{-19} \text{ (J)} \ldots\ldots\ldots\ldots\ldots\ldots\ldots (2.16)$$

圖 2.8　仟瓦小時錶

【例題 2.7】

4 馬力的電動機運轉 1 分鐘，消耗多少電能？

解　$4 \text{ 馬力} \times \dfrac{3}{4} \text{ 仟瓦} = 3 \text{ 仟瓦} = 3000 \text{ 瓦特}$

1 分鐘 = 60 秒

$\therefore W = Pt = 3000 \text{ 瓦特} \times 60 \text{ 秒} = 180000 \text{ 瓦特秒} = 1.8 \times 10^5 \text{(J)}$

【例題 2.8】

一部 250W 電視機，在使用超過 4KWh 能量之前，試問其所需開機時間有多久？

解　$\because W = \dfrac{Pt}{1000}$

$\therefore t = \dfrac{1000W}{P} \text{ 小時} = \dfrac{1000 \times 4KWh}{250} = \dfrac{4000}{250} = 16 \text{ (小時)}$

2.5　電壓源─電池

在電動勢輸入之端點，可維持一特定電壓叫做**電壓電源**，簡稱**電壓源**(voltage sources)。電壓源為一兩端元件，電壓值可以為穩定電壓，如電池電壓；可隨時間而改變，如交流發電機。理想電壓源為不因電流通過而影響其電壓的電源，其內阻為零，符號如圖 2.9(a)所示。圖 2.9(b)所示為實際電壓源的符號。電池為目前使用最廣泛的直流電壓源，圖 2.10 至圖 2.13 為各種不同型式的電池(取材自 Introduction Electric Circuit Analysis by Johnson)。

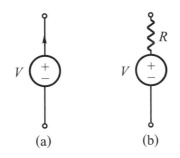

(a)　　　(b)

圖 2.9　(a)理想直流電壓源，(b)實際直流電壓源

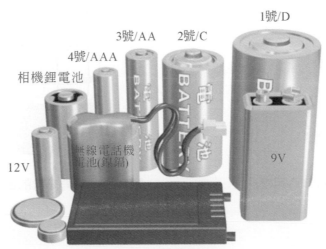

圖 2.10　各種不同型式的電池

圖 2.11　其他型式的電池

26A19R

48D26R

圖 2.12　6 伏特卡車用電池

圖 2.13　可再充電的提燈電池

　　電池可分為**原電池**(primary)和**二次電池**(secondary)兩類。原電池是無法再充電使用，如圖 2.10、圖 2.11 和圖 2.14 所示。而二次電池是可以再充電的電池，把電流充入電池，使溶液比重重新建立，電位與原來不同。最常見的充電式電池有兩種，一為**鉛酸蓄電池**，另一種為**鎳鎘電池**，由於此種電池可以一再充電使用，故其成本較低，如圖 2.12、圖 2.13 和圖 2.15 所示。

　　原電池有正極和負極之分，在兩極之間充有**電解質**(electrolyte)，電解質為接觸元件，可在兩端子間提供用以傳導的離子電池，如圖 2.14 所示為常用的碳鋅電池，其負極為鋅，而正極為二氧化錳混合物及碳棒做為負極，兩極間的電解質是銨及氯化物、粉末和漿糊的混合物。

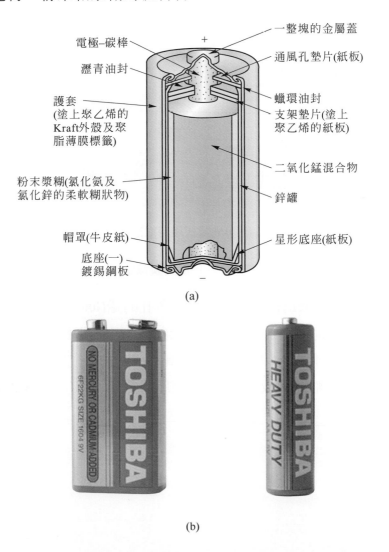

圖 2.14　標準圓形碳-鋅電池(a)截面結構圖，(b)外觀與額定

(a)可充電式鎳鎘電池

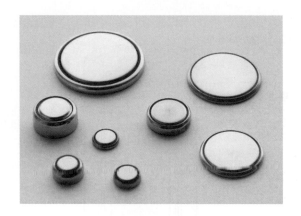

(b)可充電式鎳鎘電池

圖 2.15　可充電式鎳鎘電池

　　鉛酸蓄電池其電解液為硫酸，其電極為多孔的鉛(lead Pb)與過氧化鉛(PbO_3)，當此電池與負載連接時，電子會從多孔的鉛電極經由負載送至過氧化鉛電極，這種電子傳送會繼續不斷，直到蓄電池放電完畢為止。放電時間的長短，是由酸液的稀釋度及硫酸鉛在極板上的重量來決定。

鉛酸電池的放電狀態，可由測量電解液的**比重**(specific gravity)而獲得，**比重為電解液的重量對 4°C 時同體積水的重量之比值**。濃硫酸的重量為同體積水重的 1.835 倍，所以它的比重為 1.835。對於充滿電的蓄電池而言，其電解液在室溫下比重約為 1.28 到 1.30 之間，而完全放電電池比重降為 1.15 左右。

由於鉛酸電池為二次電池，故其在放電狀態中的任一時刻，可以用外加之直流(DC)電源予以重新充電，直流電流會通過電池，其方向恰為電池供應到負載的電流方向相反。此種直流電流可以把硫酸鉛從電極板移走，而使硫酸的濃度恢復為原來狀態。

鎳鎘電池是近年來研究發展成功的一種可再充電式電池，如圖 2.15 所示。其正電極為氫氧化鎳($Ni(OH)_2$)，負電極為金屬式鎘(cd)，其電解質為氫氧化鉀(KOH)，負電極的氧化作用和正電極的還原作用會同時進行，因而提供了所需的電能。

電池的兩電極是用隔板(seperator)來隔離的，且藉隔板來保持電解質的位置，此乃這一類電池的優點，活性材料必須經由改變氧化作用狀態來建立所需的離子準位，而不必改變其物理狀態，此為可使在再充電狀態中建立極佳的還原機制(recovery mechanism)。

電池的容量是以**安培-小時**(Ampere-hours；Ah)或**毫安培-小時**(milliampere-hours；mAh)表示的容量額定。如典型 70Ah，12V 汽車用電池在輸出 3.5A 下，其壽命為 70/3.5＝20 小時，換言之：電池的壽命可依下列公式來決定：

$$電池壽命時間(小時)=\frac{安培\text{-}小時(Ah)}{使用電流(A)} \quad\text{..................................... (2.17)}$$

【例題 2.9】

求具有 70Ah 容量的電池，當固定輸出 4A 電流時壽命為多少？

解 依(2.17)式，可得：

$$壽命 = \frac{70\ 安培\text{-}小時}{4\ 安培} = 17.5(小時)$$

2.6　其他電源

除了上節所述電池外，還有很多能產生電動勢的電源，這些電源都有共同的原理，就是能量轉換，例如機械能或熱能轉換成電能，電池是將化學能轉換成電能。

1. **發電機**(generator)

發電機是利用機械能使導體與磁場間產生相對運動，導體切割磁力線而感應電動勢的機械。機械能的來源很多，如水力、火力、風力、核能、太陽能、地熱、潮汐、沼氣等。而發電機所產生之電壓，大部份比電池高，而發電機壽命與其結構有關。

2. **電流源**(current source)

電流源是一種能維持定值電流流出其端點的二端元件，其原理是以整流和濾波等程序，將交流電壓轉換成穩定的直流電壓。圖 2.16 所示為電流源的標準符號，箭頭所指方向，不論外接任何負載，永遠指示電流所流的方向。

電源流不像電壓源由原始元件所構成，而需以一電壓源來構成電流源。例如在電池或發電機外接一電阻器，使其在特定的工作點，獲得近似的定值電流。在實驗室中需要一些電流源的電源供應器，如半導體元件的測量，經常會用到直流電源供應器，如圖 2.17 所示為一具代表性的直流電源供應器。

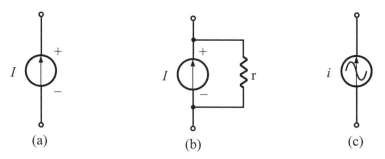

(a)　　　　　　(b)　　　　　　(c)

圖 2.16　電流源符號，(a)理想直流電源，(b)實際直流電源，(c)理想交流電源

(a)

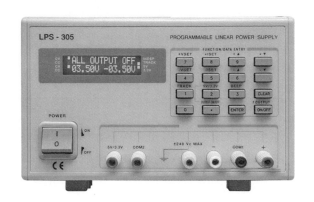

(b)

(c)

圖 2.17　直流電源供應器

 電學愛玩客

1. EER(Energy Efficiency Ratio)

　　指能源效率比，即冷房能力除以每小時的耗電瓦數，因此冷氣機EER值越高則通常越省電。

2. COP(Coefficient of Performance)

　　指性能係數，即冷氣機在單位時間抽走的熱量除以它所消耗的功率。

Chapter 3

電阻

　　自由電子在導體中流動的阻力，同時使電流轉變為熱能之性質者稱為**電阻**(resistance)。電阻的基本單位為**歐姆**，常以希臘字母 Ω(omega)代表。

　　電阻器是最簡單、最常用的電路元件之一，因此電阻是用來測量電阻器抗拒電流的程度，在固定電壓下，如電阻高則電流小，反之則電流大。

　　本章將討論電阻器的性質，如電阻單位，及對電壓電流的關係，功率與能量的關係，和電阻器的實體，色碼等構造。在第四章中將利用電阻器知識分析電阻電路，此電路僅包含電阻器及電源兩種元件。

3.1　電阻、電阻係數與電阻溫度係數

一、電　阻

　　電阻是電路理論的三個基本參數(parameter)之一，其符號如圖 3.1 所示。**一歐姆的定義為：當一伏特的電位差在電阻中產生一安培的電流時，該電阻為一歐姆**。另一種定義為：**長 106.3 厘米，截面積為 1 平方毫米的水銀柱於 0℃的電阻為一歐姆**。

$$a \circ \xrightarrow{I} \quad \overset{R}{\underset{+\ V\ -}{\wedge\!\!\wedge\!\!\wedge}} \quad \circ b$$

圖 3.1　電阻的符號

電阻的大小除了與導體材料有關外，且與導體長度(l)、電阻係數(ρ)成正比，而與截面積(A)成反比，即：

$$R = \rho \frac{l}{A} \quad\text{..}(3.1)$$

導體材料如銅，其自由電子很容易移動，故其電阻值較低，而碳的自由電子很少，因此碳為高電阻，故絕緣體具有較高的電阻。由(3.1)式可知，導體愈長電阻愈大，而截面積愈大，則電阻愈小。

當大部份導體及電阻性元件**溫度上升**時，會增加分子結構內粒子的運動，使得自由電子通過時的困難度增加，而使**電阻值變大**。其單位如下：

1. MKS 制

    R 為 Ω，ρ 為 $\Omega - m$，l 為 m，A 為 m^2

2. CGS 制

    R 為 Ω，ρ 為 $\Omega - cm$，l 為 cm，A 為 cm^2

3. FPS 制

    R 為 Ω，ρ 為 $\Omega - C.M/ft$，l 為 ft，A 為 $C.M$

C.M 稱為**圓密爾**(circular mils)，為直徑 1 密爾(mil)$\left(1\text{mil} = \frac{1}{1000}\text{吋}\right)$的圓形截面積。圓密爾與平方密爾的關係如圖 3.2 所示。

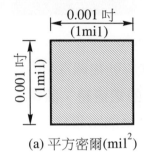

(a) 平方密爾(mil^2)

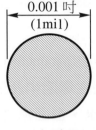

(b) 圓密爾(C.M)

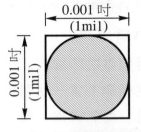

(c) 平方密爾與圓密爾比較

圖 3.2　圓密爾與平方密爾之關係

$$1 \text{ 圓密爾(C.M)} = \frac{\pi}{4}D^2 = \frac{\pi}{4}(1\text{mil})^2 = \frac{\pi}{4} \text{ 平方密爾} = \frac{\pi}{4}(\text{mil})^2 \text{ ....(3.2)}$$

$$1 \text{ 平方密爾}(1\text{mil}^2) = \frac{4}{\pi} \text{ 圓密爾(C.M)}\text{..................................(3.3)}$$

設 A 為圓面積(以 C.M 為單位)，D 為直徑(以 mil 為單位)，則

$$A = \frac{\pi}{4}(\text{Dmil})^2 = \frac{\pi}{4}D^2(\text{mil})^2 = \frac{\pi}{4}D^2\left(\frac{4}{\pi}\text{C.M}\right)$$

$$= D^2 \text{ (C.M)}\text{..(3.4)}$$

故導體的直徑若以密爾表示，則將其直徑平方後即得圓密爾數。

由(3.4)式知道，A 為以圓密爾所表示之橫截面積，為了求出以圓密爾為單位之截面積，必須先將直徑轉換為密爾。由於一密爾 = 0.001 吋，若直徑的單位為吋時，只要小數點向右移三位即可轉換為密爾數。例如：0.156 吋 = 156 密爾。

【例題 3.1】

已知一銅導線的電阻為 0.5Ω 其直徑為 0.0625 吋，若電阻係數為 10.37C.M-Ω/ft，試求此銅導線之長度？

解　　　　$\because D = 0.0625$ 吋 $= 62.5$　mil

$\therefore A = D^2 = (62.5)^2 \text{ C.M} = 3906.25\text{C.M}$

代入(3.1)式，可得

$$l = \frac{RA}{\rho} = \frac{0.5 \times 3906.25}{10.37} = 188.34\text{(ft)}$$

二、電阻係數

由(3.1)式的比例常數 ρ(希臘字母 Rho，讀音 ro)為電阻材料之電阻係數(resistivity)，其單位為歐姆-米(Ω-m)或歐姆-厘米(Ω-cm)，而在 FPS 制中，單位為歐姆-圓密爾／呎(Ω-C.M/ft)。**電阻係數定義為：單位截面積及單位長度的導體所呈現的電阻**，如圖 3.3 所示，即：

$$\rho = \frac{RA}{l} \text{...(3.5)}$$

　　由電阻係數的定義可知：電阻係數大者，表示該材料為不良導體，反之，則該材料為良導體。各種常用導電材料的電阻係數(20℃)值可參考表 3.1，而表 3.2 為常用半導體與絕緣體的電阻係數。

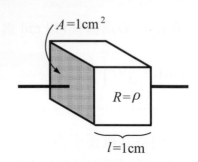

圖 3.3　電阻係數(ρ)的定義

表 3.1　常用導電材料的電阻係數(20℃)

材料名稱	20℃時電阻係數	
	歐姆-厘米 $\times 10^{-6}$	歐姆-圓密爾／呎
銀	1.63	9.8
銅(純韌)	1.69	10.2
軟銅(標準韌)	1.724	10.37
銅(硬抽)	1.77	10.66
金	2.44	14.68
鋁(商用)	2.826	17.0
鎢	4.37	26.3
鋅	6.0	36
黃銅	7.0	42.1
鐵	9.8	59
白金(鉑)	10.0	60.2
鎳(商用)	11.0	66
錫	11.5	69.2
鉛	22.0	132
水銀	95.78	576
德銀(鎳 18，銅 65，鋅 17 %)	29.1	175
錳甲銀(鎳 4，銅 84，錳 12 %)	48.3	290
鎳銅(鎳 45，銅 55 %)	48.9	294
鎳鉻(鎳 80，鉻 20 %)	108	650

表 3.2　常用半導體與絕緣體的電阻係數(20℃)

材料	電阻係數ρ(歐姆-厘米)
碳	3.5×10^{-3}
鍺	4.5×10^{1}
矽	1.3×10^{5}
玻　璃	1.0×10^{14}
雲　母	1.0×10^{16}

【例題 3.2】

試求出如下圖所示之薄膜電阻器之電阻值。已知薄膜電阻$R_s = \dfrac{\rho}{d}$為 100Ω。

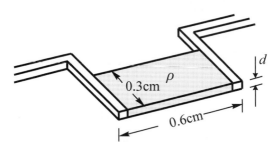

解　$R = \rho \dfrac{l}{A} = \rho \dfrac{l}{dW} = \left(\dfrac{\rho}{d}\right)\left(\dfrac{l}{W}\right) = R_s \dfrac{l}{W} = 100 \times \dfrac{0.6\text{cm}}{0.3\text{cm}} = 200(\Omega)$

【例題 3.3】

黃銅的電阻係數為 0.07μΩ-m，今以其製成A、B二棒。A棒長 200cm，截面積為 1cm²。B棒長為 100cm，截面積為 2cm²。試求此二棒之電阻各為若干？

解　應用(3.1)式，可得：

A棒之電阻R_A為：

$$R_A = 0.07 \times \frac{200 \times 10^{-2}}{1 \times 10^{-4}} = 1400(\mu\Omega)$$

B棒之電阻R_B為：

$$R_B = 0.07 \times \frac{100 \times 10^{-2}}{2 \times 10^{-4}} = 350\ (\mu\Omega)$$

由上例可知兩黃銅棒的體積雖然相同(皆為 200cm³)，但A棒的電阻為B棒的 4 倍，此乃因A棒沿電流方向的長度為B棒的 2 倍，而其垂直於電流方向的截面積僅為B棒一半之故。

三、電阻溫度係數

物質的電阻常因溫度變化而改變其值，有的材料會因溫度的升高而增大其電阻值，有的反而減少其電阻值。若為**金屬材料**，因此類材料大部份是導體，當溫度增高時，會使更多自由電子相互碰撞，使得電荷的流動受到阻礙，因此**電阻值會隨溫度升高而增加**。**合金材料**其電阻值雖隨溫度升高而增加，但因其增加率甚小，故常可忽略不計。所以錳銅合金或鎳銅合金常用來做為標準電阻。**半導體、絕緣體及非金屬材料**，此類材料當溫度增加時，會有更多電子由共價帶移至傳導帶，而增加其導電之能力，故**電阻值會隨溫度增加而降低**。

電阻與溫度的關係常用**電阻溫度係數**來表示。電阻溫度係數定義為：**溫度每升高 1°C時，所增加的電阻與原來溫度末改變時的電阻之比值，稱為原溫度時的溫度電阻係數**，通常以α表示之。

若以溫度為橫座標，金標屬材料之電阻為縱座標作曲線，則在一般工作溫度(30°C 至 100°C)，內由實驗得知，該曲線幾乎成一直線，如圖 3.4 中虛線所示，此直線(虛線)之下降率將直線延伸至與溫度軸相交處，即為零電阻時的溫度，以 -T°C 表示之，稱為**推論絕對溫度**(inferred absolute temperature)。雖然真正的曲線(圖中實線)會延伸至絕對零度(- 273.15°C)，但就正常的操作溫度範圍而言，這種近似直線還算相當正確。各種導體的推論絕對溫度皆不相同，表 3.3 所示為幾種常用金屬材料的推論絕對溫度值。

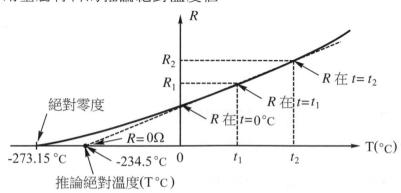

圖 3.4　導體之電阻與溫度之關係

表 3.3 常用金屬導體之推論絕對溫度

材料	推論絕對溫度 T(℃)
銀	− 243
銅	− 234.5
金	− 274
鋁	− 236
鎢	− 204
鎳	− 147
鐵	− 162
鎳鉻合金	− 2250
康銅(鎳鉻合金)	− 125,000

　　圖 3.4 所示是銅的電阻-溫度曲線，圖中實線所示曲線在絕對零度 − 273.15℃ 與溫度軸(橫軸)相交，虛線表示近似值在 − 234.5℃ 與溫度軸相交，此近似值在正常工作溫度範圍十分準確。

　　令 R_1 與 R_2 分別代表相對應之兩不同溫度 t_1 與 t_2 時之電阻，利用相似三角形對應邊成比例關係知：

$$\frac{234.5 + t_1}{R_1} = \frac{234.5 + t_2}{R_2} \quad\cdots\cdots\cdots\cdots\cdots\cdots (3.6)$$

− 234.5℃ 是銅之推論絕對溫度，即銅之零電阻溫度。不同之導電物質之近似直線有不同之溫度交點。若以 T 代表某物質之推論絕對溫度，則(3.6)式成為：

$$\frac{T + t_1}{R_1} = \frac{T + t_2}{R_2} \quad\cdots\cdots\cdots\cdots\cdots\cdots (3.7)$$

則　　$$\frac{R_2}{R_1} = \frac{T + t_2}{T + t_1} = \frac{(T + t_1) + (t_2 - t_1)}{T + t_1}$$

或　　$$\frac{R_2}{R_1} = 1 + \frac{t_2 - t_1}{T + t_1} \quad\cdots\cdots\cdots\cdots\cdots\cdots (3.8)$$

若以 $\alpha_1 = \dfrac{1}{T + t_1}$ 作為溫度 t_1 時電阻的溫度係數(temperature cofficient)，則由(3.8)式得：

$$R_2 = R_1[1 + \alpha_1(t_2 - t_1)] \quad\cdots\cdots\cdots\cdots\cdots\cdots (3.9)$$

由(3.9)式，可得：

$$\alpha_1 = \frac{\dfrac{R_2 - R_1}{t_2 - t_1}}{R_1} = \frac{\dfrac{\Delta R}{\Delta t}}{R_1} \quad \text{...} (3.10)$$

即溫度每增加 1℃ 時所增加的電阻 $\dfrac{\Delta R}{\Delta t}$ 與原來電阻之比。(ΔR：電阻之增加量；Δt：溫度之增加量)，由(3.10)式可知電阻溫度係數 α 之單位為 ℃$^{-1}$，**當溫度高越高時，其電阻溫度係數越低**。(讀者可參閱習題 3.9)。

不同物質之溫度係數 α 值不同，表 3.4 所示為幾種常用金屬導體在 20℃ 時電阻溫度係數 α_1 的值。由表中可知半導體材料的溫度係數為負值，亦即溫度上升，其電阻值反而下降。

表 3.4　常用金屬導體在 20℃ 時不同之電阻溫度係數

材料	溫度係數(α)
銀	0.0038
銅	0.00393
金	0.0034
鋁	0.00391
鎢	0.005
鎳	0.006
鐵	0.0055
康銅(鎳鉻合金)	0.000008
鎳鉻合金	0.00044
碳	-0.0005

【例題 3.4】

某一銅導線在 0℃ 時的電阻為 30Ω，則在 -40℃ 時之電阻為若干？

解　利用(3.6)式，可知：

$$\frac{234.5 + 0}{30} = \frac{234.5 - 40}{R_2}$$

$$\therefore R_2 = \frac{30 \times 194.5}{234.5} = 24.883(\Omega)$$

【例題 3.5】

某金屬材料其 $\alpha_{35} = \dfrac{1}{285}$，試求此金屬之推論絕對溫度為多少？

解　由習題 3.7 可知：

$$\because \alpha_{t_1} = \frac{1}{\dfrac{1}{\alpha_0} + t}$$

$$\therefore \frac{1}{285} = \frac{1}{\dfrac{1}{\alpha_0} + 35}$$

$$\therefore \frac{1}{\alpha_0} = 285 - 35 = 250$$

$$\therefore T°C = -\frac{1}{\alpha_0} = -250(°C)$$

【例題 3.6】

已知某鐵導線在 20°C 時的電阻為 40Ω，電阻溫度係數為 0.005，試求 25°C 時該鐵導線之電阻值為若干？

解　利用 (3.9) 式，可得：

$$R_2 = R_1[1 + \alpha_1(t_2 - t_1)]$$
$$= 40[1 + 0.005(25 - 20)] = 41(\Omega)$$

【例題 3.7】

某鎢製白熾燈，在室溫 20°C 時之電阻為 20Ω，當其在額定電壓工作時，其電阻為 190Ω，試求燈絲的工作溫度？

解　由表 3.4 可知鎢在 20°C 時之電阻溫度係數 $\alpha_1 = 0.005$，故由 (3.10) 式，可得：

$$\Delta t = \frac{\Delta R}{R_1\alpha_1} = \frac{R_2 - R_1}{R_1\alpha_1} = \frac{190 - 20}{20 \times 0.005} = 1700°C$$

故燈絲的工作溫度為：

$$t_2 = t_1 + \Delta t = 20 + 1700 = 1720(°C)$$

【例題 3.8】

某導體材料其 0℃ 時之電阻 $R_0 = 4\Omega$，200℃ 時之電阻 $R_{200} = 8\Omega$，若同性質(不同形狀)之導體材料為 $R_{20} = 4\Omega$，則其在何種溫度時，電阻值為 8Ω？

解 由習題 3.7 可得：

$$\frac{R_1}{R_2} = \frac{\frac{1}{\alpha_0} + t_1}{\frac{1}{\alpha_0} + t_2} ，即 \frac{R_0}{R_{200}} = \frac{4}{8} = \frac{\frac{1}{\alpha_0} + 0}{\frac{1}{\alpha_0} + 200}$$

解之得：$\frac{1}{\alpha_0} = 200℃$

又 $\frac{R_{20}}{R_{t2}} = \frac{4}{8} = \frac{200 + 20}{200 + t_2}$，解之得：$t_2 = 240(℃)$

3.2　歐姆定律

德國科學家歐姆(George Simon Ohm)於 1827 年以實驗發現**金屬導體中，若溫度恒定的情形下，導體兩端的電壓 V 和通過的電流 I 的比為一定值**，此定值定義為**電阻**，這種現象稱為**歐姆定律**(Ohm's Low)，若以數學式表示，即：

$$R \triangleq 常數 = \frac{V}{I} 或 V = RI \quad\text{.. (3.11)}$$

若以 V 為橫座標，I 為縱座標，如圖 3.5 所示，則 $V\text{-}I$ 特性曲線為一直線，即 V 與 I 的比值為一常數，這種關係又稱為**線性**(linear)。

由(3.11)式，可知電阻 R 的單位為伏特／安培，定義為歐姆，也就是 1 歐姆等於 1 伏特／安培。式中可知，電壓愈大則電流愈大，電阻愈大則電流愈小，換言之，電流與所加之電壓成正比，而與電阻成反比。

由金屬材料製成的電路元件之電阻，在恒溫下為定值，故其電流與電壓成直線變化關係，如圖 3.5 所示，此種電阻稱為**線性電阻**(linear resistance)。但某些導體或非金屬材料如二極體，電晶體或碳化矽等製成之電路元件，它未必遵守歐姆定律，其 $V\text{-}I$ 特性曲線不是線性，即其電阻在恒溫下，並非為定值(其電阻值隨所加電壓大小而變)，故其電流電壓間不呈直線變化關係，具有此性質的電

阻，稱為**非線性電阻**(non-linear restistance)。若電流與電壓之關係不為線性關係時，則

$$R = \frac{dv}{di} \text{...} (3.12)$$

可利用微分求函數之斜率(slope)，以求電阻值之大小。本書以後考慮的電阻都是線性電阻。

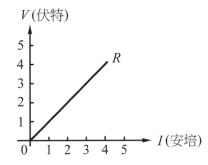

圖 3.5　線性電阻之特性曲線

【例題 3.9】

電阻器兩端電壓為 48V，試求當電阻值為(a) 4Ω；(b) 2kΩ之電流值。

解　利用(3.11)式，可得：

(a) $I = \dfrac{V}{R} = \dfrac{48V}{4Ω} = 12(A)$

(b) $I = \dfrac{48V}{2kΩ} = \dfrac{48}{2 \times 10^3} = 24 \times 10^{-3}(A) = 24(mA)$

3.3　電導

電導(conductance)為**電阻的倒數**，其表示**某種材料容許電流通過的能力**，通常以 G 表示之，其單位為**姆歐**(mho)，或簡稱莫，符號為歐姆之倒寫℧表示。電導之單位有時使用**西門子**(Siemens)，以 S 表示之。它與 R 之關係為：

$$G = \frac{1}{R} \text{...} (3.13)$$

由(3.1)式代入上式，亦可得電導之公式爲：

$$G = \frac{1}{R} = \frac{1}{\rho \frac{l}{A}} = \left(\frac{1}{\rho}\right)\frac{A}{l} = \sigma \frac{A}{l}(\mho) \quad\text{.. (3.14)}$$

式中σ(希臘字母 sigma)稱爲**電導係數**(conductivity)或**導電率**，其值乃該材料之電阻係數ρ之倒數，故其單位爲$\mho$/m。σ與ρ之關係是互爲倒數，以數學式表示爲：

$$\sigma = \frac{1}{\rho} \quad\text{.. (3.15)}$$

實際上，我們常用電導數係數來比較兩種物質導電的程度，且用百分電導係數(σ%)來表示某物質的導電特性。所以適當地選擇某一材料作爲標準，再將其他材料與標準材料做比較，就可以決定其他材料導電性之優劣。國際電氣委員會規定，以純軟銅作爲標準材料(純軟銅在 20°C 時的導電係數$\sigma_s = \frac{1}{1.724} \times 10^8 \mho$/m)，定義其百分電導係數(percent conductivity)爲 100 %，其他材料與σ_s相比的百分數即爲**百分電導係數**，即：

$$\begin{aligned}百分電導係數(\sigma\%) &= \frac{任何材料之\sigma}{標準純軟銅之\sigma_s} \times 100\ \% \\ &= \frac{標準軟銅之\rho_s}{任何材料之\rho} \times 100\ \% \quad\text{........................ (3.16)}\end{aligned}$$

表 3.5 所示爲常用材料之百分電導係數表。表 3.6 爲在 20°C 時常用材料之電阻係數表。

表 3.5　常用材料之百分電導係數

材料	百分電導係數	材料	百分電導係數
軟　銅	100 %	鎳	17.2 %
銀	105 %	鉑	15.7 %
金	70.6 %	鋼	8.4 %
鋁	61 %	鉛	8.4 %
鋅	29.5 %	軟　鋼	10.8 %
鎘　銅	86 %	水　銀	1.8 %
矽　銅	45 %	石　墨	0.23 %
鐵	17.2 %	碳	0.04 %

表 3.6 在 20℃時常用材料之電阻係數

金屬	電阻係數 $(\Omega m \times 10^{-8})$
銀	1.62
銅	1.69
軟 銅	1.724
金	2.4
鋁	2.62
鎢	5.48
鋅	6.1
鐵	6.9
鐵	10.0
白 金	10.5
錫	11.4
汞	95.8

【例題 3.10】

試求 1mm^2 之鎳鉻線，1km 長之電阻及電導，已知鎳鉻之百分導電係數為 1.6 ％。

解 查表 3.6 知軟銅之電阻係數 $\rho_s = 1.724 \times 10^{-8}$ Ω-m，

$$\because \sigma\% = \frac{\sigma}{\sigma_s} \times 100\% = \frac{\rho_s}{\rho} \times 100\%$$

$$\therefore \rho = \frac{\rho_s}{\sigma\%} = \frac{1.724 \times 10^{-8}}{1.6\%} \times 100\% = 108 \times 10^{-8} \text{ Ω-m}$$

因為 $R = \rho \frac{l}{A} = 108 \times 10^{-8} \times \frac{1000}{1 \times 10^{-6}} = 1080 \text{ (Ω)}$

$$G = \frac{1}{R} = \frac{1}{1080} = 0.926 \times 10^{-3} (\mho) = 926 (m\mho)$$

3.4 電阻器所吸收的功率

電流在電阻器中產生熱是移動電子和其它電子碰撞產生的結果，因此電流將電能轉換成熱能，稱之為電阻器吸收了功率或散逸了功率。因熱量散失在周圍的空氣中，不能重返電路，此種熱的損失對我們是有用的，它可使燈泡發出

亮光，電熱器得到暖和，但有時候熱是不希望產生的，不論希望或不希望，熱的產生是存在的。

由第二章第3節我們知道，供給任何元件電壓 V 及電流 I 所產生的功率為：

$$p = VI \dots\dots\dots\dots\dots\dots\dots\dots\dots\dots\dots\dots\dots\dots\dots\dots (3.17)$$

在電阻器中，可用歐姆定律 $V = IR$ 取代上式，可得電阻器的散逸功率為：

$$P = IRI = I^2 R \dots\dots\dots\dots\dots\dots\dots\dots\dots\dots\dots\dots\dots\dots (3.18)$$

亦可將歐姆定律寫成 $I = \dfrac{V}{R}$ 取代上式，亦可得電阻器之散逸功率為：

$$P = V\frac{V}{R} = \frac{V^2}{R} \dots\dots\dots\dots\dots\dots\dots\dots\dots\dots\dots\dots (3.19)$$

上式中 V 的單位為伏特，I 的單位為安培，R 為歐姆，則功率單位為瓦特。

(3.18)式，一般使用於串聯電路(I 定值)，可知 P 與 R 成正比；而(3.19)式，一般使用於並聯電路(V 定值)，可知 P 與 R 成反比。所以 P 與 R 成正比或反比，端視其串聯或並聯而決定。

當電阻器通過電流時，所散逸的功率能將電能轉換成熱能，在不損壞電阻器下的功率稱之為**額定功率**或**額定瓦特數**，其值為在正常工作電壓下所定。

【例題 3.11】

一燈泡在 120V 工作電壓下額定功率為 600W，試求燈泡電流、電阻各為若干？

解 利用(3.17)式，可得在額定功率下允許通過之電流 I 為：

$$I = \frac{P}{V} = \frac{600}{120} = 5(A)$$

再利用(3.18)式，可得電阻 R 為：

$$R = \frac{P}{I^2} = \frac{600}{5^2} = 24(\Omega)$$

元件在 t 秒內吸收固定 P 瓦特的功率，則元件獲得的全部**能量**為：

$$W = Pt \dots\dots\dots\dots\dots\dots\dots\dots\dots\dots\dots\dots\dots\dots\dots\dots (3.20)$$

式中能量W的單位為焦耳(Joule)。於電阻器R中，所通過的電流I，轉換成熱量為：

$$W = I^2Rt \dotfill (3.21)$$

同樣地，若$V = IR$跨於電阻兩端，則(3.21)式可改寫為：

$$W = \frac{V^2t}{R} \dotfill (3.22)$$

【例題 3.12】

有一電熱器具有12Ω的電阻，工作於 120V 電壓下，使用 1 分鐘，試求此電熱器使用多少能量？

解 應用(3.22)式，可得：

$$W = \frac{V^2t}{R} = \frac{(120)^2 \times (60)}{12} = 72000(\text{J}) = 72(\text{kJ})$$

3.5　實用的電阻器

具有電阻性質的電路元件，稱為電阻器(resistor)，將電阻器置於電路中，即形成一電阻。它是由許多不同材料製成，且有不同的型式、數值及外觀。

電阻器有兩種特性，一是**電阻值**，另一是**額定瓦特數**或**額定功率**。電阻值一般以數值或色碼在電阻器上標出，而正確電阻值會在某一特定數值間改變，亦即有**誤差**(tolerance)存在。而額定瓦特數為不損壞電阻器所能散逸的最大瓦特數。

電阻器依其特性可分為**固定電阻器**、**可變電阻器**與**特殊電阻器**三種，現分述如下：

一、固定電阻器

電阻值恒定不變的電阻器是為固定電阻器，其因用途及材料不同而有多種不同型式，現分別說明如下：

1. **碳質電阻器**(carbon composition resistor)

碳質電阻器是由碳粒與絕緣材料依適當比例混合熱壓而製成所希望電阻值的電阻器。電阻材料包裝在塑膠容器中，兩端有兩條引線形成了兩個端點，其結構如圖 3.6(a)所示。

電阻器的大小隨其瓦特數的額定而改變，為了能承受較大的電流及消耗損失，可以加大尺寸以便增加瓦特數額定，如圖 3.6(b)所示。

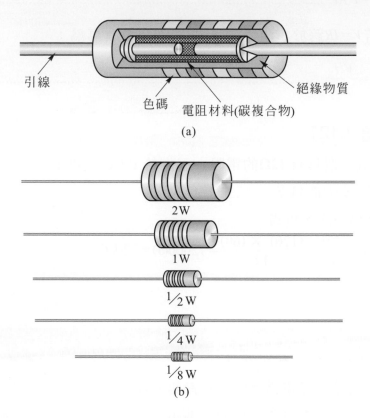

引線

色碼　電阻材料(碳複合物)

絕緣物質

(a)

2 W

1 W

½ W

¼ W

⅛ W

(b)

圖 3.6　碳質電阻器(a)碳質電阻器的結構圖，(b)各種不同數值及瓦特數的碳質電阻器實體圖

2. **線繞電阻器**(wire-wound resistor)

　　將金屬線(通常是鎳鎘合金)繞在瓷管上，管的兩端裝有金屬接頭而製成。線繞電阻器又可分為**功率型**及**精密型**兩類；功率型在應用時，數值不需太精密，故誤差較大，工作溫度可高達 300℃ 以上，長期使用皆很穩定，但不適用高頻工作，以避免相當大的電感效應，一般皆使用在大電流高功率上，如圖 3.7(a)、(b)所示。精密型線繞電阻器具有低溫度係數，其精密度為 ±1 % 至 0.001 % 的精密電阻。瓦特數從 $\frac{1}{8}$ 至數百瓦之間，其值在幾分之一歐姆至數仟歐姆之間，如圖 3.7(c)、(d)所示。

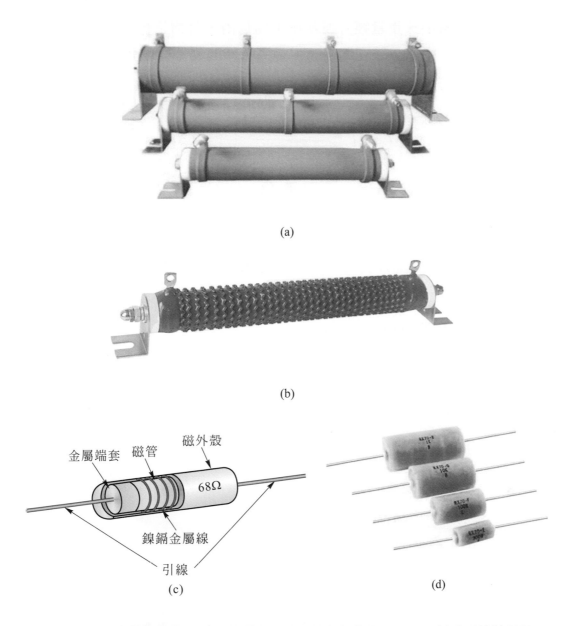

(a)

(b)

金屬端套　磁管　磁外殼

68Ω

鎳鎘金屬線

引線

(c)

(d)

圖 3.7　線繞電阻器(a)、(b)功率型線繞電阻器實體圖，(c)、(d)精密型線繞電阻
器實體圖

3. **碳膜電阻器**(corbon film resistor)

　　碳膜電阻器是將碳氫氣體在高溫下分解，附著在陶瓷體表面上，而
形成電阻薄膜，包裝方法與碳質電阻器相同。其穩定度高，電阻溫度係

數低,體積小、重量輕、誤差在 1 ％以內,且價格低廉。常用於高頻電路,可代替精密線繞電阻器,但最高工作溫度不能超過 70℃,碳膜電阻值範圍由 2.7Ω 至 22MΩ,瓦特數由 $\frac{1}{8}$ 瓦至 2 瓦,如圖 3.8 所示。

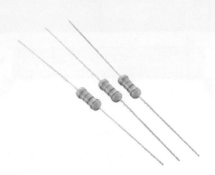

圖 3.8　碳膜電阻器實體圖

4. **金屬膜電阻器**(metal film resistor)

　　金屬膜電阻器是將薄金屬膜附著於絕緣材料上而製成。這種電阻器重量輕,誤差小至 3 ％以內,工作溫度高達 175℃ 以上,可靠度及穩定度高,不易受潮等,常用於低功率且電阻值要求精密的電路上,如圖 3.9 所示。

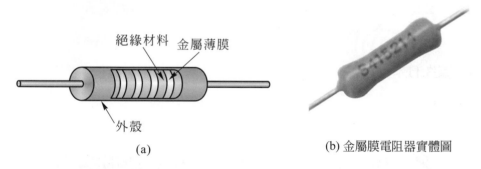

絕緣材料　金屬薄膜

外殼

(a)

(b) 金屬膜電阻器實體圖

圖 3.9　金屬膜電阻器(a)金屬膜電阻器結構圖,(b)金屬膜電阻器實體圖

5. **釉質電器**(glaze resistor)

　　釉是用以製造最新型電阻器的基本材料,通常稱之為**厚膜**(thick film)。用釉製造成之電阻器又稱為**厚膜電阻器**。其製法是將電阻原料(如釕(ruthenium)的氧化物)、玻璃粉末與賽璐珞(cellulose)混合而成之糊狀物塗

在一陶瓷板(或稱基片)上，加熱至 1000℃ 而製成。在 1000℃ 的高溫下，賽璐珞被燒掉，玻璃則被燒熔而形成釉，釉所形成的形狀由原先塗抹在基片上的圖案決定，因此可製成各種電阻值的電阻器。此種製法價廉且可量產，既可製成單一電阻，也可做成電阻器網路，這就是目前積體電路(IC)的型態，如圖 3.10 所示為積體電路型電阻器網路。

圖 3.10　積體電路型電阻器網路

二、可變電阻器

電阻值可隨意調整的電阻器稱為可變電阻器。其值可依使用者之需要由零調至額定值。調整的方式有滑動式、旋臂式及螺絲旋轉式。

可變電阻器通常有三個連接點，其中兩個為固定，另一個為可調整。使用時，若只用可調接點與固定接點中之一接點時，可變電阻器常被稱為變阻器(rheostat)。在電路中，三個接點同時被用上之可變電阻器，則稱為**電位器**(potentiometer)，圖 3.11 為可變電阻器常用之符號。

圖 3.11　可變電阻器常用之符號

可變電阻器可分為以下三類：

1. **碳質可變電阻器**(carbon composition variable resistor)

　　如圖 3.12 所示，由石碳酸做成設定的外型，填入碳質電阻材料引出接線，電阻的變化仍由旋轉軸的角度決定，因其構造簡單，可靠度高，用途頗廣。

圖 3.12　碳質可變電阻器實體圖　　　　圖 3.13　碳膜可變電阻器實體圖

2. **碳膜可變電阻器**(carbon film variable resistor)

　　如圖 3.13 所示，係在石碳酸做成的固定架上，鍍上一層碳膜，在碳膜和石碳酸之間做一個定固接棒，電阻的變化是由可旋轉的活動臂上的金屬片輕壓碳膜旋轉，電阻的大小即由旋轉軸的角度決定，碳膜電阻常用於音質或音量的控制上，但壽命不長。

3. **線繞可變電阻器**(wire-wound variable resistor)

　　線繞可變電阻器係在一瓷管上，繞上電阻繞線而成的電阻器，中間有不銹鋼片固定或滑動的接頭，可接出變更的電阻值。此種可變電阻器依用途可分為**低功率用可變電阻器**及**高功率用可變電阻器**。如圖 3.14(a)、(b) 所示者屬於低功率型，其誤差較大，約在 5 ％至 20 ％之間，電阻值則在 1kΩ 至 15kΩ 之間，工作溫度在 105℃ 以內。如圖 3.14(c)、(d)所示者屬於高功率型，其允許通過較大電流，額定功率可達 1 仟瓦以上，電阻值在 5Ω 至 50kΩ 之間，工作溫度高達 350℃ 以上。

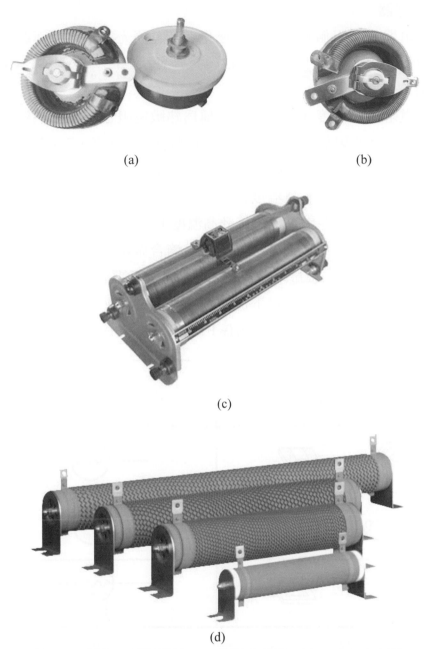

(a)　　　　　　　　　　　　(b)

(c)

(d)

圖 3.14　線繞可變電阻器(a)、(b)低功率型，(c)、(d)高功率型

三、特殊電阻器

特殊電阻器之電阻值有隨溫度而變化者，有隨光度或電壓而改變者，常用的有下列數種，現分述如下：

1. **熱敏電阻器**(thermistor)

　　電阻值隨溫度而變化的元件稱為熱敏電阻器，有的熱敏電阻器隨溫度上升，其電阻值也上升，即具有正溫度係數(PTC)者。有的熱敏電阻器隨溫度上升，其電阻值反而下降，即具有負溫度係數(NTC)者。一般所稱熱敏電阻器即指具有負溫度係數者。

　　熱敏電阻器在室溫下，每升高溫度1℃時，電阻值將減少6％，此種對溫度變化高靈敏度之熱敏電阻器很適合做精確的溫度測量、控制和補償。圖3.15(a)為熱敏電阻器的外觀圖；圖(b)為其代表符號，圓圈內的T表示溫度。圖 3.15(b)中，最下面一個符號代表間熱式熱敏電阻器，其餘三個均代表直熱式者。圖3.15(c)係 PTC 和 NTC 熱敏電阻器實體圖。

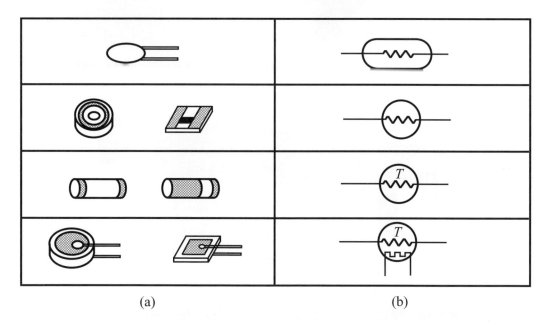

(a)　　　　　　　　　　　　　(b)

圖3.15　熱敏電阻(a)外觀圖，(b)代表符號，(c)各種熱敏電阻器實體圖

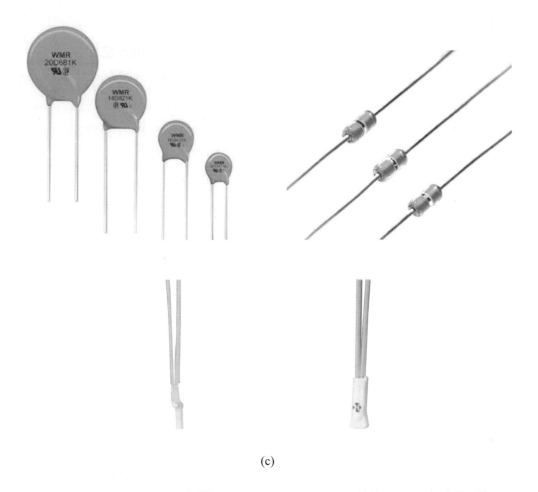

(c)

圖 3.15　熱敏電阻(a)外觀圖，(b)代表符號，(c)各種熱敏電阻器實體圖 (續)

2.　**可熔電阻器**(fusible resestor)

可熔電阻器其電阻值為固定者，可當保險絲之用，用以保護電路中較昂貴的零件，如圖 3.16 所示，圖(a)為其外觀圖，圖(b)為其代表符號。

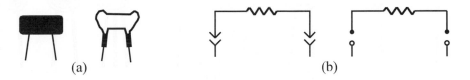

(a)　　　　　　　　　　　　　　　　(b)

圖 3.16　可熔電阻器(a)外觀圖，(b)代表符號

3. **光敏電阻器**(photoresistor)

光敏電阻器又稱為光導電池(photoconductive cell)，它是一兩端元件，圖 3.17 為其符號、構造及外觀圖。一般製造光敏電阻器的材料包括硫化鎘(cadmium sulfide)縮寫為 cds 和硒化鎘(cadmium selenide)縮寫為 cdse，這些物質光譜響應，一般介於 40000Å～10000Å，與一般白熾燈或太陽光之光譜響應相近。

光敏電阻本身具有半導體特性，當光照射於 cds 或 cdse 上時，該物質導電性增加，相對降低了這些物質的電阻，因此光敏電阻的端電阻大小隨著入射光的強度成反比。由於光敏電阻器對瞬間光能的變化無法即時反應，一般稱之為**光滯現象**，所以響應速度慢是光敏電阻器最大的缺點，但其具有高靈敏度，暗電阻和受光時之電阻比率很大，一般超出 100：1，且價格低廉與易於使用的特性。光敏電阻常應用在亮度自動控制、相片曝光儀、街燈之自動控制等。

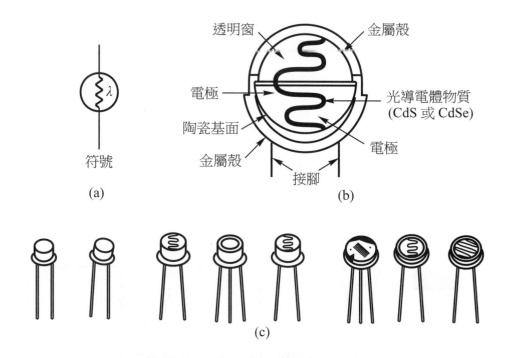

圖 3.17 光敏電阻器(a)符號，(b)外觀圖，(c)各種不同光敏電阻器

3.6　電阻器的色碼

目前常用電阻器其電阻值的標示法有兩種，一種是體積較大的固定型或可變型電阻器，是將電阻值直接印記於外殼上。另一種如碳質電阻器或體積小的，因印字困難，另因本身發熱，數字容易退色，難以辨認，故採用**色碼標示法**，使用者只要看到色碼，便能迅速讀出電阻器的電阻質及其特性。**色帶制**(band system)是目前採用的方法，過去流行的**身頭點制**(body-end-dot system)已甚少使用。

目前常用的色碼標示法有三種：

1.　**三環式**

1：十位數值

2：個位數值

3：前二位數值的十乘冪值

4：無色代表誤差值為 ±20 ％

2.　**四環式**

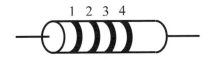

1：十位數值

2：個位數值

3：前二位數值的十乘冪值

4：誤差值

3. 五環式

1：十位數值

2：個位數值

3：前二位數值的十乘冪值

4：誤差值

5：可靠度

　　其中五環式表示法第五條色帶為可靠度因數，用來表示每使用 1000 小時的故障百分率。例如 1％的故障就表示，在使用 1000 小時後，平均每 100 個電阻器會有一個會超出容許的誤差範圍。色帶的讀法是由靠近接線端由左而右讀起，表 3.7 列出各色帶顏色代表的數值。

表 3.7　色帶顏色代表的數值

色帶 1-3	色帶 3	色帶 4	色帶 5
0 黑	0.1 金	5 ％金	1 ％棕
1 棕	相乘因子	10 ％銀	0.1 ％紅
2 紅	0.01 銀	20 ％無色帶	0.01 ％橙
3 橙			0.001 ％黃
4 黃			
5 綠			
6 藍			
7 紫			
8 灰			
9 白			

【例題 3.13】

試寫出下列色碼所代表的電阻值及其可能的範圍值。

棕黑紅　　　　　　　　　　　藍灰黑金

(a)　　　　　　　　　　　　　(b)

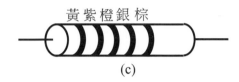

黃紫橙銀棕

(c)

解 (a) R：棕黑紅(無色)

$$R = 10 \times 10^2 \pm 20\,\%$$

$$= 10^3\Omega \pm 10^3\Omega \times 0.2 = 1k\Omega \pm 200\Omega$$

範圍 $= 800(\Omega)$ 到 $1.2(k\Omega)$

(b) R：藍灰黑金

$$R = 68 \times 10^0 \pm 5\,\%$$

$$= 68\Omega \pm 68\Omega \times 0.05 = 68\Omega \pm 3.4\Omega$$

範圍 $= 64.6(\Omega)$ 到 $71.4(k\Omega)$

(c) R：黃紫橙銀棕

$$R = 47 \times 10^3 \pm 10\,\%(1\,\% 的可靠度)$$

$$= 47k\Omega \pm 47k\Omega \times 0.1 = 47k\Omega \pm 4.7k\Omega$$

範圍 $= 42.3(k\Omega)$ 到 $51.7(k\Omega)$，$1\,\%$ 的可靠度(使用 1000 小時)

【例題 3.14】

試寫出下列各電阻器的色碼

(a) R_1：$380\Omega \pm 20\%$

(b) R_2：$10\Omega \pm 5\%$

(c) R_3：$22M\Omega \pm 10\%$

解　(a) R_1：$380\Omega \pm 20\%$

$\quad\quad = 38 \times 10\Omega \pm 20\%$

$\quad\quad = $ 橙灰棕(無色)

(b) R_2：$10\Omega \pm 5\%$

$\quad\quad = 10 \times 10^0\Omega \pm 5\%$

$\quad\quad = $ 棕黑黑金

(c) R_3：$22M\Omega \pm 10\%$

$\quad\quad = 22 \times 10^6\Omega \pm 10\%$

$\quad\quad = $ 紅紅藍銀

 電學愛玩客

　　電線走火主要原因是電線負荷過重，當家中用電量超過屋內電線負荷時，此時電流量變大，電線開始發熱，時間愈久溫度愈高；當達到包覆塑膠熔點時，會引燃其他物品，便會形成火災。

Chapter **4**

簡單電阻電路

　　一般電路乃由**電路元件**(circuit element)組合而成。電路元件可分為**主動元件**
(active element)與**被動元件**(passive element)或稱**有源元件**與**無源元件**兩類。電壓源
與電流源即有源元件；電阻器、電容器及電感器則為無源元件，乃因其未與電
源同時使用時無法產生電能。

　　在前面三章，我們已討論過電壓源、電流源及歐姆定律去解電阻器之電壓、
電流及功率問題，但只討論歐姆定律，無法分析電路，所以尚需許多定律才足
以分析電路。

　　本章將討論二個重要定律，即克希荷夫電流定律及克希荷夫電壓定律，此
兩定律與歐姆定律結合時，將可分析任何電阻電路。以後將討論只有電阻器及
電源的簡單電路，此簡單電路可分為串聯電路與並聯電路，及很多電阻組合而
成單一等效電阻與許多電源組合而成單一等效電源。利用此等效原理及歐姆定
律就可分析電路。

4.1 克希荷夫電流定律

　　未討論**克希荷夫電流定律**(Krchhoff's Current Law；KCL)之前有兩個名詞**節點 (node)**和**迴路(loop)**需加以解釋。**節點就是兩個或更多個電路元件接在一起的接點**，如圖 4.1 所示，而任何一電路元件即稱之為**分支(branch)**。

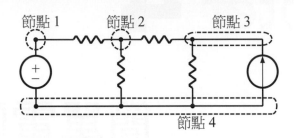

圖 4.1　節點表示法

　　迴路就是由電路某一節點出發，沿各支路前進後返回原來的節點，形成一閉合的電路之謂。如圖 4.2 所示中 *abefa* 路徑，另一迴路 *abcdefa* 路徑。

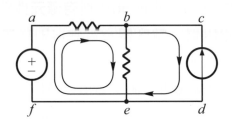

圖 4.2　迴路表示法

　　在任何時刻，流入電路中某一節點之電流的代數和，必等於自該節點流出之電流的代數和，稱為克希荷夫電流定律(KCL)。以數學式表示即為：

$$\Sigma I_{in(流入)} = \Sigma I_{out(流出)} \quad\text{.. (4.1)}$$

　　若我們定義流入節點的電流值為正(或負)，流出節點的電流值為負(或正)，則克希荷夫電流定律可用一種形式敘述：**電路中任何節點上，所有電流的代數和為零**，即：

$$\sum_{k=1}^{n} I_k = 0 \quad\text{.. (4.2)}$$

如圖 4.3 所示，應用克希荷夫電流定律：

$$\Sigma I_{in} = \Sigma I_{out}$$

即

$$I_1 + I_3 + I_4 = I_2 + I_5$$

或

$$\sum_{k=1}^{n} I_k = 0$$

即

$$I_1 - I_2 + I_3 + I_4 - I_5 = 0$$

圖 4.3　電路中任一節點之電流

【例題 4.1】

試求下圖中 150Ω 電阻器上的電流 I_4。

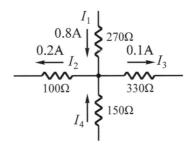

解　依 (4.1) 式，可得：

$$\underbrace{I_1 + I_4}_{\text{流入的電流}} = \underbrace{I_2 + I_3}_{\text{流出的電流}}$$

$$0.8 + I_4 = 0.2 + 0.1$$

$$\therefore I_4 = -0.5(A)$$

此處 -0.5A進入節點是等於 $+0.5$A離開節點,因此假設進入之未知電流,實際上是離開節點 0.5A 之電流,故解電路不需事先猜測電流的正確方向,只需將正確的解答寫出即可。

【例題 4.2】

應用克希荷夫電流定律,試求出下圖中 I_1、I_3、I_4 及 I_5 之值。

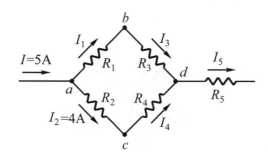

解 在 a 點:

$$I = I_1 + I_2$$

$$5\text{A} = I_1 + 4\text{A} \quad \therefore I_1 = 1(\text{A})$$

在 b 點:

$$I_3 = I_1 = 1(\text{A})$$

在 c 點:

$$I_4 = I_2 = 4(\text{A})$$

在 d 點:

$$I_3 + I_4 = I_5$$

$$1\text{A} + 4\text{A} = I_5 \quad \therefore I_5 = 5(\text{A})$$

4.2 克希荷夫電壓定律

在任何時刻,沿任意迴路電壓降的代數和必等於電壓升的代數和,稱爲克希荷夫電壓定律(Kirchhoff 's Voltage Law;KVL),以數學式表示即爲:

$$\Sigma V_D(電壓降) = \Sigma V_R(電壓升) \dots\dots\dots\dots\dots\dots\dots\dots\dots\dots (4.3)$$

若我們定義沿著迴路的電壓降為正(或負)，電壓升為負(或正)，則克希荷夫電壓定律可用另一種形式述敘：**沿著電路中任何迴路的所有電壓之代數和為零**，即：

$$\sum_{k=1}^{n} V_k = 0 \quad\text{..(4.4)}$$

如圖 4.4 所示應用克希荷夫電壓定律：

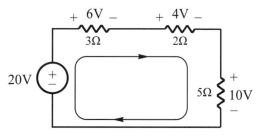

圖 4.4　說明克希荷夫電壓定律

$$\Sigma V_D = \Sigma V_R$$

即　　　　$6V + 10V + 4V = 20V$

或　　　　$\sum_{k=1}^{n} V_k = 0$

即　　　　$20V - 6V - 10V - 4V = 0$

【例題 4.3】

試應用克希荷夫電壓定律，求出下圖中電壓 V。

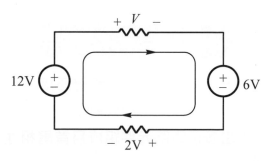

解　依(4.3)式，可得

$$\underbrace{V + 6V + 2V}_{\text{電壓降}} = \underbrace{12V}_{\text{電壓升}}$$

$$\therefore V = 4(V)$$

【例題 4.4】

應用克希荷夫電壓定，試求出下圖中 V_1 及 V_2。

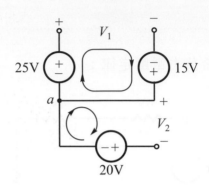

解　　$25\text{V} - V_1 + 15\text{V} = 0$

$\therefore V_1 = 40(\text{V})$

$- V_2 - 20\text{V} = 0$

$\therefore V_2 = - 20(\text{V})$

此處 V_2 爲 -20V，表示沿著迴路的方向，其爲電壓降 -20V，因此假設之未知電壓，實際上是電壓升 20V。故在解電路時，我們並不在意電壓的極性，只是在解出後，若有負號則表示其實際電壓極性，與我們所假設的相反而已。

4.3　　串聯電路

　　電阻之各種連接法中，最基本的型式是**串聯連接**(series connection)和**並聯連接**(parallel connection)。本節就串聯電路予以說明。

　　所謂**串聯電路**，係指**由多個電路元件組成且首尾相連，而每一節點上僅有兩元件相接**，如圖 4.5 所示。

　　由圖 4.5 可知，在串聯電路中，通過每個電阻器的電流皆相同，依歐姆定律可知每一個電阻器的電壓降爲：

$$V_1 = IR_1 \text{，} V_2 = IR_2 \text{，} \cdots\cdots V_m = IR_m$$

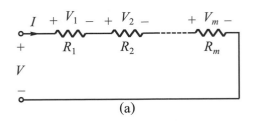 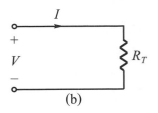

圖 4.5　(a)串聯電路，(b)等效電路

又依克荷夫電壓定律可知：

$$V = V_1 + V_2 + \cdots\cdots + V_m$$
$$= IR_1 + IR_2 + \cdots\cdots + IR_m = I(R_1 + R_2 + \cdots\cdots + R_m)$$
$$= IR_T$$

式中

$$R_T = R_1 + R_2 + \cdots\cdots + R_m$$
$$= \sum_{k=1}^{m} R_k \cdots\cdots\cdots\cdots\cdots\cdots\cdots\cdots\cdots\cdots\cdots\cdots\cdots (4.5)$$

可知串聯電路中之等效電阻(equivalent resistance)或總電阻等於各個電阻之和。圖 4.5(b)中之等效電阻，因其與原電路之電壓、電流關係相同，而可取代原電路。串聯電路具有下述四個特性：

1. 流經各個電阻器之電流相等。
2. 全組兩端之電壓等於每一個電阻器兩端電壓之總和。
3. 電阻串聯後之等效電阻(或總電阻)等於所有各個電阻之總和。
4. 串聯電阻之總電阻，比其原有電路中之任一電阻要大。

【例題 4.5】

如下圖所示之串聯電路，試求其等效電阻R_T及電流I。

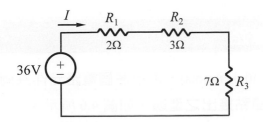

解 利用(4.5)式，可得

$$R_T = R_1 + R_2 + R_3 = 2 + 3 + 7 = 12(\Omega)$$

利用歐姆定律，可得：

$$I = \frac{V}{R_T} = \frac{36}{12} = 3(A)$$

【例題 4.6】

下圖所示係一串聯電路，試求出其等效串聯電阻及電流I。

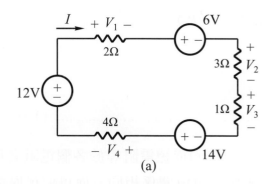
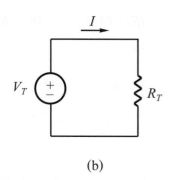

    (a)   (b)

解 利用(4.5)式，等效電阻為：

$$R_T = 2 + 3 + 1 + 4 = 10(\Omega)$$

$$V_T = 12 - 6 + 14 = 20(V)$$

由(b)圖知電流為：

$$V_T = R_T I$$

$$\therefore I = \frac{V_T}{R_T} = \frac{20}{10} = 2(A)$$

4.4 並聯電路

　　所謂**並聯電路**(parallel circuits)，係指**多個電路元件共同接在兩個節點上，在此兩節點間別無其他節點接出之型態**，如圖 4.6 所示。

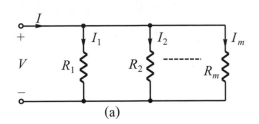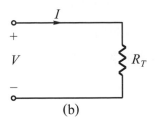

圖 4.6　(a)並聯電路，(b)等效電路

由圖 4.6 可知，在並聯電路中，每個電阻器上之電壓均相等，依歐姆定律可知各分路之電流為：

$$I_1 = \frac{V}{R_1} \text{ , } I_2 = \frac{V}{R_2} \text{ , } \cdots\cdots \text{ , } I_m = \frac{V}{R_m}$$

又依克希荷夫電流定律：

$$
\begin{aligned}
I &= I_1 + I_2 + \cdots\cdots + I_m \\
&= \frac{V}{R_1} + \frac{V}{R_2} + \cdots\cdots + \frac{V}{R_m} \\
&= V\left(\frac{1}{R_1} + \frac{1}{R_2} + \cdots\cdots + \frac{1}{R_m} \right) \\
&= V\left(\frac{1}{R_T} \right)
\end{aligned}
$$

式中

$$
\begin{aligned}
\frac{1}{R_T} &= \frac{1}{R_1} + \frac{1}{R_?} + \cdots\cdots + \frac{1}{R_m} \\
&= \sum_{k=1}^{m} \frac{1}{R_k} \qquad\qquad\qquad\qquad\qquad\qquad (4.6)
\end{aligned}
$$

故等效電阻為：

$$R_T = \frac{1}{\displaystyle\sum_{k=1}^{m} \frac{1}{R_k}} = \frac{1}{\dfrac{1}{R_1} + \dfrac{1}{R_2} + \cdots\cdots + \dfrac{1}{R_m}} \qquad\qquad\qquad\qquad (4.7)$$

由(3.13)式知電導為電阻之倒數，故(4.6)式可改寫為：

$$
\begin{aligned}
G_T &= G_1 + G_2 + \cdots\cdots + G_m \\
&= \sum_{k=1}^{m} G_k (\text{西門子}) \qquad\qquad\qquad\qquad\qquad\qquad (4.8)
\end{aligned}
$$

(4.8)式所示之物理意義為：**並聯電路之等效電導等於各個電導之和**。超過兩個以上電阻器並聯之電路，使用(4.8)式之電導計算較為簡單。圖4.6(b)是圖(a)原電路之等效電路。

並聯電路亦具有下述四個特性：

1.   各個電阻器之端電壓均相等。

2.   並聯電路之總電流等於流經各個電阻器電流之和。

3.   電阻並聯後之等效電阻(或總電阻)等於各個電阻倒數之和的倒數。

4.   並聯電阻之總電阻，比其原有電路中之任一電阻要小。

【例題 4.7】

下圖所示係一並聯電路，試求出其等效電阻R_T及電壓V。

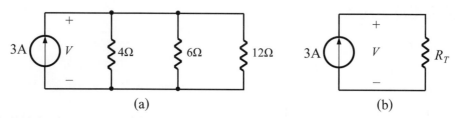

(a)   (b)

解 利用(4.6)式，等效電阻為：

$$\frac{1}{R_T} = \frac{1}{4} + \frac{1}{6} + \frac{1}{12} = \frac{1}{2}$$

$$\therefore R_T = 2(\Omega)$$

由(b)圖可知電壓為：

$$V = R_T I = 2 \times 3 = 6(V)$$

在m個電阻並聯時，假設每一個電阻都相等，且等於R時，利用(4.6)式，可得：

$$\frac{1}{R_T} = \frac{1}{R} + \frac{1}{R} + \cdots\cdots + \frac{1}{R}$$

在等號右邊共有m項，因此可得：

$$\frac{1}{R_T} = \frac{m}{R}$$

或

$$R_T = \frac{R}{m} \quad\text{...(4.9)}$$

上式中，m表示電阻R的數目，亦即m個相等電阻的並聯值，等於其中一個電阻除以並聯電阻的數目。

【例題 4.8】

試求下圖所示電路之總電阻R_T。

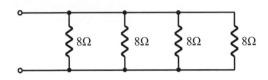

解　因四個並聯電阻皆相等為 8Ω，故利用(4.9)式，可得：

$$R_T = \frac{R}{m} = \frac{8}{4} = 2(\Omega)$$

【例題 4.9】

如下圖所示之並聯電路，試求其等效電阻R_T及電壓V。

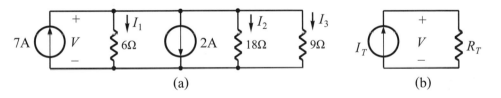

(a)　　　　　　　　　　　　　(b)

解　利用 KCL，可得：

$$7A = I_1 + 2A + I_2 + I_3$$

或　$I_1 + I_2 + I_3 = 7 - 2 = 5A$

上式中，左邊是電阻器電流之和，利用歐姆定律，可寫成：

$$I_T = I_1 + I_2 + I_3 = \frac{V}{6} + \frac{V}{18} + \frac{V}{9} = \left(\frac{1}{6} + \frac{1}{18} + \frac{1}{9}\right)V$$

$$= \frac{V}{R_T}$$

R_T為三個並聯之等效電阻，可得：

$$\frac{1}{R_T} = \frac{1}{6} + \frac{1}{18} + \frac{1}{9} = \frac{1}{3}$$

或　$R_T = 3(\Omega)$　因　$I_T = \dfrac{V}{R_T}$　或　$5 = \dfrac{V}{3}$

$\therefore$　$V = 15(\text{V})$

4.5　簡單電阻電路之功率

一、串聯電路

在m個電阻串聯的電路如圖 4.7 所示，當連接電壓源V後，電壓源V提供電流I，在各個電阻上的電壓降分別為V_1、V_2、……、V_m。

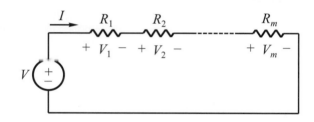

圖 4.7　串聯電阻電路的功率

由電源供給電路的功率為：

$$P = VI$$

各個電阻所吸收(或消耗)的功率分別為：

$$P_1 = V_1 I$$
$$P_2 = V_2 I$$
$$\vdots$$
$$\vdots$$
$$P_m = V_m I$$

故

$$P = P_1 + P_2 + \cdots\cdots + P_m = V_1I + V_2I + \cdots\cdots + V_mI$$
$$= (V_1 + V_2 + \cdots\cdots + V_m)I$$
$$= VI$$

由電源供給的功率等於各個串聯電阻所吸收功率的和，即電源放出的功率全部消耗在各個電阻中。

因為 $P = I^2R$，串聯電路 I 相等，所以 P 與 R 成正比，可知串聯電路電阻 R 愈大，則其所消耗功率也愈大。

二、並聯電路

對 m 個並聯電阻與電壓源 V 連接的並聯電路，如圖 4.8 所示，電壓源供給各個電阻的電流分別為 I_1、I_2、$\cdots\cdots$、I_m。各個電阻有相同的端電壓 V。

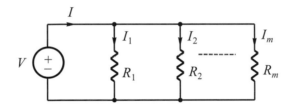

圖 4.8　並聯電阻電路的功率

電源供給電路的功率為：

$$P = VI$$

各個電阻所吸收的功率分別為：

$$P_1 = VI_1$$
$$P_2 = VI_2$$
$$\vdots$$
$$\vdots$$
$$P_m = VI_m$$

故
$$P = P_1 + P_2 + \cdots\cdots + P_m = VI_1 + VI_2 + \cdots\cdots + VI_m$$
$$= V(I_1 + I_2 + \cdots\cdots + I_m)$$
$$= VI$$

由電源供給的功率等於各個並聯電阻所吸收功率的和，即電源放出的功率全部消耗在各個電阻中。

因為 $P = \dfrac{V^2}{R}$，並聯電路 V 相等，所以 P 與 R 成反比，可知並聯電路電阻 R 愈大，則其所消耗功率愈小。

【例題 4.10】

有一串聯電路如下圖所示，試求：(a)等效電阻；(b)總電流 I；(c)V_1 及 V_2；(d)每一電阻所消耗的功率與總功率；(e)電源所供給的功率。

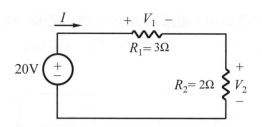

解　(a)$R_T = R_1 + R_2 = 3 + 2 = 5(\Omega)$

(b)$I = \dfrac{V}{R_T} = \dfrac{20}{5} = 4(\text{A})$

(c)$V_1 = R_1 I = 3 \times 4 = 12(\text{V})$

$V_2 = R_2 I = 2 \times 4 = 8(\text{V})$

(d)$P_1 = R_1 I^2 = 3 \times (4)^2 = 48(\text{W})$

或 $P_1 = \dfrac{V_1^2}{R_1} = \dfrac{12^2}{3} = 48(\text{W})$

$P_2 = R_2 I^2 = 2 \times (4)^2 = 32(\text{W})$

或 $P_2 = \dfrac{V_2^2}{R_2} = \dfrac{8^2}{2} = 32(\text{W})$

總功率 $P_T = P_1 + P_2 = 48 + 32 = 80(\text{W})$

(e)電源所供給的功率

$P_b = VI = 20 \times 4 = 80(\text{W})$

電源所供的功率正好等於各電阻所消耗的總功率。

【例題 4.11】

有一並聯電路如下圖所示，試求：(a)等效電阻；(b)總電流 I；(c)各支路電流 I_1、I_2 與 I_3；(d)電源供給的功率。

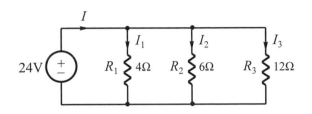

解 (a)$R_T = \dfrac{1}{\dfrac{1}{4} + \dfrac{1}{6} + \dfrac{1}{12}} = 2(\Omega)$

(b)$I = \dfrac{V}{R_T} = \dfrac{24}{2} = 12(A)$

(c)$I_1 = \dfrac{24}{4} = 6(A)$，$I_2 = \dfrac{24}{6} = 4(A)$，$I_3 = \dfrac{24}{12} = 2(A)$

(d)$I = I_1 + I_2 + I_3 = 12(A)$

∴電源供給的功率為：

$P = VI = 24 \times 12 = 288(W)$

 電學愛玩客

鋰電池主要是以正極鋰合金氧化物、液體有機電解液和負極碳材組成，此外，在正負極之間以隔離膜將正負極隔開以避免短路，而液體有機電解液則含在多孔隙的塑膠隔離膜中，負責離子電荷的傳導工作。鋰電池具有能量密度高、操作電壓高、使用溫度範圍大、無記憶效應、壽命長、可多次的充放電等優點，主要用於可攜式電子產品，如手機、筆記型電腦等。

Chapter **5**

電阻與電阻串並聯電路

在很多的實際電路中，除了第四章所述的串聯或並聯電路外，常有某一電路元件與由多個電路元件並聯組成的部分再串聯在一起的情形，因此本章將討論**一些元件連接，具有相同電流或相同電壓的更複雜電路，稱之為串並聯電路。**此電路亦可有僅含單一電路的等效電路，因此分析時需用更多的方法。

5.1　等效電阻

對於串並聯電路的分析並不困難，但也沒有較快的方法，最重要的是將電路中相同(串聯或並聯)的元件加以合併，然後將電路加以簡化，方可求到所要的結果。

串並聯電阻的組合，如何能合併到只剩下單一等效電阻的步驟，只是把串聯或並聯電阻簡單合併成等效電阻，這些步驟會產生更多的串聯或並聯電阻，重覆這些步驟直到僅剩下單一電阻R_T為止。圖 5.1 所示就是一個簡單的串並聯電阻電路簡化成等效電阻的例子。電阻R_2和R_3並聯在一起，再和R_1串聯。我們可先將R_2和R_3的等效電阻R_4取代，則R_4為：

$$R_4 = R_2 /\!/ R_3 = \frac{1}{\dfrac{1}{R_2} + \dfrac{1}{R_3}} = \frac{R_2 R_3}{R_2 + R_3} \text{ (其中 // 符號代表並聯)} \dots\dots\dots (5.1)$$

它的結果如(b)圖所示。就V和I而言，這電路為(a)圖的等效電路。

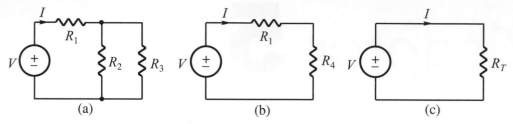

圖 5.1　(a)串並聯電阻電路，(b)等效電阻的程序，(c)等效電阻

由電源V端看入之等效電阻R_T是由(b)圖的R_1和R_4串聯而成，因此可得：

$$R_T = R_1 + R_4 \dots\dots\dots\dots\dots\dots\dots\dots\dots\dots\dots\dots\dots (5.2)$$

此結果如(c)圖所示。此時電流可由歐姆定律求得：

$$I = \frac{V}{R_T} \dots\dots\dots\dots\dots\dots\dots\dots\dots\dots\dots\dots\dots\dots (5.3)$$

可以把(5.1)和(5.2)式合併成單一程序，其表示法為：

$$R_T = R_1 + (R_2 /\!/ R_3) = R_1 + \frac{R_2 R_3}{R_2 + R_3} \dots\dots\dots\dots\dots\dots (5.4)$$

此結果可由(a)圖中R_2和R_3並聯等效電阻$\dfrac{R_2 R_3}{R_2 + R_3}$，再和$R_1$串聯，故(5.4)式是可以了解的。

【例題 5.1】

　　如下圖所示之串並聯電阻電路，試求從電源兩端看入的等效電阻R_T，並利用此結果求I出值。

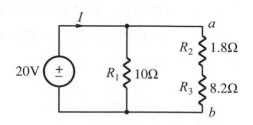

解 R_2和R_3串聯，用等效電阻取代，故a、b端電阻為：

$$R_{ab} = 1.8\Omega + 8.2\Omega = 10\Omega$$

此結果表示於圖(a)中，可知R_{ab}和R_1並聯在一起，

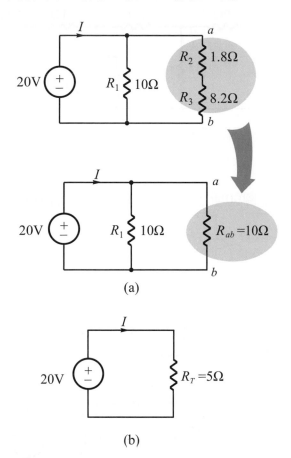

(a)

(b)

因此等效電阻R_T為：

$$R_T = R_1 // R_{ab} = \frac{R_1 R_{ab}}{R_1 + R_{ab}} = \frac{10 \times 10}{10 + 10} = 5(\Omega)$$

這結果如同(b)圖所示，因此電流I為：

$$I = \frac{V}{R_T} = \frac{20V}{5\Omega} = 4(A)$$

【例題 5.2】

　　如下圖所示串並聯電路，試求由電源兩端看入的等效電阻R_T，並利用此結果求出I值。

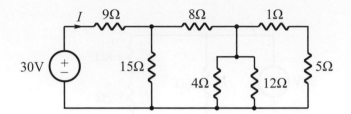

解　1Ω和5Ω串聯，等效電阻為$1+5=6Ω$。4Ω和12Ω並聯，其等效電阻為：

$$\frac{4 \times 12}{4+12}=3Ω$$

這些等效電阻如下圖(a)所示。圖中3Ω和6Ω並聯其組合為：

$$\frac{3 \times 6}{3+6}=2Ω$$

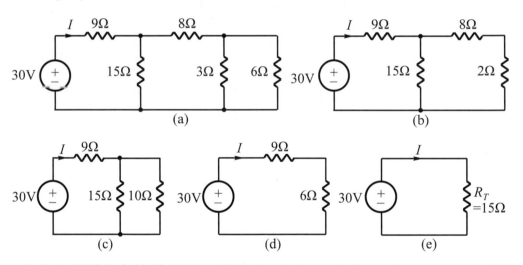

此結果如圖(b)之等效電路。圖(b)中 8Ω和 2Ω串聯，可由$8+2=10Ω$取代，而得(c)圖所示。(c)圖中 15Ω和 10Ω並聯，其等效電阻為：

$$\frac{15 \times 10}{15+10}=6Ω$$

可得(d)圖之等效電路。圖(d)中 9Ω和 6Ω串聯，因此可得：

$$R_T=9+6=15(Ω)$$

此結果如(e)圖所示。此時電流可由歐姆定律求得：

$$I=\frac{V}{R_T}=\frac{30\text{V}}{15Ω}=2(\text{A})$$

【例題 5.3】

如下圖所示之串並聯電路，試求其等效電阻R_{ab}與R_{cd}之值。

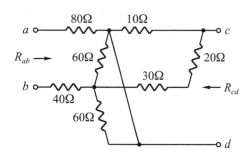

解　求解R_{ab}之等效電路圖，重劃原圖如下(a)圖所示：

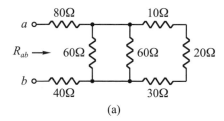

(a)

$$\therefore R_{ab} = [60 \mathbin{/\!/} (10 + 20 + 30) \mathbin{/\!/} 60] + (80 + 40) = 140(\Omega)$$

求解R_{cd}之等效電路圖，重劃原圖如下(b)圖所示：

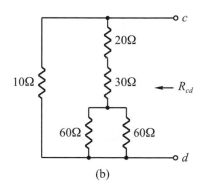

(b)

$$\therefore R_{cd} = 10 \mathbin{/\!/} [(20 + 30) + (60 \mathbin{/\!/} 60)] = 8.89(\Omega)$$

【例題 5.4】

如下圖所示之串並聯電路，試求(a)由電源端看入之等效電阻R_{AB}，(b)若AB兩端接上電壓源 36V，試求流經 2kΩ電阻之電流I_T之值。

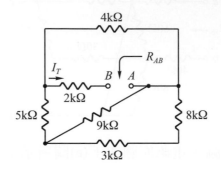

解 (a)原圖重劃其等效電路圖如下：

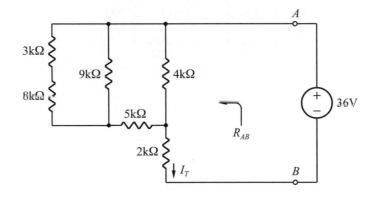

3kΩ和 8kΩ串聯，再與 9kΩ並聯，其等效電阻為$(3k+8k)//9k = \dfrac{99}{20}$kΩ，再與5kΩ串聯，後再與4kΩ並聯，其電阻為：

$(\dfrac{99}{20}+5)//4 = 2.85$kΩ，後再與2kΩ串聯

則等效電阻R_{AB}為：

$R_{AB} = 2.85k + 2k = 4.85(kΩ)$

(b) $I_T = \dfrac{36}{R_{AB}} = \dfrac{36}{4.85k} = 7.42(mA)$

5.2　串聯電阻和並聯電阻

　　一般型式的串並聯電路是由兩個或更多個串聯電阻器結成了組或串，以及由兩個或更多個並聯電阻器結成了組或排。如圖 5.2(a)所示，一串有三個電阻器的串電阻，是由三個電阻器串聯而成。5.2(b)圖有四個電阻器的排電阻，是由四個電阻器並聯而成。顯然地，把串電阻和排電阻連接在一起，可以組成串並聯電路，如同串聯或並聯的狀況一樣，可以先求出等效電阻，使電路分析更簡化。

　　老式的聖誕樹燈是一個串電阻的例子，此電路是由一串電阻器(燈泡)所組成的。此型式的燈串有其中一個燈泡燒毀，則電路就成斷路的缺點。而家庭電氣用品，如檯燈、電視、音響、冰箱⋯⋯等組成排電阻，其中任一用品壞掉並不影響其他用品不能使用的優點。

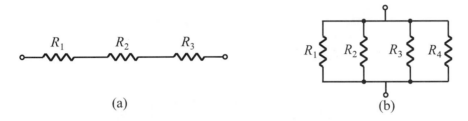

(a)　　　　　　　　　　　　　　(b)

圖 5.2　(a)三個電阻器的串電阻，(b)四個電阻器的排電阻

【例題 5.5】

　　如下圖所示的串並聯電路，有兩組串電阻及兩組排電阻組合而成，試求其等效電阻R_T。

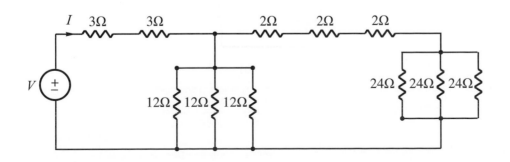

解 兩個 3Ω串電阻的等效電阻為3＋3＝6Ω，三個 2Ω串電阻的等效電阻為
2＋2＋2＝6Ω，而三個12Ω排電阻的等效電阻為 12/3＝4Ω，另三個24Ω排電
阻的等效電阻為24/3＝8Ω，這些串電阻和排電阻分別以等效電阻來取代，
可得如圖(a)所示之等效電路。然而 6Ω和8Ω串電阻的等效電阻值為 14Ω，
此值又與 4Ω並聯，其等效電阻值為14 × 4(14＋4)＝3.1Ω，此結果再與 6Ω
串聯，因此R_T＝6＋3.1＝9.1(Ω)，如圖(b)所示。

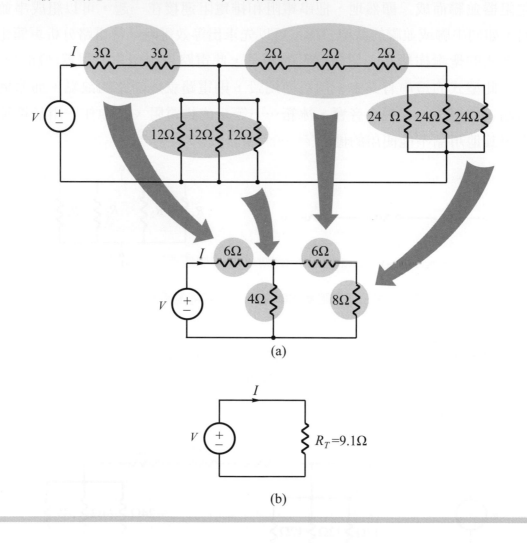

(a)

(b)

【例題 5.6】

如下圖所示之電路稱為**階梯電路**(ladder circuit)，若已知電流$I_1 = 3A$，試求電源兩端GH兩點間之端電壓。

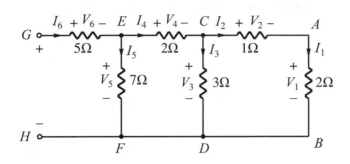

解 此種題目的解法，應先求距離電源最遠處之端電電壓，依次處理，最後到電源端。

$$V_{AB} = V_1 = 2 \times 3 = 6V$$

$$V_{CA} = V_2 = 1 \times 3 = 3V$$

$$\therefore \quad V_{CD} = V_3 = V_{CB} = V_{CA} + V_{AB} = 3 + 6 = 9V$$

故　$I_3 = \dfrac{V_{CD}}{3} = \dfrac{9}{3} = 3A$

$$I_4 = I_2 + I_3 = 3 + 3 = 6A$$

$$V_{EC} = V_4 = 2 \times 6 = 12V$$

$$V_{EF} = V_5 = V_{EC} + V_{CD} = V_4 + V_3 = 12 + 9 = 21V$$

故　$I_5 = \dfrac{V_5}{7} = \dfrac{V_{EF}}{7} = \dfrac{21}{7} = 3A$

$$I_6 = I_4 + I_5 = 6 + 3 = 9A$$

$$\therefore \quad V_6 = V_{GE} = 5 \times 9 = 45V$$

故電源GH兩端點間之端電壓為：

$$V = V_{GH} = V_6 + V_5 = 45 + 21 = 66(V)$$

【例題 5.7】

如下圖所示為一無限級階梯電路，試求此電路之等效電阻R_T。

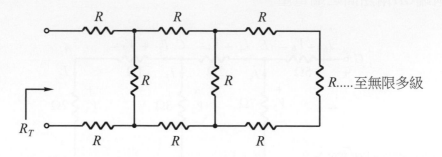

解 上圖可簡化成下圖(a)、(b)所示之等效電路。因為此電路至無限多級，所以下一級看入之等效電阻仍為R_T，即(a)圖可以等效(b)圖之電路。

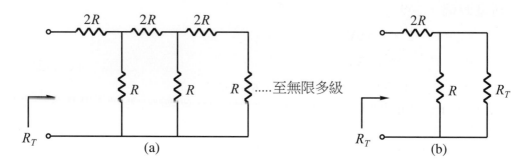

故 $R_T = 2R + (R//R_T) = 2R + \dfrac{RR_T}{R + R_T}$

或 $R_T^2 - 2RR_T - 2R^2 = 0$

所以$R_T = R \pm \sqrt{R^2 + 2R^2} = R \pm \sqrt{3}R$

因為等效電阻不可為負值，故

$R_T = R + \sqrt{3}R = (1 + \sqrt{3})R$

【例題 5.8】

如下圖所示階梯電路，試求其電壓V。

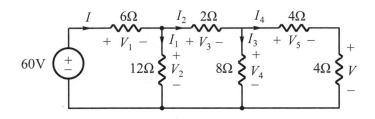

解　分析此題目之階梯電路，可從電源端出入求得R_T，並使用歐姆定律和克希荷夫定律依序計算I、V_1、V_2和I_2等電流及電壓之值。

$$R_T = [(4+4)//8+2]//12+6 = 10\Omega$$

$$I = \frac{V}{R_T} = \frac{60}{10} = 6A$$

使用歐姆定律及克希荷夫定律可得：

$$V_1 = 6I = 6 \times 6 = 36V (歐姆定律)$$

$$V_2 = 60 - V_1 = 60 - 36 = 24V (KVL)$$

$$I_1 = \frac{V_2}{12} = \frac{24}{12} = 2A (歐姆定律)$$

$$I_2 = I - I_1 = 6 - 2 = 4A \ (KCL)$$

$$V_3 = 2I_2 = 2 \times 4 = 8V (歐姆定律)$$

$$V_4 = V_2 - V_3 = 24 - 8 = 16V (KVL)$$

$$I_3 = \frac{V_4}{8} = \frac{16}{8} = 2A (歐姆定律)$$

$$I_4 = I_2 - I_3 = 4 - 2 = 2A \ (KCL)$$

$$V_5 = 4I_4 = 4 \times 2 = 8V (歐姆定律)$$

$$V = V_4 - V_5 = 16 - 8 = 8(V) (KVL)$$

【例題 5.9】

下圖所示係立方體式連接的電路,設每一電阻均爲 $R\ \Omega$,試求 AB 兩端的等效電阻 R_T。

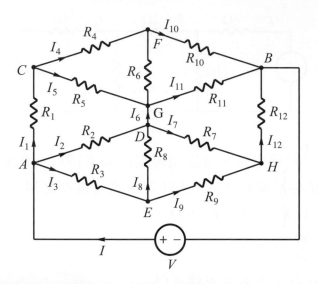

解 設 AB 兩端電壓爲 V,電流 I 自 A 流入,而由 B 流出。由於電路爲對稱連接,且已知每一電阻均爲 R 歐姆,所以 $I_1 = I_2 = I_3 = I_{10} = I_{11} = I_{12} = \dfrac{1}{3}I$,以及 $I_4 = I_5 = I_6 = I_7 = I_8 = I_9 = \dfrac{1}{6}I$。又因 C 對 A,或 D 對 A,或 E 對 A 的電壓降均相等,另因 F 對 B,G 對 B 及 H 對 B 的電壓降亦相等,故其等效電路圖如下圖所示,因 AB 此兩端的等效電阻 R_T,爲

$$R_T = \frac{R}{3} + \frac{R}{6} + \frac{R}{3} = \frac{5}{6}R(\Omega)$$

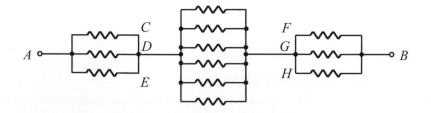

有些較複雜電路的化簡法,可在不改變原電路的接線特性下,將電路變形爲較熟悉的形式,以便於解各支路電流,如圖 5.3 所示的串並聯電路,可逐次改變接點位置而成圖 5.4(a)、(b)所示,最後改變成(c)圖,則(c)圖即爲我們所熟悉的電路,然後再求解。

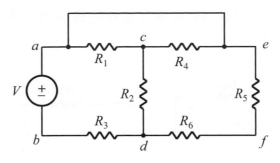

圖 5.3　串並聯電路

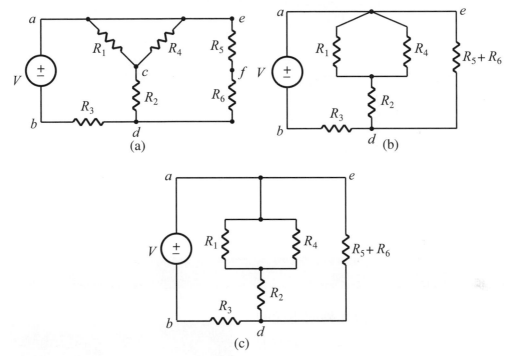

圖 5.4　圖 5.3 變換接點的程序

【例題 5.10】

如下圖所示之電路，試求 A、B 兩端之等效電阻 R_T。

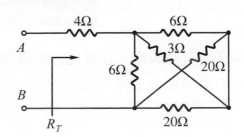

解 依上述原則，改變 3Ω 與 20Ω 右邊之接點位置而成為下圖(a)、(b)、(c)、(d) 所示，再依次簡化之。

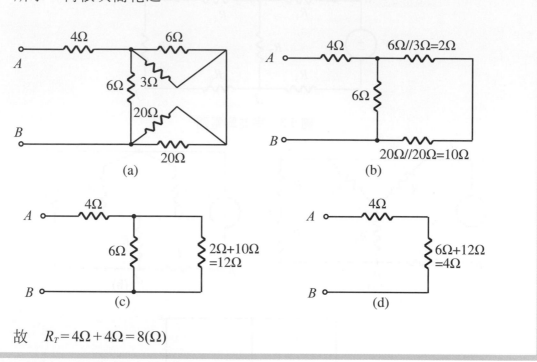

故　$R_T = 4\Omega + 4\Omega = 8(\Omega)$

電學愛玩客

　　太陽能電池是將太陽光轉成電能的裝置。依照光電效應，當光線照射在導體或半導體上時，光子與導體或半導體中的電子作用，會造成電子的流動，而光的波長越短，頻率越高，電子所具有的能量就越高，例如紫外線所具有的能量便高於紅外線，因此，同一材料被紫

外線照射產生的流動電子能量將較高。在常見的半導體太陽能電池中，透過適當的能階設計，便可有效的吸收太陽所發出的光，並產生電壓與電流。

5.3　開路和短路

一、開　路

所謂**開路**(open circuits)是指**電路中兩端點不連接任何元件或產生斷路**，如圖 5.5 所示，a 點和 b 點之間就是一開路的例子。因為開路，所以沒有電流流通，故開路在效果上可看成一**無限大阻值的電阻器**，這與歐姆定律是一致的：

$$I = \frac{V}{R} = \frac{V}{\infty} = 0$$

開路會把電路阻斷，但有電壓跨於它的兩端。如圖 5.5 所示，因為 $I = 0$，電阻器 R 兩端的壓降 $IR = 0$，故開路的電壓利用 KVL 可得：

$$-V + 0 + V_{ab} = 0$$

因此 $V_{ab} = V$，與**電源電壓值相同**。

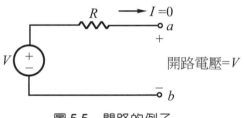

圖 5.5　開路的例子

在串聯電路中，若有一元件開路時，則各元件的電流都變為零。如 5.2 節所述的聖誕樹串，如有一燈泡燒毀，則其它的燈泡都不亮。

在並聯電路中，若有一元件開路時，雖有一電流被阻斷，但其餘並聯元件仍有電流通過。如圖 5.6 所示，若 a 點開路，則其他元件皆無電流存在，而 b 點開路時，則將有：

$$I_1 = I_2 = \frac{100\text{V}}{10\Omega} = 10\text{A}，\text{及} \ I_3 = 0$$

家庭中牆壁上的 110V 插座是一個開路的好例子，當把設備插頭插上時，就有電流流出。若沒有任何設備接上，就等於 110V 的電壓跨於開路兩端一樣。

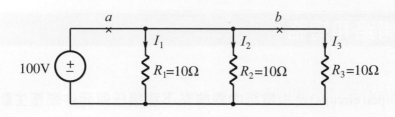

圖 5.6　並聯電路開路的例子

二、短　路

所謂**短路**(short circuits)是指**兩端點直接接觸或零電阻值的路徑**，如圖 5.7(a)所示，被短路的元件R_2上沒有任何電流，而所有電流都流經了短路路徑，其**等效電阻值等於零**，故短路路徑上之電壓亦為零。由歐姆定律得知電阻器R_2中沒有電流通過，所以可以利用短路來取代，其等效電路如圖 5.7(b)所示。

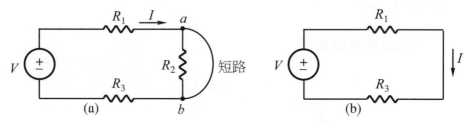

圖 5.7　(a)R_2電阻被短路，(b)等效電路

在串聯電路中，若有一元件短路，則電路總電流會增加，如圖 5.8(a)所示，其中R_2被短路。R_2未短路前，電路總電流為：

$$I = \frac{V}{R_1 + R_2 + R_3 + R_4} = \frac{10}{3 + 10 + 4 + 3} = 0.5\text{A}$$

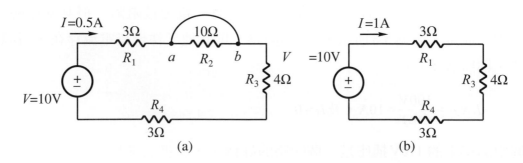

圖 5.8　(a)串聯電路，其中R_2被短路，(b)等效電路

R_2 被短路後，電路總電流為：

$$I' = \frac{V}{R_1 + R_3 + R_4} = \frac{10}{3 + 4 + 3} = 1\text{A}$$

短路後的電路總電流如圖 5.8(b)所示，電路總電流由 0.5A 上升到 1A。

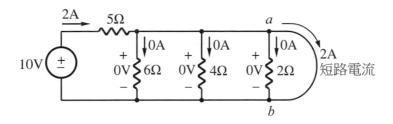

圖 5.9　並聯電阻器被短路之電路

　　在並聯電路中，若有一元件被短路，則所有電流都經由短路流過，其餘每一電阻器電壓為零，電流也為零，如圖 5.9 所示，跨於 5Ω 從 a 到 b 的路徑被短路，即 6Ω、4Ω 和 2Ω 並聯電阻器都被短路了。也就是三個電阻之電壓，電流都為零。10V 的電壓源僅跨於 5Ω 兩端，產生了 10V 的電壓降，因此通過 5Ω 的電流為 $\frac{10}{5} = 2\text{A}$，當然短路部份的電流也是 2A。

【例題 5.11】

如下圖所示電路，試求當(a)b 點和 c 點開路，(b)a 點和 c 點短路時之電流 I。

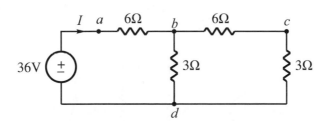

解　(a)當 b 點和 c 點開路，則原電路之等效電路圖如下：

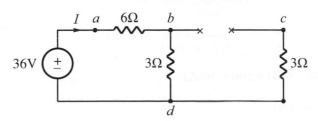

由電源看入,其等效電阻為6Ω與3Ω串聯,即$R_T = 6\Omega + 3\Omega = 9\Omega$,因此可得:

$$I = \frac{V}{R_T} = \frac{36}{9} = 4A$$

(b)當a點和c點短路,則其等效電路圖如下:

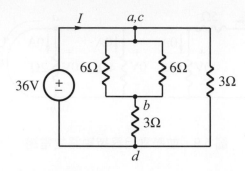

其中a和c為共同點,由電源看入,其等效電阻R_T為:

$$R_T = 3 // [(6//6) + 3] = 2\Omega$$

因此可得其電流I為:

$$I = \frac{V}{R_T} = \frac{36}{2} = 18(A)$$

【例題 5.12】

試求下圖中的總電流I_T及ab兩點間之電壓V_{ab},當(a)開關SW打開時,(b)開關SW關閉時。

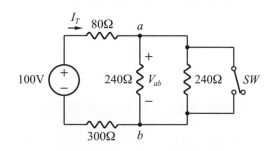

解 (a)當SW打開時,其等效電阻R_T為:

$$R_T = 80 + (240 // 240) + 300 = 500\Omega$$

$$\therefore I_T = \frac{100}{R_T} = 0.2(A)$$

$$V_{ab} = I_T R = (0.2)(240 // 240) = 24(V)$$

(b)當 SW 關閉時，其等效電阻 R_T 為：

$R_T = 80 + 300 = 380\Omega$

$I_T = \dfrac{100}{R_T} = \dfrac{100}{380} = 0.26(\text{A})$

$V_{ab} = 0(\text{V})$（$\because SW$ 關閉，則 a、b 兩點被短路了）

【例題 5.13】

如下圖所示電路，試求(a)當 a、b 兩點開路，(b)當 a、b 兩點短路時之電流 I 之值。

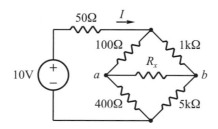

解 (a)當 a、b 兩點開路時，則原電路圖之等效電路圖如下：

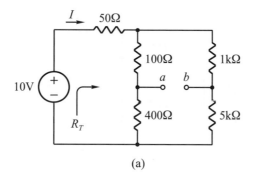

(a)

$R_T = 50 + [(100 + 400)\,/\!/\,(1k + 5k)] = 50 + [500\,/\!/\,6k] = 50 + 461.5 = 511.5\Omega$

$\therefore I = \dfrac{10}{R_T} = \dfrac{10}{511.5} = 19.6(\text{mA})$

(b)當 a、b 兩點短路時，則原電路圖之等效電路圖如下：

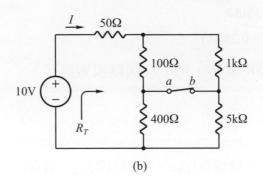

(b)

$$R_T = 50 + [(100 \text{//} 1k) + (400 \text{//} 5k)] = 50 + [9.09 + 370.4] = 50 + 461.3 = 511.3\Omega$$

$$\therefore I = \frac{10}{R_T} = \frac{10}{511.3} = 19.6(\text{mA})$$

【例題 5.14】

如下圖所示之電路圖，試求(a)當 a、b 兩點開路時，(b)a、b 兩點短路時，由 25V 電壓源所提供之總電流 I_T 之值。

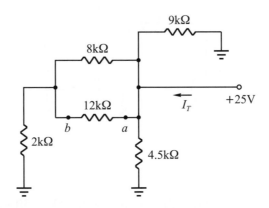

解 (a)當 a、b 兩點開路時，原圖之等效電路圖如圖(a)所示：

由電源向右看入之等效電阻 $R_{T1} = 9k \text{//} 4.5k = 3k\Omega$

向左看入之等效電阻 $R_{T2} = 8k + 2k = 10k\Omega$

$\therefore$由電源看入之等效電阻：$R_T = R_{T1} \text{//} R_{T2} = 3k \text{//} 10k = 2.3k\Omega$

$$\therefore I_T = \frac{25}{2.3k} = 10.9(\text{mA})$$

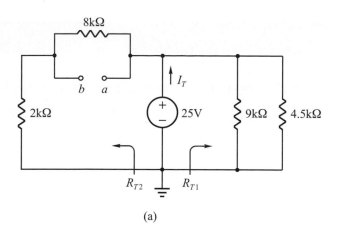

(a)

(b)當a、b兩點短路時，原圖之等效電路圖如圖(b)所示：

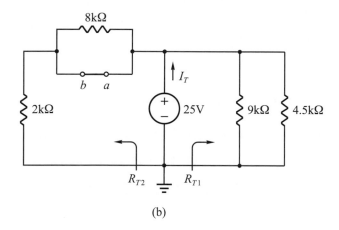

(b)

如圖(a)之解答可得：

$R_{T1} = 9\text{k} // 4.5\text{k} = 3\text{k}\Omega$

$R_{T2} = 2\text{k}\Omega$

$R_T = R_T // R_T = 3\text{k} // 2\text{k} = 1.2\text{k}\Omega$

$\therefore I_T = \dfrac{25}{1.2\text{k}} = 20.8(\text{mA})$

5.4 對稱電路之簡化法

第三節之開路和短路的應用，可在對稱電路之簡化法得到印證。在解對稱電路時，須牽涉到等電位的觀念。在圖 5.10(a)中若a、b兩點等電位$(V_a = V_b)$，則流過電阻R的電流爲：

$$I_{ab} = \frac{V_a - V_b}{R} = 0$$

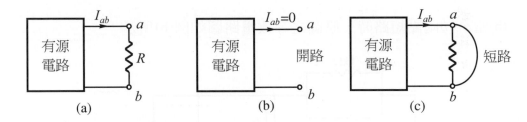

圖 5.10　對稱電路之觀念：(a)有源電路，(b)開路，(c)短路

故a、b兩點間無電流流過，故可視爲開路，如圖5.10(b)所示。又由電壓的觀點來看，因爲a、b兩點等電位，故可視爲短路，如圖5.10(c)所示。

對稱電路之簡化，可分爲**中垂線對稱法**和**水平線對稱法**兩種，現分述如下：

一、中垂線對稱法

在所求之兩點之間劃一中垂線，以此中垂線爲準，若左右兩邊之元件對稱且相等，則此中垂線上各元件沒有電流通過，即此中垂線爲等電位線，故可將此支路拆除。

【例題 5.15】

　　如下圖所示之電路，試利用中垂線對稱法，求出由 A、B 兩端看入之等效電阻 R_T。

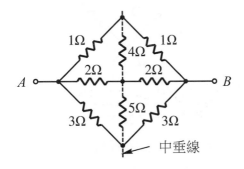

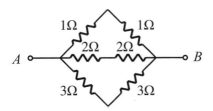

解　從上圖中由 A、B 兩端劃一中垂線，可知左右兩邊的電阻對稱且相等，故可把中垂線上的 4Ω 和 5Ω 電阻拆除，如下圖所示。則由 A、B 兩端看入之等效電阻 R_T 為：

$$R_T = (1+1) // (2+2) // (3+3) = \frac{12}{11} \ (\Omega)$$

【例題 5.16】

試用中垂線對稱法求出下圖所示之 R_{ab} 及 R_{ac} 電阻。

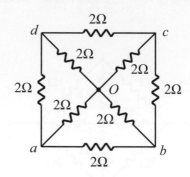

解 (a)由 a、b 兩端劃一中垂線，可知中垂線上無元件，則將 O 點拉成線，再以拆除，如下圖(a)所示。再將(a)圖簡化為圖(b)，故所求 a、b 兩端的電阻 R_{ab} 為：

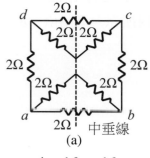

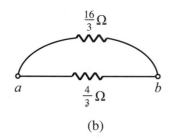

$$R_{ab} = \frac{4}{3} // \frac{16}{3} = \frac{16}{15} (\Omega)$$

(b)由 d、b 兩端劃一中垂線，則 d、b 線上的電阻皆可拆除，如下圖所示。故所求 a、c 兩端的電阻 R_{ac} 為：

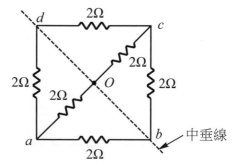

$$R_{ac} = (2+2) // (2+2) // (2+2) = \frac{4}{3} (\Omega)$$

二、水平線對稱法

在所求之兩點間以一水平線貫通之，以水平線此為準，若此線上下兩邊之元件對稱且相等，則此水平線上下兩邊各對稱點之電位相等，故對稱點間若有元件連接，可予以拆除，若無元件連接，則對稱點逕行予以短接。

【例題 5.17】

如下圖所示之電路，試用水平線對稱法，求出 a、b 兩端之電阻 R_{ab}。

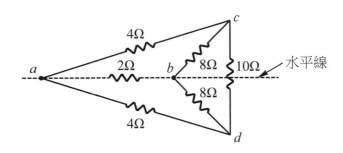

解　在 a、b 兩點間以一水平線貫通之，可知此線上下兩邊之電阻彼此對稱且相等，即可折疊使之重合，如下圖(a)所示，而 10Ω 被短路，可以拆除，再將(a)圖簡化成(b)圖及(c)圖，故所 a、b 兩端的電阻 R_{ab} 為：

$$R_{ab} = 2//6 = \frac{3}{2}\ (\Omega)$$

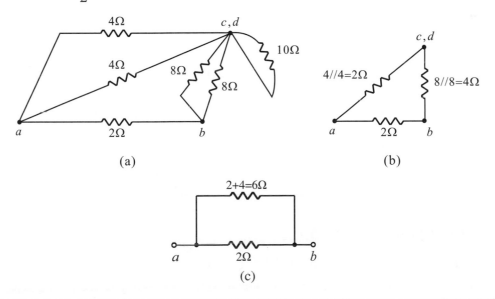

【例題 5.18】

如下圖所示之電路，試求 R_{ab} 及 R_{ac} 之電阻。

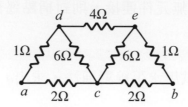

解 (a)求解 R_{ab} 時，可利用中垂線對稱法，c 點可上下分離而成為如下之電路：

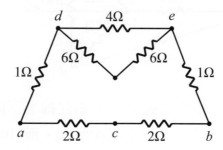

故 a、b 兩端之電阻 R_{ab} 為：

$$R_{ab} = [1 + 4//(6+6) + 1]//(2+2) = \frac{20}{9} \ (\Omega)$$

(b)求解 R_{ac} 時為簡單的串並聯電路，如下圖所示：

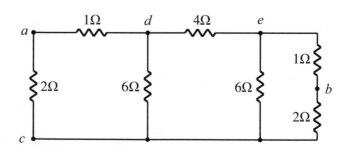

故 a、c 兩端之電阻 R_{ac} 為：

$$R_{ab} = \{[(1+2)//6+4]//6+1\}//2 = \frac{4}{3} \ (\Omega)$$

【例題 5.19】

如圖所示之電路，試用中垂線對稱法求 I_1 和 I_2 之值。

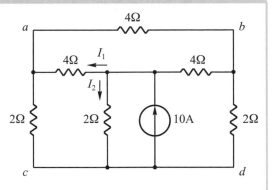

解 由上圖上下兩端劃一中垂線如(a)圖，可知左右兩邊的電阻對稱且相等，故可將中垂線上之4Ω電阻拆除(成短路)，如(b)圖所示。則 I_1、I_2 可由(a)(b)(c)圖得如下：$I_2 = 10A \times \dfrac{(2+1)}{2+2+1} = 6(A)$

$$I'_1 = 10A \times \dfrac{2}{2+2+1} = 4A$$

如(c)圖所示：$I_1 = I'_1 \times \dfrac{4}{4+4} = 2(A)$

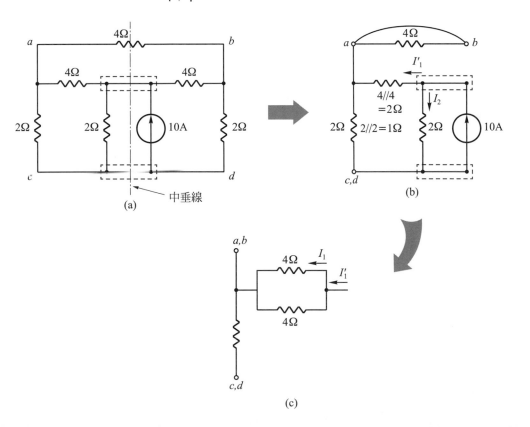

Chapter **6**

分壓及分流定理

在串聯、並聯、串並聯的電路裡，我們可以使用分壓定理和分流定理的觀念，使電路分析更為簡單，應用這種觀念的電路，通常稱為分壓器和分流器。

應用分壓及分流定理於分析串並聯電路時十分有用，因當僅需求出單一電流或電壓時，使用這種方法，可以縮短分析的步驟。此種觀念在分析階梯電路時，特別有效，而求未知電阻可用惠斯登電橋來完成，當電橋平衡時，本質上是串並聯電路，可直接用分壓及分流定理去求解。

6.1　　分壓定理

對於任何串聯電路中，跨於各電阻兩端之電壓等於電源電壓乘以此電阻與等效電阻之比值，這就是**分壓定理**(voltage divided theorem)。在任何串聯電路中，當外加電壓和電阻為已知，而欲求跨於某一電阻之電壓時，此分壓定理甚為有用。如圖 6.1 所示之串聯電路，每一元件皆有相同的電流 I，因此每一個電阻器的 IR 壓降和 R 成正比，V_1 和 V_2 的 IR 壓降分別為：

$$V_1 = IR_1 \quad\text{.. (6.1)}$$
$$V_2 = IR_2 \quad\text{.. (6.2)}$$

由歐姆定律知道電流是：

$$I = \frac{V_T}{R_T} = \frac{V_T}{R_1 + R_2} \cdots\cdots\cdots\cdots\cdots\cdots\cdots\cdots\cdots\cdots\cdots\cdots\cdots\cdots\cdots\cdots\cdots\cdots (6.3)$$

將(6.1)式和(6.2)式中的I以(6.3)式之值取代，可得：

$$V_1 = \frac{R_1}{R_T} V_T = \frac{R_1}{R_1 + R_2} V_T \cdots\cdots\cdots\cdots\cdots\cdots\cdots\cdots\cdots\cdots\cdots\cdots\cdots (6.4)$$

$$V_2 = \frac{R_2}{R_T} V_T = \frac{R_2}{R_1 + R_2} V_T \cdots\cdots\cdots\cdots\cdots\cdots\cdots\cdots\cdots\cdots\cdots\cdots\cdots (6.5)$$

因此電源V_T的電壓分配於R_1和R_2與其電阻值成正比，這就是分壓的原則，而圖6.1的電路稱為**分壓器**。

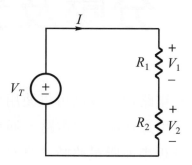

圖 6.1　具有兩個電阻的分壓器

　　由(6.4)式和(6.5)式可知，阻值較大者，其電壓較高，阻值較小者，其電壓較低，此因通過兩電阻之電流相同之故。

　　現若有m個電阻器串聯，R_1、R_2、……、R_m，各電阻器的電壓分別為V_1、V_2、……、V_m，可得：

$$R_T = R_1 + R_2 + \cdots\cdots + R_m$$

且IR壓降為：

$$V_1 = IR_1$$
$$V_2 = IR_2$$
$$\vdots$$
$$V_m = IR_m \cdots\cdots\cdots\cdots\cdots\cdots\cdots\cdots\cdots\cdots\cdots\cdots\cdots\cdots\cdots\cdots\cdots\cdots\cdots (6.6)$$

又　　　　$I = \dfrac{V_T}{R_T}$

其V_T為跨於串電阻的總電壓，將I值代入上列(6.6)各式，可得：

$$V_1 = \frac{R_1}{R_T} V_T$$

$$V_2 = \frac{R_2}{R_T} V_T$$

$$\vdots$$

$$V_m = \frac{R_m}{R_T} V_T \quad\text{...............(6.7)}$$

因此可知總電壓V_T分壓於各電阻器的壓降，與各電阻值成正比。分壓步驟的優點是不需計算電流I，即可求出IR壓降。

【例題 6.1】

如下圖所示之串聯電路，試求V_1、V_2和V_3之值。

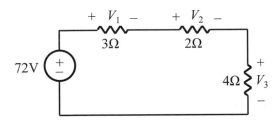

解　由分壓定理，可得：

$$V_1 = \frac{R_1}{R_T} V_T = \frac{3}{3+2+4} \times 72 = 24(\text{V})$$

$$V_2 = \frac{R_2}{R_T} V_T = \frac{2}{3+2+4} \times 72 = 16(\text{V})$$

$$V_3 = \frac{R_3}{R_T} V_T = \frac{4}{3+2+4} \times 72 = 32(\text{V})$$

【例題 6.2】

如下圖所示之電路，試利用分壓定理，求出 V 值。

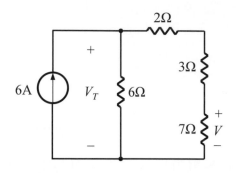

解 　　$R_T = 6 // (2 + 3 + 7) = 4\Omega$

　　　$\therefore V_T = IR_T = 6 \times 4 = 24\text{V}$

再利用分壓定理，可得：

$$V = \frac{7}{R_T} V_T = \frac{7}{2 + 3 + 7} \times 24 = 14(\text{V})$$

6-2 ／ 分流定理

　　對於任何並聯電路中，**各支路之電流等於輸入電流乘以該支路電導與電路總電導之比值**，這就是**分流定理**(current divided theorem)。此分流定理應用於三個或三個以上的電導相並聯時，特別方便。如圖 6.2 所示之並聯電路，每一元件皆有相同的電壓 V，因此每一電阻器的電流與電導 G 成正比，由歐姆定律，電流 I_1 和 I_2 分別為：

$$I_1 = G_1 V \quad\text{..(6.8)}$$

$$I_2 = G_2 V \quad\text{..(6.9)}$$

等效電導：

$$G = G_1 + G_2 \quad\text{..(6.10)}$$

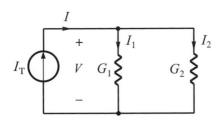

圖 6.2　具有兩個電阻器的分流器

因此排電壓 V 為：

$$V = \frac{I_T}{G_T} = \frac{I_T}{G_1 + G_2} \quad \text{.....................(6.11)}$$

將(6.11)式代入(6.8)式和(6.9)式中，可得：

$$I_1 = \frac{G_1}{G_T}I_T = \frac{G_1}{G_1 + G_2}I_T \quad \text{.....................(6.12)}$$

$$I_2 = \frac{G_2}{G_T}I_T = \frac{G_2}{G_1 + G_2}I_T \quad \text{.....................(6.13)}$$

因此可知圖 6.2 電路為分流器，總電流 I_T 分別流入電阻器之電流與其電導 G_1 和 G_2 成正比。若(6.11)和(6.12)式以電阻表示時，則為：

$$I_1 = \frac{\dfrac{1}{R_1}}{\dfrac{1}{R_1} + \dfrac{1}{R_2}}I_T = \frac{1}{R_1\left(\dfrac{1}{R_1} + \dfrac{1}{R_2}\right)}I_T = \frac{R_1 R_2}{R_1(R_1 + R_2)}I_T$$

$$= \frac{R_2}{R_1 + R_2}I_T \quad \text{.....................(6.14)}$$

同理：
$$I_2 = \frac{R_1}{R_1 + R_2}I_T \quad \text{.....................(6.15)}$$

因此可知，分流之值與電阻值成反比，較小的電阻通過較大的電流，較大的電阻通過較小的電流。換言之，**兩支路並聯時，流入一支路的電流為輸入電流乘以另一支路電阻與兩電阻之和的比值**。請特別注意：此為兩電阻並聯時之特殊情況，如三個或三個以上的電阻並聯時，則不能應用此法。

　　現若有電導 G_1、G_2、……、G_m 及 I_1、I_2、……、I_m 的 m 個排電阻器，此時等效電導為：

$$G_T = G_1 + G_2 + \cdots\cdots + G_m$$

且電流為：

$$I_1 = G_1 V$$

$$I_2 = G_2 V$$

$$\vdots$$

$$I_m = G_m V \quad\text{...} (6.16)$$

及有 $V = \dfrac{I_T}{G_T}$ 的關係式。I_T 為進入分流器之總電流，將此 V 值代入(6.16)式中，可得：

$$I_1 = \frac{G_1}{G_T} I_T$$

$$I_2 = \frac{G_2}{G_T} I_T$$

$$\vdots$$

$$I_m = \frac{G_m}{G_T} I_T \quad\text{...} (6.17)$$

因此可知總電流 I_T 分流於排中各個電阻器的電流與各自的電導值成正比。分流步驟的優點是不需知道排電阻兩端電壓就可求出各自的電流。

【例題 6.3】

如下圖所示之並聯電路，試求 I_1、I_2 和 I_3 之值。

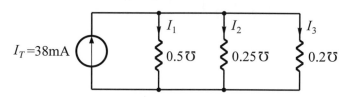

解 由分流定理，可得：

$$I_1 = \frac{G_1}{G_T} I_T = \frac{0.5}{0.5 + 0.25 + 0.2} \times 38\text{mA} = 20(\text{mA})$$

$$I_2 = \frac{G_2}{G_T} I_T = \frac{0.25}{0.5 + 0.25 + 0.2} \times 38\text{mA} = 10(\text{mA})$$

$$I_3 = \frac{G_3}{G_T} I_T = \frac{0.2}{0.5 + 0.25 + 0.2} \times 38\text{mA} = 8(\text{mA})$$

【例題 6.4】

如下圖所示之電路，試求電流I_1和I_2之值。

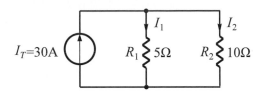

解 應用(6.14)式和(6.12)式可得：

$$I_1 = \frac{R_2}{R_1 + R_2} I_T = \frac{10}{5 + 10} \times 30 = 20(A)$$

$$I_2 = \frac{R_1}{R_1 + R_2} I_T = \frac{5}{5 + 10} \times 30 = 10(A)$$

【例題 6.5】

如下圖所示之電路，試利用分流定理，求出I值。

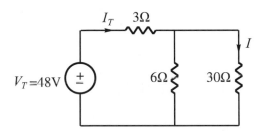

解 $R_T = 3 + (6//30) = 8\Omega$

$$\therefore I_T = \frac{V_T}{R_T} = \frac{48}{8} = 6A$$

再利用分流定理，可得：

$$I = \frac{6}{R_T} I_T = \frac{6}{6 + 30} \times 6 = 1(A)$$

6.3　分壓與分流的例子

使用分壓定理和分流定理，常可使串並聯電路在分析時更簡化，尤其在分析階梯電路時，特別有用，現舉例題 6.6 及例題 6.7 二例題加以說明。

【例題 6.6】

如下圖所示之電路，試求：(a)使用分流定理求I值；(b)使用分壓定理求V_1和V_2。

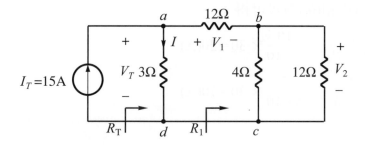

解　(a)從b、c點看入的電阻以R_1表示，其值為：

$$R_1 = 4//12 = 3\Omega$$

從電源兩端看入的總電阻R_T為：

$$R_T = 3//(12 + R_1) = 2.5\Omega$$

電流I_T在節點a分成兩條路徑，一為 3Ω路徑，另一為$12 + R_1 = 15\Omega$路徑。因此利用分流定理，流經 3Ω之電流I為：

$$I = \frac{12 + R_1}{3 + (12 + R_1)} I_T = \frac{12 + 3}{3 + (12 + 3)} \times 15 = 12.5(A)$$

(b)由(a)知道：

$$R_T = 2.5\Omega$$

故跨於電源兩端電壓V_T為：

$$V_T = I_T R_T = 15 \times 2.5 = 37.5(V)$$

此V_T電壓即為跨於a、d兩點之電壓，因此利用分壓定理，可得V_1為：

$$V_1 = \frac{12}{12 + R_1} V_T = \frac{12}{12 + 3} \times 37.5 = 30(V)$$

又$V_2 = V_T - V_1 = 37.5 - 30 = 7.5(V)$

【例題 6.7】

下圖所示係階梯電路，試使用分流定理及分壓定理求出I_1、I_2、V_1、V_2和V_3之值。

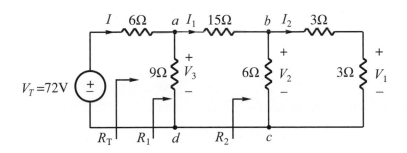

解　由b、c點看入的電阻以R_2表示，其值為：

$R_2 = 6//(3+3) = 3\Omega$

由a、d點看入的電阻以R_1表示，其值為：

$R_1 = 9//(15+R_2) = 9//(15+3) = 6\Omega$

由電源兩端看入的電阻R_T為：

$R_T = 6 + R_1 = 12\Omega$

因此電流I為：

$I = \dfrac{V_T}{R_T} = \dfrac{72}{12} = 6A$

電流I在節點a分成兩條路徑，一為9Ω路徑，另一為$15+R_2=18\Omega$路徑，因此利用分流定理，流經15Ω之電流I_1為：

$I_1 = \dfrac{9}{9+18}I = 2A$

這I_1電流在節點b分別流入6Ω路徑及3Ω與3Ω串聯路徑，故I_2之值為：

$I_2 = \dfrac{I_1}{2} = 1A$

現利用分壓定理來求V_3、V_2和V_1。

電壓V_3為跨於9Ω的電壓，用分壓定理可得：

$V_3 = \dfrac{6}{6+R_1}V_T = \dfrac{6}{6+6} \times 72 = 36(V)$

電壓V_2爲跨於6Ω兩端之的電壓，同理可得：

$$V_2 = \frac{3}{15+R_2}V_3 = \frac{3}{15+3} \times 54 = 6(V)$$

最後V_1電壓平分跨於兩個3Ω的電阻上，故可得：

$$V_1 = \frac{V_2}{2} = 3(V)$$

6.4　惠斯登電橋(※)

惠斯登電橋(Wheatstone bridge)是用來測量未知電阻的裝置，當電橋平衡時，其本質上是串並聯電路，可直接用分壓定理和分流定理來求解。

圖6.3所示爲惠斯登電橋的基本電路圖，包括四個電阻器，一直流電源V及一高靈敏度的檢流計G。流經檢流計G的電流，視c、d兩點間之電位差而定。若在檢流計G沒有偏轉，即$I_G = 0$時，c與d兩點間的電位差應爲0伏特，此情形稱爲**電橋之平衡**。平衡時各電阻器上電壓降的關係可表示爲：

$$I_1R_1 = I_2R_2 \quad\text{..(6.18)}$$

及

$$I_3R_3 = I_4R_4 \quad\text{..(6.19)}$$

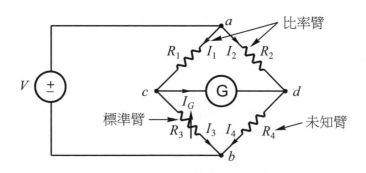

圖6.3　惠斯登電橋之基本電路圖

因為 $I_1=I_3$，$I_2=I_4$，則(6.18)、(6.19)兩式相除，則得：

$$\frac{R_1}{R_3}=\frac{R_2}{R_4} \quad\text{..(6.20)}$$

或
$$R_1R_4=R_2R_3 \quad\text{..(6.21)}$$

由(6.21)式，可知當電橋平衡時，兩對邊電阻的乘積相等，這是惠斯登電橋平衡之著名表示法。若令 R_4 為未知電阻器 R_x，R_3 為一標準電阻器 R_s 時，則未知電阻值 R_x 可表示為：

$$R_x=\left(\frac{R_2}{R_1}\right)R_S \quad\text{..(6.22)}$$

故未知電阻 R_x 之值可由 $\left(\dfrac{R_2}{R_1}\right)$ 的比率及讀取 R_s 的數值來求得。R_1 與 R_2 稱之為電橋的比率臂(ratio arm)，R_3 稱為測量臂(measuring arm)，R_4 稱之為未知臂(unknow arm)。

在實用中，$\left(\dfrac{R_2}{R_1}\right)$ 之比恆為十進位之比，如 0.001、0.01、0.1、1、10 和 100 等，以便於計算，檢流計上刻度之零值置於中點，以便指針向兩側擺動。

【例題 6.8】

　　如圖 6.3 所示之惠斯登電橋電路，若 $R_1=100\Omega$，$R_2=10\Omega$，並且使 $I_G=0$ 時，R_s 等於 22Ω，試求未知電阻值 R_x 為多少？

解　利用(6.22)式，可得：
$$R_x=\left(\frac{R_2}{R_1}\right)R_S=\frac{10}{100}\times22=2.2(\Omega)$$

【例題 6.9】

使用如圖 6.3 所示之惠斯登電橋電路，測量一未知電阻器($R_x = 400\Omega$)，當電橋平衡時各電阻臂分別為$R_1 = 100\Omega$，$R_2 = 1000\Omega$，$R_s = 40\Omega$，試求當標準臂變化 1Ω時，流過檢流計的電流為多少？設若檢流計的內阻R_G為 150Ω，直流電源為 3V。

解 依所給條件，重畫惠斯登電橋如下(a)圖所示：

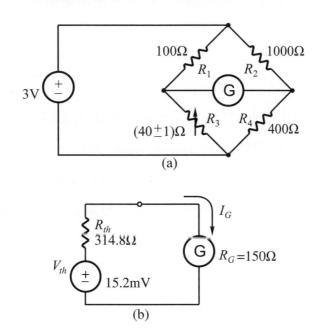

電橋原本係平衡狀態，$I_G = 0$，但當標準電阻變化量為 1Ω時，於是電橋工作於不平衡狀態，其等效電路如(b)圖所示。

$$V_{th} = \frac{3V \times 1000}{1000 + 400} - \frac{3V \times 100}{100 + 41} = 15.2mV$$

$$R_{th} = \frac{1000\Omega \times 400\Omega}{1000\Omega + 400\Omega} + \frac{100\Omega \times 41\Omega}{100\Omega + 41\Omega} = 314.8\Omega$$

$$\therefore I_G = \frac{15.2mV}{314.8\Omega + 150\Omega} = 32.7(\mu A)$$

【例題 6.10】

如下圖所示之電橋電路，試求：(a)電壓V_5和電流I_5；(b)電壓V_1和V_3；(c)計算V_2和V_4；(d)以平衡條件求其總電阻。

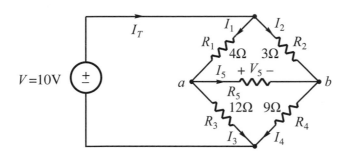

解 (a)$R_1R_4 = R_2R_3$，即$4 \times 9 = 12 \times 3$或$36 = 36$，表示電橋為平衡狀態

故$V_5 = 0\text{V}$，$I_5 = 0\text{A}$

(b)$\because I_5 = 0$，$\therefore I_1 = I_3 = \dfrac{V}{R_1 + R_3} = \dfrac{10}{4 + 12} = \dfrac{10}{16} = 0.625\text{A}$

$V_1 = I_1R_1 = (0.625\text{A})(4\Omega) = 2.5(\text{V})$

$V_3 = I_3R_3 = I_1R_3 = (0.625\text{A})(12\Omega) = 7.5(\text{V})$

(c)電橋平衡時，$V_1 = V_2$，$V_3 = V_4$，所以

$V_2 = 2.5(\text{V})$，$V_4 = 7.5(\text{V})$

(d)因$I_5 = 0$，a、b兩點之間為開路時之總電阻為：

$R_T = (R_1 + R_3)//(R_2 + R_4) = (4 + 12)//(3 + 9) = 6.86(\Omega)$

因$V_5 = 0$，a、b兩點之間為短路時之總電阻為：

$R_T = (R_1//R_2) + (R_3//R_4) = (4//3) + (12//9) = 6.86(\Omega)$

Chapter **7**

直流電阻電路分析

　　常見的電路爲多網目或多節點的電路,且在電路中同時連接若干電壓源或電流源,故形成一較爲複雜的電路,解答時,可用克希荷夫的電壓及電流定律,寫出適當數目的方程式,把這些方程式聯立後,再利用行列式等代數方法求解,即可解出欲求電路中的電壓或電流。

　　本章將討論三種分析電路的方法:**支路電流法、網目電流和節點電壓法**;這三種分析方法都可應用在任何電路上。在前面之章節中,分析的方法僅限於串聯、並聯、或串並聯電路的分析之用,但本章所提供的方法,可用來分析任何類型的電路。

　　三種分析法列出電壓或電流方程式後,需用消去法或行列式法來求解欲求之電壓或電流,故本章第一節先對行列式做一複習,再介紹三種分析法。最後再介紹相依電源及含相依電源電路的分析法。在許多電子元件中,當分析許多小信號時,可用各種等效電路模型來代表此元件,而這些模型中就含有各種相依電源。

7.1　行列式

在數學裡解多元一次聯立方程式，都用**行列式**(determinants)求解。在電路中同樣可用行列式來解網目電流或節點電壓。該電流或電壓的未知數個數應與方程式數目相等，也就是說以N個方程式解N個未知數。這種方法在大多數的代數課本中會提到，但在下列數節中會用到又怕讀者對行列式不太熟悉，故在本節中再作簡潔的討論。

在有二未知數x和y的兩方程式時，具有

$$ax + by = k_1$$
$$cx + dy = k_2 \quad\text{...(7.1)}$$

上兩式中，a、b、c、d、k_1和k_2是已知的常數。係數行列式Δ被寫成2×2數列：

$$\Delta = \begin{vmatrix} a & b \\ c & d \end{vmatrix} \quad\text{..(7.2)}$$

第一列(row)包含了第一個方程式中未知數x和y的係數a和b，而第二列包含第二個方程式中的係數c和d。

此Δ的數值被定義為：

$$\Delta = ad - bc$$

此數可由對角線法則，由下列可獲得：

$$\Delta = \begin{vmatrix} a & b \\ c & d \end{vmatrix} = ad - bc \quad\text{...(7.3)}$$

因此，Δ的右下對角線的乘積ad和左下對角線的乘積bc的差值。但要注意：行列式Δ的值不能為零。

把(7.2)式行列式中第一行係數，以常數k_1和k_2來取代，而得行列式定義為Δ_1(此行是x的係數a和c)，即：

$$\Delta_1 = \begin{vmatrix} k_1 & b \\ k_2 & d \end{vmatrix}$$

同樣的方式，定義行列式Δ_2是將Δ中的第二行係數被常數k_1和k_2所取代，而得新的行列式(此行是y的係數b和d)即：

$$\Delta_2 = \begin{vmatrix} a & k_1 \\ c & k_2 \end{vmatrix}$$

利用克拉姆法則(Cramer's Rule)，可知(7.1)式的解答可由下式來求得：

$$x = \frac{\Delta_1}{\Delta} \ , \ y = \frac{\Delta_2}{\Delta} \quad\text{... (7.4)}$$

【例題 7.1】

某二元一次聯立方程式為：

$$2x + y = 3$$
$$3x + 4y = 2$$

試利用克拉姆法則求x與y的值。

解　利用(7.4)式，可得：

$$x = \frac{\Delta_1}{\Delta} = \frac{\begin{vmatrix} 3 & 1 \\ 2 & 4 \end{vmatrix}}{\begin{vmatrix} 2 & 1 \\ 3 & 4 \end{vmatrix}} = \frac{3 \times 4 - 1 \times 2}{2 \times 4 - 1 \times 3} = \frac{10}{5} = 2$$

$$y = \frac{\Delta_2}{\Delta} = \frac{\begin{vmatrix} 2 & 3 \\ 3 & 2 \end{vmatrix}}{\begin{vmatrix} 2 & 1 \\ 3 & 4 \end{vmatrix}} = \frac{2 \times 2 - 3 \times 3}{2 \times 4 - 1 \times 3} = \frac{-5}{5} = -1$$

　　行列式不只應用於二元一次聯立方程式，亦可應用於多元一次方程式中，下面我們將介紹三元一次聯立方程式，至於更高元之方程式已超出本書之討論範圍，請讀者參考相關書籍。

　　在有三個未知數的三個聯立方程式中

$$a_1 x + b_1 y + c_1 z = k_1$$
$$a_2 x + b_2 y + c_2 z = k_2$$
$$a_3 x + b_3 y + c_3 z = k_3$$

由克拉姆法則，可得如下之關係式為：

$$x_1 = \frac{\Delta_1}{\Delta} \ , \ y = \frac{\Delta_2}{\Delta} \ , \ z = \frac{\Delta_3}{\Delta} \quad .... (7.5)$$

其中，Δ是一組3×3的係數行列式為：

$$\Delta = \begin{vmatrix} a_1 & b_1 & c_1 \\ a_2 & b_2 & c_2 \\ a_3 & b_3 & c_3 \end{vmatrix}$$

Δ_1是將Δ的第一行係數以常數k_1，k_2，k_3來取代，Δ_2是將Δ的第二行以同樣常數來取代，Δ_3是將Δ第三行以同樣的常數來取代。

在此亦利用對角線法，則提供一組3×3的行列式，即：

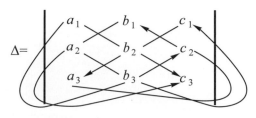

$$= (a_1 b_2 c_3 + b_1 c_2 a_3 + c_1 a_2 b_3) - (c_1 b_2 a_3 + a_1 c_2 b_3 + b_1 a_2 c_3)$$

Δ的數值是右下對角線上數值的乘積與左下對角線上數值的乘積之差。但Δ的值亦不能為零。

【例題 7.2】

若三元之一次聯立方程式為：

$x + y + z = 6$

$2x - y + z = 3$

$-x + y + 2z = 7$

試利用克拉姆法則求出x、y、z之值。

解 三元一次聯立方程式的係數行列式為：

$$\Delta = \begin{vmatrix} 1 & 1 & 1 \\ 2 & -1 & 1 \\ -1 & 1 & 2 \end{vmatrix}$$

$$= [1 \times (-1) \times 2 + 1 \times 1 \times (-1) + 1 \times 2 \times 1]$$

$$- [1 \times (-1) \times (-1) + 1 \times 1 \times 1 + 1 \times 2 \times 2] = -7$$

而未知數是：

$$x = \frac{\Delta_1}{\Delta} = \frac{\begin{vmatrix} 6 & 1 & 1 \\ 3 & -1 & 1 \\ 7 & 1 & 2 \end{vmatrix}}{-7} = \frac{-7}{-7} = 1$$

$$y = \frac{\Delta_2}{\Delta} = \frac{\begin{vmatrix} 1 & 6 & 1 \\ 2 & 3 & 1 \\ -1 & 7 & 2 \end{vmatrix}}{-7} = \frac{-14}{-7} = 2$$

$$z = \frac{\Delta_3}{\Delta} = \frac{\begin{vmatrix} 1 & 1 & 6 \\ 2 & -1 & 3 \\ -1 & 1 & 7 \end{vmatrix}}{-7} = \frac{-21}{-7} = 3$$

【例題 7.3】

試以行列式法求解下列聯立方程之 I_1、I_2。

$$\begin{cases} 2I_1 + I_2 = 4 \\ 4I_1 + 3I_2 = 2 \end{cases}$$

解 將上二式寫成矩陣形式：

$$\begin{bmatrix} 2 & 1 \\ 4 & 3 \end{bmatrix} \begin{bmatrix} I_1 \\ I_2 \end{bmatrix} = \begin{bmatrix} 4 \\ 2 \end{bmatrix}$$

係數行列式：

$$\Delta - \begin{bmatrix} 2 & 1 \\ 4 & 3 \end{bmatrix} = 6 - 4 = 2$$

$$\Delta_1 = \begin{bmatrix} 4 & 1 \\ 2 & 3 \end{bmatrix} = 12 - 2 = 10$$

$$\Delta_2 = \begin{bmatrix} 2 & 4 \\ 4 & 2 \end{bmatrix} = 4 - 16 = -12$$

利用(7.4)式，可得：

$$I_1 = \frac{\Delta_1}{\Delta} = \frac{10}{2} = 5$$

$$I_2 = \frac{\Delta_2}{\Delta} = \frac{-12}{2} = -6$$

【例題 7.4】

若一電路解出之電壓聯立方程式如下，試以行列式法求出其電壓V_1、V_2、V_3。

$$\begin{cases} 11V_1 - 5V_2 - 6V_3 = 12 \\ -5V_1 + 19V_2 - 2V_3 = 0 \\ -V_1 - V_2 + 2V_3 = 0 \end{cases}$$

解 將上三式寫成矩陣形式：

$$\begin{bmatrix} 11 & -5 & -6 \\ -5 & 19 & -2 \\ -1 & -1 & 2 \end{bmatrix}\begin{bmatrix} V_1 \\ V_2 \\ V_3 \end{bmatrix}=\begin{bmatrix} 12 \\ 0 \\ 0 \end{bmatrix}$$

矩陣的各行列式值如下：

$$\Delta = \begin{vmatrix} 11 & -5 & -6 \\ -5 & 19 & -2 \\ -1 & -1 & 2 \end{vmatrix}=418-30-10-114-22-50=192$$

$$\Delta_1 = \begin{vmatrix} 12 & -5 & -6 \\ 0 & 19 & -2 \\ 0 & -1 & 2 \end{vmatrix}=456-24=432$$

$$\Delta_2 = \begin{vmatrix} 11 & 12 & -6 \\ -5 & 0 & -2 \\ -1 & 0 & 2 \end{vmatrix}=24+120=144$$

$$\Delta_3 = \begin{vmatrix} 11 & -5 & 12 \\ -5 & 19 & 0 \\ -1 & -1 & 0 \end{vmatrix}=60+228=288$$

利用克拉姆法則，計算電壓值：

$$V_1 = \frac{\Delta_1}{\Delta}=\frac{432}{192}=2.25(V)$$

$$V_2 = \frac{\Delta_2}{\Delta}=\frac{144}{192}=0.75(V)$$

$$V_3 = \frac{\Delta_3}{\Delta}=\frac{288}{192}=1.5(V)$$

7.2　支路電流法

支路是指相**鄰接點間的元件或串聯元件**。支路電流法(branch current method)，如圖 7.1 所示，是採用特定的迴路，或封閉路徑。首先以元件電流當作電流，再考慮一組稱為**網目**(mesh)電流當作電路電流，以能擁有更系統化的分析方法，有時亦稱之為**使用元件電流的迴路分析法**。如圖 7.1 所示，電路中有兩個迴路，迴路由箭頭和所標示的 1 和 2 加以區別。此種電路亦有一迴路繞著電路的外圍，這迴路在分析上是不需要的。

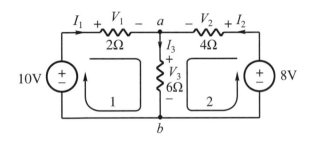

圖 7.1　支路電流法

所謂**網目**，就是**一組支路，在電路上形成封閉後，如任一支路取去，其剩下的支路不形成封閉；即迴路的最小單位，稱為網目**。在圖 7.1 中的迴路 1 和迴路 2 就是網目的例子，外圍的迴路不是網目，因為內部包含了一個 6Ω的電阻器。

網目的數目剛好是分析電路所需組成聯立方程式的正確數目。在圖 7.1 中，電路有兩個網目，而電路中每一元件不是在一網目上，就是在另一網目上。

支路電流法就是寫出迴路方程式開始，此方程式是使用 KVL 環繞這迴路而獲得。因電阻器兩端的電壓是 IR 壓降，在方程式中的未知數是電流。不論迴路中前進電流方向是否正確，只要克希荷夫定律及歐姆定律正確使用即可，**若求出的值為負的，則表示假設方向與實際方向相反**。

如圖 7.1 所示，由 KVL 按箭頭所指方向環繞迴路 1 可得：

$$V_1 + V_3 - 10 = 0 \dots\dots\dots\dots\dots\dots\dots\dots\dots\dots\dots\dots (7.6)$$

同理，依箭頭所指方向環繞迴路 2 可得：

$$V_2 + V_3 - 8 = 0 \dots\dots\dots\dots\dots\dots\dots\dots\dots\dots\dots\dots (7.7)$$

再利用元件電流I_1，I_2和I_3來代替，配合歐姆定律的IR壓降可得：

$$V_1 = 2I_1$$
$$V_2 = 4I_2$$
$$V_3 = 6I_3 \quad\text{..} (7.8)$$

將(7.8)式各數值代入(7.6)式和(7.7)式中，可得迴路方程式為：

$$2I_1 + 6I_3 = 10$$
$$4I_2 + 6I_3 = 8 \quad\text{..} (7.9)$$

利用 KCL 在節點a上而獲得另一方程式為：

$$I_3 = I_1 + I_2 \quad\text{..} (7.10)$$

將I_3之值代入(7.9)式中可得：

$$8I_1 + 6I_2 = 10$$
$$6I_1 + 10I_2 = 8 \quad\text{..} (7.11)$$

在(7.11)式的聯立方程式解法有很多種。其中一種是**消去法**，把一適當的常數乘上一個或數個方程式，再把這些方程式相加或相減以消去一未知數。另一種方法是利用上節所述**行列式法**，在使用行列式定理簡化後，可直接的寫出答案。現用行列式法來解(7.11)式的聯立方程式，可得：

$$I_1 = \frac{\Delta_1}{\Delta} = \frac{\begin{vmatrix} 10 & 6 \\ 8 & 10 \end{vmatrix}}{\begin{vmatrix} 8 & 6 \\ 6 & 10 \end{vmatrix}} = \frac{52}{44} = \frac{13}{11}\text{A}$$

$$I_2 = \frac{\Delta_2}{\Delta} = \frac{\begin{vmatrix} 8 & 10 \\ 6 & 8 \end{vmatrix}}{\begin{vmatrix} 8 & 6 \\ 6 & 10 \end{vmatrix}} = \frac{4}{44} = \frac{1}{11}\text{A}$$

$$I_3 = I_1 + I_2 = \frac{14}{11}\text{A}$$

各元件上電流求出後，則各元件上的電壓可由(7.8)式求出 $V_1 = \dfrac{26}{11}\text{V}$，$V_2 = \dfrac{4}{11}\text{V}$，

$V_3 = \dfrac{84}{11}\text{V}$。

　　支路電流法應用克希荷夫定律及歐姆定律寫出聯立方程式，倘若聯立方程式是電流方程式，那麼方程式的數目，當較電路中節點數目少一個；倘若聯立方程式是電壓方程式，則方程式數目與電路中的獨立網目數目相同。

【例題 7.5】

　　如下圖所示，試利用支路電流法，求出 I_1、I_2 之值及 2Ω上之電壓 $V_{2\Omega}$。(試以行列式法求解)

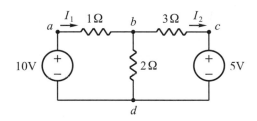

解　利用 KVL，可得

$abda$ 迴路：$1I_1 + 2(I_1 - I_2) = 10$，$\therefore 3I_1 - 2I_2 = 10 \cdots\cdots$①

再利用 KVL，可得：

$cbdc$ 迴路：$-3I_2 + 2(I_1 - I_2) = 5$，$\therefore 2I_1 - 5I_2 = 5 \cdots\cdots$②

將①, ②式寫成矩陣形式：

$$\begin{bmatrix} 3 & -2 \\ 2 & -5 \end{bmatrix}\begin{bmatrix} I_1 \\ I_2 \end{bmatrix} = \begin{bmatrix} 10 \\ 5 \end{bmatrix}$$

則係數行列式：

$$\Delta = \begin{bmatrix} 3 & -2 \\ 2 & -5 \end{bmatrix} = -15 + 4 = -11$$

$$\Delta_1 = \begin{bmatrix} 10 & -2 \\ 5 & -5 \end{bmatrix} = -50 + 10 = -40$$

$$\Delta_2 = \begin{bmatrix} 3 & 10 \\ 2 & 5 \end{bmatrix} = 15 - 20 = -5$$

利用(7.4)式，可得：

$$I_1 = \frac{\Delta_1}{\Delta} = \frac{-40}{-11} = \frac{40}{11}(A) \ , \ I_2 = \frac{\Delta_2}{\Delta} = \frac{-5}{-11} = \frac{5}{11}(A)$$

$$V_{2\Omega} = 2(I_1 - I_2) = 2(\frac{40}{11} - \frac{5}{11}) = \frac{70}{11}(V)$$

【例題 7.6】

試利用支路電流法，求下圖所示中各支路的電流。

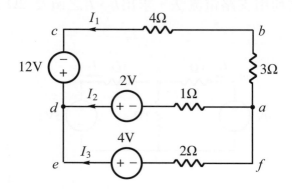

解 利用 KCL，在節點 d 得到：

$$I_1 + I_2 + I_3 = 0 \cdots\cdots ①$$

再利用 KVL 可得：

$abcda$ 迴路：$3I_1 + 4I_1 - I_2 = 12 - 2$，即

$$7I_1 - I_2 = 10 \cdots\cdots ②$$

$adefa$ 迴路：$I_2 - 2I_3 = 2 - 4 = -2 \cdots\cdots ③$

將①式中 $I_3 = -I_1 - I_2$ 代入③式中得：

$$2I_1 + 3I_2 = -2 \cdots\cdots ④$$

利用行列式解②與④式的聯立方程式：

$$I_1 = \frac{\Delta_1}{\Delta} = \frac{\begin{vmatrix} 10 & -1 \\ -2 & 3 \end{vmatrix}}{\begin{vmatrix} 7 & -1 \\ 2 & 3 \end{vmatrix}} = \frac{28}{23}(A)$$

$$I_2 = \frac{\Delta_2}{\Delta} = \frac{\begin{vmatrix} 7 & 10 \\ 2 & -2 \end{vmatrix}}{\begin{vmatrix} 7 & -1 \\ 2 & 3 \end{vmatrix}} = \frac{-34}{23} \ (A)$$

$$I_3 = -I_1 - I_2 = \frac{6}{23} \ (A)$$

I_2為負值，即表示圖中假設I_2的方向與實際方向相反。

【例題 7.7】

　　如下圖所示之電路，試利用支路電流法求流過R中之電流及電流源兩端之電壓。

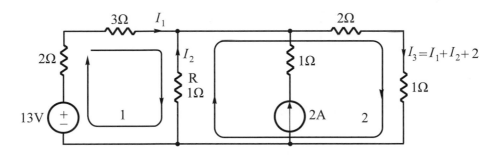

解　圖中電流源因無電阻與之並聯且有端電壓存在，故電流源之支路不能走，故僅有兩迴路，如圖中迴路 1 和迴路 2。

由迴路 1 寫 KVL 方程式，得：

$$2I_1 + 3I_1 - I_2 = 13 \cdots\cdots ①$$

由迴路 2 寫 KVL 方程式，得：

$$I_2 + (2+1)(I_1 + I_2 + 2) = 0 \cdots\cdots ②$$

將①、②式整理後，可得：

$$5I_1 - I_2 = 13 \cdots\cdots ③$$

$$3I_1 + 4I_2 = -6 \cdots\cdots ④$$

解③、④式，可得：

$I_1 = 2\text{(A)}$，$I_2 = -3\text{(A)}$

$\because I_2$ 電流為負，表示實際電流方向與所假設方向相反，故流過 R 上的電流為 3A 向下。而電流源兩端之電壓為：

$V_{2A} = 2 \times 1 + 1 \times (-I_2) = 5\text{(V)}$

【例題 7.8】

如下圖所示，試用支路電流法(a)求出各支路電流 I_1、I_2 和 I_3 之值，(b)電壓 V_{ab} 之值。

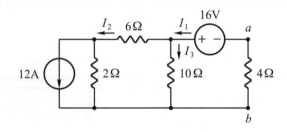

解　將原圖電流源轉換成電壓源，如下圖。

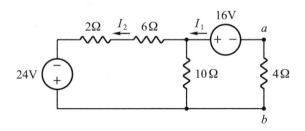

(a) 由 KVL，可得網目電流方程式：

$4I_1 + 10I_3 = 16$

$8I_2 - 10I_3 = 24$

$I_1 - I_2 - I_3 = 0$

將上三式寫成矩陣形式：

$$\begin{bmatrix} 4 & 0 & 10 \\ 0 & 8 & -10 \\ 1 & -1 & -1 \end{bmatrix} \begin{bmatrix} I_1 \\ I_2 \\ I_3 \end{bmatrix} = \begin{bmatrix} 16 \\ 24 \\ 0 \end{bmatrix}$$

矩陣的各行列式值如下：

$\Delta = -152$，$\Delta_1 = -527$，$\Delta_2 = -495$，$\Delta_3 = -32$

$\therefore I_1 = \dfrac{\Delta_1}{\Delta} = 3.47(A)$，$I_2 = \dfrac{\Delta_2}{\Delta} = 3.26(A)$，$I_3 = \dfrac{\Delta_3}{\Delta} = 0.211(A)$

(b)$V_{ab} = -4I_1 = -13.88(V)$

7.3　網目電流法

網目電流法(mesh current method)是將克希荷夫電壓定律直接用於電路上，先指定各網目之電流，然後循各網目依一定之方向寫出克希荷夫電壓定律方程式，解出各網目聯立方程式，便得網目電流，於是可求出各支路上之電流。

在電路中沿支路上任一節點循環前進後又回到該節點，形成一閉合電路稱為**迴路**(loop)，如圖 7.2 中的迴路*abcdefa*、迴路*abehkfa*和迴路*abcdghkfa*等。而**迴路之最小單位，其間不包括其他支路者**，稱為**網目**(mesh)，如圖 7.2 所示之*abef*、*bcde*、*edgh*和 *fehk*皆為網目。

迴路電流法或網目電流法是電路分析中常用的方法之一，其步驟是先在各網目中假設一網目電流，通常都假設同一方向，這樣計算方便除錯，採順時針方向或逆時針方向均可。然後利用KVL分別列出各網目的聯立方程式，解出網目電流後，再計算各支路電流值與電壓值。

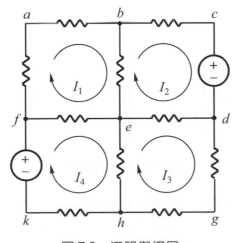

圖 7.2　迴路與網目

　　如圖 7.3 所示。先假設網目電流I_1與I_2，再應用克希荷夫電壓定律，分別列出兩網目的方程式為：

　　　　網目 1：　　$2 - 2I_1 - 4(I_1 - I_2) = 0$

　　　　網目 2：　　$1I_2 + 6 + 4(I_2 - I_1) = 0$

整理後為：

　　　　$6I_1 - 4I_2 = 2$

　　　　$4I_1 - 5I_2 = 6$

再應用行列式分別解出I_1與I_2：

$$I_1 = \frac{\Delta_1}{\Delta} = \frac{\begin{vmatrix} 2 & -4 \\ 6 & -5 \end{vmatrix}}{\begin{vmatrix} 6 & -4 \\ 4 & -5 \end{vmatrix}} = \frac{14}{-14} = -1A$$

$$I_2 = \frac{\Delta_2}{\Delta} = \frac{\begin{vmatrix} 6 & 2 \\ 4 & 6 \end{vmatrix}}{\begin{vmatrix} 6 & -4 \\ 4 & -5 \end{vmatrix}} = \frac{28}{-14} = -2A$$

通過4Ω的電流I_3為：

　　　　$I_3 = I_1 - I_2 = (-1) - (-2) = 1A$

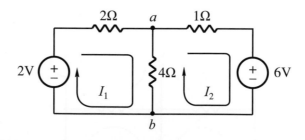

圖 7.3　網目電流法

包含電流源的網目分析法

　　若一電路包含電流源(獨立或非獨立)電路的網目分析，可能看起來複雜些。但是因為電流源存在而減少方程式的個數，所以實際上反而容易許多。為求電流及計算方便，我們可建立一個**超網目**(supermesh)，排除公用電流源及其串聯的任何元件。

　　所謂超網目，是指當二個網目共用同一個(獨立或非獨立)電流源及與其串聯的任何元件，則形成超網目。如例題 7.11，解答內圖(b)所示，對於二個網目的外圍所構成的超網目，其處理方式不同。若一個電路，包含二個或多個交錯的超網目，則應該將它們合併成更大的超網目。然而像其他網目一樣，超網目必須滿足 KVL。

　　電路中的網目可以任意選擇，視待求電流及計算的方便而定，如圖 7.3 中，欲求流經 4Ω電阻的電流，必先求出I_1與I_2，再求兩者之差而得。若迴路改為圖 7.4 所示，網目電流I_1直接經過 4Ω電阻，I_2為另一迴路電流。欲求 4Ω電阻的電流，僅求I_1即可。

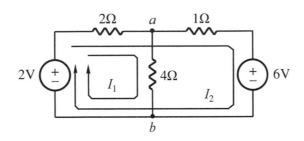

圖 7.4　網目與迴路電流法解電路

　　應用 KVL 可得電流方程式為：

$$2 - 2(I_1 + I_2) - 4I_1 = 0$$
$$2 - 2(I_1 + I_2) - 1I_2 - 6 = 0$$

整理後為：

$$6I_1 + 2I_2 = 2$$
$$2I_1 + 3I_2 = -4$$

應用行列式解出I_1，得：

$$I_1 = \frac{\Delta_1}{\Delta} = \frac{\begin{vmatrix} 2 & 2 \\ -4 & 3 \end{vmatrix}}{\begin{vmatrix} 6 & 2 \\ 2 & 3 \end{vmatrix}} = \frac{14}{14} = 1A$$

【例題 7.9】

試以網目電流法求出下圖中各支路之電流。

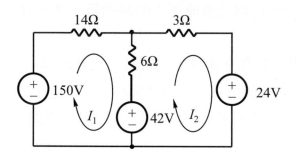

解 先假設兩個網目電流I_1與I_2，應用 KCL，寫出網目方程式為：

網目 1：$14I_1 + 6(I_1 - I_2) = 150 - 42$

網目 2：$6(I_2 - I_1) + 3I_2 + 24 = 42$

整理後為：

$$20I_1 - 6I_2 = 108$$

$$6I_1 - 9I_2 = -18$$

依行列式法可得：

$$I_1 = \frac{\Delta_1}{\Delta} = \frac{\begin{vmatrix} 108 & -6 \\ -18 & -9 \end{vmatrix}}{\begin{vmatrix} 20 & -6 \\ 6 & -9 \end{vmatrix}} = \frac{-1080}{-144} = 7.5(A)$$

$$I_2 = \frac{\Delta_2}{\Delta} = \frac{\begin{vmatrix} 20 & 108 \\ 6 & -18 \end{vmatrix}}{\begin{vmatrix} 20 & -6 \\ 6 & -9 \end{vmatrix}} = \frac{-1008}{-144} = 7(A)$$

【例題 7.10】

以網目電流法，求下圖中流過各電阻之電流及電流源兩端之電壓。

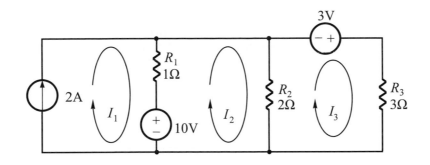

解 由圖中可知，電流源無並聯電阻，故無法轉換成電壓源。故指定三個網
目之網目電流為I_1、I_2與I_3，再應用 KVL，寫出網目方程式為：

$$I_1 = 2A$$

$$-I_1 + 3I_2 - 2I_3 = 10$$

$$0 - 2I_2 + 5I_3 = 3$$

整理後為：

$$3I_2 - 2I_3 = 12$$

$$2I_2 - 5I_3 = -3$$

利用消去法或行列式法，可得：

$$I_2 = 6A，I_3 = 3A$$

則 R_1上之電流為：$I_2 - I_1 = 6 - 2 = 4(A)(向上)$

R_2上之電流為：$I_2 - I_3 = 6 - 3 = 3(A)(向下)$

R_3上之電流為：$I_3 = 3(A)(向下)$

電流源兩端之電壓為：$(I_2 - I_3) \times 2 = 3 \times 2 = 6(V)$

【例題 7.11】

如下圖所示電路，試利用網目電流法求出網目電流 I_1、I_2。(利用超網目的應用求解)

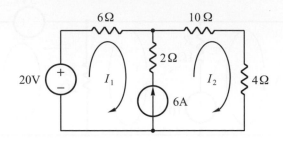

解 有一電流源存在二網目間，為求電流及計算方便，及滿足 KVL。我們可排除公用電流源及與其串聯之任何元件，利用超網目的應用，將上圖改成如下圖(a)(b)所示。

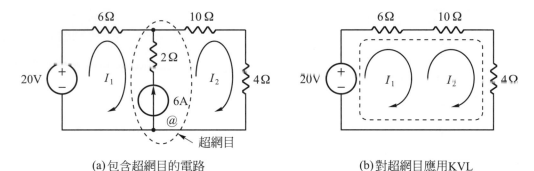

(a)包含超網目的電路 　　　　　(b)對超網目應用KVL

在(b)圖的超網目應用 KVL，可得：

$6I_1 + 10I_2 + 4I_2 = 6$

或 $6I_1 + 14I_2 = 6 \cdots\cdots$ ①

再對二個交錯網目的分支應用KCL，對(a)圖的節點@應用KCL，可得：

$I_2 = I_1 + 6 \cdots\cdots$ ②

應用適當方法，解①、②二式，可得：

$I_1 = -3.2(A)$，$I_2 = 2.8(A)$

【例題 7.12】

如下圖所示之電路，試用網目電流法，求出其迴路電流I_1、I_2、I_3。

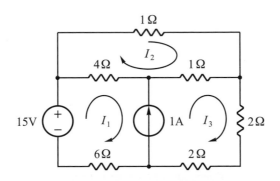

解 因有一電流源存在網目間，我們可排除此電流源，才能滿足 KVL，如下圖(a)(b)所示。

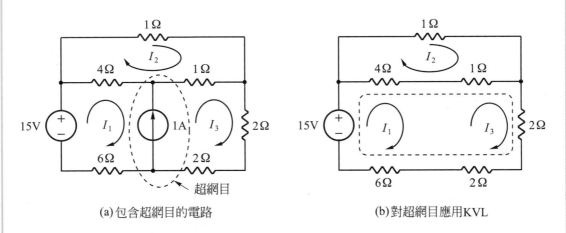

(a)包含超網目的電路　　　　　　(b)對超網目應用KVL

對(b)圖利用 KVL，可得：

$4(I_1 - I_2) + 1(I_3 - I_2) + (2+2)I_3 + 6I_1 = 15$

或 $2I_1 - I_2 + I_3 = 3 \cdots\cdots$ ①

迴路 2，用 KVL，可得：

$1I_2 + 1(I_2 - I_3) + 4(I_2 - I_1) = 0$

或 $-4I_1 + 6I_2 - I_3 - 0 \cdots\cdots$ ②

對(a)圖，被排除元件，得：$I_1 = I_3 - 1 \cdots\cdots$ ③

③代入①、②兩式，可得：

$2(I_3 - 1) - I_2 + I_3 = 3$

$$\therefore I_2 = 3I_3 - 5 \cdots\cdots ④$$

$$-4(I_3 - 1) + 6I_2 - I_3 = 0$$

$$\therefore 6I_2 - 5I_3 = -4 \cdots\cdots ⑤$$

④代入⑤，得：

$$6(3I_3 - 5) - 5I_3 = -4，\therefore I_3 = 2(A) \cdots\cdots ⑥$$

⑥代入③、④兩式，可得：

$$I_1 = 1(A)，I_2 = 1(A)$$

7.4 　節點電壓法

　　節點電壓法(node voltage method)係將克希荷夫電流定律直接應用在電路上，首先指定各節點對某一參考節點(reference node)(或接地節點)的電位，因此各支路的電流可藉歐姆定律用電壓來表示，然後在各節點(除參考點之外)寫出克希荷夫電流定律方程式，找出各節點電壓，進而求出各支路的電流。

　　節點電壓法和網目電流法是對偶的，兩者在數學上的程序相同，而所應用的基本定理不同而已。網目電流法是應用 KVL，沿一迴路(或網目)，求其電壓和；而節點電壓法是應用 KCL，在一節點上求其電流和。

【例題 7.13】

如下圖所示之電路，試求電壓V_b與電流I_1、I_2和I_3之值。

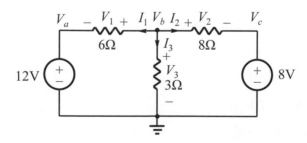

解　未知節點電壓V_b，使用 KCL 於V_b節點，可得節點方程式為：

$$I_1 + I_2 + I_3 = 0 \cdots\cdots ①$$

利用歐姆定律，可得：

$$I_1 = \frac{V_1}{6}$$

$$I_2 = \frac{V_2}{8} \cdots\cdots ②$$

$$I_3 = \frac{V_3}{3}$$

且元件電壓與節點電壓間的關係是：

$$V_1 = V_b - 12$$

$$V_2 = V_b - 8 \cdots\cdots ③$$

$$V_3 = V_b$$

把②及③各式代入①式中，得到節點方程式為：

$$\frac{V_b - 12}{6} + \frac{V_b - 8}{8} + \frac{V_b}{3} = 0$$

解上式，可得 $V_b = 4.8$ 伏特。再利用②各式，可得電阻器的電流為：

$$I_1 = \frac{V_b - 12}{6} = -1.2(A) \qquad I_2 = \frac{V_b - 8}{8} = -0.4(A)$$

$$I_3 = \frac{V_b}{3} = 1.6(A)$$

包含電壓源的節點分析法

　　若含有電流源的電路，及含有電壓源而更複雜的電路，在應用節點電壓分析法時，其分析的步驟和前述的方法都相同，但是所包含的數學式較為複雜而已。

　　一電路若含有電壓源連接於參考節點之間，則該節點電壓等於電壓源的電壓。此情況可簡化電路的分析。若電壓源連接於二個非參考節點之間，則這兩個節點形成**廣義節點**(generalized node)或**超節點**(supernode)。因此可利用 KCL 和 KVL 求解節點電壓。

　　所謂超節點是指由連接於二個非參考節點的電壓源及與其並聯的任何元件，則形成超節點。如例題 7.17 解答圖(a)所示，節點①和②形成一個超節點。也可以由二個以上的節點形成單一超節點，只是處理方式不同。因為節點分析的基本要素是應用 KCL，而使用 KCL 需要知道流過每個元件的電流，但沒辦法知道流過電壓源的電流，但是，在超節點必須像其他節點一樣滿足 KCL。

【例題 7.14】

試利用節點電壓法，求下圖所示電路中的支路電流I_1、I_2和I_3。

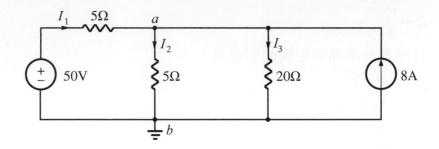

解 此電路有兩節點a與b，其中b節點接地，因此我們只要寫出一個節點電壓方程式即可。首先定義未知節點電壓V_a，在節點a的節點電壓方程式為：

$$\frac{50 - V_a}{5} + 8 = \frac{V_a}{5} + \frac{V_a}{20}$$

解出V_a可得：

$$V_a = 40\text{V}$$

直接可求得：

$$I_1 = \frac{50 - V_a}{5} = 2(\text{A}) \qquad I_2 = \frac{V_a}{5} = 8(\text{A})$$

$$I_3 = \frac{V_a}{20} = 2(\text{A})$$

【例題 7.15】

試求下圖所示電路中之節點電壓V_a和V_b，以及I之值。

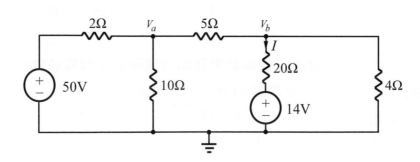

解 在節點V_a的節點方程式是：

$$\frac{V_a - 50}{2} + \frac{V_a - V_b}{5} + \frac{V_a}{10} = 0 \cdots\cdots ①$$

在節點V_b的節點方程式是：

$$\frac{V_b - V_a}{5} + \frac{V_b - 14}{20} + \frac{V_b}{4} = 0 \cdots\cdots ②$$

整理①式和②式後，可得：

$$4V_a - V_b = 125$$

$$-2V_a + 5V_b = 7$$

解此二方程式，可得：

$$V_a = 35.1(\text{V})，V_b = 15.4(\text{V})$$

最後由電路可知：

$$I = \frac{V_b - 14}{20} = \frac{15.4 - 14}{20} = 0.07(\text{A})$$

【例題 7.16】

試以節點分析法，求下圖所示電路中的I_1電流值。

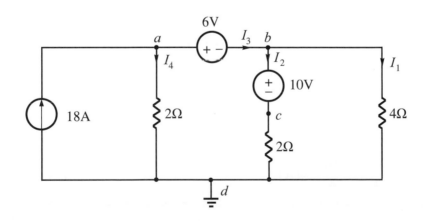

解 本電路圖有 4 個節點，其中d節點接地，令c節點電壓為V，則b節點電壓為$V+10$，而a節點電壓為$V+10+6$，因此在節點a的節點方程式為：

$$I_3 + I_4 = 18 \cdots\cdots ①$$

但因I_3是流過電壓源的電流,故不能以歐姆定律來表示。然而由b節點,可得:

$$I_3 = I_2 + I_1 \cdots\cdots ②$$

②式代入①式中,因此可得:

$$I_4 + I_2 + I_1 = 18 \cdots\cdots ③$$

由上式的結果是將KCL供給下圖中所重劃電路的封閉曲線上,即電流I_4,I_2和I_1離開曲線的和等於進入曲線的電流18A。因此KCL不僅可應用在一節點上,亦可應用於電路所劃的封閉曲線上。

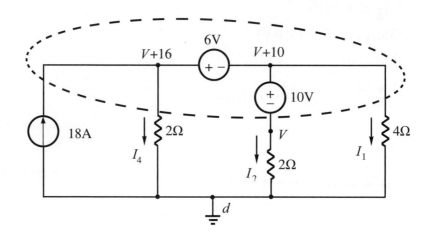

因此由③式,可將I_4,I_2和I_1利用歐姆定律,以它的等效表示式來取代爲:

$$\frac{V+16}{2} + \frac{V}{2} + \frac{V+10}{4} = 18$$

解之可得:$V = 6V$。

因此電流I_1爲:

$$I_1 = \frac{V+10}{4} = \frac{16}{4} = 4(A)$$

【例題 7.17】

如右圖所示，試利用節點電壓法，求節點電壓V_1和V_2。(試用超節點應用求解)

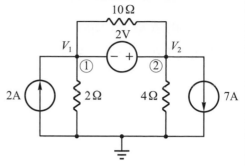

解 在超節點包含 2V 電源，節點①和②及 10Ω電阻

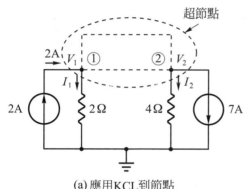

(a)應用KCL到節點

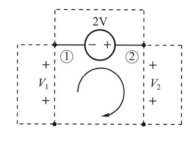

(b)應用KVL到網目

在超節點上應用 KCL 到節點，如圖(a)所示，可得：$2 = I_1 + I_2 + 7$，

以節點電壓表示，可得：$2 = \dfrac{V_1}{2} + \dfrac{V_2}{4}$

或 $V_2 = -2V_1 - 20 \cdots\cdots$ ①

在圖(b)中，應用 KVL 到網目，可得：

$V_2 = 2 + V_1 \cdots\cdots$ ②

解①②式，可得：

$V_1 = -7.33\text{(V)}$，$V_2 = -5.33\text{(V)}$

注意：10Ω電阻對電路的節點電壓沒有影響，因為它跨接在超節點二端。

7.5　相依電源

　　所謂**相依電源**(dependent sources)是指一電源受另一分支的電壓或電流所控制，即依賴另一分支之電壓或電流而決定，故相依電源又稱**受控電源**(Controlled sources)。圖 7.5(a)所示為相依電壓源的電路符號，正負號表示電壓的極性。圖 7.5(b)所示為相依電流源的電路符號，箭頭表示電流的方向。相依電源常以菱形符號表示。

(a)　　　　　　　　　　(b)

圖 7.5　(a)相依電壓源的電路符號，(b)相依電流源的電路符號

　　相依電源的電壓值或電流值是另一分支的電壓值或電流值的函數，顯然受到控制，故又稱為受控電源。相依電源依受控方式的不同，可分為四種，即**電壓控制電流電源**(voltage-controlled current source，VCCS)，**電壓控制電壓電源**(voltage-controlled voltage source；VCVS)，**電流控制電壓電源**(current-controlled voltage source；CCVS)，**電流控制電流電源**(current-controlled current source；CCCS)，其等效電路模型及特性，現分述如下：

1. **電壓控制電流電源**

　　　其等效電路如圖 7.6 所示，其中分支 1 為斷路，分支 2 為電流電源，故分支 2 的電流波形為斷路分支(分支 1)中電壓的函數，即：

$$I_1 = 0，I_2 = g_m V_1 \ldots\ldots\ldots\ldots\ldots\ldots\ldots (7.12)$$

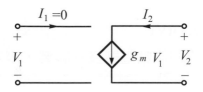

圖 7.6　VCCS 之等效電路

由上式可知其比例常數爲：

$$g_m = \frac{I_2}{V_1} \text{...} (7.13)$$

此處 g_m 稱之爲**轉移電導**(transfer conductance)，其單位爲 $\frac{1}{\Omega}$，或以姆歐($\mho$) 代表之。

2. **電壓控制電壓電源**

其等效電路如圖 7.7 所示，其中分支 1 爲斷路，分支 2 爲電壓電源，故分支 2 的電壓波形爲斷路分支(分支 1)中電壓的函數，即：

$$I_1 = 0，V_2 = \mu V_1 \text{...} (7.14)$$

由上式可知其比例常數爲：

$$\mu = \frac{V_2}{V_1} \text{...} (7.15)$$

此處 μ 稱之爲**電壓比**(voltage ratio)，因其爲 V_2 比 V_1，故無單位。

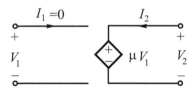

圖 7.7　VCVS 之等效電路

3. **電流控制電壓電源**

其等效電路如圖 7.8 所示，其分支 1 爲短路，分支 2 爲電壓電源，故分支 2 的電壓波形爲短路分支(分支 1)中電流的函數，即：

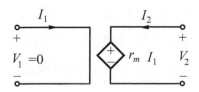

圖 7.8　CCVS 之等效電路

$$V_1 = 0 \text{ , } V_2 = r_m I_1 \text{ ....} (7.16)$$

由上式可知其比例常數為：

$$r_m = \frac{V_2}{I_1} \text{ ....} (7.17)$$

上式之r_m稱之為**轉移電阻**(transfer resistance)，其單位為歐姆(Ω)。

4. **電流控制電流電源**

  其等效電路如圖 7.9 所示，其中分支 1 為短路，分支 2 為電流電源，故分支 2 的電流波形為短路分支(分支 1)中電流的函數，即：

$$V_1 = 0 \text{ , } I_2 = \alpha I_1 \text{ ....} (7.18)$$

由上式可知其比例常數為：

$$\alpha = \frac{I_2}{I_1} \text{ ....} (7.19)$$

上式之α稱之為**電流比**(current radio)，因其為I_2比I_1，故無單位。

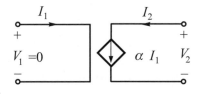

圖 7.9 CCCS 之等效電路

  如上所述，相依電源為線性非時變元件，因相依電源使兩不同之分支的電壓和電流發生關係，故為耦合元件(如例題 7.11)。又因相依電源特性之方程式均以電壓和電流為變數的線性代數方程式，故相依電源可視為**雙埠**(two ports)電阻性元件，其瞬時功率為負，可視為負電阻，故相依電源可視為**主動元件**，並且其具有負阻抗轉換的性質，故可當一**負阻抗轉換器**使用(如例題 7.13 所述)。

電晶體的輸出電流和輸入電流成正比例，故可視為電流控制電流電源。圖 7.10 所示即為電晶體的等效電路，其輸出電流hI_1受輸入電流I_1的控制，故為相依電流源，比例常數為h。另如運算放大器的輸出電壓與輸入電壓有關，故可視為電壓控制電壓電源。又如發電機中電樞繞組的感應電壓是依磁場繞組的電流而定，故可視為電流控制電壓電源。

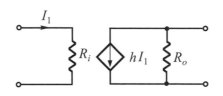

圖 7.10　電晶體的等效電路

7.6　含相依電源的電路分析

在電路分析中，當寫出電路方程式時，相依電源係如獨立電源般來處理，現舉數例來說明。

【例題 7.18】

如下圖所示的簡單電路中，相依電源為一電壓控制電壓電源，試求輸出電壓V_L之值。

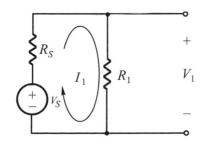 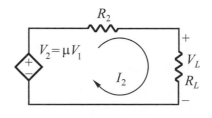

解　令網目電流I_1和I_2為變數，寫出兩個網目方程式為：

$$(R_S + R_1)I_1 = V_S \cdots\cdots ①$$

$$(R_2 + R_L)I_2 = V_2 = \mu V_1 \cdots\cdots ②$$

由①式，可得：

$$I_1 = \frac{V_s}{R_s + R_1} \cdots\cdots ③$$

③式代入②式，並整理之，可得：

$$I_2 = \frac{\mu V_s R_1}{(R_s + R_1)(R_2 + R_L)}$$

故輸出電壓V_L為：

$$V_L = R_L I_2 = \frac{\mu V_s R_1 R_L}{(R_s + R_1)(R_L + R_2)}$$

由例題 7.18 可知，若常數 μ 很大且各電阻選得適當，則輸出電壓V_L將遠大於輸入電壓V_s，在此情形下，**此電路即代表一簡單的電壓放大器**。又如圖所示，其包含兩個不相連接的網目，相依電源係當作網目 1 和網目 2 之間，或**輸入和輸出之間的耦合元件**。

【例題 7.19】

試以節點電壓法求出下圖所示電路中 5Ω 電阻器所消耗的功率。

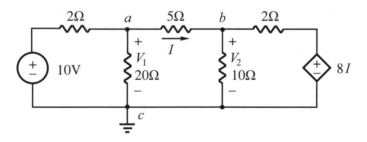

解　本電路有三個節點，故需兩個節點電壓方程式。

節點a之節點電壓方程式為：

$$\frac{V_1 - 10}{2} + \frac{V_1}{20} + \frac{V_1 - V_2}{5} = 0 \cdots\cdots ①$$

節點b之節點電壓方程式為：

$$\frac{V_2 - V_1}{5} + \frac{V_2}{10} + \frac{V_2 - 8I}{2} = 0 \cdots\cdots ②$$

此兩節點電壓方程式包含三個未知數V_1、V_2及I，欲消去I，必須以節點電壓來表示此相依電流源，即：

$$I = \frac{V_1 - V_2}{5} \cdots\cdots ③$$

將③式代入②式中，並整理之，可得此兩節點電壓方程式為：

$$0.75V_1 - 0.2V_2 = 5$$

$$-V_1 + 1.6V_2 = 0$$

解此聯立方程式，可得：

$$V_1 = 8\text{V}，V_2 = 5\text{V}$$

代入③式，可得：

$$I = \frac{V_1 - V_2}{5} = 0.6\text{A}$$

故　$P = IR = 0.6 \times 5 = 3(\text{W})$

由例題 7.19 可知，若電路中包含相依電源，則節點電壓方程式必須考慮因相依電源所增加的限制方程式，如例題 7.19 中的第③式。

【例題 7.20】

如下圖所示，受控電源由兩個分支 ab 和 cd 代表，阻抗 Z_L 與分支 cd 連接成並聯，輸入為獨立電流電源，試求由輸入端看入之輸入阻抗 Z_{in}。

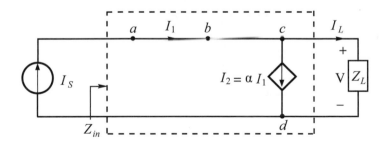

解　於節點 a 和 b；應用克希荷夫電流定律，可得：

$$I_S = I_1，及 I_1 = I_2 + I_L = \alpha I_1 + I_L$$

由上式，可知：

$$I_L = (1 - \alpha)I_1，即 I_1 = \frac{I_L}{1 - \alpha}$$

故輸入阻抗 Z_{in} 為

$$Z_{in} = \frac{V}{I_S} = \frac{V}{I_1} = \frac{Z_L I_L}{\dfrac{I_L}{1-\alpha}} = (1-\alpha)Z_L$$

由例題 7.20，我們可看出：若參數 α 為 2，則 $Z_{in} = -Z_L$，即表示輸入阻抗等於接在輸出端任何阻抗的負值，**故相依電源可當負阻抗轉換器使用。**

【例題 7.21】

如下圖所示，含有電壓控制電流源的相依電源之電路中，試求 V_x 之值。

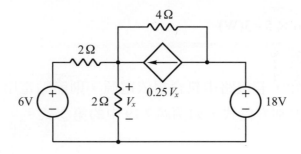

解 將 4Ω 電阻與 $0.25V_x$ 相依電流源轉換成相依電壓源，與獨立電壓源 6V 轉換成電流源，如下圖(a)所示。

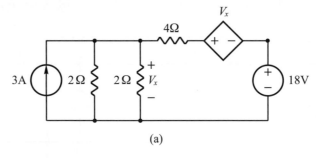

(a)

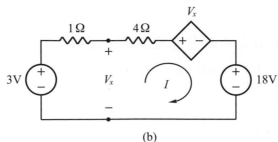

(b)

合併兩個 2Ω 電阻得 1Ω 電阻，再將此 1Ω 電阻與 3A 電流源，轉換成獨立電壓源，如圖(b)所示。注意：V_x 兩端仍保持不變。

對圖(b)電路應用 KVL，可得：

$5I + V_x + 18 = 3 \cdots\cdots$①

再應用 KVL 到包含 3V 電壓源、1Ω 電阻和 V_x 的網目，可得：

$3V = 1I + V_x$

或 $V_x = 3 - I \cdots\cdots$②

將②式代入①式中，可得：$I = -4.5A$，代入②式，可得：

$V_x = 3 - (-4.5) = 7.5(V)$

電學愛玩客

　　電腦斷層掃描是利用 X 射線來產生影像，最基本的 CT 只有一個發射源及一個偵測器，利用 X 光穿過人體組織時會產生衰減，而衰減程度與物質的密度成正比，每旋轉一度發射接收一次，旋轉 360 度後將所得數據透過電腦計算，可得一張斷層影像。

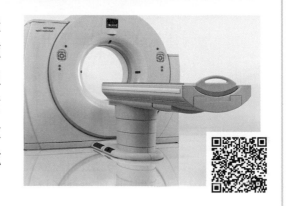

Chapter **8**

網路定理

前面數章已考慮直接分析法，以分析簡單電路的串聯、並聯或串並聯，及更複雜的電路。本章將使用某些特定的網路理論，在很多狀況下，可以縮短分析網路的工作。所考慮的網路定理將應用在由線性元件和電源所組成的線性電路。電阻性電路為線性電路，因為電路的元件是電源和線性電阻之緣故。其他線性元件將後面所要討論的電容器和電感器，這兩種元件和電阻器是交流電路中的重要元件，因此網路定理不僅適用於直流電路，亦可應用於交流電路。

8.1 戴維寧定理

戴維寧定理(Thevenin's theorem)是指**在一含有電壓源及／或電流源的線性電路中，任意兩端點間的電路，可用一電壓源與一電阻串聯的等效電路取代。**此電壓源為該兩端點間的**開路電壓**，即該兩端點開路時，所測量的電壓值。而電阻則為該兩端點間之**無源(被動)電阻**，亦即將電路中的理想電壓電源短路及理想電流電源開路，或有內阻則以內阻取代之，在該兩端點間所測得的等效電阻。如圖 8.1(a)之電路，在端點$a-b$間的等效電路為 8.1(b)所示。它包含了一電壓源V_{oc}和串聯電阻R_{th}。數值V_{oc}為呈現在$a-b$端的開路電壓，如圖 8.2(a)所示。電阻R_{th}

稱為戴維寧等效電阻，是從 $a-b$ 端看入內部無電源的電路之等效電阻，如圖 8.2 (b)所示。

圖 8.1　(a)電路，(b)戴維寧等效電路

圖 8.2

(a)具有 V_{oc} 的開路網路，(b)含有 R_{th} 的無源電路

在應用戴維寧定理欲求網路中某一部分的戴維寧等效電路時，可依下列步驟：

1.　欲求 a、b 兩端點間之戴維寧等效電路，首先要將 a、b 兩端點之電阻(或元件)移去。

2.　求 R_{th} 時，首先將電壓源短路及電流源開路，然後找出 a、b 兩端點間的電阻，此即戴維寧等效電阻。(若原電路中之電源含有內電阻，則應保留)。

3.　求 V_{oc} 時，將所有電源回復原位，再求出 a、b 兩端點間之開路電壓，即得戴維寧等效開路電壓。

4.　將 V_{oc} 與 R_{th} 串聯於 a、b 兩端點間，即成為戴維寧等效電路。

5.　將第 1. 步驟中移去的電阻(或元件)接於戴維寧等效電路 a、b 兩端點間，即完成。

【例題 8.1】

如下圖所示之電路，試用戴維寧定理求出26Ω上之電壓V。

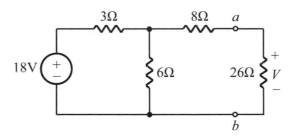

解　首先將26Ω電阻自電路中移去，所剩下兩端點a與b點。其次將電壓源18V
短路，如下圖(a)所示。由a、b端看入的戴維寧電阻R_{th}為：

$R_{th} = 8 + (3//6) = 10Ω$

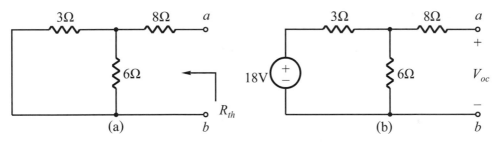

再恢復電源，開路電壓可由(b)圖中求得V_{oc}。因 8Ω電阻沒有電流，故V_{oc}
為6Ω端的電壓。利用分壓定理可得V_{oc} 為：

$$V_{oc} = \frac{6}{6+3} \times 18 = 12V$$

因此戴維寧等效電路是由$V_{oc} = 12\,V$電源，和$R_{th} = 10Ω$的電阻串聯所組成。
如下圖中將26Ω負載接到$a-b$兩端，利用分壓定理求出26Ω之端電壓V為：

$$V = \frac{26}{26+10} \times 12 = 8.7(V)$$

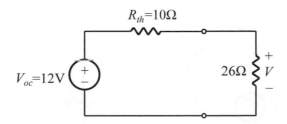

【例題 8.2】

利用戴維寧定理，求下圖中 7Ω上之電流I。

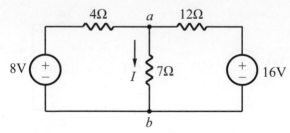

解 如下圖(a)所示，先把$a-b$端開路求得V_{oc}。再如圖(b)所示，把兩個電源都去掉而求出R_{th}。

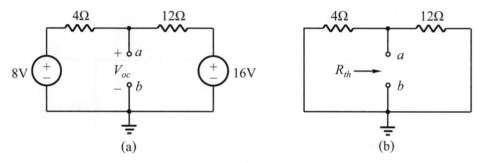

(a)   (b)

把圖(a)中節點b當參考節點，可知在節點a之節點電壓是V_{oc}，因此在節點a寫出節點方程式為：

$$\frac{V_{oc}-8}{4}+\frac{V_{oc}-16}{12}=0$$

解之可得：$V_{oc}=10$V。

在圖(b)中，R_{th}是 4Ω和 12Ω電阻並聯組合，因此

$$R_{th}=4//12=3\,\Omega$$

將戴維寧等效電路和7Ω電阻在$a-b$端連接在一起，如下圖所示，由圖可知：

$$I=\frac{10}{3+7}=1(A)\text{。}$$

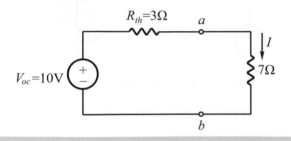

【例題 8.3】

試以戴維寧定理，求下圖電橋電路中 2Ω電阻兩端$a-b$點間之戴維寧等效電路，並求出其中的I值。

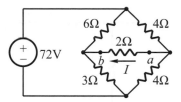

解 首先將 2Ω電阻自電路中移去，所剩下兩端點a與b點。其次將電壓源 12V 短路，如下圖(a)所示。由a、b端看入為戴維寧等效電阻路R_{th}為：

$$R_{th} = (6//3) + (4//4) = 4(\Omega)$$

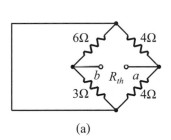

(a)

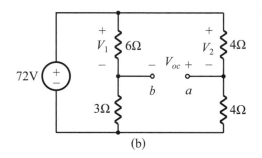

(b)

再恢復電源，開路電壓可由(b)圖中求得V_{oc}。

$$V_1 = \frac{6}{6+3} \times 72 = 48V$$

$$V_2 = \frac{4}{4+4} \times 72 = 36V$$

則$V_2 + V_{oc} - V_1 = 0$，得

$$V_{oc} = V_1 - V_2 = 12(V)$$

因此戴維寧等效電路是由$V_{oc} = 12V$，和$R_{th} = 4Ω$的電阻串聯所組成。如下圖中將 2Ω電阻接$a-b$兩端，利用歐姆定律，可求出 2Ω上的電流I為：

$$I = \frac{12}{4+2} = 2(A)$$

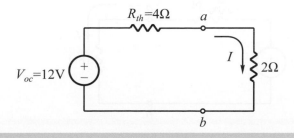

【例題 8.4】

試利用戴維寧定理，求出下圖所示$a-b$兩端之戴維寧等效電路，並求流過18Ω電阻上之電流I。

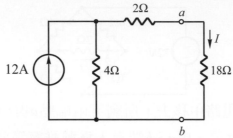

解 將18Ω電阻移去，並將電流源開路，如下圖(a)所示。求$a-b$端看入之戴維寧等效電阻R_{th}為：

$$R_{th} = 2 + 4 = 6(\Omega)$$

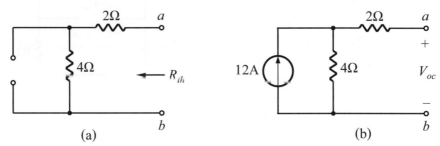

(a)　　　　　　　　　　　　(b)

再恢復電源，如圖(b)所示，求V_{oc}。由於a、b兩端點開路，故流過2Ω電阻的電流為零，所以a、b兩點間的開路電壓V_{oc}，也就是4Ω之端電壓，故V_{oc}為：

$$V_{oc} = 12 \times 4 = 48(V)$$

將V_{oc}與R_{th}代入，並在$a-b$兩端點間將 18Ω連接上，如下圖所示為戴維寧等效電路，流過18Ω電阻上的電流I為：

$$I = \frac{48}{6+18} = 2(A)$$

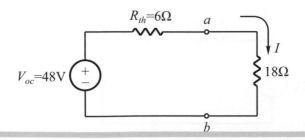

8.2　諾頓定理

　　諾頓定理(Norton's theorem)與戴維寧定理相類似，所不同的是戴維寧定理的等效電路爲開路電壓源與等效電阻串聯。而諾頓定理的等效電路則爲短路電流源與等效電阻並聯。

　　諾頓定理是指在**一含有電壓源及／或電流源的線性電路中，任意兩端點間的電路，可用一電流源與一電阻並聯的等效電路取代。**此電流源爲該兩端點間的**短路電流**，即該兩端點短路時，所測量的電流值。而電阻則爲該兩端點間之無源(被動)電阻，亦即將電路中的理想電壓源短路及理想電流源開路，或有內阻則以內阻取代之，在該兩端點間所測得的等效電阻。如圖 8.1(a)之電路，其等效電路在圖 8.1(b)中a-b端以一短路連接。結果其電路如圖 8.3(a)、(b)所示含有短路電流I_{sc}之電路。因爲等效，所以兩電路的I_{sc}是相同的。

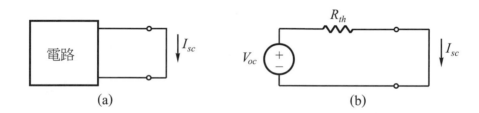

圖 8.3　(a)電路，(b)戴維寧等效電路a-b端短路

由圖 8.3(b)及歐姆定律可得：

$$I_{sc} = \frac{V_{oc}}{R_{th}} \quad\text{.. (8.1)}$$

(8.1)式說明短路電流I_{sc}與開路電壓V_{oc}之關係。可將(8.1)式改寫爲：

$$V_{oc} = R_{th}I_{sc} \quad\text{.. (8.2)}$$

　　現在考慮圖 8.4 中的電路，此電路是一電流源I_{sc}和戴維寧等效電阻R_{th}所組成並聯電路。若a-b端是開路，利用歐姆定律，電壓V_{ab}爲：

$$V_{ab} = R_{th}I_{sc}$$

因從(8.2)式可知$V_{ab}=V_{oc}$，且圖 8.4 是圖 8.1(a)電路$a-b$端點的等效電路。所以產生相同的V_{oc}和R_{th}，因此它和戴維寧等效電路相同。圖 8.4 電路稱為圖 8.1(a)電路的諾頓等效電路。

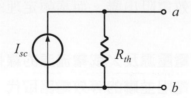

圖 8.4　圖 8.1(a)電路的諾頓等效電路

在應用諾頓定理，欲求網路中某一部分的諾頓等效電路時，可依下列步驟：

1.　欲求a、b兩端點間之諾頓等效電路，首先要將a、b兩端點之電阻(或元件)移去。

2.　求R_{th}時，首先將電壓源短路及電流源開路，然後找出a、b兩端點間的電阻，此即諾頓等效電阻，其求法與電阻值皆與戴維寧等效電阻相同。若電壓源或電流源的內電阻已包含於原網路，在移去電源時，它們必須保留原處。

3.　求I_{sc}時，將所有電源回復原位，再求出a、b兩端點間在短路下所通過的電流，此電流即為諾頓等效短路電流。

4.　將I_{sc}與R_{th}並聯於a、b兩端點間，即成為諾頓等效電路。

5.　將第 1. 步驟中移去的電阻(或元件)接於諾頓等效電路a、b兩端點間，即完成。

【例題 8.5】

如例題 8.1 所示之電路，試利用諾頓定理求出諾頓等效電路，並利用此結果求出V值。

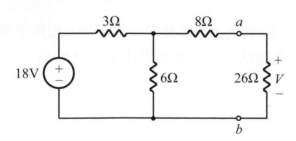

解 諾頓等效電阻R_{th}與例題 8.1 戴維寧等效電阻的求法與電阻值相等，即

$R_{th} = 10(\Omega)$

再將 26Ω端a、b兩點短路，結果如下圖所示之電路，而電流I為：

$$I = \frac{18}{3 + (6//8)} = 2.8\text{A}$$

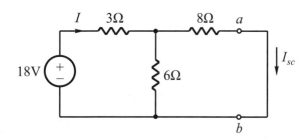

利用分流定理，得短路電流I_{sc}為：

$$I_{sc} = \frac{6}{6+8}I = 1.2(\text{A})$$

因此，諾頓等效電路如下圖所示，可得：

$$V = (10//26)I_{sc} = \frac{10 \times 26}{10 + 26} \times 1.2 = 8.7(\text{V})$$

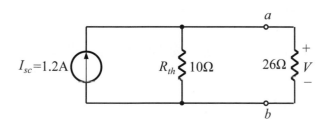

此結果，與例題 8.1 使用戴維寧定理求出者一樣。

【例題 8.6】

　　如下圖所示之電路，試利用諾頓定理求出 $a-b$ 兩端之諾頓等效電路，並利用此結果求出 10Ω 上的電流 I。

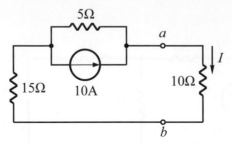

解　將 10Ω 自電路中移去，剩下 $a-b$ 兩端點。其次將電流源開路如下圖(a)所示，並求 a、b 兩端點間之等效電阻 R_{th} 為：

$$R_{th} = 5\Omega + 15\Omega = 20(\Omega)$$

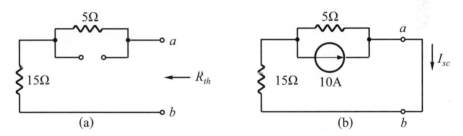

(a)　　　　　　　　　　　　　　(b)

再將電源復位，並將 a、b 兩端點短路，如圖(b)所示，則 a、b 兩端點間之短路電流 I_{sc} 為：

$$I_{sc} = \frac{5}{5+15} \times 10 = 2.5(A)$$

畫出諾頓等效電路，並將 10Ω 電阻接至 a、b 兩端點，如下圖所示。利用分流定理，可得流過 10Ω 電阻之電流 I 為：

$$I = \frac{20}{20+10} \times 2.5 = 1.67(A)$$

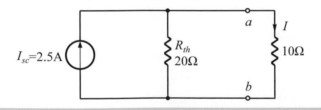

【例題 8.7】

如下圖所示之電橋電路，試以諾頓定理求出 a、b 兩端之諾頓等效電路，並利用此結果求出流經 0.3Ω 電阻上之電流 I。

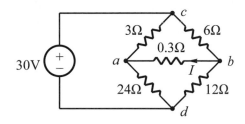

解　將圖中 0.3Ω 電阻 $a-b$ 兩端短路，如下圖(a)所示，則短路電流 I_{sc} 可求出。

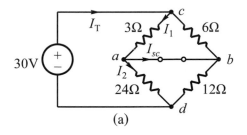
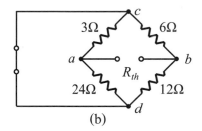

(a)　　　　　　　　　　　　　　　(b)

圖(a)中的等效電阻 R_{eq} 為：

$$R_{eq} = (3//6) + (24//12) = 10\Omega$$

則　$I_T = \dfrac{30}{R_{eq}} = 3A$

利用分流定理，則

$$I_1 = \frac{6}{3+6} I_T = 2A$$

$$I_2 = \frac{12}{12+24} I_T = 1A$$

故短路電流 $I_{sc} = I_1 - I_2 = 1(A)$

再將 0.3Ω 電阻移去，並將電壓源短路，如圖(b)所示，求其等效電阻 R_{th}　為：

$$R_{th} = (3//24) + (6//12) = 6.7(\Omega)$$

將 I_{sc} 與 R_{th} 並聯連接，再將 0.3Ω 連接於 a、b 兩端點，如下圖所示。則利用分流定理，可得流過 0.3Ω 電阻之電流 I 為：

$$I = \frac{6.7}{6.7 + 0.3} \times I_{sc} = 0.96(A)$$

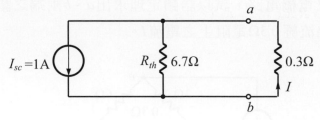

【例題 8.8】

兩電源並聯供電於一負載，設電源之電壓各為V_1及V_2，其內阻各為R_1及R_2，負載之電阻R_3。試由諾頓定理求此並聯電源之等值電路，並求此電路負載電流及短路電流之比。

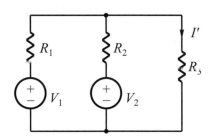

解 利用諾頓定理，可將原圖改為下圖所示。

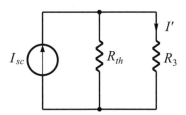

短路電流$I_{sc} = \dfrac{V_1}{R_1} + \dfrac{V_2}{R_2}$

等效電阻$R_{th} = R_1 // R_2 = \dfrac{R_1 R_2}{R_1 + R_2}$

$$I' = \frac{R_{th}}{R_{th} + R_3} I_{sc}$$

$$= \frac{R_1 R_2}{R_1 R_2 + R_2 R_3 + R_3 R_1}\left(\frac{V_1}{R_1} + \frac{V_2}{R_2}\right)$$

$$= \frac{R_2 V_1 + R_1 V_2}{R_1 R_2 + R_2 R_3 + R_3 R_1}$$

$$\therefore \frac{I'}{I_{sc}} = \frac{R_{th}}{R_{th} + R_3} = \frac{R_1 R_2}{R_1 R_2 + R_2 R_3 + R_3 R_1}$$

8.3　重疊定理

重疊定理(superposition theorem)是指**在包含有兩個或兩個以上的電源網路中，某一元件的電壓或電流是各電源單獨工作時所產生的電壓或電流之代數和**。即當我們求一電源所產生的電壓和電流時，把其它電源都設為零。這種步驟對每一電源重覆使用，結果是把電壓或電流重疊在一起，而求得所有電源所產生的總效果。

其解題步驟如下：

1.　每次僅保留一個電源，其餘全部移去。移去電壓源時，將其兩端短路；移去電流源時，將其兩端開路；移去含有內電阻之電源時，內電阻仍應保留於電路上。

2.　將各個電源所得結果綜合計算，求某一元件之電壓或電流之代數和。

要注意的是：重疊定理只能應用於線性電路。非線性電路不能使用，或計算電路中的功率，則重疊定理不適用。因為功率是隨電壓或電流的平方成正比為非線性的。

電學愛玩客

　　光纖是一種光在玻璃或塑料製成的纖維中，以全反射原理傳輸的光傳導工具。微細的光纖封裝在塑料護套中，使得它能夠彎曲而不至於斷裂。通常光纖一端的發射裝置使用發光二極體或一束雷射將光脈衝傳送至光纖，光纖另一端的接收裝置使用光敏元件檢測脈衝。

【例題 8.9】

如下圖所示電路，試以重疊定理求出流經 6Ω 支路的電流 I。

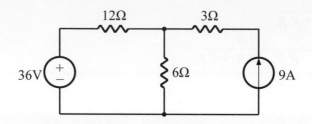

解 (a)首先考慮 36V 電壓源單獨作用於電路時，而將 9A 電流源開路，如下圖
(a)所示。故得流經 6Ω 電阻之電流 I_1 為：

$$I_1 = \frac{36}{12+6} = 2A(向下)$$

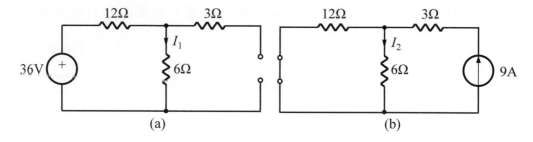

(a)   (b)

(b)其次再考慮 9A 電流源單獨作用於電路時，而將 36V 電壓電源短路，如
上圖(b)所示。故得流經 6Ω 電阻之電流 I_2 為：

$$I_2 = \frac{12}{6+12} \times 9 = 6A(向下)$$

(c)綜合(a)、(b)之結果，可得流過 6Ω 之電流 I 為：

$$I = I_1 + I_2 = 2 + 6 = 8(A)$$

現計算供給 6Ω 電阻之功率為：

$P_1 = I_1^2 R = (2)^2 \times 6 = 24W$

$P_2 = I_2^2 R = (6)^2 \times 6 = 216W$

而　$P = I^2 R = (8)^2 \times 6 = 384W$

即　$P = 384\text{W} \neq P_1 + P_2 = 240\text{W}$

故重疊定理不適用於功率之計算。

【例題 8.10】

試求下圖所示電路中，R_1電阻兩端之電壓V。

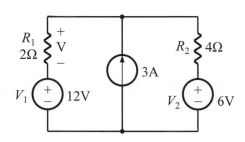

解　應用重疊定理：

(a)先以V_1為主，單獨作用於電路時，而移去 3A 之電流源，並將其兩端開路，移去V_2電壓源，並將其兩端短路。如下圖(a)所示。利用分壓定理，可得R_1電阻兩端之電壓V_1為：

$$V' = \frac{R_1}{R_1 + R_2} \times V_1 = \frac{2}{2+4} \times 12 = 4\text{V}(\text{其方向為下端正，上端負})。$$

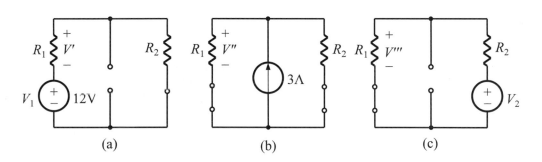

(a)　　　　　　(b)　　　　　　(c)

(b)再以電流源 3A 為主，單獨作用於電路時，而將V_1和V_2短路，如圖(b)所示。利用分流定理，可知流過R_1電阻之電流I_1為：

$$I_1 = \frac{R_2}{R_1 + R_2} \times I = \frac{4}{2+4} \times 3 = 2\text{A}$$

故R_1電阻兩端之電壓V_2為：

$$V'' = R_1 I_1 = 2 \times 2 = 4\text{V}(\text{其方向為上端正，下端負})。$$

(c)以V_2為主，單獨作用於電路時，而將V_1及電流源分別短路及開路，如
　　圖(c)所示。利用分壓定理，可得R_1電阻兩端之電壓V_3為：

$$V''' = \frac{R_1}{R_1 + R_2} \times V_2 = \frac{2}{2+4} \times 6 = 2\text{V}(其方向為上端正，下端負)。$$

(d)綜合(a)、(b)、(c)之結果，可得R_1電阻兩端之電壓V為：

$$V = V' - V'' + V''' = -4 + 4 + 2 = 2(\text{V})$$

8.4　電壓源與電流源的轉換

　　我們已了解，電路的戴維寧等效電路是由一電壓源V_{oc}和一電阻器R_{th}串聯在
一起。而電路的諾頓等效電路是由一電流源I_{sc}和一電阻器R_{th}並聯在一起。此兩
電路如圖 8.5(a)、(b)所示。因戴維寧和諾頓是等效的，所以可以把戴維寧等效電
路轉換成諾頓等效電路，反之亦然。如我們已知的，電阻R_{th}在兩電路都是相同。
而V_{oc}和I_{sc}之關係由(8.2)式可知為：

$$V_{oc} = R_{th}I_{sc} \dotfill (8.3)$$

圖 8.5　(a)戴維寧等效電路，(b)諾頓等效電路

則圖 8.5(a)與(b)可以互相取代，電壓源可用電流源取代，電流源可用電壓源取
代。故電壓源與電流源可以互換，其負載端的效用完全相同。圖 8.6 所示為電壓
源變換為電流源的方法，其電流值為：

$$I_{sc} = \frac{V_{oc}}{R_{th}} \dotfill (8.4)$$

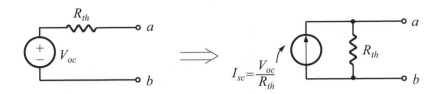

圖 8.6　電壓源變換為電流源

此外與電壓源串聯的電阻R_{th}，改為與電流源並聯，R_{th}值不變。圖 8.7 為電流源變換為電壓源的方法，其電壓值為：

$$V_{oc} = R_{th}I_{sc} \dots\dots\dots\dots\dots\dots\dots\dots\dots\dots\dots\dots\dots\dots\dots\dots\dots\dots\dots\dots \text{(8.5)}$$

與電流源並聯的電阻R_{th}，改為與電壓源串聯，R_{th}值不變。

圖 8.7　電流源變換為電壓源

　　在變換時，要注意電流的方向與電壓的極性應妥為配合，電壓源的正端為電流源箭頭所指的一端。

　　戴維寧等效電路代表一實際電壓源，此電壓源是由一理想電壓源V_{oc}和內部電阻R_{th}串接在一起而組成；而諾頓等效電路代表一實際電流源，此電流源是由一理想電流源I_{sc}和內部電阻R_{th}並聯在一起而組成。因此在本節中電壓源與電流源的轉換，可想為把實際電壓源轉換成等效實際電流源，反之亦然。

　　與理想電壓源並聯的電阻，對負載的特性毫無影響，如圖 8.8 所示，R_1不論多大，對供應R_L的負載電壓與電流毫無影響。同理，與電流源串聯的電阻，對負載的特性亦無影響，如圖 8.9 所示，不論R_1是否存在，對供應R_L的負載電壓與電流亦毫無影響。因此R_1在理想電源中可不予考慮。即在電源變換時，並聯於理想電壓源的電阻與串聯於理想電流源的電阻均可略去，而不影響網路中其他部分電流或電壓的分佈。

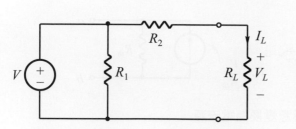

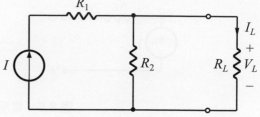

圖 8.8　理想電壓源並聯電阻的影響　　　圖 8.9　理想電流源串聯電阻的影響

【例題 8.11】

試將下圖所示之電壓源轉換為等效電流源，並計算兩種電源之負載電流I_L。

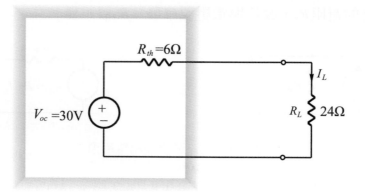

解

$$I_{sc} = \frac{V_{oc}}{R_{th}} = \frac{30}{6} = 5(\text{A})$$

$$I_L = \frac{V_{oc}}{R_{th} + R_L} = \frac{30}{6 + 24} = 1\text{A}$$

由$I_{sc} = 5\text{A}$，$R_{th} = 6\Omega$，故知轉換後之電流源如下圖所示。

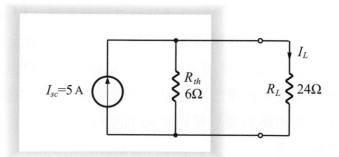

由圖利用分流定理，可求出流過R_L的電流為：

$$I = \frac{R_{th}}{R_{th} + R_L} \times I_{sc} = \frac{6}{6 + 24} \times 5 = 1(\text{A})$$

【例題 8.12】

試將下圖所示之電流源轉換為等效電壓源。

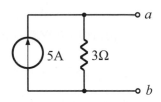

解 $V_{oc} = R_{th}I_{sc} = 3 \times 5 = 15(V)$

而R_{th}不變,因此轉換後之等效電壓源如下圖所示。

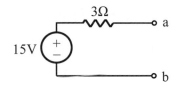

8.5　Y型和△型網路

在研究網路的問題中,可能遇到這樣的電路結構,多個電阻器連接成既非串聯也不像並聯,其型式有下列四種:**三角型(△)、π型、Y型和T型**。如圖8.10所示。

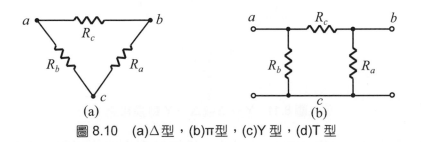

圖 8.10　(a)△型,(b)π型,(c)Y 型,(d)T 型

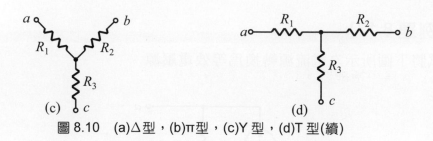

圖 8.10 (a)Δ型，(b)π型，(c)Y 型，(d)T 型(續)

Δ型(delta)連接，有時亦稱爲π型(pi)連接，因爲它們是相同的網路，只是劃法不同而已。Y 型(wye)連接有時稱爲 T 型(tee)連接，它們也是相同的網路，只是劃法不同而已。這些電路，看似簡單，但若用串聯或並聯的方法求解，卻不易求得結果，若用本節的 Y-Δ變換法，則將可化簡而得到解答。

一、Y → Δ轉換

我們可用克希荷夫定律來證明一Y型網路可以被一等效之Δ型網路所取代，反之亦然。如圖 8.11 所示，可以在端點a、b和c的R_1、R_2和R_3所組成的 Y 型網路被R_A、R_B和R_C所組成的Δ型網路所取代。Y → Δ的轉換公式爲：

$$R_a = \frac{R_1 R_2 + R_2 R_3 + R_3 R_1}{R_1}$$

$$R_b = \frac{R_1 R_2 + R_2 R_3 + R_3 R_1}{R_2}$$

$$R_c = \frac{R_1 R_2 + R_2 R_3 + R_3 R_1}{R_3} \quad\text{.............................. (8.6)}$$

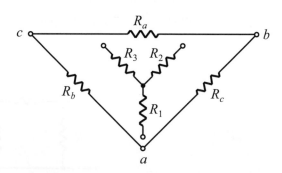

圖 8.11 Y → Δ或Δ → Y 轉換電路

由(8.6)式可知：方程式的分子部份，是把 Y 型網路中電阻每一次兩個相乘之和而組成；而分母部份，則是欲計算的Δ型電阻所對應的 Y 型網路中的電阻，即：

$$R_\Delta = \frac{\text{Y 型中兩電阻乘積之和}}{\text{所對應的 Y 型之電阻}} \cdots\cdots\cdots\cdots\cdots\cdots (8.7)$$

若 Y 型為平衡網路，則因 $R_1 = R_2 = R_3 = R$

$$\therefore R_a = R_b = R_c = 3R \cdots\cdots\cdots\cdots\cdots\cdots\cdots\cdots\cdots (8.8)$$

或

$$R_\Delta = 3R_Y \cdots\cdots\cdots\cdots\cdots\cdots\cdots\cdots\cdots\cdots\cdots\cdots (8.9)$$

故當 Y 型平衡網路時，其等效之 Δ 型亦為平衡，且其每一支路上之電阻為 Y 型的三倍。

【例題 8.13】

試將下圖所示之 Y 型電路，轉換成 Δ 型電路。

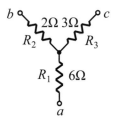

解　應用公式(8.6)，可得：

$$R_a = \frac{6 \times 2 + 2 \times 3 + 3 \times 6}{6} = 6(\Omega)$$

$$R_b = \frac{6 \times 2 + 2 \times 3 + 3 \times 6}{2} = 18(\Omega)$$

$$R_c = \frac{6 \times 2 + 2 \times 3 + 3 \times 6}{3} = 12(\Omega)$$

故可得下圖所示之 Δ 型電路

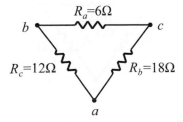

二、Δ → Y 轉換

由Δ型網路變為等效 Y 型網路，如同圖 8.11 所示。Δ → Y 的轉換公式為：

$$R_1 = \frac{R_b R_c}{R_a + R_b + R_c}$$

$$R_2 = \frac{R_c R_a}{R_a + R_b + R_c} \quad\quad\quad\quad\quad\quad\quad\quad\quad\quad (8.10)$$

$$R_3 = \frac{R_a R_b}{R_a + R_b + R_c}$$

由(8.10)式可知：方程式的分母部份是Δ型中電阻之和；而分子部份是與 Y 型電阻相鄰的兩個Δ型電阻之乘積，即：

$$R_Y = \frac{\Delta 型中相鄰兩電阻之乘積}{\Delta 型中電阻之和} \quad\quad\quad\quad\quad (8.11)$$

若Δ型為平衡網路，則因 $R_a = R_b = R_c = R$

$$\therefore R_1 = R_2 = R_3 = \frac{R}{3} \quad\quad\quad\quad\quad\quad\quad\quad (8.12)$$

或

$$R_Y = \frac{1}{3} R_\Delta \quad\quad\quad\quad\quad\quad\quad\quad\quad\quad\quad (8.13)$$

故當Δ型為平衡網路時，其等效之 Y 型亦為平衡，且其每一支路上之電阻則為Δ型的 $\frac{1}{3}$ 倍。

【例題 8.14】

試將下圖所示之Δ型電路，轉換成 Y 型電路。

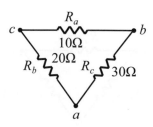

解 應用(8.11)式，可得：

$$R_1 = \frac{20 \times 30}{10 + 20 + 30} = 10(\Omega)$$

$$R_2 = \frac{30 \times 10}{10 + 20 + 30} = 5(\Omega)$$

$$R_3 = \frac{10 \times 20}{10 + 20 + 30} = 3\frac{1}{3}(\Omega)$$

故可得下圖所示之 Y 型電路。

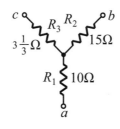

【例題 8.15】

下圖所示之電橋電路中，試求 $a-b$ 兩點間之等效電阻 R_{ab}。

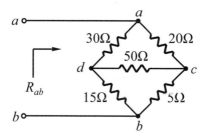

解 先將 △ 型電路 acd 變成 Y 型電路，如下圖所示。

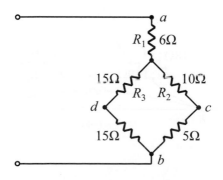

由(8.10)式,可得:

$$R_1 = \frac{20 \times 30}{20 + 30 + 50} = 6\Omega$$

$$R_2 = \frac{20 \times 50}{20 + 30 + 50} = 10\Omega$$

$$R_3 = \frac{30 \times 50}{20 + 30 + 50} = 15\Omega$$

故 $a-b$ 兩點間之等效電阻 R_{ab} 為:

$$R_{ab} = 6 + [(15 + 15)//(10 + 5)] = 16(\Omega)$$

【例題 8.16】

如下圖所示,試求 $a-b$ 兩點間之等效電阻 R_{ab}。

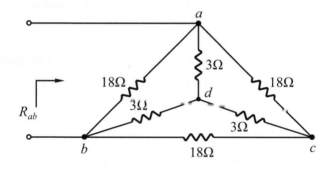

解 因為 Δ 型或 Y 型的所有電阻都相同,所以可以用 Y → Δ 轉換或 Δ → Y 轉換。

(a) Y → Δ 轉換

如下圖所示。由(8.9)式,可得:

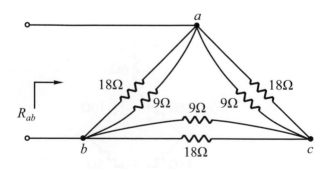

$$R_\Delta = 3R_Y = 3 \times 3 = 9\Omega$$

故所求$a-b$兩端之等值電阻R_{ab}為：

$$R_{ab} = (18//9)//[(18//9) + (18//9)] = 4\Omega$$

(b)$\Delta \rightarrow Y$ 轉換

如下圖所示。由(8.13)式，可得：

$$R_Y = \frac{1}{3}R_\Delta = \frac{1}{3}(18) = 6\Omega$$

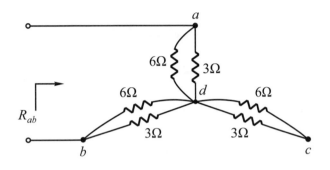

故所求$a-b$兩端之等值電阻R_{ab}為：

$$R_{ab} = (6//3) + (6//3) = 2 + 2 = 4(\Omega)$$

結果與(a)作法相同答案。

三、有源△型電路之轉換

若在△型之支路中有電源時，如圖 8.12 所示一**有電源△型電路**，如欲將其**化成有源的 Y 型電路時**，其轉換步驟如下：

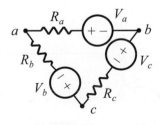

圖 8.12　含有電壓源之△型電路

1. 將該電路之電壓源轉換成電流源，如圖 8.13 所示，其中

$$I_a = \frac{V_a}{R_a} \ , \ I_b = \frac{V_b}{R_b} \ , \ I_c = \frac{V_c}{R_c} \text{...(8.14)}$$

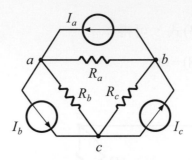

圖 8.13　將圖 8.12 中電壓源轉換成電流源

2. 將電阻應用(8.10)式，化成 Y 型等效電阻 R_1、R_2 和 R_3，然後取代原 Δ 型之電阻，如圖 8.14 所示。

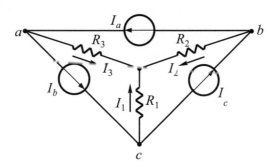

圖 8.14　將圖 8.3 Δ 型 abc 化成 Y 型

3. 在圖 8.14 中，每一節點上，應用克希荷夫電流定律，可得：

$$\text{節點} c : I_1 = I_b - I_c = \frac{V_b}{R_b} - \frac{V_c}{R_c}$$

$$\text{節點} b : I_2 = I_c - I_a = \frac{V_c}{R_c} - \frac{V_a}{R_a} \text{.................................(8.15)}$$

$$\text{節點} a : I_3 = I_a - I_b = \frac{V_a}{R_a} - \frac{V_b}{R_b}$$

其電路可改畫成圖 8.15 所示。在實際情況中，電流源的方向可以指向流入節點，或自節點流出，視網路的實際情形而定。圖 8.15 中所假定者，視圖 8.13 中所示者而定，流入節點者假定為正，自節點流出者則為負。

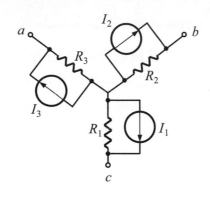

圖 8.15　應用 KCL 重畫電流源

4.　最後再將圖 8.15 之電流源轉換成電壓源，可得：

$$V_1 = I_1 R_1 = \left(\frac{V_b}{R_b} - \frac{V_c}{R_c} \right) R_1$$

$$V_2 = I_2 R_2 = \left(\frac{V_c}{R_c} - \frac{V_a}{R_a} \right) R_2 \quad\text{...}\quad (8.16)$$

$$V_3 = I_3 R_3 = \left(\frac{V_a}{R_a} - \frac{V_b}{R_b} \right) R_3$$

如圖 8.16 所示，轉換成有源之 Y 型電路。

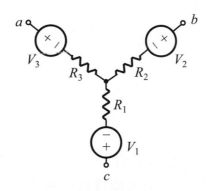

圖 8.16　有源 Δ 型電路轉換成有源 Y 型電路

四、有源 Y 型電路之轉換

　　若 Y 型之支路中有電源時，是**不能轉換**成有源之 Δ 型電路。

8.6 最大功率轉移定理

　　所謂最大功率轉移定理：為**當負載之總電阻等於負載兩端之戴維寧等效電阻時，負載可自直流電源接收最大功率**。如圖 8.17 所示，當 $R_L = R_{th}$ 時，則會有最大功率傳送到負載上。對於電晶體結構，較相似於圖 8.17(b)所示之諾頓等效電路，若要有最大功率傳送到負載 R_L 上，則必須滿足之條件為：**$R_L = R_{th}$**。

　　圖 8.17(a)所示電路中的負載電流為：

$$I_L = \frac{V_{oc}}{R_{th} + R_L} \qquad\qquad\qquad\qquad (8.17)$$

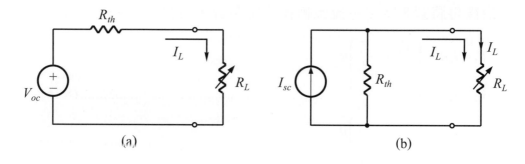

(a)　　　　　　　　　　　　　(b)

圖 8.17　可變電阻負載求最大功率轉移

　　跨越負載電阻 R_L 上的功率為：

$$P_L = I_L^2 R_L = \left(\frac{V_{oc}}{R_{th} + R_L}\right)^2 R_L = \frac{V_{oc}^2 R_L}{(R_{th} + R_L)^2} \qquad\qquad (8.18)$$

　　在檢驗最大功率轉移時，最初的趨勢一定認為是較大的 R_L 值將會有較多的功率傳送到負載，但是因為 $P_L = \dfrac{V_L^2}{R_L}$，當 V_L 值變大時，R_L 值亦會變大，如此將使 P_L 的淨值減少。若認為較小的 R_L 值會有較大的電流與功率，但因為 $P_L = I_L^2 R_L$，其為電流平方與電阻相乘，故 R_L 太小反而會使 P_L 減少。而 R_L 應取何值才會得到最大功率轉移呢？我們可由(8.18)式的分母中，因 R_{th} 為固定值，故可看出當 $R_L = R_{th}$ 時，其分母值為最小，跨越負載電阻 R_L 上的功率為最大。或可由下面的證明，可得知：欲求最大功率轉移，可將負載功率 P_L 對負載電阻 R_L 微分，使 $\dfrac{dP_L}{dR_L}$ 等於零，而解 R_L 即可得最大功率轉移，即：

$$\frac{dP_L}{dR_L} = \frac{d}{dR_L}\left[\frac{V_{oc}^2 R_L}{(R_{th}+R_L)^2}\right] = V_{oc}^2\left[\frac{(R_{th}+R_L)^2 - R_L(2)(R_{th}+R_L)}{(R_{th}+R_L)^4}\right] = 0$$

或　　　$(R_{th}+R_L)^2 - 2R_L(R_{th}+R_L) = 0$

而得

$$R_L = R_{th} \dots\dots\dots\dots\dots\dots\dots\dots\dots\dots\dots\dots\dots\dots\dots\dots\dots (8.19)$$

當 $R_L = R_{th}$ 時，則由(8.17)式知道，負載電流 I_L 為：

$$I_L = \frac{V_{oc}}{R_{th}+R_L} = \frac{V_{oc}}{2R_{th}} \dots\dots\dots\dots\dots\dots\dots\dots\dots\dots\dots\dots\dots (8.20)$$

最大功率 $P_{L\max}$ 由(8.18)式，可得：

$$P_{L\max} = I_L^2 R_L = \left(\frac{V_{oc}}{2R_{th}}\right)^2 R_{th} = \frac{V_{oc}^2}{4R_{th}} \dots\dots\dots\dots\dots\dots\dots\dots (8.21)$$

【例題 8.17】

如下圖所示之電路，試求送至負載 R 的最大功率及負載電阻 R 的值。

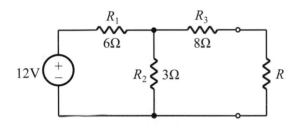

解　由戴維寧定理，可求得戴維寧等效電路中 R_{th} 及 V_{oc} 的值，分別為：

$$R_{th} = R_3 + (R_1 // R_2) = 8 + \frac{3 \times 6}{3+6} = 10(\Omega)$$

$$V_{oc} = \frac{R_2}{R_1 + R_2}E = \frac{3}{3+6} \times 12 = 4V$$

$\therefore R = R_{th} = 10(\Omega)$ 時，有最大功率轉移，其最大功率 $P_{L\max}$ 為：

$$P_{L\max} = \frac{V_{oc}^2}{4R_{th}} = \frac{(4)^2}{4 \times 10} = 0.4(W)$$

【例題 8.18】

　　如下圖所示網路，若一電壓為 6V，內電阻為 0.1Ω 之電源直接跨接於 A、D 兩端間，試求此網路吸收最大功率時 R 的數值，並求其由電源吸收的最大功率。

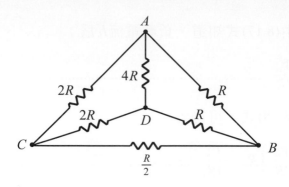

解　我們可由惠斯登電橋的觀念，得知 B、C 間無電壓降，可視為無此電阻，則 A、D 間之總電阻 R 可視為 $2R$ 和 $2R$ 串聯再並聯 $4R$ 再並聯 R 和 R 的電阻，故總電阻為：

$$總電阻 = \frac{1}{\frac{1}{4R} + \frac{1}{4R} + \frac{1}{2R}} = R$$

要得最大功率輸出，則 $R =$ 內電阻 $= 0.1(\Omega)$，應用 (8.21) 式，可得由電源吸收之最大功率為：

$$P_{Lmax} = I^2 R = \left(\frac{6}{0.1 + 0.1}\right)^2 \times 0.1 = 90(\text{W})$$

8.7　密爾門定理(※)

　　密爾門定理(Millman's theorem)是可以把許多並聯的實際電流源以諾頓等效電路取代。因為對一實際電流源而言，其內有一並聯電阻，故許多並聯的實際電流源會有一個與其內所有電阻並聯值相等的等效電阻。因此，密爾門電流源係

註：*為教育部課程標準外者，請任課老師酌量取捨。

由一個理想電流源及一個並聯等效電阻所組成。如圖 8.18(a)所示為 m 個實際電流源並聯電路，將圖 8.18(a)所有實際電流源轉換為圖 8.18(b)所示的實際電流源。其中

$$I_{sc} = I_1 + I_2 + \cdots\cdots + I_m \quad\text{.. (8.22)}$$

$$R_{th} = R_1 // R_2 // \cdots\cdots // R_m \quad\text{.. (8.23)}$$

　　密爾門定理另一個一般化的陳述為：**所有並聯的實際電壓源，應用諾頓定理，合併成為一個單一電源的戴維寧等效電路取代**。密爾門定理可以看成是戴維寧等效電路的一個特例，它允許我們以簡單的程序來計算，程序如下：

1.　將所有並聯的實際電壓源轉換成等效的實際電流源。
2.　以一個等效電流源取代上述並聯之電流源。
3.　將該電流源轉換成等效電壓源。

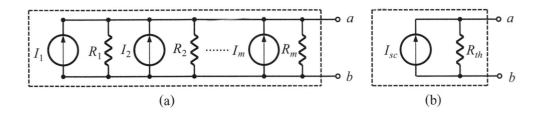

圖 8.18　(a)m個實際電流源並聯，(b)諾頓等效電路

　　如圖 8.19(a)所示為 m 個實際電壓源並聯電路，將圖 8.19(a)所有實際電壓源轉換為圖 8.19(b)所示的實際電流源。其中

$$I_1 = \frac{V_1}{R_1} \,,\; I_2 = \frac{V_2}{R_2} \,,\; \cdots\cdots \,,\; I_m = \frac{V_m}{R_m} \,,\quad\text{.............................. (8.24)}$$

最後合併成諾頓等效電路，或再轉換成戴維寧等效電路，如圖 8.19(c)和圖 8.19(d)所示。其中

$$I_{sc} = I_1 + I_2 + \cdots\cdots I_m \quad\text{.. (8.25)}$$

$$R_{th} = R_1 // R_2 // \cdots\cdots // R_m = \cfrac{1}{\dfrac{1}{R_1} + \dfrac{1}{R_2} + \cdots\cdots + \dfrac{1}{R_m}} \quad\text{................. (8.26)}$$

因此，我們有：

$$V_{oc} = I_{sc}R_{th} = \frac{\dfrac{V_1}{R_1} + \dfrac{V_2}{R_2} + \cdots\cdots + \dfrac{V_m}{R_m}}{\dfrac{1}{R_1} \quad \dfrac{1}{R_2} + \cdots\cdots + \dfrac{1}{R_m}} \quad\cdots\cdots\cdots\cdots\cdots\cdots\cdots\cdots (8.27)$$

此結果構成圖 8.19(d)中電路的戴維寧定理。特別將(8.27)式稱為**密爾門定理**，用它可以求出跨於實際電源並聯組合之電壓V_{oc}。

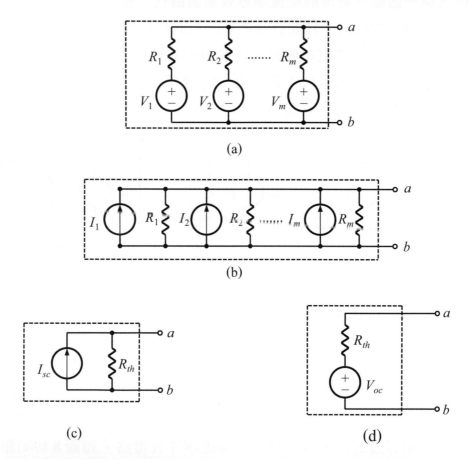

(a)

(b)

(c)   (d)

圖 8.19 (a)m個實際電壓源並聯電路，(b)m個實際電流源並聯電路，(c)諾頓等效電路，(d)戴維寧等效電路

【例題 8.19】

試求由下圖所示電路中a、b端點看入之密爾門等效電流源。

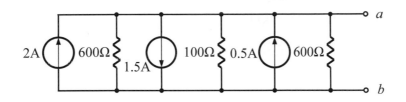

解 由三個電流源所形成的電流為：

$$I_{sc} = 2A - 1.5A + 0.5A = 1A$$

由三個並聯電阻所形成的等效電阻為：

$$600\Omega // 100\Omega // 600\Omega = 75\Omega$$

因此，其諾頓等效電流源為1A及75Ω電阻所形成，如下圖所示：

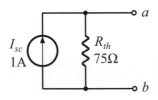

【例題 8.20】

利用求出下圖中由a、b端點看入的密爾門等效電路，來計算 1kΩ電阻上之電流I。

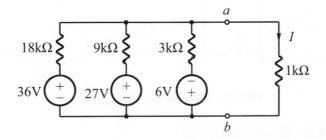

解 使用(8.27)式密爾門定理，可得：

$$V_{oc} = \frac{\dfrac{36V}{18k\Omega} + \dfrac{27V}{9k\Omega} - \dfrac{6V}{3k\Omega}}{\dfrac{1}{18k\Omega} + \dfrac{1}{9k\Omega} + \dfrac{1}{3k\Omega}} = 6V$$

$$R_{th} = 18k\Omega // 9k\Omega // 3k\Omega = 2k\Omega$$

因此，其戴維寧等效電路如下圖所示。

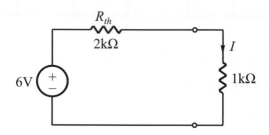

故 1kΩ上的電流I為：

$$I = \frac{6V}{2k\Omega + 1k\Omega} = 2mA$$

8.8　互易定理(※)

互易定理(reciprocity theorem)其定義有很多種，最具代表性的有下列三個：

1. 在一不包含電源的電路中，若將一電壓電源加到一線性支路AB中，則在電路的另一支路CD中會產生一定大小的電流；若將該電壓電源加到CD支路中，則在支路AB中可得到同樣大小的電流，如圖8.20(a)(b)所示。

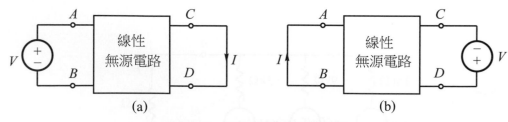

圖 8.20　互易定理(電壓電源)

註：*為教育部課程標準外者，請任課老師酌量取捨。

2.　在一不包含電源的電路中，若將一電流電源加到一線性支路 AB 中，則在電路的另一支路 CD 兩點間會產生一定大小的電壓；若將該電流電源加到 CD 支路中，則在支路 AB 兩點間可得到同樣大小的電壓，如圖 8.21 (a)、(b)所示。

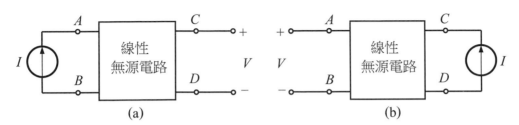

圖 8.21　互易定理(電流電源)

3.　在一線性單源電路中，激勵(excitation)與響應(response)之位置可互換，且二者之比永遠為一常數。

互易定理僅適用於**單源電路**，互易時應注意下列事項：

1.　若將電壓電源自電路的 *AB* 支路移去時，該處應以短路代替之，若移至 *CD* 支路時，電壓電源應與 *CD* 支路相串聯。

2.　若將電流電源自電路的 *AB* 支路移去時，該處應以開路代替之，若移至 *CD* 支路時，電流電源應與 *CD* 支路相並聯。

3.　應用互易定理時，其電路中之元件必為非時變，且不含相依電源、獨立電源與迴旋器(gyrator)。

【例題 8.21】

試利用下圖(a)、(b)含有電壓源電路，證明互易定理成立。

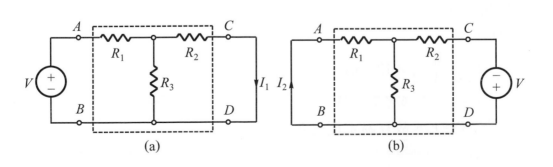

解　在圖(a)電路中，電壓電源在 AB 支路，其在 CD 支路產生的電流I_1為：

$$I_1 = \frac{V}{R_1 + (R_2//R_3)}\left(\frac{R_3}{R_2 + R_3}\right) = \frac{R_3 V}{R_1 R_2 + R_2 R_3 + R_3 R_1}$$

圖(b)為互易後之電路，電壓電源移至 CD 支路(注意其極性應與I_1方向一致)，此時 AB 支路的電流I_2為：

$$I_2 = \frac{R_3}{R_2 + (R_1//R_3)}V = \frac{R_3 V}{R_1 R_2 + R_2 R_3 + R_3 R_1}$$

$\because I_1 = I_2$，故互易定理成立。

【例題 8.22】

試利用下圖(a)、(b)含有電流源電路，證明互易定理成立。

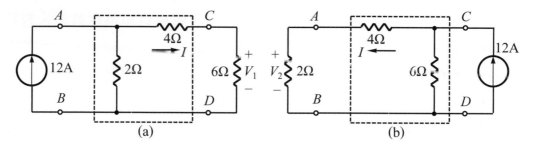

(a)　　　(b)

解　在圖(a)電路中，電流電源在 AB 支路，其在 CD 支路所產生的電壓V_1為：

$$I = \frac{2}{2 + 4 + 6} \times 12 = 2A$$

$$V_1 = I \times 6 = 2 \times 6 = 12V$$

圖(b)為互易後之電路，12A 之電流電源移至 CD 支路，此時 AB 支路之電壓V_2為：

$$I = \frac{6}{6 + 4 + 2} \times 12 = 6A$$

$$V_2 = I \times 2 = 6 \times 2 = 12V$$

$\because V_1 = V_2$，故互易定理成立。

8.9　補償定理(※)

　　所謂**補償定理**(compensation theorem)是討論在電路中某一支路的電阻為R時，通過之電流為I，若該電路之電阻有微量之變化時，則電路中每一支路之電流或電壓的變化量，可以用一極性相反之補償電壓，其大小同變化量之電壓大小，置於該支路中而得之，即此時電路中無電源。

　　補償定理又稱為**取代定理**(subsitution theorem)或稱為**代換定理**。如圖 8.22(a)所示，電路中一支路包含有R_1和R_2兩電阻。若此時分支電流為I_1，則R_1的壓降為I_1R_1，其極性如圖中所示。圖 8.22(b)中，R_1被補償電源$V_c=I_1R_1$取代，其極性要和I_1R_1相同。若電路中有任何微量變化而影響I_1值，則補償電源必然隨著而變，故補償電源又稱為相依電源。

圖 8.22　補償定理

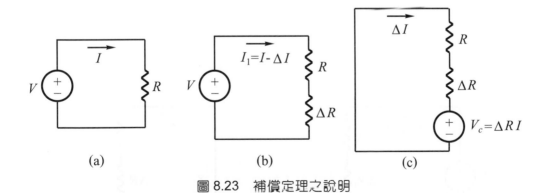

圖 8.23　補償定理之說明

註：*為教育部課程標準外者，請任課老師酌量取捨。

補償定理在決定當電路元件電阻值改變後電壓電流的改變情形很有用。此項應用多用於電橋和電位計，因在此項電路中，微量的電阻變化，會導致電路自零的狀態下偏移。如圖 8.23(a)(b)(c)所示。在圖 8.23(a)中，V電源加於電路上，導致電流$I = \dfrac{V}{R}$。8.23(b)圖中，總電阻變為$R + \Delta R$，則電路中的電流$I_1 = I - \Delta I = \dfrac{V}{R + \Delta R}$，則此時補償電源$V_c = \Delta RI$作用於包含$R$和$\Delta R$的電路上，當原來的電源短路時，則產生的電流為$\Delta I$，如圖 8.23(c)所示，$\Delta I$是由電阻改變$\Delta R$所引起的電流改變，故知

$$I_1 = I - \Delta I \quad 或 \quad \Delta I = I - I_1$$

【例題 8.23】

應用補償定理，求下圖電路中串聯電流表後電流的減量。其中設電流表的內阻為 0.2Ω。

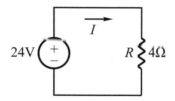

解 當串聯電流表後，如圖(a)所示，電路上的增量$\Delta R = 0.2\Omega$，電流立刻下降為$I_1 = I - \Delta I$，ΔI值可由圖(b)求出：

$$\Delta I = \frac{V_c}{R + \Delta R} = \frac{\Delta RI}{R + \Delta R} = \frac{0.2 \times \dfrac{24}{4}}{4 + 0.2} = 0.286(A)$$

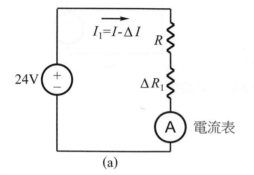

(a)

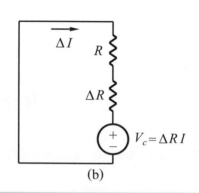

(b)

【例題 8.24】

如下圖所示之電路，若可變電阻R由 4Ω變至 3Ω，試求負載電流I_2的變化為若干？

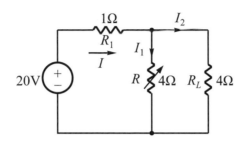

解　當可變電阻R為 4Ω時，電流I應為：

$$I = \frac{20}{R_1 + (R//R_L)} = \frac{20}{2+2} = 5\text{A}$$

且　$I_1 = I_2 = 2.5\text{A}$

當R變化成為 3Ω時，負載電流立即減小，其減量如下圖所示，ΔRI_1應為：

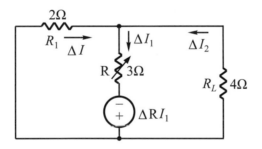

$$\Delta RI_1 = 1 \times 2.5 = 2.5\text{V}$$

故

$$\Delta I_1 = \frac{\Delta RI_1}{R + (R_1//R_L)} = \frac{2.5}{3 + \dfrac{2 \times 4}{2 + 4}} = \frac{15}{26} \text{ (A)}$$

$$\Delta I_2 = \frac{R_1}{R_1 + R_L}\Delta I_1 = \frac{2}{2+4}\left(\frac{15}{26}\right) = \frac{5}{26} \text{ (A)}$$

故負載電流減少了$\dfrac{5}{26}$ (A)

Chapter **9**

導體與絕緣體

　　材料可依其導電的容易性分成導體、半導體及絕緣體。導體具有小的或可忽略的電阻，而容易導通電流。絕緣體有高電阻，防止電流的流通。介於它們之間的是半導體，它不如導體那麼容易導電，卻比絕緣體更容易導電。

　　已知材料的外型及型式，其電阻可以計算出來。若材料的截面積是均勻的，則電阻值與長度成正比，與面積成反比。而比例常數爲電阻係數，在所給材料中，材料的電阻係數是定值。在銅導線中，有一線規表可以快速地計算出電阻的數值。

　　當電流流經導體時，導體內之電阻會產生電流之熱效應，應用焦耳定律可計算出導體因電流通過而產生的熱量。

　　本章將詳細討論導體和絕緣體的性質，而特別強調導體和電阻器，並討論電阻係數，它說明電阻值是決定在材料的種類。最後我們將簡短地討論開關、保險絲和斷路器，它們有時爲導體，有時卻是絕緣體。

9.1　電阻與線規

一、電　阻

　　每一種材料，可能是導體、半導體，或絕緣體中的一種，且有電阻的性質。在導體時電阻值很低，在絕緣體時電阻值又很高。但在任何狀況下，電荷通過材料，將與物質中的原子遭到不同程度的碰撞，因此遇到了電摩擦或電阻。影響電阻值的因素，除了上述的**材料種類**外，還與導體的**長度**、**截面積**和**溫度**有關。

　　明顯地，電阻是受**材料**影響，如銅材料含有很多自由電子(一 cm^3 的銅在室溫下約有 8.4×10^{22} 個自由電子)，因此它比幾乎沒有自由電子的塑膠或雲母更容易導電。在**長度**方面，較長的導體中，因電荷有較多的碰撞及高電阻，因此**電阻值與長度成正比**。另一方面，電荷通過較大的截面積比截面積較小的容易，因此，**電阻值與截面積成反比**。**大部份導體，溫度增高電阻值會變大**，因較高溫度使導體中有更多的分子在運動，使電荷與分子碰撞的機會增多。若溫度因素不變，我們可寫出如(9.1)式所示的電阻值公式：

$$R = \rho \, \frac{l}{A} \qquad\qquad\qquad\qquad\qquad (9.1)$$

式中，R 為電阻值，ρ(希臘字母 rho 小寫)是比例常數，稱為**材料的電阻係數**，其值隨材料而變，在不良導體(高電阻)，其值較高，在良導體(低電阻)，其值較小。l 為導體長度，A 為導體截面積。有關材料的電阻係數及單位，讀者可參閱第三章第一節及表 3.1。

二、線　規

　　導體最主要用在電路中傳導電流，從一電氣元件傳送到另一元件。為此目的通常使用圓形金屬線，而最常用的是銅。如圖 9.1 所示中電路是由兩條導體連接 200Ω 電阻和 100V 電源所組成，這導體可為兩段圓形銅線。

　　圖 9.1 導體線電阻是由其材料、長度和截面積所決定，可能為 0.2Ω 的總電阻。因電阻值不為零，故此導體不是理想的，但大部份可能接近於理想，因為 0.2Ω 和 200Ω 比較，則 0.2Ω 可以忽略不計。在真實狀況時，由電源看入的電阻 R 等於電阻器加上導線電阻，因其串聯在一起，故得：

$$R = 200\Omega + 0.2\Omega = 200.2\Omega$$

而電路中的電流為：

$$I = \frac{V}{R} = \frac{100}{200.2} = 0.4995\text{A}$$

這與 $\dfrac{100}{200} = 0.5\text{A}$ 比較，可看成是理想導體。

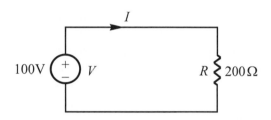

圖 9.1　兩元件藉導體連接而組成的電路

　　由上述可知，導體的電阻值小到可忽略不計。然而在某些狀況下，必須把導體電阻計算進去，可使用(9.1)式很容易完成，且導體的截面積若以 3-1 節所述之圓密爾為單位，而 ρ 以歐姆－圓密爾／呎(Ω-cmil/ft)為單位時，則很容易計算電阻值，使計算工作更為簡化。

　　欲計算銅線電阻值，可依表 9.1 而獲得更簡化。表中標準導線號數系統為**美國線規**(American Wire Gage；AWG)。線號是 1，2……，數目大小與導線直徑成反比，**較大的線號為較細的導線**，即直徑變小，而電阻值增大，故**線號愈大，電阻值較大**。

　　每隔三個線號，以圓密爾(cmil)為單位的截面積減半，因此，電阻值增大一倍。如第 6 線號每仟呎有 0.3951Ω的電阻，而第 9 線號有每仟呎為 0.7921Ω的電阻。

表 9.1 美國線規(AWG)的號數(實心圓形銅線)

線規號數	直徑(密爾)	面積(圓密爾)	歐姆／1000 英尺 (20℃)	最大電流 (安培)
1	289.3	83,690	0.1239	130
2	257.6	66,370	0.1563	115
3	229.4	52,640	0.1970	100
4	204.3	41,740	0.2485	85
5	181.9	33,100	0.3133	
6	162.0	26,250	0.3951	65
7	144.3	20,820	0.4982	—
8	128.5	16,510	0.6282	45
9	114.4	13,090	0.7921	—
10	101.9	10,380	0.9989	30
11	90.74	8,234	1.260	—
12	80.81	6,530	1.588	20
13	71.96	5,178	2.003	—
14	64.08	4,107	2.525	15
15	57.07	3,257	3.184	—
16	50.82	2,583	4.016	6
17	45.26	2,048	5.064	—
18	40.30	1,624	6.385	3
19	35.89	1,288	8.051	—
20	31.96	1,022	10.15	2
21	28.46	810.1	12.80	—
22	25.35	642.4	16.14	1
23	22.57	509.5	20.36	—
24	20.10	404.0	25.67	
25	17.90	320.4	32.37	
26	15.94	254.1	40.81	
27	14.20	201.5	51.47	
28	12.64	159.8	64.90	
29	11.26	126.7	81.83	
30	10.03	100.5	103.2	
31	8.928	79.70	130.1	
32	7.950	63.21	164.1	
33	7.080	50.13	206.9	
34	6.305	39.75	260.9	
35	5.615	31.52	329.0	
36	5.000	25.00	414.8	
37	4.453	19.83	523.1	
38	3.965	15.72	659.6	
39	3.531	12.47	831.8	
40	3.145	9.88	1049.0	

【例題 9.1】

試求一 3000ft 長，直徑為 64.08mil 之銅導線在 20℃時的電阻值為若干？

解 由表 9.1 知直徑 64.08mil 為 14 號線，每仟呎電阻值為 2.525Ω，因此 3000ft 導線電阻是：

$$R = 2.525\Omega \times 3 = 7.575(\Omega)$$

另一種解法可由(9.1)式著手，直徑 64.08mil 之銅線其截面積為 $A = (64.08)^2$ cmil，由表 3.1 查得 $\rho = 10.37\Omega\text{-cmil/ft}$，故由(9.1)式，可得直徑為 64.08mil 之銅導線，3000ft 長其電阻值為：

$$R = \rho\frac{l}{A} = 10.37(\Omega\text{-cmil/ft}) \times \frac{3000\text{ft}}{(64.08)^2\text{cmil}} = 7.575(\Omega)$$

例題 9.1 的兩種解法其答案相同，但說明使用線規表的方法較使用計算電阻值的公式更為容易。

導線的線號愈大，則其直徑愈小，電阻值愈大，故導線的電流容量愈小。一般在電子電路中，所通過的電流為 mA，所用線號約為 22 號，這規格可以通過高達 1A 電流而不會燒毀。屋內配線，電流約為 5 到 15A，則需使用 14 號或更大的導線。

9.2　焦耳定律(※)

在電阻中所消耗的功率代表一種功率損失，以熱能狀態散逸在空中。但亦有例外情形，例如白熾燈中的電功率係用以發光照亮，或在電熱器中所發出的熱，係應用於一有用的目的，則不能稱為功率消耗，此種是電能直接轉變成熱能的效應之故。

當電流流經導體時，導體內的電阻不但會阻礙電流的流通，且具有**使電能轉變為熱能的效應**，即為**電流的熱效應**；因任何導體均有電阻，故電流經過時，均能生熱。唯在電阻較小的導體中，發熱量較小；且極易散熱，因而不易察覺。

註：*為教育部課程標準外者，請任課老師酌量取捨。

電流之熱效應，是由英國物理學家焦耳(Joule)利用量熱計將電流所生的熱，作精密的測定；發現**電流在導體中通過時，所生之熱量H，與電流I之平方、導體之電阻R及經歷的時間t成正比，此為焦耳定律(Joule's law)**。其關係式如下：

$$H \propto I^2Rt$$

或

$$H = KI^2Rt \dots\dots\dots\dots\dots\dots\dots\dots\dots\dots\dots\dots\dots\dots\dots\dots\dots (9.2)$$

式中，K為一比例常數，其值因各量所用之單位而定。H的單位為瓦秒(W-s)或焦耳(J)。但熱量的實用單位為英國熱量單位(British thermal unit，簡稱 B.T.U)，及**卡路里**(calorie)或簡稱**卡**(cal)。

英國熱量單位 **B.T.U**，是將**一磅水升高 1°F 溫度所需熱量**，其熱當量為：

$$1\text{B.T.U.} = 1055 \text{ 瓦秒(W-s)} = 1.055 \text{ 仟瓦秒(kW-s)} \dots\dots\dots\dots (9.3)$$

或

$$1 \text{ 仟瓦秒(kW-s)} = 3412.3 \text{ B.T.U.} \dots\dots\dots\dots\dots\dots\dots\dots\dots (9.4)$$

卡(cal)為使一公克水升高 1°C 溫度所需的熱量，其熱當量為：

$$1\text{cal} = 4.18(\text{W-s}) = 0.00418(\text{kW·s}) \dots\dots\dots\dots\dots\dots\dots (9.5)$$

於焦耳定律之關係式(9.2)式中，若電流以A為單位，電阻以Ω為單位，時間以秒(s)為單位，則式中K之值測定得為$\frac{1}{4.18} = 0.24$；故得：

$$H = 0.24I^2Rt = 0.24VIt(\text{cal}) \dots\dots\dots\dots\dots\dots\dots\dots\dots (9.6)$$

【例題 9.2】

某白熾燈有 220Ω的電阻，自 110V 電源取得電流，若將此燈浸於容水 2000cm³ 的水櫃中，略去輻射熱不計，試求每分鐘水所能升高的攝氏度數。

解 應用公式(9.6)式，水於每分鐘攝取的熱量為：

$$H = 0.24\left(\frac{110}{220}\right)^2(220)(60) = 792(\text{cal})$$

能升高溫度為：

$$\frac{792}{2000} = 0.396(°C)$$

一、熱功當量

一卡的熱能與一焦耳(J)的電能間之比例關係，稱為熱功當量。爲求出電能與熱能間的比例關係值，可做如下之實驗，設備裝置如圖 9.2 所示，將 m 克的水倒入熱絕緣之量熱器中，並於水中置一電阻，當通電 t 秒後，測得所消耗之電能 $W = VIt$(J)。又由溫度計測得水上升之溫度 $T°C$，換算成熱能 $H = mT°$(cal)。

由(9.2)式，$H = KI^2Rt = KIVt = Kpt = KW$，可得：

$$K = \frac{H}{W} = \frac{mT°}{VIt} \quad\text{.............................} (9.7)$$

由上項實驗測得 1cal 的熱能相當於 4.2J 的電能。若換算成英制則爲 1B.T.U. 的熱量相當於 778(ft・lb)的功，等於 1055J 的電能。

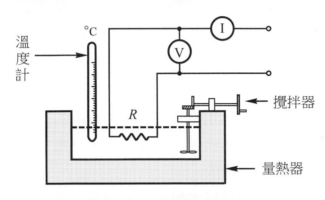

圖 9.2　熱功當量實驗

【例題 9.3】

一內電阻爲 0.05Ω，電壓爲 2.2V 之電池，於其兩極間接以一 0.5Ω 之電阻絲。試求於 5 分鐘內，電池所供給之電能，及電阻絲與電池內部各產生的熱量。

解　由歐姆定律可得電路之電流爲：

$$I = \frac{V}{R+r} = \frac{2.2}{0.5+0.05} = 4\text{A}$$

故電池供給全電路之電能爲：

$$W = VIt = 2.2 \times 4 \times 60 \times 5 = 2640\text{(J)}$$

電阻絲所消耗之電能爲：

$$W_1 = I^2Rt = (4)^2 \times 0.5 \times 5 \times 60 = 2400\text{J}$$

電阻絲所產生之熱量為：

$$H_1 = \frac{2400}{4.2} = 571.4 \text{(cal)}$$

電池內部消耗之電能為：

$$W_2 = I^2 Rt = (4)^2 \times 0.05 \times 5 \times 60 = 240 \text{J}$$

故電池內電阻所產生之熱量為：

$$H_2 = \frac{240}{4.2} = 57.14 \text{(cal)}$$

9.3　絕緣體

　　具有少量的自由電子，高穩定性和密度，及低移動率的材料，稱之為**絕緣體**(insulator)。絕緣體具有非常高的電阻值，且在平常電壓下不會有電流流通。如塑膠、陶瓷、橡膠、空氣、玻璃、雲母和紙等，都是絕緣體的例子。其在電子或電機工業上，絕緣體的應用非常廣泛，如電線的外皮、電力絕緣器、膠皮手套等。另外亦可供給電壓來做儲存電荷之用，如第十章的電容器，就是以一介質或絕緣體分開兩導體而構成。

　　絕緣體無論其絕緣性如何好，如加一足夠高的電壓在其上時，將會使材料物理上的結構分裂，而致使它能導電。**能使絕緣材料內部結構崩潰的電壓稱為絕緣體的崩潰電壓**(breakdown voltage)或稱為**介質強度**(dielectric strength)，可用來測量絕緣材料絕緣性高低的依據。

　　一些常用絕緣材料及它們平均介質強度列於表 9.2 中，其單位為仟伏特／公分(KV/cm)，並可將此單位乘以 2.54 而轉換以伏特／密爾(V/mil)為單位。

表9.2　常用絕緣材料及其介質強度

材料	平均介質強度 (仟伏特／公分)
空　　　氣	30
瓷　　　器	70
石　　　油	140
樹　　　脂	150
橡　　　膠	270
紙(塗上石蠟)	500
鐵　弗　龍	600
玻　　　璃	900
雲　　　母	2000

【例題 9.4】

試求紙以 V/mil 為單位的崩潰電壓，且使兩間隔為 $\frac{1}{4}$ ft的導體，以紙為介質的崩潰電壓為多少？

解　由表9.2可查出紙的崩潰電壓為500KV/cm，因此

V/mil＝2.54×500＝1270

因 1ft＝1000mil，故 $\frac{1}{4}$ ft＝250mil，因此要貫穿 $\frac{1}{4}$ ft介質電壓 V 為：

$V = 250 \times 1270 = 317500(V)$

即當有317500V或更高電壓，將會使 $\frac{1}{4}$ ft長的紙貫穿。

9.4　開關和保險絲

開關和保險絲是電路中兩個常用的裝置，其功能依其位置狀態可分為兩種：**短路**(相當於理想導體)和**開路**(相當於理想絕緣體)。另一種裝置稱為**斷路器**(circuit breaker)，它可完成保險絲的功能，且可藉著重置(reset)再重覆使用。

一、開　關

　　開關可以閉合(ON)或接續(make)的位置，也可以打開(OFF)或阻斷(break)位置，如圖 9.3(a)所示是開關的例子，圖 9.3(b)是它的電路符號。目前圖 9.3 所示是開的位置，若依箭頭所指示的，將開關閉合，則兩個導體連接在一起，因此把電路變成短路。

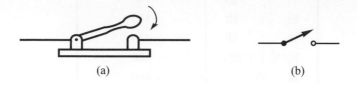

(a)　　　　　　　　　　　　(b)

圖 9.3　(a)開關，(b)開關之電路符號

　　開關之種類依用途較常用的大致可分為四種：**接觸式開關**(touch type switch)、**捺跳開關**(toggle switch)、**按鈕開關**(pushbutton switch)和**旋轉開關**(rotary switch)。

　　接觸式開關中用來打開或閉合的零件，稱為開關極(pole)，開關可能有單極、雙極或多極。若開關的每一接點僅打開或閉合一個電路稱為單投(single-throw)開關。若開關把一電路打開同時又把另一電路閉合的開關，稱為雙投(double-throw)開關。因此可能有單極單投(SPST)開關、單極雙投(SPDT)開關、雙極單投(DPST)開關、雙極雙投(DPDT)開關或多極單投及多極雙投開關。四種常用的例子如圖 9.4 所示。具有 2 個至 10 個可用位置之單極單投(SPST)開關的實體圖如圖 9.5 所示。而圖 9.6 所示為雙極雙投(DPDT)開關的實體圖，其開關的動作來決定導線之接通。

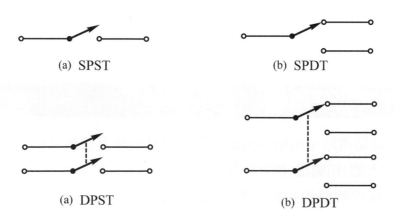

(a) SPST　　　　　　　　　(b) SPDT

(a) DPST　　　　　　　　　(b) DPDT

圖 9.4　常用之接觸式開關

圖 9.5　有 2 至 10 個位置的 SPST 開關之實體圖

圖 9.6　雙極雙投(DPDT)開關之實體圖

　　捺跳開關係藉著按鈕在小的弧形導體上移動而能打開或閉合電路的接點的開關，接點是快速的閉合或打開，以及閉合位置是緊密的連接在一起。大部份住家的電燈開關都是捺跳開關。閉合(ON)或打開(OFF)位置的捺跳開關如圖 9.7 所示。而圖 9.8 為四個單極雙投的捺跳開關之實體圖。

　　按鈕開關係藉著按鈕壓下內部接觸而閉合或打開電路，以完成動作的開關，如圖 9.9(a)所示為其實體圖，圖 9.9(b)所示為多接點的按鈕開關。

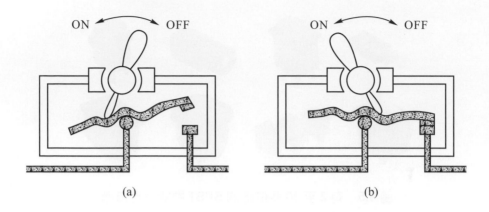

圖 9.7　捺跳開關位於(a)開，(b)閉合的位置

圖 9.8　單極雙投(SPDT)捺跳開關的實體圖

(a)　　　　　　　　　　　　　　　　(b)

圖 9.9　(a)單接點按鈕開關，(b)多接點按鈕開關
(原圖取自 Introdactory Electronic Circuit Analgsis 一書)

　　旋轉開關是當它的轉軸旋轉時，能使電路閉合或打開的開關，如圖 9.10(a)所示為三層、二層、一層薄片的旋轉開關，圖9.10(b)所示為另一種型式的旋轉開關。

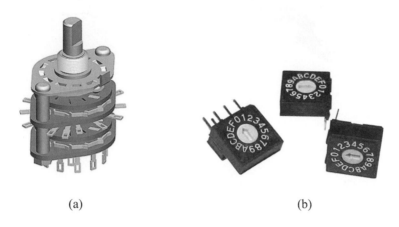

(a)　　　　　　　　　　　　　　　(b)

圖 9.10　(a)三層、一層、二層薄片的旋轉開關，(b)另一種型式的旋轉開關

二、保險絲

　　保險絲(fuse)是一種最初是導體(短路)，而隨後可如同一絕緣體(開路)的元件。其用途是當電路正常操作時作為導通電流之用，當電路過載或短路，而有大的湧浪電流，使其金屬元件溫度上升而熔斷，把電路開路。對大部分電子裝置而言，保險絲具有保護作用，以限制負載電流使其不會超過額定值，否則會對電機或電子等設備造成傷害甚至損毀。典型的保險絲如圖 9.11(a)所示的玻璃管型式，外部的連接是由與玻璃管內的金屬元件接在一起的金屬接點來完成。當金屬元件熔斷時，保險絲就燒斷了。圖 9.11(b)所示為保險絲的電路符號。圖9.12(a)、(b)所示為大電流用之雙金屬保險絲，如電源進入一般住宅處或大電力設備等皆用之。其構造是內部有一雙金屬導體，用以限制負載電流在某一額定值以內，當通過保險絲的電流超過額定值時，保險絲內部的雙金屬導體開始融化，同時也將負載與電源切斷，如此就達到保護的目的。

(a)　　　　　　　　　　　　　　　(b)

圖 9.11　(a)玻璃管式保險絲，(b)保險絲的電路符號

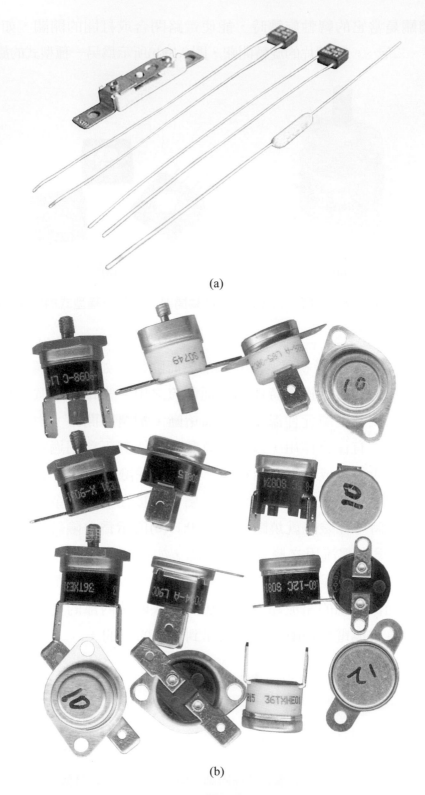

(a)

(b)

圖 9.12　雙金屬保險絲

保險絲的額定值可以小到幾分之一A，而大到數百A。典型家庭用保險絲是15～30A(或更高)，而汽車或電視機電路可用3A額定值的玻璃管式保險絲來保護。

三、斷路器

近年來**斷路器**(circuit breaker)已取代大部份保險絲，其操作與保險絲類似，但可重置再度使用。斷路器是一開關，當有大電流超過額定值時，該裝置內的電磁鐵會將斷路器內的金屬連桿從電路中切離，使電流路徑斷路。另一種型式的斷路器則由於電流的加熱把彈簧延伸，打開電路。圖 9.13 所示為斷路器的實體圖。

圖 9.13　斷路器實體圖

【例題 9.5】

如下圖所示，保險絲額定為 5A，試求能使保險絲燒掉之電源最小電壓 V 之值。

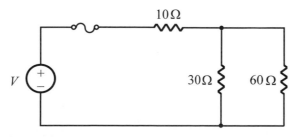

解　由保險絲看入之總電阻 R 為：

$$R = 10 + (30//60) = 30\Omega$$

而保險絲之額定為 5A，故依歐姆定律，可得使保險絲燒掉之最小電壓 V 為：

$$V = RI = 30 \times 5 = 150(V)$$

電學愛玩客

　　《電子電路模擬器免費版》是一款專為電子信息技術專業的人士所打造的軟體，在這款軟體中，你只需要建立電路，點擊播放按鈕，就能夠觀看動態的電壓和電流的動畫。它在模擬電路運行的同時，你還可以通過模擬按鈕來調整電路參數，電路會實時的響應這種變化。這是一個極具創新性的互動軟體，對於那些需要設計電路的人士來說尤為有用。

Google play

iTunes

Chapter 10

電容器與 *RC* 電路

　　電阻器、電容器和電感器是三個重要的電路元件。前面章節中僅討論包括電源和電阻器的電阻電路。其元件的端點特性很容易表示出來，且電路方程式是相對簡單的代數式，且有很多種方法解出電路的電流和電壓。電阻性電路方程式的簡單，是因電阻器上的電壓值受電流值所決定。而電容器和電感器每一元件的兩個量(電壓和電流)是受另一量的變化率所決定。因此有電容器和電感器的電路，不能用簡單的代數式來支配電路。與電阻電路成對比的這些更通用電路，可以在某一時間儲存能量，而在以後的時間取用這些能量。換言之，電容器和電感器電路具有記憶(儲存能量可重新放出)的能力，而電阻電路只能產生瞬間的效果。

　　電容器若接到電源，可以充電到某一電壓。這建立電荷在電容器平板上及一電壓在平板上，應可將電源去掉，而兩端接上如電阻器的負載放電。**電路藉開關動作而產生充電和放電現象，這就是簡單的 *RC* 電路**。在充電階段是有驅動的*RC*電路，由電容器、電阻器和電源所組成。而在放電時，電源被排出電路，因此是無源的*RC*電路。

　　本章中將討論電容器，包括介電質和電容性質、其種類和色碼標示值，及其串並聯，也將簡短地討論電場的觀念，電容器能量就是儲存在電場之中。此

外並將討論無源的*RC*電路及有驅動的*RC*電路。將藉著求電壓和電流的結果來分析電路。在分析中，將定義*RC*時間常數及決定充放電的速度，最後再討論電容器中所儲存的能量。電感器將在討論磁場後，第十一章中再討論。

10.1 介電質與電容性質

如圖 10.1 所示，將兩平行導體分開一段距離置於空氣中，上片經電阻*R*和一開關接至直流電源*E*的正端；下片則接於負端。

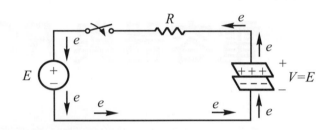

圖 10.1 平行導體電容器的原理

此兩平行導體原先並不帶電，當開關閉合的瞬間，上導體片的電子會被電源的正端所吸引通過電阻*R*而達於電源正端，上導體片因而失去電子而呈帶正電；同時，電源的負端將電子排斥到下導體片上，使得下導體片獲得電子而呈帶負電。由此一現象，會使上下導體片所帶的電量愈積愈多，遂使兩平行導體間的電位差愈來愈大。當兩平行導體間的電位差升高到與電源電壓相等時，則電路中電子的流動亦就停止。原來並無電荷存在的兩平行導體，此時有了電荷存在，因此我們稱兩平行導體以絕緣物質(此例中絕緣物質為空氣)隔開之構造方式為**電容器**(capacitor)。

電容器上所儲存電荷之容量稱為**電容量**，它是用以衡量一個電容器儲存電荷的能力。若兩平行導體間之電位差為 1V，而能儲存 1 庫侖(C)的電量，則我們稱此電容器的電容量為 1 **法拉**(farad)，即：

1 法拉(F) = 1 (C/V)

但對於大部分實際應用的電容量而言，法拉(F)的單位太大，通常是以微法拉(μF = 10⁻⁶F)或微微法拉(pF = 10⁻¹²F)來表示電容量的大小。電容量可由下列數學式表示：

$$C(\text{F}) = \frac{Q(\text{C})}{V(\text{V})} \quad\text{.. (10.1)}$$

如圖 10.2(a)所示為電容器兩平行導體之截面與其電力線分佈之情形。兩極板中間部分的電力線分佈均勻，但在邊緣部分，電力線有向外彎曲的現象，稱為**邊緣效應**，電容量因而有減少的現象，但此彎曲現象在實際應用中並無很大影響，故可略而不計。因此我們可以將其認為如圖 10.2(b)所示者，其電力線乃由上部極板發出而直接達於下部極板的均勻狀態。

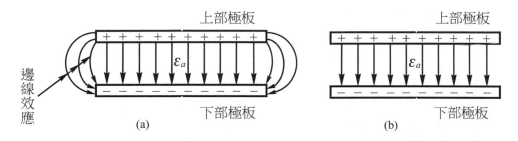

圖 10.2　兩平行板間電力線分佈情形：(a)實際狀況，(b)理想狀況

若兩平行導體間相距 *d* m 距離，跨於兩極板間之電壓為 *V* V，則兩平行導體間(沒有夾入絕緣物質而是空氣)的電場強度 ε_a 為：

$$\varepsilon_a = \frac{V}{d}(\text{V/m}) \quad\text{.. (10.2)}$$

在圖 10.2(b)所示，我們忽略邊緣效應的電力線而成均勻分佈的電力線，所以電場強度的分佈也是呈現均勻的。若兩平行導體間的絕緣物質不相同，則可得不同容量之電容器。如圖 10.3(a)所示，為具有 *V* 伏特電位差的兩平行導體間夾入絕緣材料。由於兩平行導體間絕緣體內原子中的電子不會脫離其原子核的束縛，當受到外加電場的作用時，各原子間的質子與電子的位置會移動，形成所謂**雙極**(dipoles)現象，如圖 10.3(a)圖中的小橢圓，其正號代表原子核中的質子，負號代表核外的電子；當絕緣材料中，所有正負電子都呈雙極排列時，此絕緣

材料稱為**被極化**(polarized)。如圖 10.3(a)中虛線所示,可發現相鄰原子間的正負發生中和作用,然而在正電荷層表面與負電荷層表面並未中和,因此在絕緣材料的內部建立一電場ε_d。如圖 10.3(b)所示,其方向與平行導體在未加絕緣材料時所建立的電場(即絕緣材料為空氣時)ε_a的方向相反,所以此兩電場互相作用下,兩平行導體間的淨電場ε為:

$$\varepsilon = \varepsilon_a - \varepsilon_d \text{...}(10.3)$$

因此,當兩平行導體間加入絕緣材料後的淨電場ε,較未加入絕緣材料時的電場ε_a為小,亦即會由於絕緣材料的加入而使其電場減弱。淨電場ε的值會隨絕緣材料的種類而異,因而影響電容量的大小。兩平行導體間加入絕緣材料,其目的是在產生一相反的電場,反對兩平行導體間的自由電荷,因此兩平行導體間的絕緣材料稱為**介電質**(dielectric)。

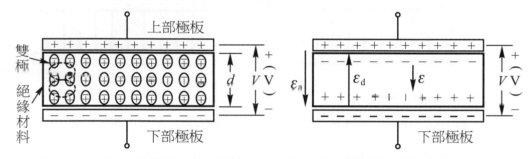

圖 10.3 兩平行導體間的電場強度:(a)絕緣物質內各原子形成偶極子,(b)合成電場

　　介電質在正常的電場作用下不會導電,具有絕緣作用,但當電場強度超過某一限度時,介電質即由絕緣體變為導體,使介電質被破壞而**崩潰**(breakdown)。**介電質所能承受的最大電場強度稱為此介電質的介質強度**(dielectric strength)。通常介質強度是以每單位厚度所能承受最高電壓的伏特數表示。如表 10.1 所示為不同絕緣體的介質強度,這些值只是約計者,常受溫度、濕度,及外加電壓頻率的影響,故電容器上常標有電容量大小及最大工作(DC)電壓的額定值。

表 10.1　不同絕緣體之介質強度

介電質	介質強度(KV/mm)
空　　氣	3
鋇鍶鈦化物	3
陶　　質	8
橡　　膠	16
紙	20
鐵　弗　龍	60
玻　　璃	120
雲　　母	200

一、介質常數

　　兩平行極板夾上介電質所構成之電容器中，其電場強度、儲存的能量和電容量的大決定於①**平行極板面積**，②**平行極板間的距離**，③**介電質材料**。較大的平行極板面積，能容納更多的電力線，因此**電容量與平行極板面積*A*成正比**。愈靠近的電荷，有較強的電場強度，且有較高的電容量，因此，**電容量與兩平行極板間的距離*d*成反比**。在大小相同的兩平行極板間，加入不同的介電質，會有不同的電荷量堆積在兩極板上，因此**具有不同介電質的電容器，有不同的電容量**。

　　如圖 10.4 所示為面積為*A*，距離為*d*的平行極板電容器，因電容*C*與面積*A*成正比，與平行極板間距離*d*成反比，故可寫出：

$$C = \epsilon \frac{A}{d} \quad\text{.......................................(10.4)}$$

式中，ϵ(希臘字母 epsilon 小寫)是比例常數，是由介電質所決定。因 ϵ 是容易測量那些介電質允許電場所建立的數值，故稱之為**材料的介質係數**。

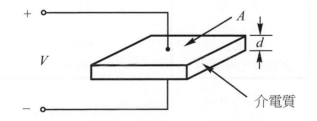

圖 10.4　面積*A*距離*d*的平行極板電容器

由(10.4)式,可解ϵ得:

$$\epsilon = \frac{Cd}{A} \quad\text{...} (10.5)$$

在 SI 中,介質係數的單位為法拉-公尺／平方公尺或法拉／公尺(F/m),如真空中的介質係數定為ϵ_0,其值為:

$$\epsilon = 8.85 \times 10^{-12}\text{法拉／公尺(F/m)} = 8.85\text{微微法拉／公尺(pF/m)} (10.6)$$

真空中的ϵ_0可作為測量其他材料ϵ的標準。可定義一個K來完成,K是**相對介質係數**(relative permitivity),其比值為:

$$K = \frac{\epsilon}{\epsilon_0} \quad\text{...} (10.7)$$

因此材料的介質係數為:

$$\epsilon = K\epsilon_0 \quad\text{...} (10.8)$$

一些常用的介質係數列於表 10.2 中。

表 10.2　不同介電質之相對介質係數K

介電質	相對介質係數(平均值)
真　　空	1.0
空　　氣	1.0006
鐵弗龍	2.0
紙(浸蠟)	2.5
橡　　皮	3.0
變壓器油	4.0
雲　　母	5.0
瓷　　器	6.0
橡　　膠	7.0
玻　　璃	7.5
水	80.0
鋇鍶鈦化物(陶質)	7500.0

【例題 10.1】

一平行極板電容器面積 $A = 0.3\text{m}^2$，距離 $d = 0.002\text{m}$，介電質爲紙，試求其電容量。

解 由表 10.2 知道紙的介質係數爲：

$$\epsilon = K\epsilon_0 = 2.5 \times 8.85\text{pF/m} = 22.125\text{pF/m}$$

利用 (10.4) 式，電容量爲：

$$C = \frac{22.125\text{pF/m} \times 0.3\text{m}^2}{0.002\text{m}} = 3318.75(\text{pF})$$

【例題 10.2】

如下圖所示之電容器：

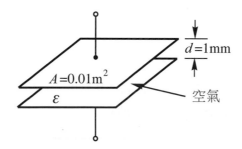

(a) 試求其電容量。

(b) 若兩極板間的電壓爲 500V，試求兩極板間之電場強度。

(c) 求累積於極板上的電荷量。

解 (a) $C = \dfrac{\epsilon A}{d} = \dfrac{K\epsilon_0 A}{d} = \dfrac{1.0006 \times 8.85\text{pF/m} \times 0.01\text{m}^2}{1 \times 10^{-3}\text{m}} = 88.55(\text{pF})$

(b) $\varepsilon = \dfrac{V}{d} = \dfrac{500\text{V}}{1 \times 10^{-3}\text{m}} = 500 \times 10^3\text{V/m} = 500(\text{kV/m})$

(c) $Q = CV = 88.55(\text{pF}) \times 500 = 44275(\text{pC})$

【例題 10.3】

一電容器兩極板間距離為 5mm，其面積為 2m²，該電容器置於真空中，若兩板間之電位差為 10000V，試求：

(a)此電容器之電容。

(b)每極板上之電荷。

(c)若電容器兩極板間填以相對介質係數為 10 之介質，試求其電容為多少？

解 (a)$C = \dfrac{\epsilon A}{d} = \dfrac{K\epsilon_0 A}{d} = \dfrac{1 \times 8.85\text{pF/m} \times 2\text{m}^2}{5 \times 10^{-3}\text{m}} = 3.54 \times 10^{-9}(\text{F})$

(b)每極板上之電荷為：

$\quad Q = CV = 3.54 \times 10^{-9} \times 10000 = 3.54 \times 10^{-5}(\text{C})$

(c)$C = \dfrac{\epsilon A}{d} = \dfrac{K\epsilon_0 A}{d} = \dfrac{10 \times 8.85\text{pF/m} \times 2\text{m}^2}{5 \times 10^{-3}\text{m}} = 3.54 \times 10^{-8}(\text{F})$

【例題 10.4】

兩平行金屬片之面積各為 $1 \times 1\text{m}^2$，相隔 1cm，其中置以 $K=4$，0.5cm 厚之絕緣板於金屬片上，形成 0.5cm 為空氣，0.5cm 為絕緣板的電容器，如下圖所示，試求其電容量。(K 為相對介質係數)。

解 $C = \dfrac{Q}{V} = \dfrac{Q}{V_1 + V_2} = \dfrac{Q}{\varepsilon_1 d_1 + \varepsilon_2 d_2} = \dfrac{Q}{\dfrac{Q}{\epsilon_1 A}d_1 + \dfrac{Q}{\epsilon_2 A}d_2} = \dfrac{1}{\dfrac{d_1}{\epsilon_1 A} + \dfrac{d_2}{\epsilon_2 A}}$

$\quad = \dfrac{1}{\dfrac{5 \times 10^{-3}\text{m}}{4 \times 8.85\text{pF/m} \times 1\text{m}^2} + \dfrac{5 \times 10^{-3}\text{m}}{1 \times 8.85\text{pF/m} \times 1\text{m}^2}}$

$\quad = 1.42 \times 10^{-9}(\text{F})$

$\quad = 1.42(\text{nF})$

二、電容器的性質

電容器最重要的性質就是它們的**電容量、工作偏壓**，和**漏電電阻**。

在實際應用中選擇電容器的第一要務為選擇正確的電容量來完成電路的功能。在實用上電容器的電容量有很大的範圍值，可能由 1pF 到數仟個μF，但是它與電阻一樣在製造規格上有一些容許度。典型的電容器容許度為±5 ％到 20 ％。雖然精密電容器有極小的容許度，但價格十分昂貴。在許多包含大電容的實際應用中，我們通常在電路設計上考慮最小可允許的電容器，如此則較大的電容亦都可使用。在這類的應用中電容的容許度可能高達－10 ％到＋150 ％。

電容器的額定電壓或工作電壓是它所能維持不使介質損壞或貫穿的最大電壓。此數值就是前述的崩潰電壓，它是絕緣材料的介質強度和它的介質薄層厚度的乘積。由(10.2)式，$\varepsilon = \dfrac{V}{d}$，因$d$值固定，若$V$增加，則電場強度$\varepsilon$亦增加，因此電場強度限制了最大的端電壓$V$值，因此要增加$d$使崩潰電壓$V$範圍變大。但又由(10.4)式，$C = \dfrac{\epsilon A}{d}$，要減小$d$值才能得到大的電容量。因此在商用的電容器中，若電容量愈大則相對的其崩潰電壓就愈小，且反之亦然。在電容器上不使電容崩潰的最大電壓值稱為**直流工作電壓**(DC Working Voltage；DCWV)。在製造上，大電容可能其工作電壓為數伏特，而小電容可能高達數仟伏特。

在理想電容器中的介質為理想的絕緣體(即電阻為無限大)，因此當電壓跨接其上時不會產生電流。但實際電容器中的介質有極大但非無限大的電阻值，所以在電容器兩端加上電壓後在其間產生一極小電流，稱之為**漏電流**(leakage current)，它在實際應用上是一個極重要的考量。圖 10.5 所示為說明一個實際的電容器可以用一個理想電容器與漏電電阻R_c的並聯等效電路取代。一由製造廠商所決定的量為R_cC的乘積，可以用來測量電容器的品質，具有較高的R_cC值，則品質愈好。例如，陶質電容器的電阻-電容乘積是10^3歐姆-法拉(Ω-F)，而高品質的鐵弗龍(teflon)電容器的乘積可高達2×10^6 Ω-F。

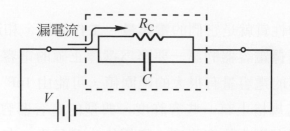

圖 10.5　實際電容器的等效電路

一些常用的電容器型式，包括了電容量、工作電壓和漏電電阻等列在表 10.3
中。

表 10.3　電容器的特性

介質	電容量	工作電壓 (V)	漏電電阻 (MΩ)
雲　母	10～5000pF	10,000	1000
陶　質	1000pF～1μF	100～2000	30～1000
多苯乙烯	500pF～10μF	1000	10,000
聚酯樹脂	5000pF～10μF	100～600	10,000
空　氣	5～500pF	500	
鉭　質	0.01～3000μF	6～50	1
鋁　質	0.1～100,000μF	10～500	1

10.2　電容器的種類及其色碼等標示值

凡可以儲存電荷的元件均稱為**電容器**(capacitor)。電容器的種類以其容量可
否變動分成**固定電容器**與**可變電容器**。以介質之材料則可分成**空氣**、**紙質**、**塑
膠膜**、**雲母**、**陶質**、**電解質**和**鉭質**等，現分述如下：

1. **空氣電容器**

最基本形式的一種電容器為空氣電容器(air capacitor)，它是由金屬板構成，
板與板間以空氣為介質，為防止板與板間發生火花，故兩板的間隔較寬，因此
空氣電容器的電容都很小，通常都在 100pF 左右。圖 10.6(a)、(b)為其實體圖，圖
(c)為可變電容器的電路符號，它只是一般電容器符號加上一箭頭代表可變而已。

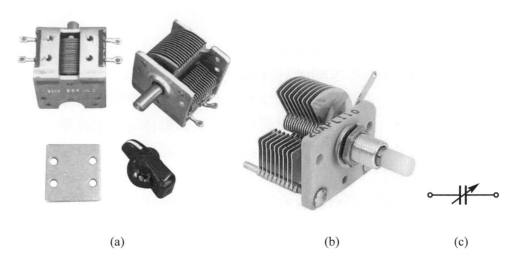

(a)   (b)   (c)

圖 10.6　(a)、(b)以空氣為介質之可變電容器實體圖，(c)電路符號(E.F. Johnson Co.提供)

2. 紙質電容器

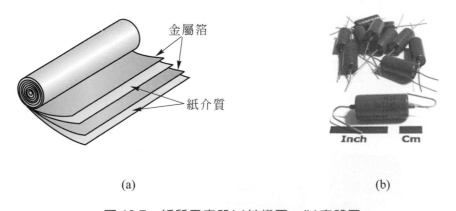

(a)   (b)

圖 10.7　紙質電容器(a)結構圖，(b)實體圖

　　以紙為介質的電容器稱為紙質電容器(paper capacitor)，它是以長條金屬箔作為平行極板，中間隔以蠟紙，緊緊地捲疊而成管狀，用塑膠材料封固而成。如圖 10.7(a)所示為其結構圖，圖 10.7(b)為實體圖。一般在紙質電容器中最外層的電極板導線會以黑色引線連接，在外部標有OUT SIDE字樣的引線端所接的電壓必須比另一端為低。紙質電容器常使用在低頻電路與馬達電路中，其優點為製造簡單，價廉，其缺點則是容易受潮而變質，耐壓隨之降低，誤差很高約在20％左右。紙質電容器一般容量範圍大約從 500pF 到 50μF，而其直流工作電壓額定(耐壓)大約為 600V。

3. 雲母電容器

雲母電容器(mica capacitor)是由許多層的金屬箔和雲母薄片組合而成，如圖10.8(a)所示為其結構圖，圖10.8(b)為實體圖。與空氣電容器一樣，其中一組金屬箔當成一個極板，另一組當成另一個極板。而整個雲母電容器再以塑膠作外殼將其密封，免受潮濕。雲母電容器之優點是溫度係數穩定、耐高壓、壽命長、容量變化小，常用於高頻電路中。但其缺點是防潮能力較差，且當容量大時體積大，價格高。通常雲母電容器有較精密的電容量值，也有較大的崩潰電壓，約超過35000V。它同時也擁有較大的漏電電阻約為1000MΩ。典型的雲母電容值範圍約從1pF到0.1μF。

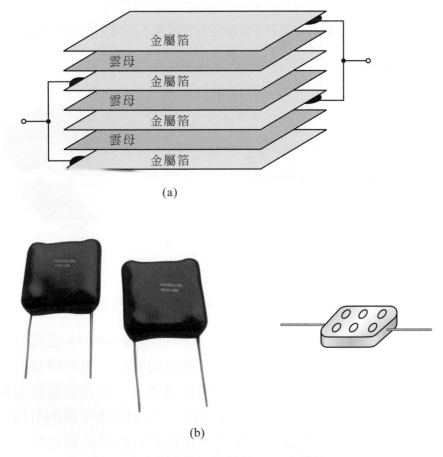

(a)

(b)

圖 10.8　雲母電容器(a)結構圖，(b)實體圖

4.　塑膠膜電容器

塑膠膜電容器(plastic film capacitor)的結構與紙質電容器類似，所不同的僅只是把紙質介質改成塑膠膜介質而已。塑膠膜電容器的優點為具有較高的絕緣電阻，不會吸收潮濕且可以做得很薄，對溫度變化也較不敏感。其電容量約由 5pF 到 0.5μF，耐壓約為 600V 左右。如圖 10.9(a)所示為塑膠膜電容器的結構圖，圖 10.9(b)為其實體圖。

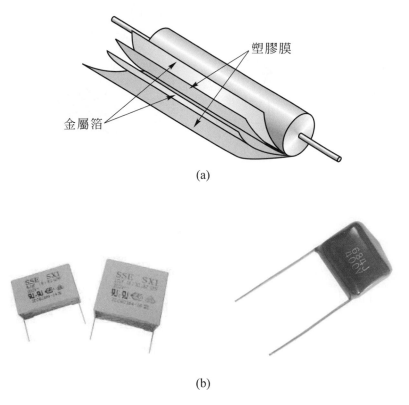

(a)

(b)

圖 10.9　塑膠膜電容器(a)結構圖，(b)實體圖

5.　陶質電容器

陶質電容器(ceramic capacitor)是以陶瓷為介質，在高溫下燒毀上一層薄膜金屬膜，通常是以銀作為電極而構成。它的結構可能為如圖 10.10(a)的陶碟電容器，或如圖 10.10(b)的多層陶質電容器，圖 10.10(c)、(d)分別為其實體圖。

　　因陶瓷具有極大的介質常數，所以相同容量的陶質電容器之體積會比用其它介質材料製造的要小。陶質電容器同時也有較大的漏電阻，約為 1000MΩ，及超過 5000V 的耐壓。其電容值範圍約為 1pF 到 1μF。陶質電容器也可以做成如圖10.10(e)的小型可變電容器，稱之為修整電容器(trimmer)，其電容量最大約為 100pF。

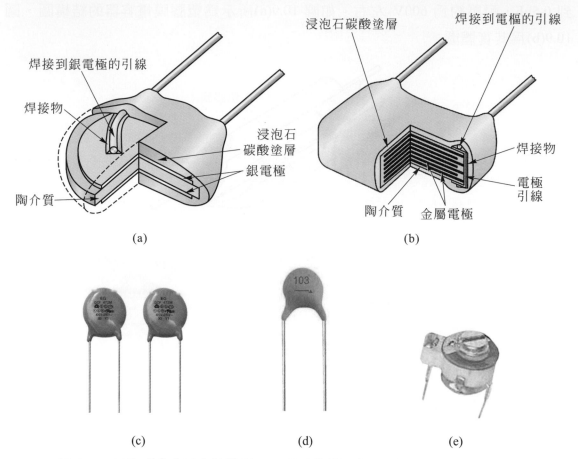

(a)   (b)

(c)   (d)   (e)

圖 10.10 (a)陶碟電容器之結構圖，(b)多層陶質電容器之結構圖，(c)陶碟電容器之實體圖，(d)多層陶質電容器之實體圖，(e)可調電容器(修整電容器)(由 Johanson Co.提供)

6.　電解質電容器

　　電容質大於 1μF 以上時，紙質及雲母電容器的體積過大，不合實際應用，這樣大值的電容器常用電解質電容器(electrolytic capacitor)，其結構如圖 10.11(a) 所示，電解質電容器是將兩片鋁箔夾著電解物質捲成管狀而成。電容器捲好後，通入直流電進行極化，其中一片鋁箔的表面會形成一層氧化鋁薄膜，這層氧化鋁就用來作為絕緣介質，而原來的鋁箔就當成電極，電解物質通常都用甘油或硼酸等構成糊狀物。其中氧化鋁為絕緣介質，因要產生大電容量，所以介質薄膜 d 很小 $\left(C = \dfrac{\epsilon A}{d} \right)$，因此電解質電容器的崩潰電壓比其它電容器要小，而其漏電阻通常也小於 1MΩ。

　　圖 10.11(b)所示為電解質電容器之實體圖，其上標有正負端，使用時要注意其極性，正端電壓永遠比負端電壓要高，不能反接，若極性接錯，內部將被打穿而短路。惟有一種特製的電解質電容器能夠用於交流電路內，它在電壓變更時，其極性能自動補償。

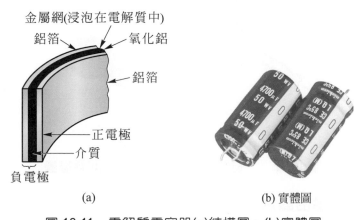

圖 10.11　電解質電容器(a)結構圖，(b)實體圖

7.　鉭質電容器

　　鉭質電容器(tantalum capacitor)為電解質電容器的一種，它是以鉭為介質，電解液為二氧化錳，它在相對較小的體積中擁有較大的電容量。在製造過程中高純度的鉭粉被壓入長方形或圓柱體中，並在高溫下燒結。而燒結所形成的多孔材料再浸泡於酸性液體中而形成介質，如圖 10.12(a)所示為其結構圖，圖 10.12 (b)為其實體圖。鉭質電容器的特性為具有正負極性、漏電大，體積小，耐壓低 (通常在 75V 以下)、不適用於高頻電路，電容量範圍可達 100μF。

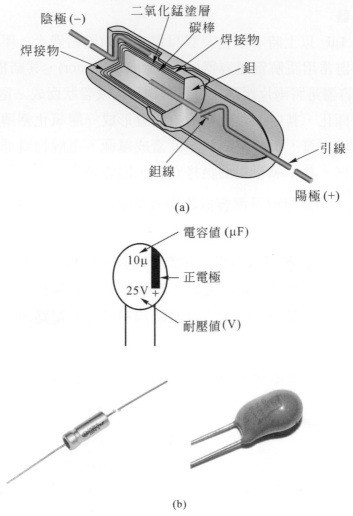

圖 10.12　　鉭質電容器(a)結構圖，(b)實體圖

一、電容器之電容值的識別

電容器之電容值的標示法通常有二種，直接標示法與色碼標示法。

1. 直接標示法

直接在電容器上標示電容量、誤差值、工作電壓、極性等。若只標值而沒有標示單位，均以μF為單位。如果是薄膜電容器或小容量的陶質電容器，則只標三位數目字及一位文字時，第1、2位數字表示電容值的第1、2位數字，第3位數字表示緊接0的個數，單位為 pF，最後一位文字代表誤差值，如M為 ± 20 ％，K為 ± 10 ％，J為 ± 5 ％。例如 103K 代表10000pF ± 10 ％。4 代表 4pF 等。

2.　**色碼標示法**

　　　色碼標示法可分為色點標示法及色帶標示法。色點標示法又可分為三點式顏色標記法和六點式顏色標記法，現分述如下：

(1)　**色點標示法**

(a)　**三點式顏色標記法**

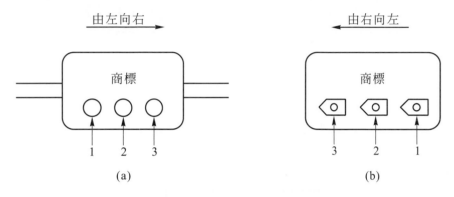

圖 10.13　三點式顏色標記法

　　　陶質電容器或長方型雲母電容器是使用色點有規則地標示於電容器的外殼，由三個色點表示其電容量，以 pF 為單位，顏色所代表的數值與電阻器相同，如圖 10.13 所示，稱為三點式顏色標記法。第一和第二點表示前兩位數字，第三點表示數字後加零的個數。若電容器上無指示讀法的順序，則自左向右讀，如圖 10.13(a)圖所示。若有箭頭指示讀法，則順著箭頭方向讀，如圖 10.13(b)圖所示。

(b)　**六點式顏色標記法**

　　　如圖 10.14 所示，圖中上排由左至右讀，第一點固定顏色，白色代表商用，黑色代表軍用。第二點、第三點代表電容值的十位及個位數字。下排由右向左讀，其中第一點表示數字後加零的個數(或乘數)，第二點表示電容量容許誤差，第三點表示直流工作電壓(或額定電壓值)。表 10.4 為色點顏色對照表。例如在圖 10.14 中，六點顏色依序分別為白、紅、橙、黃、銀、綠，則其代表商用，電容值為 23×10^4 pF，誤差為 10 ％，額定電壓為 500V。

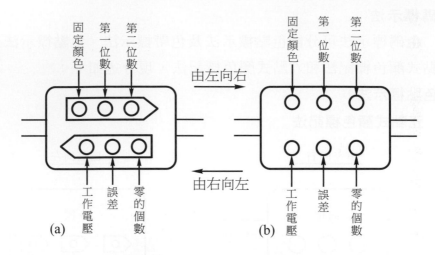

圖 10.14　　六點式顏色標記法

表 10.4　色點顏色對照表

顏色	有效位數	乘數	電容量容許誤差	特性	直流工作電壓	工作溫度	商用振幅
黑色	0	1	±20 %	—	—	− 55℃ + 70℃	10～5kHz
棕色	1	10	±2 %	B	100	—	—
紅色	2	10^2	±2 %	C	—	− 55℃ + 85℃	—
橙色	3	10^3		D	300	—	—
黃色	4	10^4		E	—	− 55℃ + 125℃	10～2kHz
綠色	5	—	±5 %	F	500	—	—
藍色	6	—		—	—	− 55℃ + 150℃	—
紫色	7	—		—	—	—	—
灰色	8	—		—	—	—	—
白色	9	—		—	—	—	EIA
金色	—	—	±0.5 %	—	1000	—	—
銀色	—	—	±10 %	—	—	—	—

⑵　**色帶標示法**

　　具有六條色帶的色碼管狀電容器，如圖 10.15 所示，色帶的色碼列於表 10.5 中。前三條色帶標示為a、b和d，是用來指示電量容C，其值為：

$$C = (10a + b) \times 10^d \text{ pF} \quad\text{..(10.9)}$$

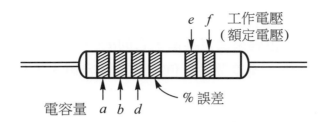

圖 10.15　　有色帶之管狀電容器

表 10.5　管狀電容器的色碼對照表

顏色	*a*、*b*、*c*、*d* 及 *f* 帶	誤差 (±%)
黑	0	20
棕	1	—
紅	2	—
橙	3	30
黃	4	40
綠	5	5
藍	6	—
紫	7	—
灰	8	—
白	9	10

第四條色帶代表％誤差，標示電容 *C* 值所允許最大誤差百分率。*e* 和 *f* 兩色帶是標示工作電壓(或額定電壓)*V*，若 *V* 值超過 900V 時，所使用的公式為：

$$V = 100(10e + f) \text{V} \quad\text{.......................................} \quad (10.10)$$

若工作電壓 *V* 值等於或小於 900V，此時無 *f* 色帶，所使用的公式為：

$$V = 100e \text{ V} \quad\text{...} \quad (10.11)$$

換言之，電容量是兩位數 *ab* 乘以 10 的 *d* 次方，而額定電壓為 100 乘以兩位數 *ef*，或沒有 *f* 色帶，即 100 乘以 *e* 而得。

【例題 10.5】

若電容器由表 10.5 色碼來決定其值,它的 a、b、d、e 和 f 色帶依序分別為藍、灰、紅、棕和綠色,誤差帶為白色,試求電容值、工作電壓和真正電容值的範圍。

解 由表 10.5 查得 $a=6$,$b=8$,$d=2$,$e=1$ 和 $f=5$,誤差是 $\pm10\%$,因此由(10.9)式,得標示電容量為:

$$C = [10(6)+8] \times 10^2 = 6800(\text{pF})$$

應用(10.10)式,得工作電壓為:

$$V = 100[10(1)+5] = 1500\text{V}$$

因誤差值為 $\pm10\%$,故真正電容量誤差為 $\pm(0.1)(6800) = \pm680\text{pF}$,故真正電容值介於 $6800-680=6120(\text{pF})$ 至 $6800+680=7480(\text{pF})$ 之範圍內。

【例題 10.6】

試判斷下圖(a)、(b)三點式顏色標示法之電容值。

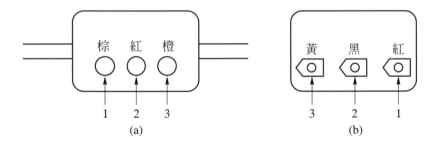

(a)　　　　　　　　(b)

解 (a)第一位數棕色代表 1,第二位數紅色代表 2,

第三位數橙色代表乘數 10^3。單位是 pF。讀法由左向右,故:

$$C = 12 \times 10^3(\text{pF}) = 0.012(\mu\text{F})$$

(b)第一位數紅色代表 2,第二位數黑色代表 0,

第三位數黃色代表乘數 10^4。單位是 pF。讀法由右向左,故:

$$C = 20 \times 10^4(\text{pF}) = 0.2(\mu\text{F})$$

10.3　電容的串聯與並聯

1.　電容器的串聯

如圖 10.16(a)所示，二個電容器 C_1 和 C_2 相串聯外加電壓 V，其等效電路如圖 10.16(b)所示，由(10.1)式等效時必為

$$V = \frac{Q_T}{C_T} \quad\text{.. (10.12)}$$

同樣，在圖 10.16(a)中應用 KVL 可得：

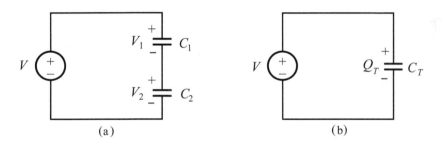

圖 10.16　(a)兩電容器串聯電路，(b)等效電路

$$V = V_1 + V_2 = \frac{Q_1}{C_1} + \frac{Q_2}{C_2} \quad\text{.. (10.13)}$$

因每個電容器上的電荷是相等的，故

$$Q_T = Q_1 = Q_2 \quad\text{.. (10.14)}$$

比較(10.12)、(10.13)和(10.14)式，可得

$$\frac{Q_T}{C_T} = \frac{Q_T}{C_1} + \frac{Q_T}{C_2}$$

去掉 Q_T 可得

$$\frac{1}{C_T} = \frac{1}{C_1} + \frac{1}{C_2} \quad\text{... (10.15)}$$

或

$$C_T = \frac{C_1 \cdot C_2}{C_1 + C_2} \quad\text{.. (10.16)}$$

此結果與兩電阻並聯的等效值類似。若電容的倒數以S表示，即$S \triangleq \dfrac{1}{C}$稱爲**倒電容**(elastance)，其單位爲拉法(daraf)，則

$$S_T = S_1 + S_2 \dots\dots\dots\dots\dots\dots\dots\dots\dots\dots\dots\dots\dots\dots\dots\dots\dots (10.17)$$

若有N電容器串聯時，如圖 10.17(a)所示，可以獲得以C_T表示的等效電路，如圖 10.17(b)所示。

應用 KVL，可得：

$$V = V_1 + V_2 + \dots\dots + V_N$$

因每一電容器的電荷都相同，等於Q_T，所以上式變爲：

$$\frac{Q_T}{C_T} = \frac{Q_T}{C_1} + \frac{Q_T}{C_2} + \dots\dots + \frac{Q_T}{C_N}$$

把Q_T去掉，得到

$$\frac{1}{C_T} = \frac{1}{C_1} + \frac{1}{C_2} + \dots\dots + \frac{1}{C_N} \dots\dots\dots\dots\dots\dots\dots\dots\dots\dots\dots (10.18)$$

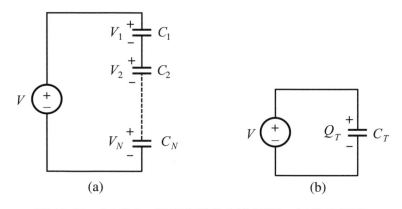

圖 10.17　(a)具有N個電容器的串聯電路，(b)等效電路

【例題 10.7】

　　如下圖所示之電容串聯電路，試求(a)總電容；(b)每一電容器的電荷；(c)跨於每一個電容器的電壓。

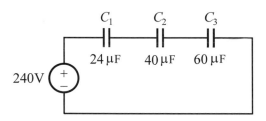

解　(a)由(10.18)式，總電容為：

$$\frac{1}{C_T} = \frac{1}{C_1} + \frac{1}{C_2} + \frac{1}{C_3}$$

$$= \frac{1}{24 \times 10^{-6}} + \frac{1}{40 \times 10^{-6}} + \frac{1}{60 \times 10^{-6}} = \frac{1}{12 \times 10^{-6}}$$

$$\therefore C_T = 12 (\mu F)$$

(b)因電容器串聯，故每一電容器的電荷都是相等

故 $Q_T = Q_1 = Q_2 = Q_3$

又 $Q_T = C_T V = 12 \times 10^{-6} \times 240 = 2880 \times 10^{-6}$ (C)

(c)每一電容器的電壓分別為：

$$V_1 = \frac{Q_1}{C_1} = \frac{2880 \times 10^{-6}}{24 \times 10^{-6}} = 120 (V)$$

$$V_2 = \frac{Q_2}{C_2} = \frac{2880 \times 10^{-6}}{40 \times 10^{-6}} = 72 (V)$$

$$V_3 = \frac{Q_3}{C_3} = \frac{2880 \times 10^{-6}}{60 \times 10^{-6}} = 48 (V)$$

2.　電容器的並聯

　　如圖 10.18(a)所示，二個電容器 C_1 和 C_2 相並聯，外加電壓 V，其等效電路如圖 10.18(b)所示。電容器兩端的電壓各為 V，且電壓源提供的總電荷與每個電容器上電荷的總和相等，故

$$Q_1 = C_1 V \text{；} Q_2 = C_2 V \text{；} Q_T = C_T V \dots\dots\dots\dots\dots\dots\dots\dots (10.19)$$

且

$$Q_T = Q_1 + Q_2 \ \text{...} (10.20)$$

將(10.19)式代入(10.20)式中，可得

$$C_T V = C_1 V + C_2 V$$

去掉V，可得：

$$C_T = C_1 + C_2 \ \text{..} (10.21)$$

此結果與兩電阻器串聯的等效值類似。可見電容器並聯後電容量增加，而串聯的結果電容量減少。

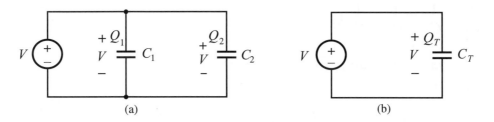

圖 10.18　(a)兩電容器並聯電路，(b)等效電路

若有N個電容器並聯時，如圖 10.19(a)所示，可以獲得以C_T表示的等效電路，如圖 10.19(b)所示。因跨在每個電容器的電壓都相同為V，故：

$$V = V_1 = V_2 = \cdots\cdots = V_N \text{..} (10.22)$$

因$V = \dfrac{Q}{C}$代入上式，可得：

$$\frac{Q_T}{C_T} = \frac{Q_1}{C_1} = \frac{Q_2}{C_2} = \cdots\cdots = \frac{Q_N}{C_N} \ \text{..} (10.23)$$

C_T之上端的電荷Q_T為每個電容器上電荷的總和，即

$$Q_T = Q_1 + Q_2 + \cdots\cdots + Q_N \text{..} (10.24)$$

由(10.22)、(10.23)和(10.24)式，可得：

$$C_T V = C_1 V + C_2 V + \cdots\cdots + C_N V$$

去掉 V，可得

$$C_T = C_1 + C_2 + \cdots\cdots + C_N \quad\quad\quad\quad\quad\quad\quad\quad\quad (10.25)$$

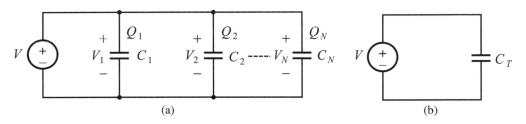

圖 10.19　(a)具有 N 個電容器的並聯電路，(b)等效電路

【例題 10.8】

如下圖所示之電容並聯電路，試求(a)總電容為若干？(b)每一電容器的電荷及總電荷各為若干？(c)以另一個電容器與該並聯電路並聯時，總電荷為 9000 微庫(μC)，則此電容器的電容為若干？

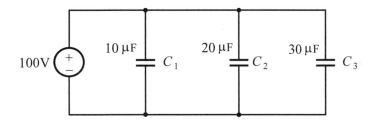

解　(a)總電容 C 為：

$$C = C_1 + C_2 + C_3 = 10\mu F + 20\mu F + 30\mu F = 60\ (\mu F)$$

(b)每一電容器的電荷分別為：

$$Q_1 = C_1 V = 10\mu F \times 100V = 1000\ (\mu C)$$

$$Q_2 = C_2 V = 20\mu F \times 100V = 2000\ (\mu C)$$

$$Q_3 = C_3 V = 30\mu F \times 100V = 3000\ (\mu C)$$

總電荷 Q_T 為：

$$Q_T = Q_1 + Q_2 + Q_3 = 1000\mu C + 2000\mu C + 3000\mu C = 6000\ (\mu C)$$

(c)　$C = \dfrac{Q_T}{V} = \dfrac{9000\mu C}{100V} = 90\mu F$

$$\therefore C_P = 90\mu F - 60\mu F = 30\ (\mu F)$$

3. 電容器的串並聯

串並聯電容電路可以用與串並聯電阻電路相同的方法來分析：把串並聯的元件以簡單等效電路取代，再經由等效電路一步一步把原先電路解出。像歐姆定律用於串並聯電阻電路一樣，關係式 $C=\dfrac{Q}{V}$ 常用來解電容電路的未知數，而記得電荷是如何分佈在串並聯電容器中對解題是相當重要的。

【例題 10.9】

如下圖所示之電路，設 b 點接地，a 點保持一電壓為 +1200V，試求每一電容器上之電荷及 c 點之電壓。

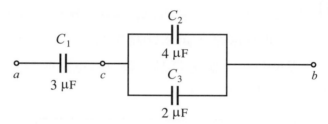

解 $C' = C_2 + C_3 = 4\mu F + 2\mu F = 6\mu F$

總等值電容 C_T 為：

$$C_T = \frac{C_1 C'}{C_1 + C'} = \frac{3 \times 6}{3 + 6} = 2\mu F$$

其等效電路如下：

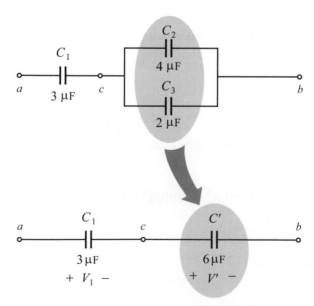

$$Q_T = C_T V = 2\mu F \times 1200V = 2.4 \times 10^{-3} \text{ C}$$

$$V_1 = \frac{Q_T}{C_1} = \frac{2.4 \times 10^{-3}\text{C}}{3\mu F} = 800V$$

$$V' = \frac{Q_T}{C'} = \frac{2.4 \times 10^{-3}\text{C}}{6\mu F} = 400V$$

$$Q_1 = Q_T = 2.4 \times 10^{-3} \text{ (C)}$$

$$Q_2 = C_2 V' = 4\mu F \times 400V = 1.6 \times 10^{-3} \text{ (C)}$$

$$Q_3 = C_3 V' = 2\mu F \times 400V = 0.8 \times 10^{-3} \text{ (C)}$$

C 點之電壓為 $V' = 400$ (V)

【例題 10.10】

二電容器於串聯後之等值電容為 375μF，並聯後之等值電容為 2000μF，試求每一電容器之電容值。

解　設一電容器之電容為 $C\mu F$，則另一電容器之電容為 $(2000-C)\mu F$，故

$$\frac{1}{C} + \frac{1}{2000-C} = \frac{1}{375}$$

解之得：

$$C^2 - 2000C + 750000 = 0$$

$$(C - 1500)(C - 500) = 0$$

$$\therefore C = 1500 \quad 或 \quad C = 500$$

故此兩電容器之電容值一為 1500 (μF)，另一為 500 (μF)。

10.4 電阻電容電路(RC電路)

　　一個電阻與電容連接的電路就稱之為**電阻-電容電路**，又稱為 **RC 電路**，如圖 10.20 所示。當開關在 1 的位置時，RC電路因外加電壓 V_S 的加入而開始充電，且假設電容器充電以前不帶任何電荷。充電路徑如圖 10.20 所示，係由電容器的頂端至底端，因此電容器的上片帶正電荷，而下片帶負電荷。充電電流會一直存在到電容完全充滿為止，因此這個充電電流又稱為**暫態電流**。對直流電路而

言，所謂**暫態**(transient)就是在某一小段時間內存在的**時變**電壓或電流。電容器充電時，它的電壓會充電到與所加入電壓源電壓相同為止，而在這以後，電容上的電壓值就不再改變，如圖 10.21 所示，應用 KVL，在電阻器的電壓為：

$$v_R = V_S - v_C \quad \text{.. (10.26)}$$

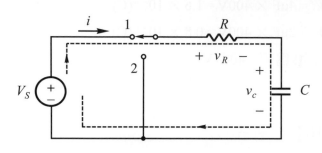

圖 10.20　電阻-電容電路(RC電路)

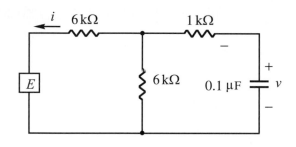

圖 10.21　直流穩態中的RC電路

因此，若開關維持在位置 1，則電荷會繼續建立直到v_C達到外加電壓V_S為止，即$v_C = V_S$，此時由(10.26)式可知$v_R = 0$，因此充電電流i為：

$$i = \frac{v_R}{R} = 0$$

此時電流和所有電壓都是定值($i = 0$，$v_C = V_S$，$v_R = 0$)。在此情況下稱為**直流穩態**(DC steady state)，或簡稱為**穩態**。此時所有電壓和電流都是定值沒有變化。只要電路如圖 10.21 的接法，則電路中沒有電流流通及沒有電壓會改變。

在直流穩態時，沒有電流流經電容器，因此**電容器如同開路**一樣，可由下式看出

$$i = C\frac{dv_C}{dt} \quad\text{...}(10.27)$$

$\frac{dv_C}{dt}$是電容器電壓v_C的變化率，且在直流穩態時電壓是定值，故沒有變化量，變化率爲零，所以$i=0$。

【例題 10.11】

如下圖所示的電路，試求穩態時電容器之電壓v_C。

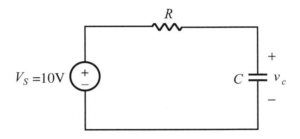

解　在穩態時，電容器如同開路，因此原圖之等效電路如下圖所示。電路中電容器以開路取代之。因沒有電流，所以沒有iR壓降，故可得電容器之電壓$v_C = V_S = 10(\text{V})$。

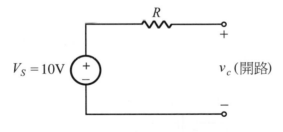

若圖 10.20 中電容器充電到$v_C = V_s$，隨後把開關移至位置 2，此時電路如圖 10.22 所示(電壓源與開關皆去掉)，電容器經由電阻器R開始放電，電容器電壓v_C此時跨在電阻器上，利用 KVL 可得：

$$-v_R + v_C = 0$$

或 $v_R = v_C$

利用歐姆定律，此電路將有一電流為：

$$i = \frac{v_R}{R} = \frac{v_C}{R} \quad\text{.. (10.28)}$$

電流方向如圖 10.22 所示，因此電荷將由電容器頂端經由電阻器移至底端，而使電容器放電，初值電流是

$$i = \frac{V_0}{R}$$

因開始時 $v_C = V_0$，隨後 v_C 會因時間的增加而下降，因此乃因電荷的轉移之故，一直到 v_C 等於零為止，此時已沒有電荷和電壓存在電容器中，則電容器已完全放電。

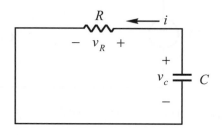

圖 10.22　電容器經由電阻器放電

【例題 10.12】

如下圖所示電路，試求穩態時(a)電容器之電壓 v_{C1} 與 v_{C2}，(b)其所儲存之電荷 Q_1 與 Q_2。

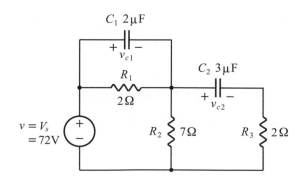

解 在直流穩態時，電容器如同開路，因此其等效電路如下圖所示。

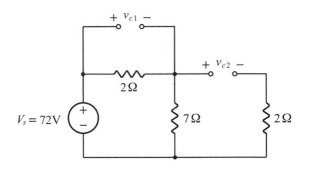

(a) $v_{C1} = V_s \times \dfrac{2}{2+7} = 72 \times \dfrac{2}{9} = 16 \text{(V)}$

$v_{C2} = V_s - v_{C1} = 72 - 16 = 56 \text{(V)}$

(b) $Q_1 = C_1 v_{C1} = 2\mu\text{F} \times 16 = 32 \text{(}\mu\text{C)}$

$Q_2 = C_2 v_{C2} = 3\mu\text{F} \times 56 = 168 \text{(}\mu\text{C)}$

　　如圖 10.21 所示的電路是有驅動電源 V_s 的 *RC* 電路，稱為**有驅動的 *RC* 電路**。在充電時，電容器電壓 v_C 和電流 i 以某種形式改變，而達到終值(穩態)時 $v_C = V_s$ 及 $i = 0$。

　　另外如圖 10.22 所示的電路為**無源 *RC* 電路**，由電容器和電阻器所組成，但不包含電源。在此時 i 和 v_C 會由初值 $v_C = V_0$ 降到完全放電的零值。

　　以下兩節，我們將先討論無源 *RC* 電路中的電流和電壓，因其較簡單，然後再討論有驅動的 *RC* 電路中的電流和電壓。

10.5　無源 *RC* 電路

　　如圖 10.23 所示為電阻器 R 和電容器 C 串聯的無源 *RC* 電路。利用 KVL 可知電阻器電壓 v_R 等於電容器電壓 v_C，即 $v_C = v_R = v$，因此流經電阻器電流 i_R 為：

$$i_R = \frac{v_R}{R} \quad\text{..} (10.29)$$

而流經電容器之電流 i_C 為：

$$i_C = C\frac{dv_C}{dt} \text{...} (10.30)$$

應用 KCL 在上端的節點，可得：

$$i_C + i_R = 0$$

將(10.29)、(10.30)和 $v_C = v_R = v$ 代入上式，可得：

$$C\frac{dv}{dt} + \frac{v}{R} = 0 \text{...} (10.31)$$

(10.31)式即為無源 RC 電路的方程式。

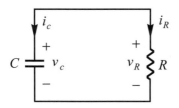

圖 10.23　無源 RC 電路

電容器起初 $t=0$ 時的初值電壓 $v_C = v(t) = v_{(0)} = V_0$ 為一特定常數，而 $v = v(t)$ 必須滿足下列兩方程式：

$$\begin{cases} C\dfrac{dv}{dt} + \dfrac{v}{R} = 0 \\ v_{(0)} = V_0 \end{cases} \text{...} (10.32)$$

(10.32)式為一常係數之一階線性齊次微分方程式，可利用微積分求解 v 值，其解為指數形式：

$$v = V_0 e^{-\frac{1}{RC}t}(\text{V}) \text{...} (10.33)$$

因為 $v_C = v_R = v$，故由(10.33)式可得：

$$v_C = v_R = V_0 e^{-\frac{1}{RC}t}(\text{V}) \text{...} (10.34)$$

由(10.29)式，我們可得電阻器電流 i_R 爲：

$$i_R = \frac{V_0}{R} e^{-\frac{1}{RC}t} \text{ (A)} \dots\dots\dots\dots\dots\dots\dots\dots\dots\dots (10.35)$$

又由(10.30)式，可得電容器電流 i_C 爲：

$$i_C = -\frac{V_0}{R} e^{-\frac{1}{RC}t} \text{ (A)} \dots\dots\dots\dots\dots\dots\dots\dots\dots\dots (10.36)$$

由上述結果可知，無源 RC 電路中電阻器與電容器之電壓和電流皆以指數形式而衰減至零，如圖 10.24(a)、(b)所示爲電路的四個未知數：即電容器與電阻器的電壓及電流的曲線圖。

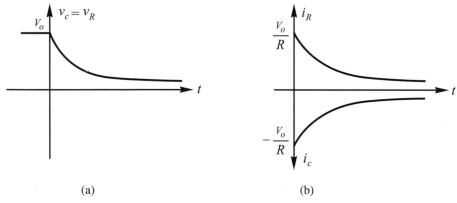

(a)　　　　　　　　　　　　　　　　(b)

圖 10.24　(a)無源 RC 電路 v_c 和 v_R 之曲線圖，(b)無源 RC 電路 i_C 和 i_R 之曲線圖

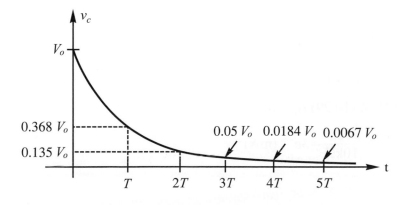

圖 10.25　無源 RC 電路中電容器電壓曲線

　　由圖 10.24(a)、(b)可看出指數曲線變化之快慢係由RC值來決定，因此，一般稱爲**RC時間常數**(time constant)T，T愈大，則v或i下降的速度愈慢，反之則愈快。我們以圖10.24(a)和(10.34)式說明時間常數的作用，當$t=RC=T$時，$v_C=V_0e^{-1}=0.368V_0$，當$t=2RC=2T$時，$v_C=V_0e^{-2}=0.315V_0$，當$t=3RC=3T$時，$v_C=V_0e^{-3}=0.05V_0$，因此當t爲三個時間時，電容器上之電壓已降爲V_0之 5 %，所以通常$t\geq5RC=5T$時，即可將v_C視爲零，即表示電容器已完全放電，如圖 10.25 所示。若T愈大的電路，則表示v_C下降至$0.368V_0$或其他值所需時間較久。

【例題 10.13】

　　如下圖所示電路中，當開關位置 1 時是直流穩態。如在$t=0$將開關移至位置 2，試求在所有$t>0$時的電壓v和電流i。

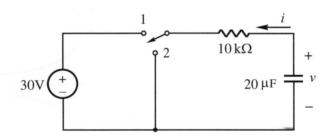

解　當開關在位置 1 時，因電路是直流穩態，電流爲零，因此電容器的初值電壓等於電源電壓，即

$$v_{(0)}=V_0=30\text{V}$$

在$t>0$時，開關位置在 2，即爲無源RC電路，而時間常數T爲：

$$T=RC=(10\times10^3)(20\times10^{-6})=0.2\text{s}$$

在$t>0$時，由(10.34)式可得：

$$v_C=v_R=v=30e^{-\frac{1}{0.2}t}=30e^{-5t}\text{ (V)}$$

由圖 10.22 或(10.29)式，可得：

$$i=\frac{v_R}{R}=\frac{30e^{-5t}}{10\text{k}\Omega}=3e^{-5t}\text{ (mA)}$$

【例題 10.14】

在圖 10.23 中 $R = 25\text{k}\Omega$，$C = 4\mu\text{F}$，初值電壓 $v_{(0)} = V_0 = 5\text{V}$，試求(a)時間常數，(b)所有正時間的電壓 v 和(c)在 $t = 3T$ 時的 v。

解　(a)　$T = RC = (25 \times 10^3)(4 \times 10^{-6}) = 0.1(\text{S})$

(b)　$v = V_0 e^{-\frac{1}{RC}t} = 5e^{-\frac{1}{0.1}t} = 5e^{-10t}$ (V)

(c)　$t = 3T = 3RC$，故

$\quad v = V_0 e^{-\frac{1}{RC} \cdot 3RC} = 5e^{-3} = 0.249(\text{V})$

【例題 10.15】

如下圖所示無源 RC 電路，在 $t = 0$ 時左邊電容器最初充電到 $v_{(0)} = V_0 = 6\text{V}$，而右邊電容器則未充電，在 $t = 0$ 時開關閉合，試求 $t \geq 0$ 時之電流 i 的值。

解　由 KVL 可得：

$\quad v_2 - v_1 + Ri = 0 \cdots\cdots ①$

微分①式，可得：

$\quad \dfrac{dv_2}{dt} - \dfrac{dv_1}{dt} + R\dfrac{di}{dt} = 0 \cdots\cdots ②$

又由 KCL 可得：

$\quad C\dfrac{dv_2}{dt} = i = -C\dfrac{dv_1}{dt}$

上式代入②式可得：

$\quad R\dfrac{di}{dt} + \dfrac{2}{C}i = 0 \cdots\cdots ③$

由①可得 $i_{(0)} = \dfrac{V_0}{R} = \dfrac{6}{3} = 2$，①式代入③式解方程式可得：

$\quad i = \dfrac{V_0}{R} e^{-\frac{2}{RC}t} = 2e^{-\frac{1}{3}t}$ (A)

10.6 有驅動的 RC 電路

在圖 10.21 中若開關在 1 的位置，其電路為**有驅動的 RC 電路**，又稱為**有源 RC 電路**，如圖 10.26 所示，此電容器是由電壓電源 V_s 所驅動。

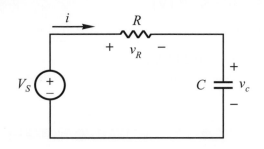

圖 10.26 有驅動的 RC 電路(有源 RC 電路)

由圖 10.26 可知流經電阻器 R 的電流 i 為：

$$i = \frac{v_R}{R} = \frac{V_S - v_C}{R} \quad\text{... (10.37)}$$

而流經電容器 C 的電流亦為 i，即

$$i = C\frac{dv_C}{dt} \quad\text{... (10.38)}$$

由(10.37)式及(10.38)式可得：

$$C\frac{dv_C}{dt} = \frac{V_S - v_C}{R}$$

整理之，可得：

$$C\frac{dv_C}{dt} + \frac{1}{R}v_C = \frac{V_S}{R} \quad\text{................................... (10.39)}$$

(10.39)式為圖 10.26 中的電路方程式。若電容器的初值電壓是

$$v_{(0)} = 0 \quad\text{.. (10.40)}$$

利用微積分來證明可得(10.39)式之解答為：

$$v_C = V_S(1 - e^{-\frac{1}{RC}t})\text{V} \quad\text{................................ (10.41)}$$

因為 $V_S = v_R + v_C$，可將(10.41)代入可得電阻器兩端電壓 v_R 為：

$$v_R = V_S - v_C = V_S - V_S(1 - e^{-\frac{1}{RC}t})$$
$$= V_S e^{-\frac{1}{RC}t} \text{ V} \dots\dots\dots\dots\dots\dots\dots\dots\dots\dots\dots\dots\dots\dots (10.42)$$

又由(10.37)式或(10.38)式，可得電流 i 為：

$$i = \frac{V_S}{R} e^{-\frac{1}{RC}t} \text{ A} \dots\dots\dots\dots\dots\dots\dots\dots\dots\dots\dots\dots\dots\dots (10.43)$$

圖 10.27(a)、(b)所示為有源 *RC* 電路中電阻器和電容器之電流和電壓的曲線圖。

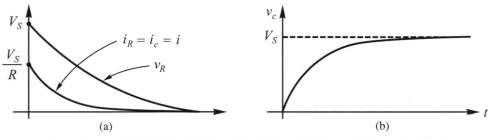

圖 10.27　(a)有源 *RC* 電路 i 和 v_R 之曲線圖，(b)有源 *RC* 電路 v_C 之曲線圖

【例題 10.16】

如下圖所示 *RC* 電路，若電容器的初值電壓 $v_{(0)} = 0$，試求電容器在時間 $t \geq 0$ 時的電壓 v_C 及 $t = 5T$ 時之電壓值。

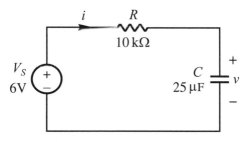

解　時間常數 $T = RC = (10 \times 10^3)(25 \times 10^{-6}) = 0.25$ 秒

利用(10.41)式，可得：

$$v_C = 6(1 - e^{-\frac{1}{0.25}t}) \text{ (V)}$$

或　　$v_C = 6(1 - e^{-4t}) \text{ (V)}$

當 $t=5T$ 時，利用上式，可得

$v_C = 6(1 - e^{-5}) = 5.96\text{(V)}$

由例題 10.16 可知，電路在 $t \geq 5$ 個時間常數之後，電容器已完全充滿電，它將含有電源的全部電壓 6V 在兩端，表示此電路已達直流穩態。

【例題 10.17】

如例題 10.16 所示電路，試求電路在 $t \geq 0$ 時之電流 i 及 $t=0.1$ 秒時之電流值。

解 利用(10.37)式，可得

$$i = \frac{V_s - v_C}{R} = \frac{6 - v_C}{10} \text{ mA}$$

將例題 10.16 之 v_C 代入上式，可得

$$i = \frac{6 - 6(1 - e^{-4t})}{10} = 0.6 e^{-4t} \text{ (mA)}$$

當 $t=0.1$ 秒時，可得電流值為：

$$i_{(0.1)} = 0.6 e^{-0.4} = 0.402 \text{ (mA)}$$

【例題 10.18】

如下圖所示之電路，若 $v_{(0)} = 0$，試求所有正時間 $(t \geq 0)$ 電容器兩端的電壓 v_C。

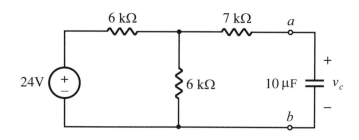

解 先把 a、b 左方網路以它的戴維寧等效電路來取代，並求解 v_C。由上圖可知戴維寧等效電阻為：

$$R_{th} = 7 + \frac{6 \times 6}{6 + 6} = 10\text{k}\Omega$$

開路電壓 v_{oc}，由分壓定理得：

$$v_{oc} = \frac{6}{6+6} \times 24 = 12\text{V}$$

具有 10μF 的戴維寧等效電路示於下圖。

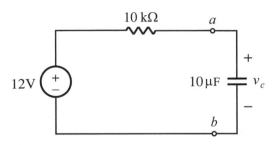

由圖可知，其時間常數 $T = RC = 10\text{k}\Omega \times 10\mu\text{F} = 10^{-1}\,\text{s}$，利用(10.41)式，電容器兩端電壓 v_C 為：

$$v_C = 12(1 - e^{-\frac{1}{10^{-1}}t}) = 12(1 - e^{-10t})\ (\text{V})$$

由圖 10.26 及(10.40)式可知有驅動的 RC 電路，我們皆假設電容器的初值電壓 $v_{(0)}$ 為零。現若有驅動(即有電源)且初值電壓又不為零的情況，我們可綜合 10.5 節及 10.6 節所述之和，即有驅動和有初值電壓電路之電容器電壓 v_C 是暫態電壓 v_{tr} 和穩態電壓 v_{ss} 之和，即

$$v_C = v_{tr} + v_{ss} \dots\dots\dots\dots\dots\dots\dots\dots\dots (10.44)$$

已知暫態電壓 v_{tr} 是以時間常數 $T = RC$ 的衰減指數，如同(10.34)式可寫成：

$$v_{tr} = Ke^{-\frac{1}{T}t} \dots\dots\dots\dots\dots\dots\dots\dots\dots (10.45)$$

此處 K 為任意常數(K 可為任意數值，此值決定於電容器的初值電壓)。v_{tr} 是當輸入(即電源)為零時，由初值電壓 $v_{(0)}$ 所引起的輸出(響應)。

已知直流穩態電壓 v_{ss}，是暫態消失後所發生的。因此可在電路達到穩態時直接求解，此時電容器是開路。

此處 V_s 是驅動電源，v_{ss} 是當初值電壓為零時，由驅動電源 V_s 所造成的輸出(響應)。

求解的步驟，可以把有驅動電路的電源去掉，從無源電路中求得時間常數 T。將此時間常數用於(10.45)式求得電容器電壓的暫態項 v_{tr}。可在有驅動電路中，

把電容器開路而求得它的v_{ss}電壓。此時電容器電壓是暫態項v_{tr}和穩態項v_{ss}之和，亦即有

$$v_C = Ke^{-\frac{1}{T}t} + v_{ss}$$

或

$$v_C = Ke^{-\frac{1}{RC}t} + v_{ss} \dots\dots\dots (10.46)$$

而常數K則可由初值電壓$v_{(0)}$求得。

【例題 10.19】

如下圖所示電路中，若初值電壓$v_{(0)} = 15$V，試求所有正時間($t \geq 0$)時電容器電壓v。

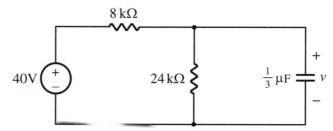

解 將電源去掉(短路)，即得無源電路，可得

$$R_T = 8k // 24k = 6k\Omega$$

而時間常數為：

$$T = R_T C = 6k\Omega \times \frac{1}{3}\mu F = 2 \times 10^{-3} s$$

因此電壓的暫態項是

$$v_{tr} = Ke^{-\frac{1}{2 \times 10^{-3}}t} = Ke^{-500t} \text{ V}$$

為求v的穩態項，以一開路取代電容器，利用分壓定理可得

$$v_{ss} = \frac{24k}{8k + 24k} \times 40 = 30V$$

由上兩式可得

$$v = v_{(t)} = v_{tr} + v_{ss} = Ke^{-500t} + 30$$

已知$v_{(0)} = 15$V，由上式在$t = 0$時可得

$$v_{(0)} = 15 = K + 30$$

故得$K = -15$，代入v中，可得正時間電容器電壓為：

$$v = v_{(t)} = 30 - 15e^{-500t} \text{ (V)}$$

【例題 10.20】

如下圖所示電路中，在 $t=0$，$v_C=0$ 時，把開關移至位置 1，放 10ms 後再移至位置 2，試求所有 $t \geq 0$ 時之電壓 v_C。

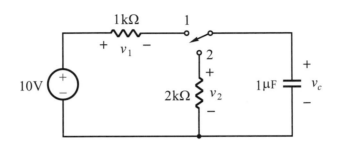

解　(a)在 $t=0$ 至 $t=10$ms 時，電路如下圖(a)所示的有驅動 RC 電路，時間
　　常數為：

$$T_1 = RC = (1 \times 10^3)(1 \times 10^{-6}) = 10^{-3}\text{s} = 1 \text{ ms}$$

因此暫態項為：

$$v_{tr} = Ke^{-\frac{1}{RC}t} = Ke^{-\frac{1}{10^{-3}}t} = Ke^{-1000t} \text{ V}$$

而穩態項為電容器開路時之電壓，即

$$v_{ss} = 10\text{V}$$

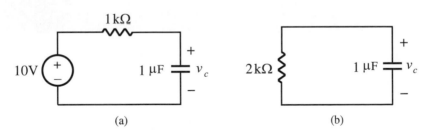

(a)　　　　　　　　　(b)

因此可得電容器電壓 v_C 為：

$$v_C = v_{tr} + v_{ss} = Ke^{-1000t} + 10\text{V}$$

而在 $t=0$ 時，有

$$v_{C(0)} = 0 = K + 10$$

故得 $K = -10$，因此上式 v_C 變成

$$v_C = 10 - 10e^{-1000t} \text{ V}$$

(b)在 $t = 10\text{ms}$ 時,有

$$v_{C(0.01)} = 10 - 10e^{-10} = 10\text{V}$$

此時電容器已完全充電。

(c)在 $t > 10\text{ms}$,開關移至位置 2,如圖(b)所示之電路,而時間常數為:

$$T_2 = RC = (2 \times 10^3)(1 \times 10^{-6}) = 2\text{ms}$$

且起始電壓($t = 10\text{ms}$)是 10V。因此在起先的 10ms,v_c 是上升函數,如下圖所示,一直升到 10V 的完全充電。在 $t > 10\text{ms}$,v_c 以不同的時間常數(T_2)衰減,呈衰減函數,在五個時間常數($5T_2$)後達到零。

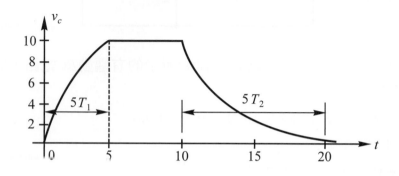

10.7　電容器儲存的能量

　　當電源連接一電容器予以充電時,因須將電荷兩端間的電位差而作功,因此能量即儲存於電容器的電場中。

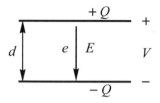

圖 10.28　電容器中所儲存的能量

若有含電容 C 的兩平行板，如圖 10.28 所示。若兩端加有直流電壓 V，此電壓乃自零漸次均勻增加至最後的 V 值，在此充電時間，其平均電位為 $\dfrac{V}{2}$，因此，若所儲存的電荷為 Q，則所作的功為：

$$W = \frac{1}{2}VQ \quad\dotfill\quad (10.47)$$

此即電容器中所儲存的能量，由於電容為 C 及 $Q=CV$，故(10.47)式可寫成為：

$$W = \frac{1}{2}CV^2 = \frac{1}{2} \cdot \frac{Q^2}{C} \quad\dotfill\quad (10.48)$$

電容器所儲存的能量，常可認為是儲存在介質中，即每單位體積中所含的能量，常因電容器中間介質的改變而不同。

如圖 10.28 所示，設兩平行板間的距離為 d，面積為 A，其間的均勻電場強度為 E，電通密度為 D，它們間的各關係為：

$$V = Ed \quad\dotfill\quad (10.49)$$

$$Q = DA \quad\dotfill\quad (10.50)$$

所以，電容器間所儲存的能量為：

$$W = \frac{1}{2}VQ = \frac{1}{2}(Ed)(DA) = \frac{ED}{2}(Ad) \quad\dotfill\quad (10.51)$$

由於兩板間的體積為 Ad，所以，每單位體積中所含的能量為：

$$\omega = \frac{W}{Ad} = \frac{ED}{2} \quad\dotfill\quad (10.52)$$

此乃是對平行板電容器的能量而言，但對其他形式電容器中各點的單位體積能量 W，其值亦是相同。

【例題 10.21】

有三個電容器，其電容量分別為 2μF，5μF，10μF，串聯接於 500V 電源，試求 (a)此串聯組合之等效電容，(b)每個電容器上之電荷，(c)每個電容器上之電位差，(d)儲存於每一電容器中的能量，(e)其所儲存之總能量。

解 (a)串聯組合之等效電容 C 為：

$$\frac{1}{C} = \frac{1}{C_1} + \frac{1}{C_2} + \frac{1}{C_3} = \frac{1}{2} + \frac{1}{5} + \frac{1}{10} = \frac{4}{5}$$

$$\therefore C = \frac{5}{4} = 1.25 \, (\mu F)$$

(b)每個電容器上的電荷為相同，即

$$Q = CV = 1.25\mu F \times 500 \text{ 伏特} = 625 \times 10^{-6} \, (C)$$

(c)每個電容器上的電位差分別為：

$$V_1 = \frac{Q}{C_1} = \frac{625 \times 10^{-6}}{2 \times 10^{-6}} = 312.5 \, (V)$$

$$V_2 = \frac{Q}{C_2} = \frac{625 \times 10^{-6}}{5 \times 10^{-6}} = 125 \, (V)$$

$$V_3 = \frac{Q}{C_3} = \frac{625 \times 10^{-6}}{10 \times 10^{-6}} = 62.5 \, (V)$$

(d)每一電容器中所儲存的能量為：

$$W_1 = \frac{1}{2} C_1 V_1{}^2 = \frac{1}{2}(2 \times 10^{-6})(312.5)^2 = 0.0977 \, (J)$$

$$W_2 = \frac{1}{2} C_2 V_2{}^2 = \frac{1}{2}(5 \times 10^{-6})(125)^2 = 0.0391 \, (J)$$

$$W_3 = \frac{1}{2} C_3 V_3{}^2 = \frac{1}{2}(10 \times 10^{-6})(62.5)^2 = 0.0195 \, (J)$$

(e)其所儲存的總能量為：

$$W = W_1 + W_2 + W_3 = 0.0977 + 0.0391 + 0.0195 = 0.1563 \, (J)$$

$$\text{及 } W = \frac{1}{2} CV^2 = \frac{1}{2}(1.25 \times 10^{-6})(500)^2 = 0.153 \, (J)$$

【例題 10.22】

在下圖的電路中，開關閉合很長一段時間，然後在 $t=0$ 時被斷開，試求 $t>0$ 時的 v_C，並計算電容上的初始儲存能量 W。

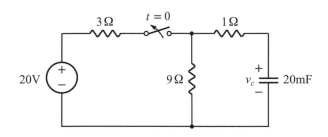

解　在 $t<0$ 時，開關閉合，在直流情況下，電容為開開路，如下圖(a)所示。

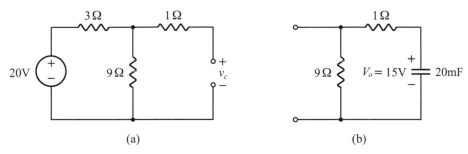

(a)　　　　　　　　　　　(b)

利用分壓定理得：$v_C = 20 \times \dfrac{9}{3+9} = 15V$ ； $t<0$

因電容上的電壓不能瞬間改變，所以在 $t=0^-$ 和在 $t=0^+$ 時，電容上的電壓是相同的，即 $v_{C(0)} = V_o = 15V$ ； $t=0$

在 $t>0$ 時，開關斷開，其電路如圖(b)的 RC 電路是無源電路，1Ω 和 9Ω 電阻串聯，得： $R_{eq} = 1 + 9 = 10Ω$

因此滿足下列兩方程式：$\begin{cases} C\dfrac{dv_C}{dt} + \dfrac{v_C}{R_{eq}} = 0 \\ v_{(0)} = V_o = 15 \end{cases}$

解上兩方程式得：$v_C = V_0 e^{-\frac{1}{R_{eq}C}t}$

$\therefore v_C = 15e^{-\frac{1}{10(2 \times 10^{-3})}t} = 15e^{-5t}(V)$

電容器上的初始儲存能量為：$W = \dfrac{1}{2}Cv_{(0)}^2 = \dfrac{1}{2}(20 \times 10^{-3})(15) = 2.25(J)$

Chapter 11

電感器與 *RL* 電路

目前我們已討論過三種型態的元件——電源、電阻器和電容器,本章將討論第四種電路元件,就是**電感器**。電感器有很多性質類似於電容器,與電容器一樣,電感器能儲存能量,所不同的是電感器能量儲存於**磁場**中,而電容器儲存於**電場**中。電感器的電壓-電流關係是基於一變數的變化率,與電容器相同。但電感器是對偶於電容器,其電壓正比於電流的變化率。

在日常生活中,電感器與具電感特性之元件,在日常使用相當頻繁,如電腦、手機、擴音器、冰箱、電風扇、馬達、發電機、變壓器……等產品。所以電感器在電路上的各種特性及其應用是從事電機、電子、資訊、冷凍、控制……等學門的初學者必須學習的領域。

本章中首先介紹磁場與磁路、電磁感應與電感的性質,其電壓與電流之關係,電感量與電路、變壓器之原理,並介紹如何計算電感器的串聯和並聯值,進而討論電感器儲存的能量及零輸入與有驅動的*RL*電路之計算,最後再討論完整的響應。這幾個主題將由磁場的觀點來討論,就如同電容器基於電場一樣。

11.1　磁場與磁路

一、磁場

西元前 300 年在希臘美格納森(Magnesia)地方發現一種天然磁石有吸引鐵的能力，今天英文中的磁(Magnetism)字即來自希臘地名美格納森。直到西元 1600 年，英國實驗物理學家吉柏特(Gilbert)發現磁石與鐵摩擦可使鐵變為磁鐵。

凡磁作用於某些物質上是一種力場，具有此種磁力的物理裝置，被稱為**磁鐵**(Magnet)，簡而言之，凡**具有吸引鐵材質的性質者即稱之為磁鐵**。現代的磁鐵都是由各種金屬合成所製成，包含有銅、鎳、鋁、鈷等元素，他們的硬度較天然磁石硬很多。

磁鐵具有這種磁力，我們稱之為**磁場**(Magnetic field)。通常以磁力線來表示磁場所及之處與包覆的區域。這個磁力線就是我們所知的**磁通**。如圖 11.1 所示，**磁通的方向由北極**(North pole；N)**離開，經由磁鐵外部，而由南極**(South pole；S)**進入磁鐵。**

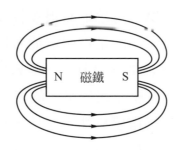

圖 11.1　磁通(磁力線)與磁場

西元 1820 年丹麥物理學家奧斯特(Oersted)觀察到通以電流之導線，能使置於導線周圍之磁針產生偏轉，這說明電流有磁效應，此現象稱之為**電磁效應**。

由電磁效應，首先我們來看一些基本原理。如圖 11.2(a)所示為帶電導體周圍所產生的磁場，電流I產生了一個環繞著導體，且均勻沿著其長度方向的磁場，其強度正比於I，而磁場的方向藉由**右手定則**(right-hand rule)來記憶。如圖 11.2(b)所示，利用右手握著導體，而姆指代表導體中電流方向，而其餘四指則為所產生的磁場方向。若讓電流方向相反，則磁場方向也相反。

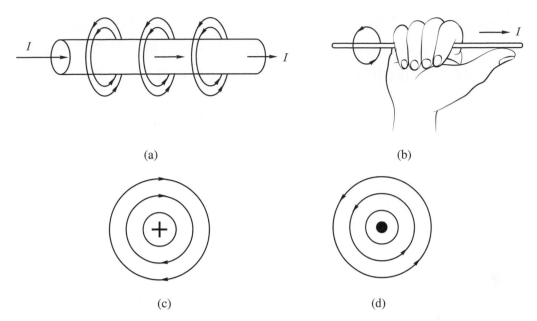

(a)　　　　　　　　　　　　　(b)

(c)　　　　　　　　　　　　　(d)

圖 11.2　帶電導體所產生的磁場(a)流入導體的電流會產生磁場，(b)利用右手定則可決定帶電
　　　　導體所產生的磁場方向，(c)電流方向為流入紙面的表示符號，(d)電流方向為流出紙
　　　　面的方向

　　若將導體繞成線圈，每一圈所產生的磁場相合成，產生如圖 11.3(a)所示的
磁場。線圈磁場的方向也可以藉由右手定則來記憶，如圖 11.3(b)所示，以右手
掌沿著線圈電流的方向轉，然後姆指的方向指向磁場方向。若電流方向相反，
磁場方向也相反。在沒有鐵磁性物質的情況下，線圈磁場的強度也正比於電流。

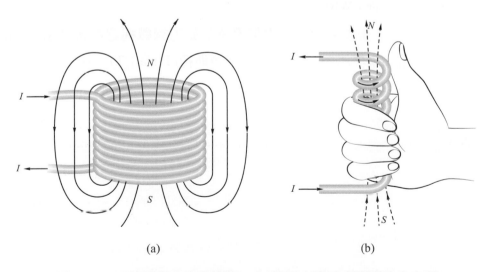

(a)　　　　　　　　　　　　　(b)

圖 11.3　(a)線圈所產生的磁場，(b)線圈中電流與磁場的方向圖

若將線圈繞在一個鐵磁性物質製的核心，如圖 11.4 所示(變壓器即是如此的形式)，則幾乎所有的磁通量均被限制在鐵芯中，只有很小量的磁通量經過空氣，稱之為漏磁，如圖中虛線所示。因為有鐵磁性物質存在，鐵芯中的磁通量不再正比於電流，我們將在第十九章中討論。

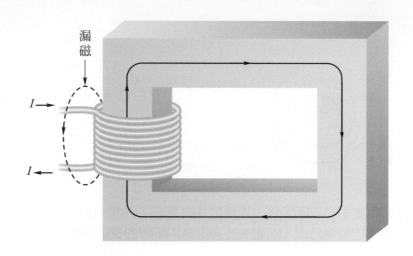

圖 11.4　對於鐵磁性物質，幾乎所有磁通量均被限制在鐵芯中

二、磁通量與磁通密度

磁極在空間中所產生的影響以磁力線來表示，磁力線所環繞之處即形成磁場，而**磁場中最磁力線的數目稱之為磁通量**(magnetic flux)，**以符號 φ 來表示**，在 SI 單位中為**韋伯**(Weber；Wb)。

而該磁場中，**垂直通過單位面積通過的磁力線數稱之為磁通密度**(magnetic flux density)，**以符號 B 來表示**，在 SI 單位中為**泰斯拉**(Tesla；T)。其中 $1T = 1Wb/m^2$。以數學式表示為：

$$B = \frac{\phi}{A}(T) \dotfill (11.1)$$

【例題 11.1】

一磁鐵如右圖所示，若磁通密度為 0.15T，
試求其總磁通量。

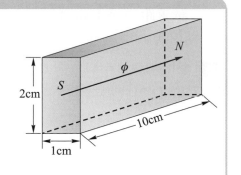

解　磁通通過的截面積為

$$1\text{cm} \times 2\text{cm} = (1 \times 10^{-2}\text{m}) \times (2 \times 10^{-2}\text{m})$$
$$= 2 \times 10^{-4}\text{m}^2$$

由(11.1)式，可得：

$$\phi = BA = (0.15\text{T})(2 \times 10^{-4}\text{m}^2) = 3 \times 10^{-6}(\text{Wb})$$

在一帶電流*I*的長導線周圍空氣中的磁通密度為：

$$B = 2 \times 10^{-7}\frac{I}{r} \quad\text{.. (11.2)}$$

式中*r*為所欲求磁通密度點對導線的距離。若*I*以安培(A)表示，*r*以米(m)表示時，則磁通密度單位為泰斯拉(T)。如圖 11.5 所示。

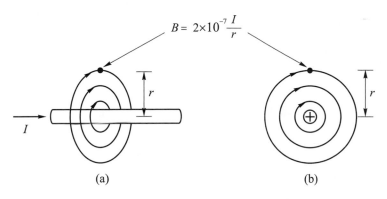

圖 11.5　一固定點上的磁通密度：(a)側視圖，(b)端視圖

圖中說明一固定點上的磁通密度與導線所帶電流成正比，與固定點距離成反比。(11.2)式中，在導線為無限長而直徑為零時，才正確，但在實用上，若距離*r*與導線長度相對的比值很小及比導線直徑相對為大時，就可利用。

【例題 11.2】

試求距一長 10m 直徑為 1mm 導線 10cm 處之磁通密度為何？其中導線內電流為 1mA。

解 因 $r = 10\text{cm} = 0.1\text{m}$ 與長度 10m 相比很小，而與直徑 1mm 相比要大。故可利用(11.2)式得：

$$B = 2 \times 10^{-7}(\frac{10^{-3}}{10^{-1}}) = 2 \times 10^{9}(\text{T}) = 2 \times 10^{9}(\text{Wb/m}^2)$$

1. **磁動勢**

電磁感應可以利用圖 11.3 所示的線圈繞在圓柱形鐵芯上的架構形成。

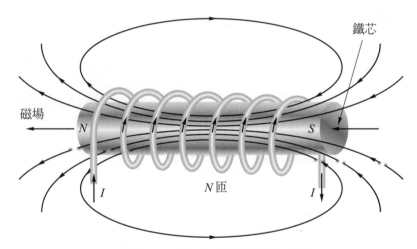

圖 11.6 鐵芯上環繞線圈的架構

如圖 11.6 所示，每一個纏繞鐵芯的完整導線稱為一匝(turn)，而所有匝的組合稱為線圈(winding)。當電流流入線圈時會在鐵芯中感應出磁場。由(11.2)式瞭解單一帶電導線上磁通密度取決於導線上電流大小及方向。同理在鐵芯內的電磁感應也與線圈的電流成正比，因此每一匝上的電流都相等，所以在鐵芯內產生的磁通為每一匝所產生的相等磁通的和。所以匝數愈多，則線圈所感應的磁愈大。

同樣的，若線圈圈數固定，則磁通量與線圈內電流成正比。因此線圈圈數及電流大小決定了磁通的能力(force)，其乘積稱之為**磁動勢**(Magnetic Motive Force；MMF)，**標記為 mmf，而其符號為** F：

$$F = NI \text{（安培-匝）(At)} \quad\text{.. (11.3)}$$

式中 N 為線圈匝數，I 為線圈中電流。而 F 單位為安培-匝(ampere-turns)標記為 At。但在 SI 單位系統中因匝數 N 為無因次單位，故 F 單位亦可標為安培(A)。

磁動勢 mmf 就如電路中的電動勢 emf，而磁通就如電路中的電流。這個類比關係可由圖 11.7 說明，在兩種狀況中，電動勢或磁動勢愈大，則電流或磁通就愈大，而圖中的圓形鐵芯及其磁通關係又稱為**磁路**(magnetic circuit)。

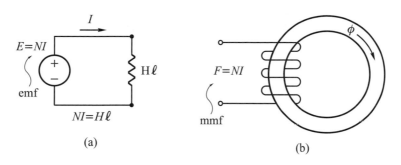

圖 11.7　(a)磁路，(b)類比磁路之電路

2. 磁場強度

磁場強度(magnetic field intensity)**為每單位長度的磁動勢**，可標記成 H，其單位為每米安培數(A/m)，若以方程式表示，則磁場強度為：

$$H = \frac{F}{\ell} = \frac{NI}{\ell}(\text{A/m}) \quad\text{..}(11.4)$$

【例題 11.3】

如下圖所示，線圈內電流為 3.2A，若線圈匝數為 60 匝，試求鐵芯中磁場強度？

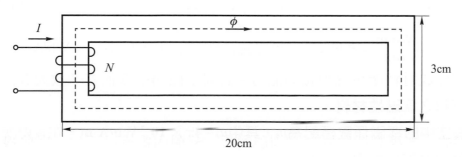

解　$\ell = (20+3)(2) = 46\text{cm} = 0.46\text{m}$

由(11.4)式，得：$H = \dfrac{NI}{\ell} = \dfrac{(60)(3.2)}{0.46} = 417.4(\text{A/m})$

【例題 11.4】

如下圖所示，若線圈 15 匝，須多大電流才可在鐵芯中產生 60A/m 的磁場強度？

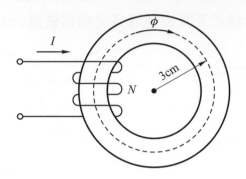

解 圖中虛線代表磁通的平均長度，因圓周半徑為 3cm 或 0.03m，故可得平均路徑長度為：

$$\ell = 2\pi r = 2\pi(0.03) = 0.1885\text{m}$$

由(11.4)式，可得：

$$I = \frac{H\ell}{N} = \frac{(60)(0.1885)}{15} = 0.754(\text{A})$$

3. **導磁係數**

　　磁通密度會與磁場強度成正比，而成正比的常數稱為材料的導磁係數(permeability)，可標記成 μ：

$$B = \mu H \text{...(11.5)}$$

因 $\mu = \dfrac{B}{H} = \dfrac{\text{Wb/m}^2}{\text{A/m}} = \text{Wb/A-m}$，故導磁係數 μ 在 SI 單位中為：Wb/A-m。導磁係數可以想像成材料產生磁力線的能力。對固定磁場強度而言，放大導磁係數的材料，可稱之為**磁性材料**。

　　在真空中的導磁係數標記為 μ_0，其中 $\mu_0 = 4\pi \times 10^{-7}$ Wb/A-m。在實際應用中，可將空氣的導磁係數看成 μ_0。

　　若一材料的導磁係數比真空中要小，則稱該材料為**反磁性**(diamagnetic)。若材料的導磁係數比真空中稍大，則稱該材料為**順磁性**(paramagnetic)。若材料的導磁係數可能比真空中大上數百或甚至數千倍，則稱該材料為**強磁**(ferromagnetic)**材料**。

　　材料中的導磁係數與真空中的導磁係數之比，稱之為相對導磁係數(relative permeability)，標記成μ_r：

$$\mu_r = \frac{\mu}{\mu_0} \quad\text{...} \quad (11.6)$$

【例題 11.5】

　　如下圖所示，若鐵芯的導磁係數為6×10^{-5} Wb/A-m，試求鐵芯中的磁通密度？

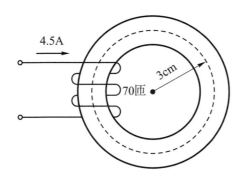

解　由(11.4)式，可得磁場強度為：

$$H = \frac{NI}{\ell} = \frac{(70)(4.5)}{2\pi(0.03)} = 1671\text{A/m}$$

由(11.5)式，可得磁通密度為：

$$B = \mu H = (6 \times 10^{-5})(1671) = 0.1\text{(T)}$$

【例題 11.6】

如下圖所示矩形鐵芯，若欲產生 0.06T 的磁通密度時，試求所需鐵芯的相對導磁係數為何？

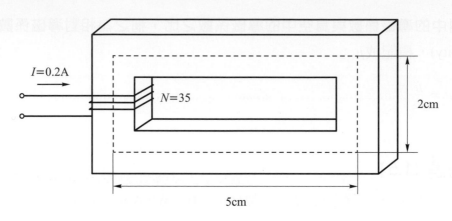

解 由(11.4)式，可得磁場強度為：

$$H = \frac{NI}{\ell} = \frac{(35)(0.2)}{(0.02 + 0.05)(2)} = 50 \text{A/m}$$

由(11.5)式，可得導磁係數 μ 為：

$$\mu = \frac{B}{H} = \frac{0.06}{50} = 0.0012$$

由(11.6)式，可得相對導磁係數為：

$$\mu_r = \frac{\mu}{\mu_0} = \frac{0.0012}{4\pi \times 10^{-7}} = 955.4$$

4. 磁阻

磁阻(reluctance)是一個與電路中電阻類似的概念。電流總是沿著電阻最小的路徑前進，磁通量總是沿著磁阻最小的路徑前進。磁阻與電阻一樣，都是一個純量。

一個**磁路中的磁阻，為阻止磁通穿過磁路的阻力，其等於磁動勢 F 與磁通量 ϕ 的比值**，這個定義可以表示為：

$$R = \frac{F}{\phi} \quad\text{... (11.7)}$$

其中磁阻單位為安培／韋伯(A/Wb)。

(11.7)式此定律有時稱爲**霍普金森定律**，又稱爲**磁路歐姆定律**，與電路歐姆定律類似。

磁通量總是形成一個閉合迴路，但路徑與材料本身特性的磁阻有關，它總是集中於最小的路徑。空氣和眞空的磁阻較大，而強磁性材料，則磁阻較低。

對於均勻的磁路，磁阻也可以由材料本身特性(長度ℓ，截面積A，導磁係數μ)得到爲：

$$R = \frac{\ell}{\mu A} = \frac{\ell}{\mu_r \mu_0 A} \quad\text{..} (11.8)$$

【例題 11.7】

若 0.8A 電流，流入一 55 匝的線圈，會在鐵芯上產生 1.1×10^5 Wb 的磁通，試求鐵芯的磁阻爲何？

解 由(11.3)式，可得磁動勢：

$F = NI = 55 \times 0.8 = 44$At

再由(11.7)式，可得磁阻：

$R = \dfrac{F}{\phi} = \dfrac{44}{1.1 \times 10^5} = 4 \times 10^{-6}$(A/Wb)

三、磁路

磁路是一個包含磁通量的閉得迴路。它一般會有磁的成分，例如永久磁鐵、鐵磁性材料以及電磁鐵，但也可能含有空氣隙和其他的物質。磁路被用於許多設備以有效地引導磁場，如電動機、發電機、變壓器、繼電器、起重電磁鐵、超導量子干涉儀、檢流必和磁性記錄頭。

1. **安培磁路定律**

圖 11.8 中有二個磁路模型，通常在一個磁路中可能包含不同材料及不同材料長度與不同的磁動勢降。就如同電路中的克希荷夫電壓定律一樣，安培磁路定律亦指出加入一磁路中的磁動勢總和會和與磁路中所有磁動勢降總合相等。亦即：

在一磁路內，任一封閉路徑的磁動勢代數和爲零，無論有多少區段或多少匝線圈。即：

$$\sum_{i=1}^{n} F_i = 0 \quad\text{..} (11.9)$$

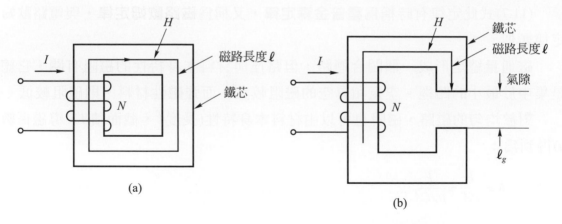

(a)

(b)

圖 11.8　磁路模型(a)簡單鐵芯磁路，(b)含空氣隙磁路

　　如圖 11.7(b)中在磁路與電路的類似性中，NI乘積代表 mmf 產生源(mmf source)，而$H\ell$乘積則代表 mmf 之磁位降(mmf drop)，因此重新整理(11.4)式，可得下列重要結果：

$$\sum_{i=1}^{n} N_i I_i = \sum_{i=1}^{n} H_i \ell_i \dots\dots\dots\dots\dots\dots\dots\dots\dots\dots\dots\dots\dots\dots\dots (11.10)$$

　　在磁路與電路的類似性中，(11.10)式說明在一封閉磁路中，如圖 11.8(a)所示，供給磁路的 mmf 總和值等於所有磁路之 mmf 位降之總和。此式為代數總和，而各項可為加或減，視通量方向及線圈環繞方向而定。

　　而在沿一封閉磁路計算時，可能包含兩個或以上線圈，若兩個線圈提供相同方向的磁通，則其所產生的總 mmf 為兩者分別產生 mmf 之和。

【例題 11.8】

　　如下圖所示，鐵芯為鑄鐵，磁通量為0.1×10^{-3} Wb，其相對導磁係數為 257，平均路徑為 0.25m，匝數為 500 匝，面積為0.2×10^{-3}m²，試求線圈中之電流值。

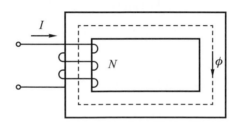

解 由(11.1)式，可得：

$$B = \frac{\phi}{A} = \frac{0.1 \times 10^{-3}}{0.2 \times 10^{-3}} = 0.5\text{T}$$

由(11.6)式，可得：

$$\mu = \mu_r \mu_0 = 257(4\pi \times 10^{-7}) = 3.229 \times 10^{-4}\ \text{Wb/A-m}$$

再由(11.5)式，可得：

$$H = \frac{B}{\mu} = \frac{0.5}{3.229 \times 10^{-4}} = 1548\text{A/m}$$

由(11.10)式，可得：$NI = H\ell$，

$$I = \frac{H\ell}{N} = \frac{1548(0.25)}{500} = 0.774\text{(A)}$$

【例題 11.9】

如右圖所示，線圈 1
內須加多少電流I_1，
才可使鐵芯上產生
4×10^{-4} Wb 的磁通
量？圖中鐵芯截面積
為2cm × 2cm，鐵芯 1
之$H_1 = 700$ A/m，鐵芯
2 之$H_2 = 200$ A/m。

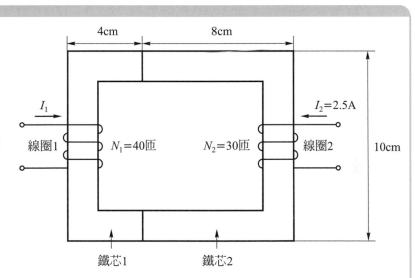

解 鐵芯截面積為：

$$A = (0.02)(0.02) = 4 \times 10^{-4}\text{cm}^2$$

因此鐵芯內磁通密度為：

$$B = \frac{\phi}{A} = \frac{4 \times 10^{-4}}{4 \times 10^{-4}} = 1\text{T}$$

$$\ell_1 = 4 + 10 + 4 = 0.18\ \text{m}$$

$$\ell_2 = 8 + 10 + 8 = 0.26\ \text{m}$$

整個磁路之磁動勢降為：

$$H_1\ell_1 + H_2\ell_2 = 700(0.18) + 200(0.26) = 178\ \text{A}$$

因兩線圈上磁通皆以順時針方向通過鐵芯，因此加入磁路之總磁動勢為：

$N_1I_1 + N_2I_2 = 40I_1 + (30)(2.5) = 40I_1 + 75$

由(11.10)式知：供給之磁動勢必與整個磁動勢降相等

$40I_1 + 75 = 178$

$\therefore I_1 = 2.575(\text{A})$

2. 含氣隙之磁路

若在磁路中含有空氣間隙，如圖 11.9 所示，在氣隙邊緣的磁通會稍微向外彎曲，稱為漏磁。因此在氣隙的磁通並不均勻。但在實際應用上會製造氣隙非常小而可以忽略其**邊緣效應**(fringing effect)，因此可以把氣隙內磁通密度看成與在磁性材料內的磁通密度一樣。

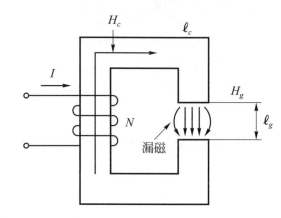

圖 11.9　含氣隙的磁路(氣隙邊緣磁通微向外彎曲)

因空氣中的導磁係數μ_0要比強磁材料的導磁係數μ小很多，因此要在氣隙中產生與磁性材料中相同磁通密度的所需磁場強度就比磁性材料的磁場強度$(H = \frac{B}{\mu})$要大很多。所以除非氣隙的密度ℓ很小，否則在氣隙的磁動勢降$H\ell$就可能相當大。而利用很多匝的線圈及大電流來產生克服氣隙的磁動勢是非常不經濟的，因此氣隙在設計時必需要盡可能的小，如在典型的馬達中轉子的緊密度就證明了此項事項。

由(11.10)式，可得：

$$NI = H_c\ell_c + H_g\ell_g \quad\text{...(11.11)}$$

將$H_c = \frac{B_c}{\mu_c}$，$H_g = \frac{B_g}{\mu_0}$代入(11.11)式，可得：

$$NI = \frac{B_c}{\mu_c}\ell_c + \frac{B_g}{\mu_0}\ell_g \quad\text{...(11.12)}$$

又磁通量：$\phi = B_cA_c = B_gA_g$ ....(11.13)

將(11.3)式代入(11.12)式，可得：

$$NI = \frac{\ell_c}{\mu_c A_c}\phi + \frac{\ell_g}{\mu_0 A_g}\phi \quad\text{...} (11.14)$$

$$= R_c\phi + R_g\phi$$

$$= (R_c + R_g)\phi \quad\text{...} (11.15)$$

其中 R_c 和 R_g 分別為磁路中鐵芯和氣隙磁阻。

【例題 11.10】

　　若有一磁路，如圖 11.9 所示，已知 $A_c = A_g = 9 \times 10^{-4} \text{m}^2$，$\ell_g = 0.05\text{cm}$，$\ell_c = 70\text{cm}$，$N = 500$ 匝，若鐵芯的相對導磁係數 $\mu_r = 7000$，$B_c = 1\text{Wb/m}^2$，若氣隙邊緣效應不考慮，試求(1)電流線圈 I，(2)磁路中的磁通量 ϕ。

解 (1)若邊緣效應不考慮，則由(11.13)式，$\phi = B_c A_c = B_g A_g$，因 $A_c = A_g$，所以 $B_c = B_g$，代入(11.12)式中，可得：

$$I = \frac{B_c}{\mu_c N}\ell_c + \frac{B_g}{\mu_0 N}\ell_g = \frac{B_c}{\mu_0 \mu_r N}\ell_c + \frac{B_g}{\mu_0 N}\ell_g$$

$$= \frac{B_c}{\mu_0 N}(\frac{\ell_c}{\mu_r} + \ell_g) = \frac{1}{(4\pi \times 10^{-7})(500)}(\frac{0.7}{7000} + 0.0005)$$

$$= 0.955(\text{A})$$

(2)由(11.13)式，可得：$\phi = B_g A_g = B_c A_c = 1(9 \times 10^{-4}) = 9 \times 10^{-4}$ (Wb)

【例題 11.11】

　　如下圖所示磁路，$\ell_A = \ell_c = 8\pi \times 10^{-2}\text{m}$，$\ell_B = 4\pi \times 10^{-2}\text{m}$，$\ell_D = 4\pi \times 10^{-4}$，鐵芯之截面積為 1cm^2，鐵芯之 $\mu_r = 1000$，試求(1)磁路之總磁阻 R_T，(2)磁通量 ϕ。

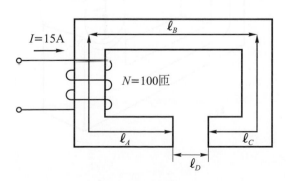

解 (1)由(11.8)式，可得：

$$R_A = \frac{\ell_A}{\mu_A} = \frac{\ell_A}{\mu_0\mu_r A} = \frac{8\pi \times 10^{-2}}{(4\pi \times 10^{-7})(1000)(10^{-4})} = 2M$$

$$R_B = \frac{\ell_B}{\mu_0\mu_r A} = \frac{4\pi \times 10^{-2}}{(4\pi \times 10^{-7})(1000)(10^{-4})} = 1M$$

$$R_C = \frac{\ell_C}{\mu_0\mu_r A} = \frac{8\pi \times 10^{-2}}{(4\pi \times 10^{-7})(1000)(10^{-4})} = 2M$$

$$R_D = \frac{\ell_D}{\mu_0 A} = \frac{4\pi \times 10^{-4}}{(4\pi \times 10^{-7})(10^{-4})} = 10M$$

$$\therefore R_T = R_A + R_B + R_C + R_D = 15M(A/Wb)$$

(2)由(11.3)(11.7)式，可得：

$$F = R\phi = NI$$

$$\therefore \phi = \frac{NI}{R_T} = \frac{100 \times 15}{15M} = 100\mu(Wb)$$

【例題 11.12】

下圖所示為一簡單電機裝置，定子平均路徑 $\ell_s = 50cm$，截面積 $A_s = 12cm^2$。轉子平均路徑 $\ell_r = 5cm$，截面積 $A_r = 12cm^2$。轉子與定子上下兩氣隙各為 $\ell_g = 0.05cm$，而氣隙之截面積(包括邊緣效應) $A_g = 14cm^2$。又鐵芯相對導磁係數 $\mu_r = 2000$，且鐵芯上繞組線圈為 200 匝，若線圈通過 10A 電流，試求氣隙磁通量 ϕ 與氣隙磁通密度 B_g。

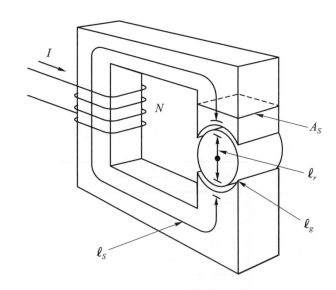

解 定子磁阻：$R_s = \dfrac{\ell_s}{\mu_r \mu_0 A_s} = \dfrac{50 \times 10^{-2}}{(2000)(4\pi \times 10^{-7})(12 \times 10^{-4})} = 165786$ A/Wb

定子磁阻：轉子磁阻：$R_r = \dfrac{\ell_r}{\mu_r \mu_0 A_r} = \dfrac{5 \times 10^{-2}}{(2000)(4\pi \times 10^{-7})(12 \times 10^{-4})} = 16578$ A/Wb

氣隙磁阻：$R_g = \dfrac{\ell_g}{\mu_0 A_g} = \dfrac{0.05 \times 10^{-2}}{(4\pi \times 10^{-7})(14 \times 10^{-4})} = 284200$ A/Wb

磁路總磁阻：$R_T = R_s + R_r + 2R_g = 750764$ A/Wb

鐵芯磁動勢：$F = NI = 200 \times 10 = 2000$ A

磁路中磁通量 $\phi = \dfrac{F}{R_T} = \dfrac{2000}{750764} = 0.00266$(Wb)

氣隙磁通密度：$B_g = \dfrac{\phi}{A_g} = \dfrac{0.00266}{14 \times 10^{-4}} = 1.9$(Wb/m²)

11.2　電磁感應與電感的性質

一、電磁感應

　　前一節曾提到若導體上有電流流過時，則在其周圍會產生磁場，現探討若有另一個導體在磁場中運動時，則會在導體上感應一個電壓。

　　故**電磁感應(electromagnetic induction)意指放在變化磁通量中的導體，會產生電動勢，此電動勢稱為感應電動勢。**若將此導體閉合成一迴路，則該電動勢會驅使電子流動，形成**感應電流。**

1. **法拉第定律**

　　西元 1831 年英國科學家法拉第(Faraday)發現此感應現象。他通過物理實驗發現產生在閉合迴路上的電動勢和通過任何該路徑所包圍曲面磁通量的變化率成正比。基於這實驗現象，法拉第結論指出：只要通過電路的磁通量改變，就會有感應電動勢產生。**此感應電動勢的大小和線圈匝數與穿過線圈的磁通量變化率成正比，即所謂的法拉第定律(Faraday's Law)。**

　　如圖 11.10 所示的鐵芯線圈，理想上所有磁力線均被限制在核心中，因此全部經過繞線。**磁通量乘以其通過的線圈圈數稱為此線圈的磁通鏈(flux linkage)λ。**對於圖 11.10，ϕ 條磁力線經 N 匝線圈產生了 $N\phi$ 的磁通鏈 $\lambda = N\phi$。利用法拉第定律，

可知感應出來的電壓就等於$N\phi$的改變率,由於N爲常數,因此,$v=N\times\phi$的改變率,以微積分的符號表示爲:

$$v=N\frac{d\phi}{dt}\text{(V)}\dots\dots\dots\dots\dots\dots\dots\dots\dots\dots\dots\dots (11.16)$$

式中ϕ在 SI 單位中爲 Wb,t的單位爲 s,v的單位爲 V。

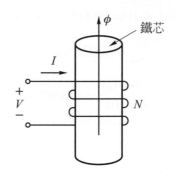

圖 11.10　鐵芯線圈

2. 楞次定律

由法拉第定律知,當線圈切割磁場時,線圈會感應出電壓,但沒有明確的表示出此感應電動勢的極性方向或是電流方向。直到西元 1834 年,俄國科學家楞次(Lenz)發現,線圈會感應出反抗電流產生的方向,此稱爲**反電動勢(counter emf)**,因此楞次結論指出:**由於磁通量的改變而產生的感應電流,其方向爲抗拒磁通量改變的方向,此即楞次定律(Lenz's Law)**。其公式如下式所示:

$$v=-N\frac{d\phi}{dt}\text{(V)}\dots\dots\dots\dots\dots\dots\dots\dots\dots\dots\dots\dots (11.17)$$

式中負號代表感應電動勢爲反抗線圈內磁通的變化。

如圖 11.11(a)所示,將磁鐵之N極插入線圈時,線圈所產生的感應電流之方向須使靠近磁鐵N極的一端產生N極,而生斥力,以阻止磁鐵N極的接近。如 11.11(b)圖所示,若將磁鐵之N極自線圈內抽出,則感應電流之方向須使靠近磁鐵N極的一端產生S極,而生吸力,以阻止磁鐵N極之離去。圖 11.11(c)與 11.11(d)爲磁鐵S極插入與抽出線圈所產生感應電流的情形。

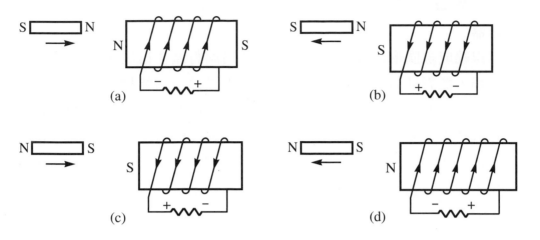

圖 11.11　楞次定律決定感應電壓元極性

【例題 11.13】

若在 2 秒內，通過一個 16 匝的線圈，若其磁通量由 4Wb 改變成 12Wb，則產生多少感應電壓？

解 依 (11.16) 式，可得：

$$v = \frac{d\phi}{dt} = 16\frac{12-4}{2} = 64\text{(V)}$$

【例題 11.14】

若通過某一線圈的磁通量的改變量為均勻的在 0.5ms 之內由 3.5mWb 變到 4.5mWb，而使線圈的電壓為 80V，則線圈的匝數為多少？

解 $\dfrac{d\phi}{dt} = \dfrac{4.5 \times 10^{-3} - 3.5 \times 10^{-3}}{0.5 \times 10^{-3}} = 2\text{Wb/s}$

依 (11.16) 式，可得：

$80 = N(2)$

$\therefore N = \dfrac{80}{2} = 40(\text{匝})$

二、電感的性質

1. 電感器

將導線繞成線圈形狀而通以電流,則其周圍將產生磁場,這磁場本身就是一種磁能場,能對外做功,它的能量可於通電以後由電能轉換為磁能而儲存在線圈,如此以磁場方式儲存能量的能力稱為**電感**,而此線圈稱為**電感器**(inductor)。

電感器其本身並不消耗能量,它的功能在儲存能量,且可與其他電路匹配以發揮作用。如圖 11.3(a)所示,其匝數可從不到一匝到數百匝,由應用的不同而設計也不同。在圖中電流建立在磁通量,端電壓為感應電壓,是由磁場的感應而產生。

電感器以符號 L 表示,其單位為亨利(**H**)。電感元件有許多種形式,依外觀和功用不同,及依固定或可變及等磁材料與結構特性不同,可分類為:

1. 空氣芯電感器:以導線(漆包線)繞成螺旋管狀,並且管狀中心只有空氣為介質。其電感量較小。

2. 鐵芯電感器:導線(漆包線)以管狀鐵芯為中心繞成螺旋狀,因鐵芯物質的導磁係數較空氣佳,故電感量較高,常用於低頻電路。

3. 磁芯電感器:其鐵芯利用更高的導磁係數物質鐵粉,因導磁係數更高,故電感量最大,常用於高頻電路。

一般常見的商用電感器,其符號如圖 11.12 所示,其外觀實體圖如圖 11.13 所示。

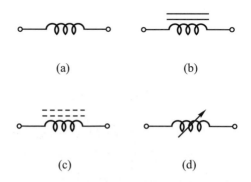

圖 11.12 (a)空氣芯電感器,(b)鐵芯電感器,(c)磁芯電感器,(d)可變電感器

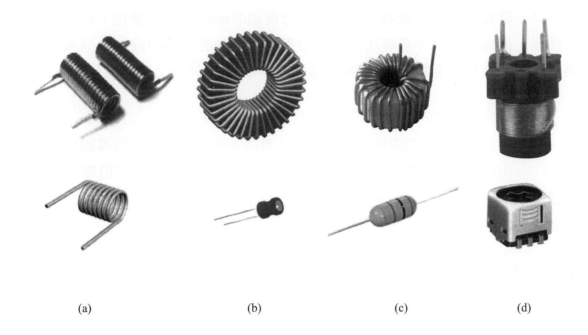

(a)   (b)   (c)   (d)

圖 11.13   (a)空氣芯電感器外觀實體圖，(b)鐵芯電感器外觀實體圖，
(c)磁芯電感器外觀實體圖，(d)可變電感器外觀實體圖

2. 電感量

當線圈通以電流後產生磁場，且線圈會儲存磁場能量而產生電感量，電感又區分為自己本身所產生的電感量，稱之為**自感量**(self-inductance)，以及其他鄰近磁場感應出的電感量，稱為**互感量**(mutual-inductance)。

(1) 自感(*L*)

如圖 11.14 所示，當電流流過線圈，線圈上可形成磁場，具有相當磁力線數，且磁力線(φ)數量多寡與匝數(*N*)成正比，定義總磁力**線數(磁通鏈)(λ)等於匝數與磁通量的乘積**，即：

$$\lambda = N\phi \quad\text{.. (11.18)}$$

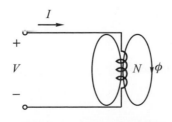

圖 11.14   空氣芯電感器

當線圈中的電流發生變化時，它周圍的磁場就隨著變化，產生磁通量的變化，因而在線圈中就產生感應電動勢，此電動勢會阻礙線圈中原來電流的變化，即稱之為**自感電動勢(或稱反電動勢)**。此現象即稱之為自感現象。即：

$$\lambda = Li = N\phi \quad\text{...(11.19)}$$

其中：自感係數L取決於線圈的大小、形狀、匝數以及鐵芯的導磁係數(μ)。

由(11.19)式知，當線圈匝數固定，則電感的定義為：**單位電流下的磁交鏈數**，電感量以L表示，單位為亨利(H)。由於其磁場為線圈本身產生，故又稱**自感量**。即：

$$L = \frac{\lambda}{i} = \frac{N\phi}{i} \quad\text{...(11.20)}$$

又依照電感器本身的結構參數，若有一N匝的線圈，繞於截面積為$A(\text{m}^2)$，平均長度$\ell(\text{m})$，導磁係數為μ的鐵芯物質上，如圖 11.15 所示，通過電流$i(\text{A})$，所產生的磁通量$\phi(\text{Wb})$數，由(11.7)、(11.8)、(11.3)式可得：

$$\phi = \frac{F}{R} = \frac{Ni}{\dfrac{\ell}{\mu A}} = \frac{\mu ANi}{\ell} \quad\text{.....................................(11.21)}$$

則此線圈之電感為：

$$L = \frac{N\phi}{i} = \frac{\mu AN^2}{\ell} \quad\text{...(11.22)}$$

(11.22)式中，$\dfrac{\mu AN^2}{\ell}$**就定義為線圈自感**，以符號L表示，在SI單位系統中為亨利(H)。

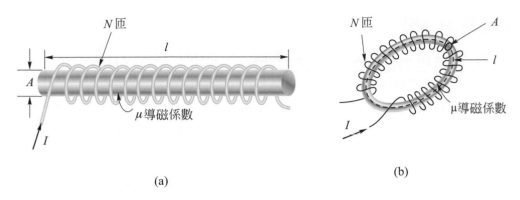

圖 11.15　導磁係數μ的鐵芯電感器

由法拉第電磁感應定律可知：一多匝線圈，若通過該線圈的磁通量有變化，則該線圈會感應電壓，其大小與線圈的匝數及通過線圈磁通量的變化率成正比，由(11.16)知：

$$v = N\frac{d\phi}{dt} \quad\text{...}(11.23)$$

其中N爲電感器匝數，而$\dfrac{d\phi}{dt}$是磁通的變化率。又由(11.22)式得知，即：

$$N\phi = Li \quad\text{..}(11.24)$$

其中N和L是常數(不是時間函數)，故$N\phi$和Li的變化率分別是$N\dfrac{d\phi}{dt}$和$L\dfrac{di}{dt}$，由(11.24)式可以寫成：

$$N\frac{d\phi}{dt} = L\frac{di}{dt} \quad\text{..}(11.25)$$

將(11.25)代入(11.23)式，可得電感器的電壓-電流重要關係式：

$$v = L\frac{di}{dt} \quad\text{...}(11.26)$$

式(11.26)中說明：感應電壓大小與流經線圈之電流變化率$\dfrac{di}{dt}$成正比。在習慣上常以術語**電感量(inductance)**來取代自感這個名稱。

【例題 11.15】

如圖 11.14 所示的線圈，若 $N = 200$ 匝，$l = 50$mm，$A = 100 \times 10^{-6}$m^2，而且是空氣芯，試求此線圈之電感。

解 $\mu = \mu_r \mu_0 = (1)(\mu_0) = \mu_0 = 4\pi \times 10^{-7}$ Wb/A-m

由(11.22)式可得：$L = \dfrac{\mu A N^2}{l} = \dfrac{(4\pi \times 10^{-7})(100 \times 10^{-6})(200)^2}{50 \times 10^{-3}}$

$\qquad = 100.528 \times 10^{-6} \cong 0.1 \times 10^{-3}$H $= 0.1$(mH)

【例題 11.16】

如右圖所示之鐵芯電感器，試求：

(a)線圈之電感量。

(b)若將半徑變為原來的一半，

其電感量為多少亨利？

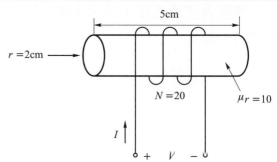

解 (a)依(11.22)式

$L = \dfrac{\mu A N^2}{\ell} = \dfrac{(\mu_r \mu_0)(\pi r^2) N^2}{\ell}$

$\quad = \dfrac{(10 \times 4\pi \times 10^{-7})(\pi \times 0.02^2)(20^2)}{0.05}$

$\quad = 126 \times 10^{-6}$ (H)

(b)電感量與截面積(半徑平方)成正比

$r' = \dfrac{1}{2} r \quad \therefore A' = \dfrac{1}{4} A$

$L' = \dfrac{1}{4} L = \dfrac{1}{4}(126 \times 10^{-6}) = 31.5 \times 10^{-6}$ (H)

在圖 11.16(b)中，當線圈 2 流經電流 i_2 時，產生之總磁通量定爲 ϕ_2。總磁通量 ϕ_2 爲 ϕ_{22}(漏磁通)與 ϕ_{21}(交鏈磁通)之總和。即：

$$\phi_2 = \phi_{22} + \phi_{21} \quad\dots\dots\dots\dots\dots\dots\dots\dots\dots\dots\dots\dots\dots\dots\dots (11.28)$$

其中 ϕ_{22} 爲線圈 2 本身感應磁通，沒有感應到線圈 1 的磁通量，亦稱爲漏磁通。ϕ_{21} 爲線圈 2 磁通交鏈至線圈 1 的磁通，亦稱爲交鏈磁通。

其線圈的總磁通與交鏈磁通的比值，稱之爲兩線圈間的耦合係數，以 K 表示，K 值恆小於或等於 1。若在導磁材料本身導磁係數很大時，K 值愈接近於 1。數學式表示爲：

$$K = \frac{\phi_{12}}{\phi_1} = \frac{\phi_{21}}{\phi_2} \leq 1 \quad\dots\dots\dots\dots\dots\dots\dots\dots\dots\dots\dots\dots (11.29)$$

由(11.20)式可知，線圈 1 的自感 L_1，及線圈 2 的自感 L_2，分別表示爲：

$$L_1 = \frac{N_1 \phi_1}{i_1} = N_1 \frac{d\phi_1}{di_1} \quad\dots\dots\dots\dots\dots\dots\dots\dots\dots\dots\dots (11.30)$$

$$L_2 = \frac{N_2 \phi_2}{i_2} = N_2 \frac{d\phi_2}{di_2} \quad\dots\dots\dots\dots\dots\dots\dots\dots\dots\dots\dots (11.31)$$

其 **互感量** 可以定義爲：**線圈中電流的變化，使鄰近線圈產生交鏈變化的比值**，即：

$$M_{12} = N_2 \times \frac{d\phi_{12}}{di_1} = \frac{N_2 \phi_{12}}{i_1} \quad\dots\dots\dots\dots\dots\dots\dots\dots\dots (11.32)$$

(11.32)式爲線圈 1 產生交鏈磁通 ϕ_{12} 至線圈 2 的互感量 M_{12}。

$$M_{21} = N_1 \times \frac{d\phi_{21}}{di_2} = \frac{N_1 \phi_{21}}{i_2} \quad\dots\dots\dots\dots\dots\dots\dots\dots\dots (11.33)$$

(11.33)式爲線圈 2 產生交鏈磁通 ϕ_{21} 至線圈 1 的互感量 M_{21}。

當磁路中，磁阻爲固定大小，所以互相影響，交鏈磁通大小亦相等，即 $\phi_{12} = \phi_{21}$，所以：

$$M = M_{12} = M_{21} = \frac{N_2 \phi_{12}}{i_1} = \frac{N_1 \phi_{21}}{i_2} \quad\dots\dots\dots\dots\dots\dots\dots\dots (11.34)$$

兩線圈之自感量與互感量的關係為：

$$M \times M = M_{12} \times M_{21} = \frac{N_2\phi_{12}}{i_1} \times \frac{N_1\phi_{21}}{i_2} = \frac{N_2(K\phi_1)}{i_1} \times \frac{N_1(K\phi_2)}{i_2}$$

$$= K\frac{N_1\phi_1}{i_1} \times K\frac{N_2\phi_2}{i_2} = K^2 L_1 L_2$$

故得：

$$M = K\sqrt{L_1 L_2} \dots\dots\dots\dots\dots\dots\dots\dots\dots\dots\dots\dots\dots (11.35)$$

(11.35)式中，說明了自感量、互感量與耦合係數之間的關係。若線圈 1 與線圈 2，兩線圈互相垂直放置，如圖 11.17 所示，則互感 $M=0$。

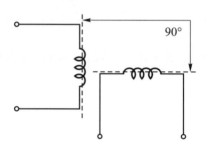

圖 11.17　兩垂直放置之線圈

3. 變壓器的原理

以上討論之兩相鄰線圈之應用，可將圖 11.16 所示之兩相鄰線圈之結構改變成如圖 11.18 所示，在矽鋼片堆疊而成之口形鐵芯上，左、右兩各繞有比例圈數的線圈即形成變壓器。接上電源兩側的線圈，稱為原級線圈(primary coil)，或稱一次側線圈，代號為N_1。接負載側之線圈稱為次級線圈(second coil)，或稱二次側線圈，代號為N_2。

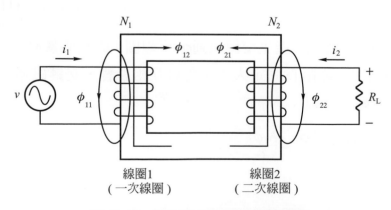

圖 11.18　變壓器之自感與互感磁通

如圖 11.18 所示，兩線圈相互鄰近時，若線圈 1 之電流 i_1 有所變化時，除了產自感電動勢(v_1)外，在線圈 2 也會感應一互感電動勢(v_{M12})，表示為：

$$v_{M12} = M_{12}\frac{di_1}{dt} = N_2\frac{d\phi_{12}}{dt} \text{..} (11.36)$$

同理，當線圈 2 之電流 i_2 有所變化時，除了產生自感電動勢(v_2)外，在線圈 1 也會感應一互感電動勢(v_{M21})，表示為：

$$v_{M21} = M_{21}\frac{di_2}{dt} = N_1\frac{d\phi_{21}}{dt} \text{..} (11.37)$$

因此，線圈 1 之整個感應電動勢(v_{L1})為：

$$v_{L1} = v_1 + v_{M21} = L_1\frac{di_1}{dt} \pm M_{21}\frac{di_2}{dt} \text{................................} (11.38)$$

同理，線圈 2 之整個感應電動勢(v_{L2})為：

$$v_{L2} = v_2 + v_{M12} = L_2\frac{di_2}{dt} \pm M_{12}\frac{di_1}{dt} \text{................................} (11.39)$$

(11.38)、(11.39)中 " + " 號或 " − " 號是表示互感為互助或互消，依互感極性而定。有關變壓器的細節部份將於第十九章中再討論。

【例題 11.19】

設有兩線圈鄰近放置，如右圖所示，當線圈 1 加入電流 i_1 後，產生 6×10^{-3} Wb 磁通，其中有 4×10^{-3} Wb 之磁通與線圈 2 交鏈，試求：(a)線圈 1 之自感量，(b)互感量，(c)耦合係數，(d)線圈 2 之自感量。

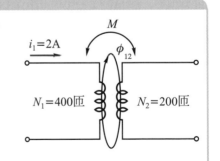

解　(a)依(11.30)式，可得：$L_1 = \dfrac{N_1\phi_1}{i_1} = \dfrac{400(6 \times 10^{-3})}{2}$
$$= 1.2(H)$$

(b)由(11.32)式，可得：$M = M_{12} = M_{21} = \dfrac{N_2\phi_{12}}{i_1} = \dfrac{200(4 \times 10^{-3})}{2} = 0.4 \text{ (H)}$

(c)由(11.29)式，可得：$K = \dfrac{\phi_{12}}{\phi_1} = \dfrac{4 \times 10^{-3}}{6 \times 10^{-3}} = 0.67$

(d)由(11.35)式，可得：$M = L\sqrt{L_1 L_2}$，$0.4 = (0.67)\sqrt{1.2 \times L_2}$，$\therefore L_2 = 0.3$ (H)

另解：由例題 11.17，得知：

$\dfrac{L_1}{L_2} = (\dfrac{N_1}{N_2})^2$，$\therefore \dfrac{1.2}{L_2} = (\dfrac{400}{200})^2$ $\therefore L_2 = 0.3$ (H)

【例題 11.20】

如下圖所示，相鄰兩線圈之電路，其耦合係數$K = 0.8$，電流i_2在 0.1 秒內由 6A 降至 4A，試求：(a)v_1之電壓，(b)線圈 1 和線圈 2 之自感量。

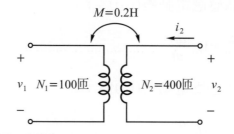

解 (a)因線圈 2 電流i_2，在線圈 1 感應之互感電動勢v_{M21}，依(11.37)式，可得：

$v_{M21} = v_1 = M_{21} \dfrac{di_2}{dt} = 0.2 \times \dfrac{6-4}{0.1} = 4(\text{V})$

(b)$M = K\sqrt{L_1 L_2}$，$\therefore 0.2 = (0.8)\sqrt{L_1 L_2}$，$\therefore L_1 L_2 = \dfrac{1}{16} \cdots\cdots(1)$

又$(\dfrac{N_1}{N_2})^2 = \dfrac{L_1}{L_2}$，$\therefore (\dfrac{100}{400})^2 = \dfrac{L_1}{L_2}$，$\therefore L_2 = 16L_1 \cdots\cdots(2)$

(2)代入(1)，可得：

$16L_1^2 = \dfrac{1}{16}$，$\therefore L_1 = \dfrac{1}{16}(\text{H})$

$L_2 = 16 \times \dfrac{1}{16} = 1(\text{H})$

(c)$v_2 = L_2 \dfrac{di_2}{dt} = 1 \times \dfrac{6-4}{0.1} = 20(\text{V})$

11.3 電感的串聯和並聯

電感器在電路上常會因電路的需要，作適當的連接，就如電阻器一樣，二種基本連接就是串聯與並聯。串聯連接時的等效電感為各別的電感之總和，而並聯連接時的等效電感倒數為所有各別電感倒數之和。現分述如下：

一、串聯聯接

若有 m 個電感器串聯聯接，如圖 11.19(a)所示，其等效電感 L 如圖 11.19(b)所示來代表。

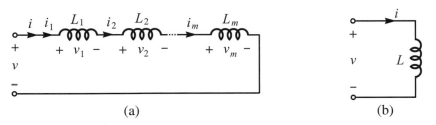

圖 11.19　(a)m 個電感器串聯之電路，(b)等效電感電路

由克希荷夫電流定律可得：

$$i = i_1 = i_2 = \cdots\cdots = i_m \dots\dots\dots\dots\dots\dots\dots\dots\dots\dots (11.40)$$

由克希荷夫電壓定律可得：

$$
\begin{aligned}
v &= v_1 + v_2 + \cdots\cdots + v_m \\
&= L_1 \frac{di_1}{dt} + L_2 \frac{di_2}{dt} + \cdots\cdots + L_m \frac{di_m}{dt} \\
&= (L_1 + L_2 + \cdots\cdots + L_m) \frac{di}{dt} \\
&= L \frac{di}{dt}
\end{aligned}
$$

故得：

$$L = L_1 + L_2 + \cdots\cdots + L_m = \sum_{k=1}^{m} L_k \dots\dots\dots\dots\dots\dots\dots\dots (11.41)$$

因此，對於電感器串聯聯接等效電感的求法與串聯電阻器求總電阻的方式相同。
串聯愈多則總電感值愈大。

二、並聯聯接

若有m個電感器並聯聯接，如圖 11.20(a)所示，其等效電感L如圖 11.20(b)所
示來代表。

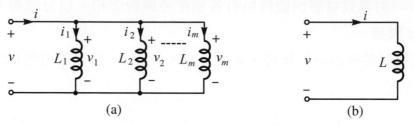

圖 11.20　(a)m個電感器並聯之電路，(b)等效電感電路

由克希荷夫電壓定律可得：

$$v = v_1 = v_2 = \cdots\cdots = v_m \text{.................................(11.42)}$$

由克希荷夫電流定律可得：

$$i = i_1 + i_2 + \cdots\cdots + i_m$$

又

$$\frac{di}{dt} = \frac{di_1}{dt} + \frac{di_2}{dt} + \cdots\cdots + \frac{di_m}{dt}$$

$$= \frac{v_1}{L_1} + \frac{v_2}{L_2} + \cdots\cdots + \frac{v_m}{L_m}$$

$$= \left(\frac{1}{L_1} + \frac{1}{L_2} + \cdots\cdots + \frac{1}{L_m} \right) v$$

$$= \frac{1}{L} v$$

故得：

$$\frac{1}{L} = \frac{1}{L_1} + \frac{1}{L_2} + \cdots\cdots + \frac{1}{L_m} = \sum_{k=1}^{m} \frac{1}{L_k} \text{...........................(11.43)}$$

因此，對於電感器並聯聯接等效電感的求法與並聯電阻器求總電阻的方式相同。
並聯愈多，則總電感值愈小。

【例題 11.21】

如下圖所示，試求等效電感 *L* 之值。

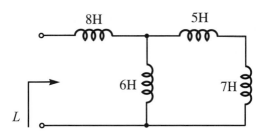

解 5H 與 7H 串聯，其等效電感是 5 + 7 = 12H，此數再和 6H 並聯，其等效電感為：

$$\frac{1}{\frac{1}{12}+\frac{1}{6}}=\frac{12\times 6}{12+6}=4H$$

最後 4H 再和 8H 串聯，所以

$$L = 4 + 8 = 12(H)$$

11.4 電感器儲存的能量

　　理想的電感器是不消耗能量，而是將由電流供給電感器的能量儲存在磁場中。因電流改變時，磁場的通量也隨著改變，此種改變產生了電壓。我們可將其所儲存之能量以電流或磁通表示之。電感器在任何時刻所吸收之功率為：

$$P_L = vi = i \cdot L \frac{di}{dt} \dotfill (11.44)$$

於是，儲存於電感器之能量為：

$$W_L = \int_{-\infty}^{t} Pdt = \int_{-\infty}^{t} i \cdot L \frac{di}{dt}dt = \int_{0}^{i} Lidi$$

$$= \frac{1}{2}Li^2 \dotfill (11.45)$$

故 $N\phi = Li$，故(11.13)式亦可寫為：

$$W_L = \frac{1}{2}N\phi i = \frac{1}{2}\frac{N^2\phi^2}{L} \dots\dots\dots\dots\dots\dots\dots\dots\dots\dots\dots\dots (11.46)$$

其中　　W_L 為電感器所儲存的能量，單位為焦耳。

　　　　L 為電感器之電感量，單位為亨利。

　　　　i 為電感器中電流的穩態值，單位為安培。

【例題 11.22】

某一電感量為 10H 的電感器，所通過的電流是 4A，試求其所儲存的能量。

解　利用(11.45)式可得：

$$W_L = \frac{1}{2}Li^2 = \frac{1}{2} \times 10 \times (4)^2 = 80\text{(J)}$$

11.5 / 零輸入的 *RL* 電路

一個電阻與電感連接的電路就稱之為電阻-電感電路，又稱為 **RL 電路**，如圖 11.21 所示，如同電容器在直流是開路一樣，而電感器在直流穩態時為短路。考慮圖 11.21(a)中有驅動的 RL 電路，電感器電壓為：

$$v_L = L\frac{di}{dt} \dots\dots\dots\dots\dots\dots\dots\dots\dots\dots\dots\dots\dots\dots\dots\dots (11.47)$$

在直流穩態時，i 不會改變，因此 $\frac{di}{dt} = 0$，可得 $v_L = 0$，故在直流的電感器是短路，所以圖 11.21(b)的電路等效於圖 11.21(a)中的電路。由圖 11.21(b)中可知，電路變數的穩態值為：

$$v_R = V_S$$

$$i = \frac{v_R}{R} = \frac{V_S}{R}$$

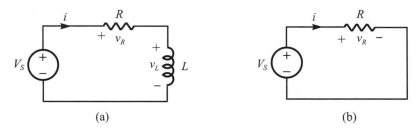

圖 11.21　(a)RL電路，(b)RL電路之直流穩態等效電路

若在圖 11.21(a)中的電壓源V_s被短路取代，即形成如圖 11.22 所示的零輸入(zero input)RL電路，或稱之為無源RL電路。

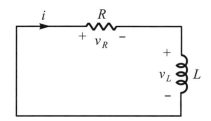

圖 11.22　零輸入的RL電路

利用克希荷夫電壓定律可得：

$$v_L + v_R = 0$$

由(11.47)式和歐姆定律，上式可改寫成：

$$L\frac{di}{dt} + Ri = 0 \quad\text{...(11.48)}$$

若初值電流$i = i_{(0)} = I_0$為某一定值，則可得零輸入的RL電路之微分方程式為：

$$\begin{cases} L\dfrac{di}{dt} + Ri = 0 \\[2mm] i_{(0)} = I_0 \end{cases} \quad\text{..(11.49)}$$

(11.49)式為一常係數之一階線性齊次微分方程式，可利用微積分求解i值，其解為指數形式：

$$i = I_0 e^{-\frac{R}{L}t} \text{ A} \quad\text{..(11.50)}$$

因為 $i_L = i_R = i$，故由(11.50)式可得：

$$i_R = i_L = I_0 e^{-\frac{R}{L}t} \text{ (A)} \dots\dots\dots\dots\dots\dots\dots\dots\dots\dots\dots (11.51)$$

由(11.47)式，我們可得電感器電壓 v_L 為：

$$v_L = -RI_0 e^{-\frac{R}{L}t} \text{ (V)} \dots\dots\dots\dots\dots\dots\dots\dots\dots\dots\dots (11.52)$$

又因為 $v_R + v_L = 0$，可得電阻器電壓為：

$$v_R = RI_0 e^{-\frac{R}{L}t} \text{ (V)} \dots\dots\dots\dots\dots\dots\dots\dots\dots\dots\dots\dots (11.53)$$

由上式結果，可知零輸入 RL 電路中電阻器與電感器的電流和電壓皆以指數形式而衰減，如圖 11.23(a)、(b)所示。

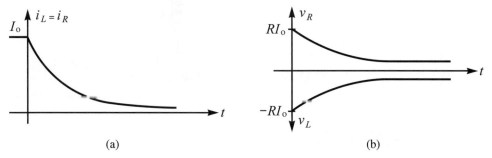

(a)　　　　　　　　　　　　　　　(b)

圖 11.23 (a)零輸入的 RL 電路 i_L 和 i_R 之曲線圖，(b)零輸入的 RL 電路 v_R 和 v_L 之曲線圖

由(11.50)式至(11.53)式可知圖 11.23(a)、(b)中指數曲線變化之快慢係由 $\dfrac{L}{R}$ 的值來定，因此 RL 電路的時間常數 $T = \dfrac{L}{R}$。

【例題 11.23】

在圖 11.22 電路中，$L = 2\text{H}$，$R = 200\Omega$，初值電流 $i_{(0)} = 4\text{A}$，試求(a)時間常數 T，(b)在所有正時間的電流 i，和(c)在 $t = 3T$ 時的電流 i。

解 (a) RL 電路的時間常數 $T = \dfrac{L}{R} = \dfrac{2}{200} = 0.01\text{(S)}$。

(b)利用(11.50)式，在 $t \geq 0$ 時電流是

$$i = I_0 e^{-\frac{R}{L}t} = 4 e^{-\frac{200}{2}t} = 4 e^{-100t}\text{(A)}$$

(c)在 $t = 3T$ 時電流是

$$i = 4 e^{-100(3 \times 0.01)} = 0.199\text{(A)}$$

【例題 11.24】

如下圖所示電路，當開關在 $t=0$ 時，由位置 1 移到位置 2，電路是在直流穩態，試求 $t>0$ 時的 i 和 v。

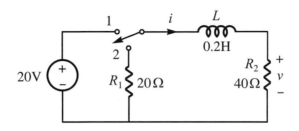

解　開關在位置 1 時是直流穩態，電感器 L 形同短路，此情況如同下圖(a)所示，由(a)圖可看出

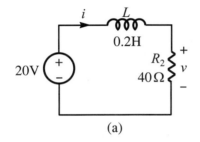
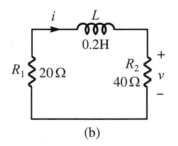

(a)　　　　　　　　　　　(b)

$$i = I_0 = \frac{20\text{V}}{40\Omega} = 0.5(\text{A})$$

$t>0$ 時開關是位於位置 2，而沒有連接電源，因此結果如圖(b)中的零輸入電路。利用(11.50)可得在 $t>0$ 時的電流是：

$$i = I_0 e^{-\frac{R}{L}t} = 0.5 e^{-\frac{60}{0.2}t} = 0.5 e^{-300t}(\text{A})$$

在 $t>0$ 時的電壓是，利用歐姆定律是：

$$v = R_2 i = 40(0.5 e^{-300t}) = 20 e^{-300t}(\text{V})$$

11.6 有驅動的 *RL* 電路

　　如圖 11.24 所示之電路中，含有電源或驅動器，即為**有驅動的 *RL* 電路**。利用 KVL，在圖 11.24 中的電路方程式為：

$$v_L + v_R = V_S$$

上式利用(11.47)式及歐姆定律可以改寫成：

$$L\frac{di}{dt} + Ri = V_S$$

或等效於

$$\frac{di}{dt} + \frac{R}{L}i = \frac{1}{L}V_S \quad\text{...(11.54)}$$

(11.54)式為圖 11.24 中的電路方程式。若電感器的初值電流是

$$i_{(0)} = 0 \quad\text{...(11.55)}$$

利用微積分來證明可得(11.54)式之解答為：

$$i = \frac{V_S}{R}(1 - e^{-\frac{R}{L}t})(A) \quad\text{....................................(11.56)}$$

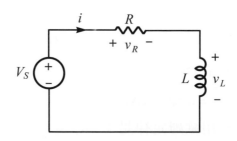

圖 11.24　有驅動的 *RL* 電路

由(11.56)式可看出電感器電流由零開始，以指數的形式上昇而達到穩態值$\frac{V_S}{R}$。

【例題 11.25】

在圖 11.24 中，若 $L = 0.5H$、$R = 1k\Omega$、$V_S = 6V$、$i_{(0)} = 0$，試求在正時間之 i、v_R 及 v_L 之值。

解　由(11.56)式，可得：

$$i = \frac{V_S}{R}(1 - e^{-\frac{R}{L}t}) = \frac{6}{1000}(1 - e^{-\frac{1000}{0.5}t}) = 6(1 - e^{-2000t}) \ (\text{mA})。$$

$$v_R = Ri = 1000 \times 6(1 - e^{-2000t}) = 6(1 - e^{-2000t}) \ (\text{V})。$$

$$v_L = V_S - v_R = 6 - 6(1 - e^{-2000t}) = 6e^{-2000t} \ (\text{V})。$$

(11.56)式可改寫成：

$$i = \frac{V_S}{R} - \frac{V_S}{R}e^{-\frac{R}{L}t} \ .... (11.57)$$

上式右邊第一項 $\frac{V_S}{R}$ 為一定值，其為輸入 V_S 所引起的結果，與時間 t 無關，故稱之為**穩態**(steady state)，以下式表之：

$$i_{ss} = \frac{V_S}{R} \ .... (11.58)$$

(11.57)式右邊第二項是衰減指數，其由電感器視同短路情況下之穩態電流 $\frac{V_S}{R}$ 所引起的結果，並隨時間之增加而遞減，當時間 t 趨近於很大時，則此項趨近於零，故稱之為**暫態**(transient)，以下式表之：

$$i_{tr} = -\frac{V_S}{R}e^{-\frac{R}{L}t} \ .... (11.59)$$

在一般狀況，有一定電源及任意的初值電流 $i_{(0)}$，結果為：

$$i = i_{ss} + i_{tr} \ .... (11.60)$$

此處

$$i_{tr} = ke^{-\frac{R}{L}t} = ke^{-\frac{1}{T}t} \ .... (11.61)$$

其中 k 為任意常數，而 i_{ss} 是暫態不存在時所剩下的直流穩態電流。因此，在計算時，可先計算時間常數 $T = \frac{L}{R}$，再從(11.61)式獲得 i_{tr}，及直接從 *RL* 電路中獲得 i_{ss}。

且零輸入及有驅動的電路，其 T 都相同，可把電源去掉而解得 T，我們可由例題 11.26 中得到其解法的步驟。

【例題 11.26】

如下圖所示電路中，若初值電流 $i_{(0)} = 5A$，試求所有正時間電感器的電流 i。

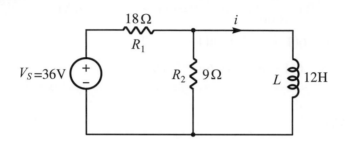

解 首先將電源短路，如下圖(a)所示之電路，可知其等效電阻 R_{eq} 為：

$$R_{eq} = 18 // 9 = \frac{18 \times 9}{18 + 9} = 6\Omega$$

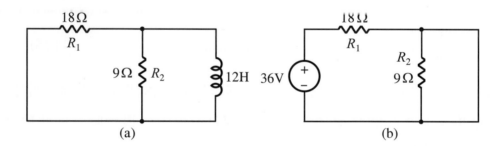

(a)   (b)

因此，時間常數為：$T = \dfrac{L}{R_{eq}} = \dfrac{12}{6} = 2s$

而暫態部份為：$i_{tr} = ke^{-\frac{1}{T}t} = ke^{-\frac{1}{2}t}$

穩態部份 i_{ss} 可由圖(b)中獲得，電感為短路，且 R_2 電阻 9Ω 也短路，得：

$$i_{ss} = \frac{36}{18} = 2A$$

因此電感器電流是：$i = i_{ss} + i_{tr} = 2 + ke^{-\frac{1}{2}t}$

因初值電流 $i_{(0)} = 5A$，可得：$i_{(0)} = 5 = 2 + k$

所以 $k = 3$，故所有正時間電感器電流為：$i = 2 + 3e^{-\frac{1}{2}t}$(A)

11.7 *RL* 電路的完整響應(※)

凡電路對輸入及初值條件之響應總和，稱之**完整響應**(complete response)。即**完整響應為零輸入響應及有驅動響應之和**。試考慮圖 11.25 所示電路，電感器上之初值電流 $i_{(0)} = I_0$，且亦有輸入電壓電源 V_S，則零輸入響應由(11.50)式可知為：

$$i = I_0 e^{-\frac{R}{L}t} \dotfill (11.62)$$

其有驅動響應由(11.56)式可知為：

$$i = \frac{V_S}{R}\left(1 - e^{-\frac{R}{L}t}\right) \dotfill (11.63)$$

因此，其完整響應為：

$$i = I_0 e^{-\frac{R}{L}t} + \frac{V_S}{R}\left(1 - e^{-\frac{R}{L}t}\right) \dotfill (11.64)$$

我們亦可用不同的方法區分完整響應。現將(11.64)式改寫如下：

$$i = \left(I_0 - \frac{V_S}{R}\right)e^{-\frac{R}{L}t} + \frac{V_S}{R} \dotfill (11.65)$$

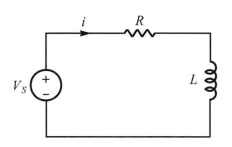

圖 11.25　含有初值條件及輸入之 *RL* 電路

(11.65)式右邊第一項是衰減指數式，其由初值條件 I_0 與突然之外加輸入 V_S 所引起之結果，並隨時間之增加而遞減，當時間 t 很大時，則此值趨近於零，故稱之為**暫態**。而右邊第二項為一定值，其為輸入 V_S 所引起的結果，與時間 t 無關，故稱之為**穩態**。因此，我們可得到下列結論：

1. 有源的 RL 電路中電感器電流之完整響應包含暫態響應與穩態響應。

2. 暫態響應為(初值 − 穩態響應)$\times e^{-\frac{1}{T}t}$，其中 T 為時間常數。

3. 穩態響應為電感器視同短路情況下所求得之穩態電流。

【例題 11.27】

下圖所示電路中，設電感器的初值電流 $i_{(0)} = 7A$，且在 $t = 0$ 時，將開關關上，試求 $t \geq 0$ 時之完整響應 i 之值。

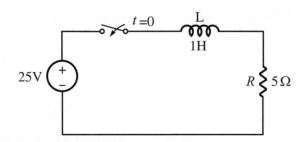

解 因為 $i_{(0)} = 7A$，故其零輸入響應為：

$$i = I_0 e^{-\frac{R}{L}t} = 7e^{-\frac{5}{1}t} = 7e^{-5t}$$

而有驅動響應為：

$$i = \frac{V_S}{R}(1 - e^{-\frac{R}{L}t}) = \frac{25}{5}(1 - e^{-\frac{5}{1}t}) = 5(1 - e^{-5t})$$

故當 $t \geq 0$ 時之完整響應為：

$$i = 7e^{-5t} + 5(1 - e^{-5t}) = 5 + 2e^{-5t} \text{ (A)}$$

Chapter **12**

交流電壓與電流

到目前為止,我們所討論之電路的電源都是直流固定電壓或電流,以後各章所討論的是交流部份,其電源皆是弦波。**凡波形能以正弦波或餘弦波表示者,我們統稱之為弦波**(sinusoidal)。弦波是個非常重要且普遍存在的函數,一般工業和家庭用電的電壓波形就是弦波。此外,如通信、光電或電機等所產生的信號,大部份雖非弦波函數,但基本上它們是由不同頻率之弦波函數的分量和,因此弦波函數之分析實為研討電路的一個基本課題。

本章中,我們首先介紹頻率與週期的意義,交流波的種類,再對正弦波做一說明,且定義正弦波的相位角、相位差、有效值及平均值,最後再說明電阻器、電容器、電感器交流電路的電壓與電流之關係。

12.1 頻率及週期

不論波形形狀為如何,自一波上之一點,行進至次 ·波之相同點上所需的時間是相同的,我們稱此時間為**週期**(period)T,亦即**一週之時間**,如圖 12.1 所示不同的週期波。

所有交流電壓或電流,均在一規律性及週期性的基礎上,變動其極性,使對每一正及負的半週(極性變化)之平均值相同,此電壓或電流稱為交流(AC)電壓或電流。

AC電壓或電流之一週，需正及負半週才能完整。而**每秒之週數**，稱爲一交流波之**頻率**(frequency) f。頻率的單位爲赫芝(Hz)；電力公司供應的，通常爲交流，美國及台灣之電力的頻率爲60Hz，某些國家，如日本、英國，其頻率爲50Hz。

因爲週期乃指一週之時間；及頻率爲每秒之週數，故兩者之關係如下：

$$T=\frac{1}{f} \quad 或 \quad f=\frac{1}{T} \quad\dotfill(12.1)$$

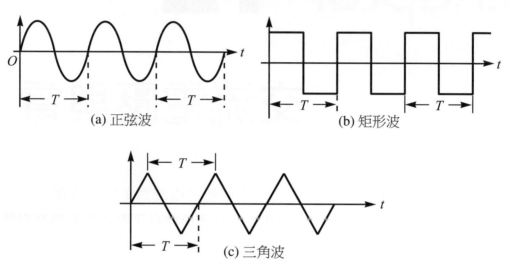

(a) 正弦波　　　　(b) 矩形波

(c) 三角波

圖 12.1　週期波

【例題 12.1】

(a)一 FM 廣播電台工作於 103.2MHz，試求其週期。

(b)某雷達波的週期爲 0.5ns，試求其頻率。

解 (a)由(12.1)式，可知

$$T=\frac{1}{f}=\frac{1}{103.2 \times 10^{6}}=0.00969 \times 10^{-6}\text{s}=9.69(\text{ns})$$

(b) $f=\dfrac{1}{T}=\dfrac{1}{0.5 \times 10^{-9}}=2 \times 10^{9}\text{Hz}=2(\text{GHz})$

12.2 交流波之種類

交流波可爲任何波形，唯一之一致需求者，是它們的週期性。週期波之量，稱爲**波幅**(或稱之**振幅**)，可在數週內變動，如聲頻及視頻中者。或每週不變，如電力系統中者。交流波之種類有很多種，現介紹實驗室中函數波產生器(function generator)常用的四種波形如下：

1. **弦波(sinusoidal wave)**

弦波含正弦波及餘弦波。任一週期波，不論其波形爲如何，都可由多數個正弦波組合而成。如圖 12.2 所示爲一正弦波形，一開始由零慢慢增加，最後到達其最大正值，然後再慢慢衰減到零，而後再反向最大負值變化，而後再回到零，如此稱爲一週期。

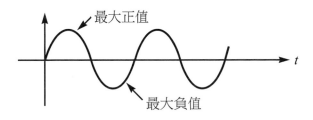

圖 12.2　正弦波形

2. **三角波(triangle wave)**

三角波其上升率和下降率是恆等及相等的。其最大負值至最大正值之間，是直線上升的，再隨之以相似的直線，回到最大負值。如圖 12.3 所示。

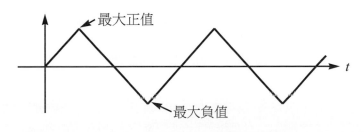

圖 12.3　三角波形

3. 鋸齒波(sawtooth wave)

它與三角波形相似，但有不同的上升率及下降率。典型的波形，其上升率要較下降率小得多。此種波形有緩慢但恆等的上升，達到最大正值，再隨以一快速但恆等之速率，變化至最大負值。此種波形常用在測試儀器中作為時基(time base)，如圖 12.4 所示。

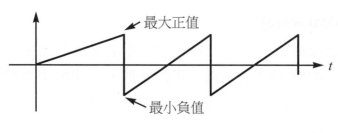

最大正值

最小負值

圖 12.4　鋸齒波形

4. 脈波(pulse wave)

脈波波形是在一定的水準間，快速地轉變其正負值。典型的波形是自一最大正值，轉變全一相等的負值，若其最大正值與最大負值持續時間相等，則稱之為**方波**(square wave)，如圖 12.5(a)所示。若其最大正值與最大負值持續時間不同，則稱之為**脈波**(pulse wave)，如圖 12.5(b)所示。

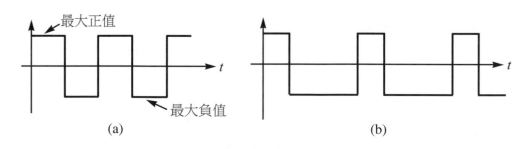

最大正值

最大負值

(a)   (b)

圖 12.5　(a)方波，(b)脈波

12.3　正弦波

前述各種波形是以時間來描述一完整之週期。對正弦波而言，常用度數來描述其一完整之週期。不論其頻率如何，正弦波一完整之週期等於 360°，如圖 12.6(a)所示。

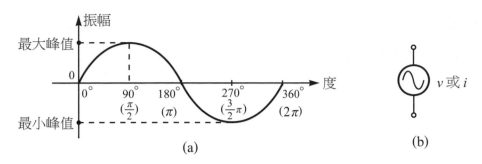

圖 12.6　(a)以度表示之正弦波，(b)正弦波電壓或電流之符號

在 0°時，正弦波之值爲 0，大於 0°以後，其值爲正值且緩慢以指數曲線上升。當達到 90°時，其值達到最大波幅，在 90°和 180°之間，其值爲正，但緩慢以指數曲線下降至 0，180°與 270°之間，其值由 0 再緩慢下降至最大負波幅。在 270°與 360°之間，其值爲負，但逐漸減少至 0。在 360°，等於 0°，又開始重複另一週。

對任一角度，它實際代表一週之一部份，可說明波幅峰值與在一週之該部份的波幅間之關係。

一正弦波電壓或電流之公式，可用下式表示：

$$v = V_m \sin\theta \quad 或 \quad i = I_m \sin\theta \text{.. (12.2)}$$

其中　　V_m、I_m爲電壓、電流之振幅峰值。

　　　　$\sin\theta$爲任一角之正弦函數。

　　　　v、i爲在θ角時之瞬時電壓、電流值。

其符號常以圖 12.6(b)表示之。

【例題 12.2】

(a)有一正弦波電壓，其峰值爲 15V，試求在 30°時之瞬時電壓值。

(b)在 45°時，一電流之瞬時值爲 30mA，試求其峰值電流。

解　(a)由(12.2)式，可得：

$$v = 15\sin 30° = 15 \times 0.5 = 7.5(V)$$

(b)因爲$i = I_m \sin\theta$，故

$$I_m = \frac{i}{\sin\theta} = \frac{30mA}{\sin 45°} = \frac{30mA}{0.707} = 42.43(mA)$$

【例題 12.3】

如圖所示之波形，試求其正弦波之一般表示式。

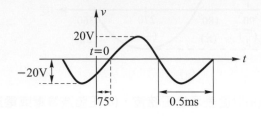

解 $V_m = 20\text{V}$，$T = 0.5\text{ms} \times 2 = 1\text{ms}$　$\therefore \omega = 2\pi f = 2\pi \dfrac{1}{T} = 2\pi \times \dfrac{1}{1 \times 10^{-3}} = 6280\ \text{rad/sec}$

$\phi = -75°$　$\therefore v$ 之正弦波表示式為：$v = 20\sin(6280t - 75°)(\text{V})$

【例題 12.4】

有一正弦波電壓之表示式為：$v = 50\sin(377t + 30°)\text{V}$，試求(a)波形峰值，(b)波形之峰對峰值，(c)波形之週期，(d)在 $t = \dfrac{1}{240}\text{s}$ 時，v 之瞬時值，(e)從 $t = 0$ 開始波形出現第一個峰值的時間。

解 (a)峰值：$V_m = 50(\text{V})$

(b)峰對峰值：$V_{P-P} = 2V_m = 100(\text{V})$

(c)因 $\omega = 377\text{rad/sec}$

$\quad \therefore f = \dfrac{\omega}{2\pi} = \dfrac{377}{2\pi} = 60\text{Hz}$　$\therefore$ 週期：$T = \dfrac{1}{f} = \dfrac{1}{60} = 16.67(\text{ms})$

(d)$\because v = V_m \sin(\omega + \phi) = V_m \sin(2\pi f t + \phi)$

$\quad t = \dfrac{1}{240}$ 秒，$\phi = 30°$

$\quad \therefore v = 50\sin(2\pi \times 60 \times \dfrac{1}{240} + 30°) = 50\sin(\dfrac{\pi}{2} + 30°)$

$\quad\quad = 50\sin(90° + 30°) = 43.3(\text{V})$

(e)$v = 50\text{V}$ 時，t 為何值？代入 v 可得：

$\quad 50 = 50\sin(377t + 30°)$　$\therefore \sin(377t + 30°) = 1$　$\therefore 2n\pi + \dfrac{\pi}{2} = 377t + \dfrac{\pi}{6}$

$\quad$ 當 $n = 0$ 時，即為正弦波出現第一個峰值，

$\quad \therefore \dfrac{\pi}{2} = 2\pi \times 60 + \dfrac{\pi}{6}$　　$\therefore t = \dfrac{1}{360}(\text{s})$

【例題 12.5】

若兩電壓波形分別為：$v_1 = -3\sin(6280t + 30°)$V 與 $v_2 = 2\cos(6280t - 60°)$V，試比較 v_1 與 v_2 之相位關係。

解 將 v_1 與 v_2 利用三角函數的轉換，修改成標準式，再來比較相位關係。

$v_1 = -\sin(6280t + 30°) = 3\sin(6280t + 30° + 180°) = 3\sin(6280t + 210°)$

$\therefore \phi_1 = 210°$

$v_2 = 2\cos(6280t - 60°) = 2\sin(6280t - 60° + 90°) = 2\sin(6280t + 30°)$

$\therefore \phi_2 = 30°$

相位差：$\phi_1 - \phi_2 - 210° - 30° = 180°$　$\therefore v_2$ 落後 v_1 180°，或 v_2 超前 v_1 180°

12.4 相位角及相位差

如前節所述之正弦波，在 0° 時其值為 0，就是說這正弦波開始於 0°。但在電學及電子學中，常有正弦波並非開始於 0°，如圖 12.7 所示的正弦波電壓，即有**相位偏移**或有一**相位角**(phase angle)。

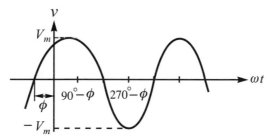

圖 12.7　具有相位角 ϕ 的正弦波電壓(超前的相位角)

通常把角度以弳度(radian)來表示，英文縮寫成 rad，並定義為：

$$2\pi \text{ rad} = 360° \dotfill (12.3)$$

若以 ω(小寫希臘字母 omega)之弳／秒來表示旋轉角速度，則 ωt 將以弳為旋轉角度(t 為時間)。因一正弦波之角位移為 2π，相當於週期波之一週期 T，故在任何瞬間 t 時之角位移 θ 應為：

$$\theta = \frac{2\pi}{T}t = 2\pi f t = \omega t$$

故(12.2)式可寫成：

$$v = V_m \sin \omega t \quad \text{或} \quad i = I_m \sin \omega t \ldots\ldots\ldots\ldots\ldots\ldots\ldots\ldots (12.4)$$

其中，ω是弳頻率以弳／秒為單位。圖12.6(a)為(12.4)式一週期的曲線圖($0 \leq \omega t \leq 2\pi$ 弳)，圖中最大正值是在$\omega t = \dfrac{\pi}{2}$弳(90°)時到達，而最大負值是在$\omega t = \dfrac{3}{2}\pi$弳(270°) 時到達。

如圖12.7具有相位角ϕ的正弦波電壓一般的表示式為：

$$v = V_m \sin(\omega t + \phi)\ldots\ldots\ldots\ldots\ldots\ldots\ldots\ldots\ldots\ldots\ldots\ldots (12.5)$$

其中V_m是振幅(或波幅)，$\omega = 2\pi f$為角頻率，而ϕ為相位角。

由(12.5)式可知具有

$$\omega t + \phi = 0$$

或$\omega t = -\phi$的關係時，電壓$v = V_m \sin 0 = 0$。因此除了(12.5)式當$\omega t = -\phi$時$v = 0$開始外，(12.5)式及(12.4)式是相同的。換言之，它向左邊移動了$\omega t = \phi$弳的正弦波，如圖12.7所示，由圖可知在90°－ϕ及270°－ϕ時達到它的最大值及最小值。

在數學上，(12.5)式中的ωt和ϕ的單位必須相同。但習慣上，ω單位是弳／秒，而ϕ是度，如表示式為：

$$v = 110\sqrt{2}\sin(377t + 30°)$$

此處$377t$單位為弳，必須轉換成角度(或30°轉換成弳)才能計算v值。

如經相位偏移之正弦波，在0°參考點上有一正值，即波形在0°前有正的斜率，如圖12.7所示，我們認為此波有一**超前**(lead)的相位角。在0°及180°間之正角，稱為超前的相位角。

如一正弦波在0°參考點上有一瞬時值為負，即波形的正斜率出現在0°後邊，如圖12.8所示，則此波有一**落後**(lag)的相位角。在0°及180°間之負角，或在180°及360°間之正角，代表落後的相位角。

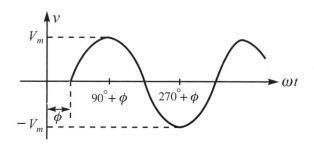

圖 12.8　具有相位角 ϕ 的正弦波電壓(落後的相位角)

　　若兩相同頻率的正弦波，繪在同一軸上，則常利用超前或落後來表示兩者之間的關係。若兩波形在水平軸上有相同斜率的兩點間有相位角的差，則稱為**相位差**(phase difference)。若兩波形在同一位置上有相同的斜率，則稱為**同相**(in phase)。

【例題 12.6】

　　若一正弦波電壓為 $v = 10\sin(4t + 30°)V$，試計算在 $t = 0.5s$ 時之 v 值。

解　$\because \omega = 2\pi f \quad \therefore f = \dfrac{W}{2\pi} = \dfrac{4}{2\pi} = 0.637\text{Hz}$

$\because t = 0.5$ 秒

$\therefore v = 10\sin[2\pi \times 0.637 \times 0.5 + 30°] = 10\sin[2 \times 180° \times 0.637 \times 0.5 + 30°]$

$\quad = 10\sin[114.7° + 30°] = 10\sin(146.7°) = 5.79(\text{V})$

12.5　正弦波的平均值

　　每半波平均所得的數值稱為平均值(average value)。某一函數在某特定時間內的平均值定義為所給的時間內，函數曲線下的面積代數和除以所給的時間。其數學式表示如下：

$$F_{av} = \frac{A}{T} = \frac{\text{曲線下面積代數和}}{\text{曲線底時間長}} \quad\text{.......................(12.6)}$$

(12.6)式中曲線下面積代數和是指以水平軸為準，水平軸上的面積為正，水平軸以下的面積為負，其代數和則是此兩面積之和。

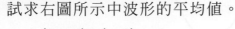

試求右圖所示中波形的平均值。

解 $F_{av} = \dfrac{(3 \times 4) + (-2) \times 4}{8} = 0.5$

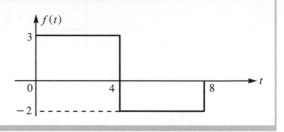

正弦波的平均值可利用積分方法求得：設若交流電壓的波形為正弦曲線，$v = V_m\sin\omega t$，則其平均值V_{av}為：

$$V_{av} = \frac{1}{\pi}\int_0^{\pi} V_m\sin\omega t\, d\omega t = \frac{1}{\pi}\left[-V_m\cos\omega t\right]_0^{\pi}$$

$$= \frac{2}{\pi}V_m = 0.637V_m \quad\text{................................}(12.7)$$

亦可用普通方法求得：將正弦函數由 0° 到 90° 劃成 9 等分，每等分 10°，取中間角如 5°、15°、……85° 計算它，平均起來，如下表：

ωt	5°	15°	25°	35°	45°	55°	65°	75°	85°
$\sin\omega t$	0.087	0.259	0.423	0.574	0.707	0.819	0.906	0.966	0.996

九次總和共 5.737。平均 0.637，亦即等於 $\dfrac{2}{\pi}$，所以正弦波的平均值與峰值之關係為：

$$V_{av} = \frac{2}{\pi}V_m = 0.637V_m$$

$$I_{av} = \frac{2}{\pi}I_m = 0.637I_m \quad\text{................................}(12.8)$$

對於正弦波電壓或電流成對稱波形在整個週期的平均值為零。因為從 $\omega t = 0$ 到 2π 的面積，是一正一負且完全相同，因此在完整的週期 $T = \dfrac{2\pi}{\omega}$ 時，平均值是：

$$V_{av} = 0 \quad \text{或} \quad I_{av} = 0 \quad\text{................................}(12.9)$$

但平均值的觀念並不侷限於 AC 波形中，任何週期信號不論其是否有負值都有平均值。如圖 12.9 中所示的半波整流，其面積經計算可得為：(參閱習題 12.14)

$$面積\ A = \frac{2V_m}{\omega}(\text{V.s}) \quad 或 \quad 面積\ A = \frac{2I_m}{\omega}(\text{A.s}) \qquad \text{........................(12.10)}$$

其中ω為半波整流前波形之角頻率，而上式所得面積再除以波形週期即可得到波形平均值。

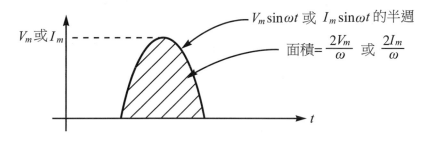

$V_m \sin\omega t$ 或 $I_m \sin\omega t$ 的半週

面積$= \frac{2V_m}{\omega}$ 或 $\frac{2I_m}{\omega}$

V_m或I_m

圖 12.9　弦波脈波面積的計算

【例題 12.8】

試求下圖所示半波整流之電流波形的平均值。

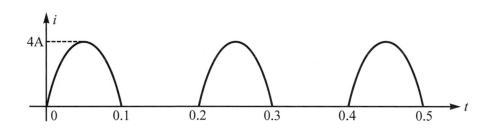

4A

解 半波整流其週期T為 0.2 s，因此

$$f = \frac{1}{T} = \frac{1}{0.2} = 5\text{Hz}$$

及　$\omega = 2\pi f = 2\pi(5) = 31.416\text{rad/s}$

由(12.10)式，單一半波之面積為A：

$$面積\ A = \frac{2I_m}{\omega} = \frac{2(4\text{A})}{31.416\text{rad/s}} = 254.6 \times 10^{-3}\text{A.s}$$

因此，$I_{av} = \frac{A}{T} = \frac{254.6 \times 10^{-3}\text{A.s}}{0.2\text{s}} = 1.27(\text{A})$

【例題 12.9】

如下圖所示之電壓波形,試求此電壓之平均值。

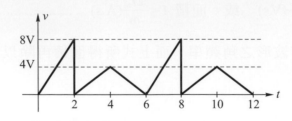

解

$$V_{av} = \frac{A}{T} = \frac{\dfrac{V_{m1}T_1}{2} + \dfrac{V_{m2}T_2}{2}}{T} = \frac{\dfrac{8 \times 2}{2} + \dfrac{4 \times 4}{2}}{6} = 2.67(V)$$

12.6 正弦波的有效值

交流電壓或電流是任何瞬間都在變化的。若一交流電流在一電阻內通過,則那每一瞬間消耗的 i^2R 能量是不同的。它的效果可用直流來比較,要多大的直流才可以代替呢?或者說它的等效直流是多少呢?這叫做交流的**有效值**(effective value)。

正弦波的有效值亦可利用積分方法求得:設交流電流之波形為正弦曲線,$i = I_m \sin\omega t$,若 I 為加熱於 R 歐姆電阻器之直流,與交流 i 有相同之發熱率(或稱功率);則 I^2R(瓦特)為直流電能所轉變之發熱率,而 i^2R(瓦特)為於任何瞬間中由交流電能所轉變之發熱率,因兩者發熱之平均相等,則

$I^2R = i^2R$ 之平均值

$\quad = (I_m\sin\omega t)^2R$ 之平均值

$\quad = I_m^2R(\sin^2\omega t$ 之平均值)

因為 $\quad (\sin^2\omega t$ 之平均值$) \times \pi = \int_0^\pi \sin^2\omega t d\omega t$

$$= -\int_0^\pi \frac{1}{2}(\cos 2\omega t - 1)d\omega t$$

$$= -\frac{1}{2}\left[\frac{1}{2}\sin 2\omega t - \omega t\right]_0^\pi$$

$$= \frac{\pi}{2}$$

故　　　　$(\sin^2 \omega t \ 之平均值) = \dfrac{1}{2}$

則　　　　$I^2 R = I_m^2 R \times \dfrac{1}{2}$

故得

$$I = \frac{I_m}{\sqrt{2}} = 0.707 I_m \dotfill (12.11)$$

由(12.11)式可知交流電流的峰值 I_m 為直流電流 I 的 $\sqrt{2}$ 倍，而等效的直流值被稱為正弦波的有效值，故(12.11)式可改寫成：

$$I_{\text{eff}} = \frac{I_m}{\sqrt{2}} = 0.707 I_m \dotfill (12.12)$$

依照上面的積分計算可看出是將半波內各瞬間的 **$i^2 R$ 算出來，平均之，除以 R，再開方就可以。**或者從頭就拋開 R 這數，因為 R 是線路上一定的數，只算出各瞬間的 i^2，平均，再開方也可以。因為這算法的順序關係，所以**有效值**也叫做**均方根值**(Root-Mean-Square value；RMS value)，就功率而言，有效值 $I_{\text{eff}} = I_{\text{rms}}$ 有同樣的效果，此電流值如同一等波幅的直流電流。

正弦波之有效值亦可用普通方法求得：如求平均值一樣的方法，將半波分作九等分，取其中間角度如 5°，15°，……等，先計算平方，次平均，再開方，如下表。

ωt	5°	15°	25°	35°	45°	55°	65°	75°	85°
$\sin \omega t$	0.008	0.067	0.179	0.329	0.500	0.671	0.821	0.932	0.992

九次總和共 4.499，實際上可看成 4.5，平均 0.5 或 $\dfrac{1}{2}$，開方即得 $\dfrac{1}{\sqrt{2}}$ 或 0.707，所以正弦波的有效值與峰值之關係為：

$$V_{\text{rms}} = V_{\text{eff}} = \frac{V_m}{\sqrt{2}} = 0.707 V_m$$

$$I_{\text{rms}} = I_{\text{eff}} = \frac{I_m}{\sqrt{2}} = 0.707 I_m \dotfill (12.13)$$

常見波形之平均值與有效值一覽表

波形		平均值	有效值
正弦波、餘弦波		0	$\dfrac{V_m}{\sqrt{2}}$
		$\dfrac{2V_m}{\pi}$	$\dfrac{V_m}{\sqrt{2}}$
		$\dfrac{V_m}{\pi}$	$\dfrac{V_m}{2}$
方波		0	V_m
		V_m	V_m
		$\dfrac{V_m}{2}$	$\dfrac{V_m}{\sqrt{2}}$

常見波形之平均值與有效值一覽表(續)

	波形	平均值	有效值
三角波、鋸齒波	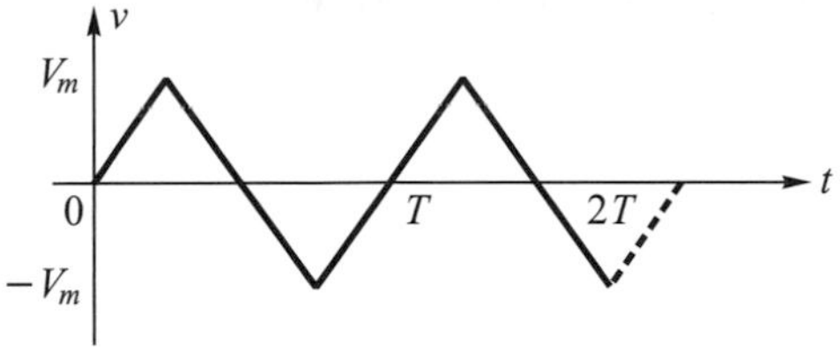	0	$\dfrac{V_m}{\sqrt{3}}$
	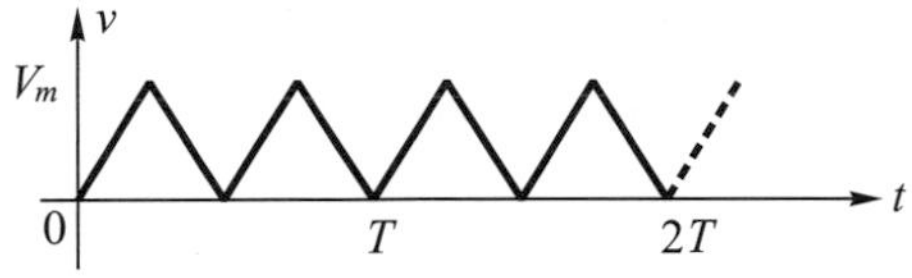	$\dfrac{V_m}{2}$	$\dfrac{V_m}{\sqrt{3}}$
	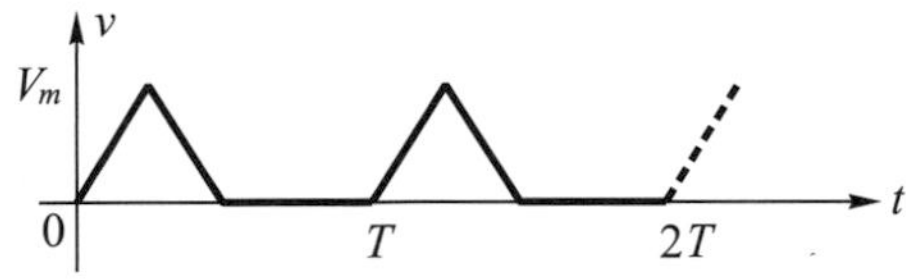	$\dfrac{V_m}{4}$	$\dfrac{V_m}{\sqrt{6}}$

【例題 12.10】

(a)試求交流電流 $i = 3.6\sin(\omega t + 45°)$A 的有效值。

(b)若家用電源為 60Hz，$110V_{rms}$，試寫出其電壓表示式。假設相角為零。

解　(a)因 $I_m = 3.6$A，故

$$I_{\text{eff}} = \frac{I_m}{\sqrt{2}} = \frac{3.6\text{A}}{\sqrt{2}} = 2.55(\text{Arms})$$

(b)　$\omega = 2\pi f = 2\pi(60\text{Hz}) = 377\text{rad/s}$

$V_m = \sqrt{2}V_{\text{eff}} = \sqrt{2}(110V_{rms}) = 155.56\text{V}$

因此 $v = 155.56\sin(377t)$ (V)

【例題 12.11】

試求下圖中電壓波形的平均值為有效值。

其中 $T = 5\text{s}$，$T_1 = 1\text{s}$，$T_2 = 2\text{s}$，$V_{m1} = 20\text{V}$，$V_{m2} = -12\text{V}$

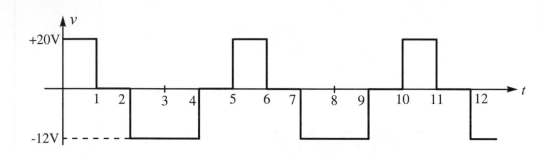

解 因週期 $T = 5$ 秒，故其平方波形的平均值為總面積除以週期 T：

$$V_{av} = \frac{A}{T} = \frac{A_1 + A_2}{T} = \frac{V_{m1}T_1 + V_{m2}T_2}{T} = \frac{20 \times 1 + (-12) \times 2}{5} = \frac{-4}{5} = -0.8\text{(V)}$$

有效值為：

$$V_{\text{eff}} = \sqrt{\frac{V_{m1}^2 T_1 + V_{m2}^2 T_2}{T}} = \sqrt{\frac{(20)^2 \times 1 + (-12)^2 \times 2}{T}} = \sqrt{137.6} = 11.73\text{(V)}$$

【例題 12.12】

若將下圖所示之週期性電壓加諸於某一電阻上，現欲以一直流電壓加到此電阻上，若欲產生相同之功率損耗，試求此直流電壓值。

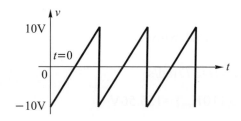

解 對稱鋸齒波之有效值為：$V_{\text{eff}} = \dfrac{V_m}{\sqrt{3}} = \dfrac{10}{\sqrt{3}} = 5.77\text{(V)}$

欲產生相同之功率，則直流電壓值與交流有效值相同

12.7 交流電路

本節中將討論交流電流流經 R、L、C 元件時，其對正弦波電壓與電流的影響，以及交流頻率對這些元件的影響，至於 RL、RC 和 RLC 的串並聯電路，我們將在第十四章時再討論。

一、電阻交流電路之電壓與電流

當一電阻器外加交流電壓時，其內部即通過交流電流，且電阻值不隨頻率而改變。如圖 12.10(a)所示，設外加電壓為正弦波，則所經電流亦為正弦波。設 R 表電阻；v、i 各表電壓、電流之瞬時值，V_m、I_m 為最大值，V_{eff}、I_{eff} 為其有效值，ϕ 表相位角，而

$$v = V_m \sin(\omega t + \phi) \quad\text{...} (12.14)$$

則

$$i = \frac{v}{R} = \frac{V_m}{R} \sin(\omega t + \phi) = I_m \sin(\omega t + \phi) \quad\text{......................................} (12.15)$$

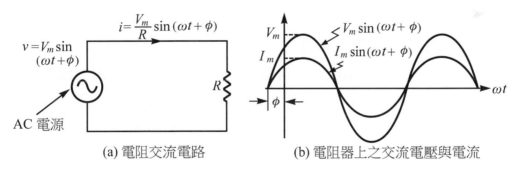

(a) 電阻交流電路　　　　(b) 電阻器上之交流電壓與電流

圖 12.10　電阻交流電路之電壓與電流

由上式可知，若加一交流電壓於電阻器兩端，則流經該電阻器之電流與電壓**同相**(in phase)。圖 12.10(b)為電壓與電流其瞬時值之變化曲線。僅有電阻之交流電路，與外加電壓同相之電流，特別稱之為**純電阻性電流**。再由(12.15)式得 $I_m = \dfrac{V_m}{R}$，換成有效值計算則為：

$$I_{eff} = \frac{V_{eff}}{R} \quad\text{或}\quad V_{eff} = RI_{eff} \quad\text{...} (12.16)$$

【例題 12.13】

若在 $2k\Omega$ 電阻上的電流為 $i = 5\sin(2\pi \times 100t + 45°)$ mA。

(a)試寫出電阻上電壓之表示式。

(b)電阻電壓之有效值為何?

(c)在 $t = 0.5$ms 時電阻電壓為何?

解 (a)由(12.15)式可知

$$V_m = RI_m = (2k\Omega) \times (5mA) = 10V$$

因電阻上的電壓與電流同相,故

$$v = 10\sin(2\pi \times 100t + 45°) \text{ (V)}$$

(b) $\quad V_{\text{eff}} = \dfrac{V_m}{\sqrt{2}} = \dfrac{10V}{\sqrt{2}} = 7.07 \text{(V)}$

(c) $\quad v_{(0.5ms)} = 10\sin[2\pi \times 100(0.5 \times 10^{-3}) + 45°]V$

$\qquad\qquad = 10\sin(0.3142 \text{ rad} + 45°)V$

$\qquad \because (0.3142 \text{ rad})\left(\dfrac{360°}{2\pi \text{ rad}}\right) = 18°$

所以 $v_{(0.5ms)} = 10\sin(18° + 45°) = 10\sin63° = 8.91\text{(V)}$

二、電容交流電路之電壓與電流

當一電容器外加交流電壓時,如圖 12.11(a)所示,其與電阻交流電路完全不同,流經電容器的交流電流不僅由其上之電壓決定,同時也受電壓的頻率影響。而電容器其阻擋電流流通的能力稱之為**容抗**(capacitive reactance),以符號 X_C 表示。容抗 X_C 單位是歐姆(Ω),其與頻率有關,以數學式表示如下:

$$X_C = \frac{1}{\omega C} = \frac{1}{2\pi f C} \quad\text{.. (12.17)}$$

由(12.17)式可知 X_C 與頻率成反比,因此若頻率愈高,則其阻值(容抗)愈小,而流經電容器的電流愈大,反之亦同。

當交流信號頻率下降，因 $T = \dfrac{1}{f}$，故其週期會增大。若當頻率接近於零時，週期變成無窮大，而使得交流信號不再變化，此種情況與直流相同，故我們可稱頻率為零時就為直流，此時容抗為 ∞ 歐姆，這與在直流電路時電容可視為開路的結論一致。反之，頻率愈高時，容抗愈小。

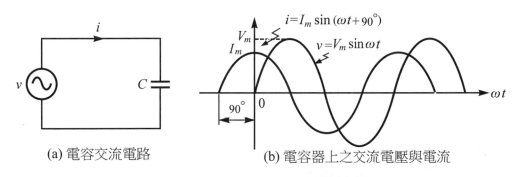

(a) 電容交流電路　　　(b) 電容器上之交流電壓與電流

圖 12.11　電容交流電路之電壓與電流

如圖 12.11(a)所示，流經電容器之電流 i 與跨於電容器兩端之電壓的時間導數成正比，即

$$i = C\frac{dv}{dt} \quad\text{...(12.18)}$$

若加於電容器上之電壓為：

$$v = V_m\sin(\omega t + \phi)\text{.......................................(12.19)}$$

則電容器上之電流為：

$$i = C\frac{dv}{dt} = \omega C V_m\cos(\omega t + \phi)$$
$$= I_m\sin(\omega t + \phi + 90°)\text{.........................(12.20)}$$

其中　　$I_m = \dfrac{V_m}{X_C}$

由(12.19)與(12.20)式可知電容器上之電流超前其電壓 90°，像這種比外加電壓超前 90° 相位的電流，特別稱之為**純電容性電流**。

【例題 12.14】

若在 $0.01\mu F$ 電容器上電壓為 $v = 240\sin(1.25 \times 10^4 t - 30°)$ V，試求(a)其容抗，(b)電流峰值，(c)寫出其電流表示式。

解 (a)容抗 $X_C = \dfrac{1}{\omega C} = \dfrac{1}{(1.25 \times 10^4)(0.01 \times 10^{-6})} = 8(k\Omega)$

(b) $I_m = \dfrac{V_m}{X_C} = \dfrac{240V}{8k\Omega} = 0.03(A)$

(c)由(12.20)式，可得

$i = I_m \sin(\omega t + \phi + 90°)$

$= 0.03\sin(1.25 \times 10^4 t - 30° + 90°) = 0.03\sin(1.25 \times 10^4 t + 60°)(A)$

三、電感交流電路之電壓與電流

當一電感器外加交流電壓時，如圖 12.12(a)所示，其性質與電容器相同，電感器阻止電流在其內流通的能力稱之為**感抗**(inductive reactance)，以符號 X_L 表示，而其值與電流頻率成正比，即

$$X_L = \omega L = 2\pi f L \dots\dots\dots (12.21)$$

由(12.21)式可知 X_L 與頻率成正比，當頻率接近於零(直流)時，X_L 也接近 0Ω。這與在直流電路電感可視為短路的結論一致。

歐姆定律中指出電路中電感器上的峰值電流與其峰值電壓除以感抗的值相等，即

$$I_m = \dfrac{V_m}{X_L} \dots\dots\dots (12.22)$$

在電感器中電壓比電流超前 90°，因此電壓比電流更快 90°到達其峰值，如圖 12.12(b)所示，一般而言，若

$$i = I_m \sin(\omega t + \phi) \dots\dots\dots (12.23)$$

則

$$v = V_m \sin(\omega t + \phi + 90°) \dots\dots\dots (12.24)$$

其中 $\quad I_m = \dfrac{V_m}{X_L}$

要注意的是，電感器中電壓與電流的關係式恰與電容器中者完全相反。如上述，像這種比外加電壓落後 90° 相位的電流，就特別稱之爲**純電感性電流**。

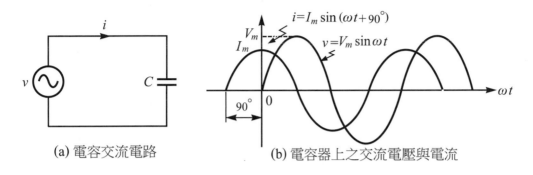

(a) 電容交流電路　　　　(b) 電容器上之交流電壓與電流

圖 12.12　電感交流電路之電壓與電流

【例題 12.15】

　　若在 80mH 的電感器上電流爲 $i = 0.1\sin(400t - 35°)$A，試求(a)其感抗，(b)電壓峰值，(c)寫出其電壓表示式。

解 (a)感抗 $X_L = \omega L = (400\text{rad/s}) \times (80 \times 10^{-3}\text{H}) = 32(\Omega)$

(b)$V_m = X_L I_m = 32\Omega \times 0.1\text{A} = 3.2(\text{V})$

(c)由(12.24)式，可得

$$v = V_m\sin(\omega t + \phi + 90°) = 3.2\sin(400t - 35° + 90°) = 3.2\sin(400t + 55°) \text{ (V)}$$

Chapter 13

相量(※)

　　本章是爲分析交流電路應具備的基礎數學，複數有二大應用範圍，在工程方面它爲極有價值的分析工具。其一是相量代表式，它簡化電壓或電流的運算。其二它能將交流伏特安培關係用簡易公式表示，計算方便，結果亦較準確。

　　相量是本章的主題，它是由奇異公司史坦梅芝在本世紀初所提出的。應用相量法僅需代數及基本三角函數的知識即可。相量是複數，本章將相關的複數及相量表示法作一較詳細的說明，並應用它們的效果，介紹阻抗及導納的觀念，最後應用相量法在簡單的電路，我們在下一章(第 14 章)中將更深入討論相量應用在一般化的電路之中。

13.1 虛數

每一複數(complex number)包含一實數(real number)和一虛數(imaginary number)。實數為正數或負數，有理數或無理數，其平方值均為正數，例如 8，-3，$\sqrt{5}$ 等。**虛數為一負數的平方根**，其平方值均為負數。虛數是以 $\sqrt{-1}$ **為單位數**，在代數中，常以 i 表示，即 $\sqrt{-1}=i$ 為虛數的單位。唯在交流電路中，因 i 已代表電流，所以取 i 的次一個字母 j，代表虛數的單位 $\sqrt{-1}$，所以我們定義虛數單位 j 為：

$$j=\sqrt{-1} \quad\text{...(13.1)}$$

並以 jN 表示虛數，此處 N 為實數，例如 $j3$，$j5$ 和 $j7$ 等都是虛數。而由(13.1)式可以了解

$$j^2=-1 \text{，} j^3=-j \text{，} j^4=1 \text{，} j^5=j\cdots\cdots \quad\text{..................................(13.2)}$$

由是可知**虛數之奇數乘冪仍為虛數**，而其**偶數乘冪則為實數**。j 之乘冪，每四次為一週期。

【例題 13.1】

(a)試求 $\sqrt{-25}$，$4\sqrt{-81}$ 的虛數表示法。

(b)試簡化 j^5，j^{35}。

解 (a) $\sqrt{25}=\sqrt{-1}\sqrt{25}=j5$

$4\sqrt{-81}=4\sqrt{-1}\sqrt{81}=j36$

(b)利用(13.2)式，可得

$j^5=j^4\times j=1\times j=j$

$j^{35}=j^{32}\times j^3=(j^4)^8\times j^3=-j$

13.2 複數

當一實數與一虛數相加時，因虛數與實數之性質不同，故相加後不能成為一個單位。是以一實數與一虛數之和乃組成一複數。於複數中之實數，稱為**實數部份** (real part)，其虛數中除j外之實數值，則稱為**虛數部份**(imaginary part)。故一般複數之形式為：

$$N = a + jb \dots\dots\dots\dots\dots\dots\dots\dots\dots\dots\dots\dots\dots\dots\dots\dots (13.3)$$

此式中，a和b都是實數，且a為複數N的實數部份，b為虛數部份。

(13.3)式是**代數式**表示法，我們也可以用**幾何平面**去表示；幾何平面表示法有**直角座標表示法與極座標表示法**兩種。

直角座標表示法

複數平面(complex plane)是為一直角座標系統，所謂複數平面是**於一平面上，若實數軸與虛數軸同時存在**，則稱為複數平面，其中實數繪於水平(實數)軸，而虛數則繪於垂直(虛數)軸。因此複數平面上的一點可表示一複數，它的水平座標是為複數的實數部份，而垂直座標則為複數的虛數部份。相反地，每一複數，皆可表成複數平面上的一點。圖 13.1 顯示了一些例子，其中原點的右邊及上邊為正座標，而左邊及下邊則為負座標。

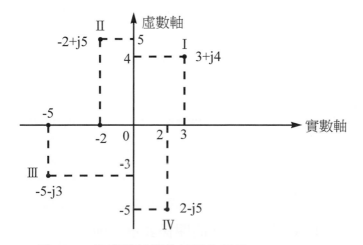

圖 13.1 複數繪於複數平面的例子

這些數說明負實數或虛數如何影響劃製。若把象限數目如圖 13.1 所示，把平面分成 I，II，III 和 IV，可看出象限 I，實數和虛數都是正的。在象限 II，實數為負，虛數為正。在象限 III，兩者都是負值。在象限 IV，實數為正，虛數為負。

極座標表示法

複數 $N = a + jb$ 亦可把一實數軸作一旋轉，這與直角座標表示法虛數是把實數旋轉 90° 一樣，這種表示法如圖 13.2 所示，稱為複數的**極座標**(polar coordinates)表示法。

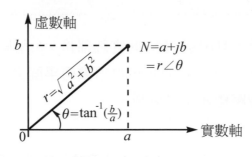

圖 13.2　極座標表示法

在直角座標表示法是要事先知道實數與虛數兩部份的數值，而極座標表示法，則要事先知道它的**絕對值**(absolute value)r 與極角(polar angle)θ。其絕對值是以 r 來表示從原點至代表數那點的長度。而極角 θ 是與實軸間的夾角，即

$$N = a + jb = r \underline{/\theta} \quad\text{.. (13.4)}$$

上式中 $a + jb$ 為直角座標表示式，而 $r \underline{/\theta}$ 是極座標表示式。長度 r 亦稱為複數的**弳長**。若已知一直角型式的複數 $a + jb$，則我們可使用三角函數的基本定義及畢氏定理把它轉換成極座標型式如圖 13.2 所示：

$$\begin{cases} a = r \cos \theta \\ b = r \sin \theta \end{cases} \quad\text{.. (13.5)}$$

$$\begin{cases} r = \sqrt{a^2 + b^2} \\ \theta = \tan^{-1}\left(\dfrac{b}{a}\right) \end{cases} \quad\text{.. (13.6)}$$

其次，(13.3)、(13.4)式若用 r、θ 的關係表示，則

$$N = (r \cos \theta) + j(r \sin \theta) = r \underline{/\theta} \quad\text{.................................... (13.7)}$$

因此，上述之這些關係示於圖 13.3。

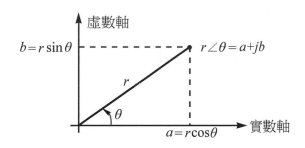

圖 13.3　極座標型式與直角座標型式複數的轉換

【例題 13.2】

試把下列直角座標$N = a + jb$轉換成極座標型式。(a)$9 + j12$，(b)$-1 + j2$，(c)$-5 - j12$，(d)$8 - j15$。

解　利用(13.6)式，可得下列各極座標表示式

(a)　$r = \sqrt{9^2 + 12^2} = \sqrt{225} = 15$。

及 $\theta = \tan^{-1}\left(\dfrac{12}{9}\right) = 53.1°$

因此有

$9 + j12 = 15\ \underline{/53.1°}$

之關係式，如下圖(a)所示

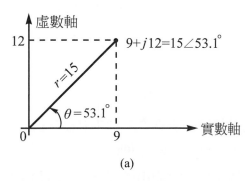

(a)

(b)$-1 + j2$是位於第 II 象限，如圖(b)所示，其弦長為：

$r = \sqrt{(-1)^2 + (2)^2} = \sqrt{5}$

角度位於 90° 和 180° 之間，以負實數的角度為：

$\tan^{-1}\left(\dfrac{2}{1}\right) = 63.4°$

因此複數 N 的角度 $\theta = 180° - 63.4° = 116.6°$，故極座標型式為：

$$-1 + j2 = \sqrt{5}\ \underline{/116.6°}$$

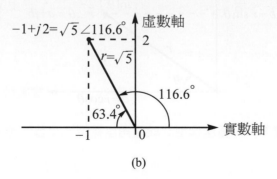

(b)

(c)　$-5 - j12$ 是位於第 III 象限，如圖(c)所示，其弦長為：

$$r = \sqrt{(-5)^2 + (-12)^2} = \sqrt{169} = 13$$

而與負實數軸的夾角是：

$$\tan^{-1}\left(\frac{12}{5}\right) = 67.4°$$

複數角度為：$180° + 67.4° = 247.4°$，如圖(c)所示，可得：

$$-5 - j12 = 13\ \underline{/247.4°}$$

由圖中可知其角度也是順時針方向的 $112.6°$，故上式可寫成：

$$-5 - j12 = 13\ \underline{/-112.6°}$$

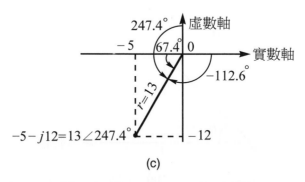

(c)

(d) $8 - j15$ 位於第 IV 象限，如圖(d)所示，其弦長為：

$$r = \sqrt{8^2 + (-15)^2} = \sqrt{289} = 17$$

而以正實數軸為準的夾角是：

$$\tan^{-1}\left(\frac{15}{8}\right) = 61.9°$$

如圖所示，可得

$$8 - j15 = 17 \underline{/-61.9°}$$

由圖中可知其夾角也是逆時針方向的 298.1°，故上式可寫成：

$$8 - j15 = 17 \underline{/298.1°}$$

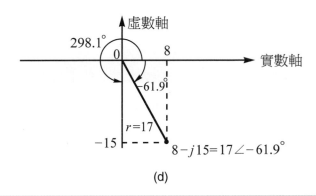

(d)

【例題 13.3】

試將下列各數轉換成直角座標型式：(a)$10 \underline{/60°}$，(b)$5 \underline{/126.9°}$，(c)$10 \underline{/225°}$，(d)$20 \underline{/-45°}$。

解 利用(13.5)式可得下列各直角座標表示式

(a)　$a = 10\cos60° = 10(0.5) = 5$

　　$b = 10\sin60° = 10(0.866) = 8.66$

　因此

　　$10 \underline{/60°} = 5 + j8.66$

(b)　$a = 5\cos(126.9°) = 5(-0.6) = -3$

　　$b = 5\sin(126.9°) = 5(0.8) = 4$

　因此

　　$5 \underline{/126.9°} = -3 + j4$

(c)　$a = 10\cos(225°) = -7.07$

　　$b = 10\sin(225°) = -7.07$

　因此

　　$10 \underline{/225°} = -7.07 - j7.07$

(d)　　$a = 20\cos(-45°) = 14.14$

　　　　$b = 20\sin(-45°) = -14.14$

　　因此

　　　　$20\underline{/-45°} = 14.14 - j14.14$

13.3 複數的運算

複數的運算計有加、減、乘和除四種,其規則與實數的完全相同,其中僅需利用$j^2 = -1$,$j^3 = -j$,$j^4 = 1$此項事實來簡化成實數和虛數兩部份,令

$$N_1 = a + jb$$
$$N_2 = c + jd \dotfill (13.8)$$

代表兩個複數。複數之運算規則定義如下:

相加

兩複數相加時,將兩複數之實數部份及虛數部份分別相加即可:

$$N_1 + N_2 = (a + jb) + (c + jd) = (a + c) + j(b + d) \dotfill (13.9)$$

相減

同相加運算一樣,兩複數相減時,將兩複數的實數部份與虛數部份分別相減即可:

$$N_1 - N_2 = (a + jb) - (c + jd) = (a - c) + j(b - d) \dotfill (13.10)$$

由(13.9)與(13.10)式得知,**極座標型式之複數相加或相減,應先把極座標型式的複數轉換成直角座標型式的複數方能做相加或相減運算。**

【例題 13.4】

試求下列各式的運算

(a)$(3+j4)+(-1+j2)$

(b)$(25-j5)-(-4+j10)$

(c)$100\ \underline{/30°}+100\ \underline{/-70°}$。

解　(a)$(3+j4)+(-1+j2)=[3+(-1)]+j(4+2)=2+j6$

(b)$(25-j5)-(-4+j10)=[25-(-4)]+j[-5-10]=29-j15$

(c)做相加之前先把兩複數轉換成直角座標型式：

$$100\ \underline{/30°}=100\cos30°+j100\sin30°=86.6+j50$$

$$100\ \underline{/-70°}=100\cos(-70°)+j100\sin(-70°)=34.2-j94$$

因此

$$(86.6+j50)+(34.2-j94)=(86.6+34.2)+j(50-94)=120.8-j44$$

相乘

把(13.8)式的 N_1 和 N_2 相乘結果是

$$N_1N_2=(a+jb)(c+jd)=ac+jad+jbc+j^2bd$$
$$=(ac-bd)+j(ad+bc) \quad\text{.. (13.11)}$$

兩複數相乘，就如同多項式的乘法相同，再將結果簡化成一實數部份和虛數部份。若複數是以極座標型式表示時，則運算更易完成。

若兩複數是極座標型式：

$$N_1=r_1\ \underline{/\theta_1}$$

和

$$N_2=r_2\ \underline{/\theta_2} \quad\text{... (13.12)}$$

則可使用三角學來証明它們的乘積是

$$N_1N_2=r_1r_2\ \underline{/\theta_1+\theta_2} \quad\text{.. (13.13)}$$

只要將兩複數的**弳長相乘**，**角度相加**即可得其乘積。

【例題 13.5】

已知 $N_1 = 8 - j6$ 及 $N_2 = 3 + j4$，試以下列方式求 $N_1 N_2$ 之值。(a)使用直角座標來運算。(b)改成極座標後再運算。

解 (a) $N_1 N_2 = (8 - j6)(3 + j4) = (8)(3) + j^2(-6)(4) + j[(8)(4) + (-6)(3)] = 48 + j14$

(b) $N_1 = \sqrt{8^2 + 6^2} \underline{/360° - \tan^{-1}\dfrac{6}{8}} = 10 \underline{/323.13°} = 10 \underline{/-36.87°}$

$N_2 = \sqrt{3^2 + 4^2} \underline{/\tan^{-1}\dfrac{4}{3}} = 5 \underline{/53.13°}$

$N_1 N_2 = 10 \underline{/323.13°} \cdot 5 \underline{/53.13°}$

$= (10 \times 5) \underline{/323.13° + 53.13°} = 50 \underline{/376.26}$

或 $= 50 \underline{/16.26}$

相除

把(13.8)式的 N_1 和 N_2 相除結果是

$$\frac{N_1}{N_2} = \frac{a + jb}{c + jd}$$

它可以把分子和分母都乘以 $c - jd$ 而有理化(目的是把分母的 j 去掉)，其結果是

$$\frac{N_1}{N_2} = \frac{a + jd}{c + jd} \frac{c - jd}{c - jd} = \frac{(ac + bd) + j(bc - ad)}{(c^2 - j^2 d^2) + j(dc - dc)}$$
$$= \frac{(ac + bd) + j(bc - ad)}{c^2 + d^2} \quad\text{......................................} (13.14)$$

(13.14)式可以寫成下面形式

$$\frac{N_1}{N_2} = \frac{ac + bd}{c^2 + d^2} + j\frac{bc - ad}{c^2 + d^2} \quad\text{.....................................} (13.15)$$

兩複數相除，就如同多項式的除法相同，再將結果簡化成(13.15)式所表示的一實數部份和虛數部份。若複數是以極座標型式表示時，則運算工作更易完成。

若兩複數是極座標的型式，如(13.12)式，則

$$\frac{N_1}{N_2} = \frac{r_1 \underline{/\theta_1}}{r_2 \underline{/\theta_2}} = \frac{r_1}{r_2} \underline{/\theta_1 - \theta_2} \quad\text{.....................................} (13.16)$$

即弳長為各自弳長的比率，而**角度為分子的角度減去分母的角度**。

【例題 13.6】

如例題 13.5 的 N_1 和 N_2，試以下列方式求 $\dfrac{N_1}{N_2}$ 之值。

(a)使用直角座標來運算。

(b)改成極座標後再運算。

解 (a) $\dfrac{N_1}{N_2} = \dfrac{8-j6}{3+j4} = \dfrac{8-j6}{3+j4} \cdot \dfrac{3-j4}{3-j4}$

$\qquad\qquad = \dfrac{[(8)(3)-(4)(6)]+j(-6)(3)+(8)(-4)}{(3)^2+(4)^2} = \dfrac{0+j(-50)}{25}$

$\qquad\qquad = -j2 = 2 \,\underline{/-90°}$

(b)由例題 13.5 知道

$\qquad N_1 = 10 \,\underline{/323.13°} = 10 \,\underline{/-36.87°}$

$\qquad N_2 = 5 \,\underline{/53.13°}$

因此利用(13.16)式可得

$\qquad \dfrac{N_1}{N_2} = \dfrac{10 \,\underline{/-36.87°}}{5 \,\underline{/53.13°}} = 2 \,\underline{/-90°}$

共軛複數

在(13.14)式中把分母 $N=c+jd$ 有理化，是乘以一個數 $\overline{N}=c-jd$，此數 $\overline{N}$ 為 N 的共軛，稱 N 與 $\overline{N}$ 為**共軛複數**(conjugate complex number)，是簡單的把 N 中的 j 以 $-j$ 所取代而獲得。**共軛複數的特徵是實數部份相等，而虛數部份大小相等，符號相反**。共軛複數相乘時，可得：

$$N\overline{N} = (a+jb)(a-jb) = a^2 - j^2b^2 + jab - jab$$
$$= a^2 + b^2 \quad\dotfill (13.17)$$

共軛複數用極座標表示時是：

$$N = \sqrt{a^2+b^2} \,\underline{\bigg/ \tan^{-1}\left(\dfrac{b}{a}\right)} = r \,\underline{/\theta}$$
$$\overline{N} = \sqrt{a^2+b^2} \,\underline{\bigg/ \tan^{-1}\left(-\dfrac{b}{a}\right)} = r \,\underline{/-\theta} \quad\dotfill (13.18)$$

因此極座標型式的共軛複數是把它的角度符號改變即可。以極座標表示時相乘的結果是實數，即

$$N\overline{N} = (r \angle \theta)(r \angle -\theta)$$
$$= r^2 \angle \theta - \theta = r^2 \quad \text{...} (13.19)$$

【例題 13.7】

若 $N = 6 + j8$，試以下列方式求其與共軛複數相乘與相除的結果：

(a)以直角座標型式運算。

(b)以極座標型式運算。

解 $N = 6 + j8$，則其共軛複數為 $\overline{N} = 6 - j8$

(a) $N\overline{N} = (6 + j8)(6 - j8) = (6)^2 + (8)^2 = 100$

(b) $N = \sqrt{6^2 + 8^2} \angle \tan^{-1}\dfrac{8}{6} = 10 \angle 53.13°$

所以

$N = 10 \angle -53.13°$

$N \cdot \overline{N} = (10 \times 10) = 100$

複數的乘方及方根

欲求某極座標表示之複數的 n 次方，即該複數的自乘 n 次，可分別求出該複數的**弳長 n 次方**，與其**角度的 n 倍**即得，例如：

$$(r \angle \theta)^n = r^n \angle n\theta \quad \text{...} (13.20)$$

反之，欲求極座標表示之複數的 n 次方根時，可求該複數的**弳長 n 次方根**，與**以 n 除其角度**即得，例如：

$$\sqrt[n]{r \angle \theta} = \sqrt[n]{r} \angle \dfrac{\theta}{n} \quad \text{...} (13.21)$$

【例題 13.8】

試求(a)　$(5\angle{-63°})^3$ 與(b)　$\sqrt{9\angle 45°}$ 之值。

解 (a)應用(13.20)式，可得：

$$(5\angle{-63°})^3 = 5^3 \angle 3(-63°) = 125 \angle{-189°} = 125 \angle 171°$$

(b)應用(13.21)式，可得：

$$\sqrt{9\angle 45°} = \sqrt{9}\angle\frac{45°}{2} = 3\angle 22.5°$$

綜合以上所述複數的運算，其**相加或相減**時，**宜用直角座標計算**，較爲簡便。但其**相乘、相除**或求n**次方或**n**次方根**，則以**用極座標運算**較爲簡便，尤其複數的，則更需應用極座標運算。

13.4　相量的表示法

相量(phasor)是以極座標方式表示交流的一種數學表示法。由於相量有大小及方向(相角)，是故有時亦可視爲向量(vector)。因此，交流電路的相量分析類似傳統的向量分析。若正弦電壓函數爲：

$$v = V_m \sin(\omega t + \phi) \quad\text{...}(13.22)$$

則v相量定義爲：

$$V = V_m\angle\phi \quad\text{...}(13.23)$$

因此相量的大小取決於振幅最大值(有些作者使用有效值)，而相角ϕ可直接由(13.22)式中正弦電壓函數直接寫出，爲了把它們與其它複數有所區別，相量是以如示的大寫粗黑字體印出。由(13.23)式，我們觀察到弦波的頻率並未出現在相量的表示式中。當使用相量解交流電路的問題時，**電壓及電流的頻率應相同**。**相量表示及相量分析僅使用於弦波交流電路問題之解決**。

在交流正弦穩態電路中，所有電壓和電流具有相同頻率 ω 的正弦函數，但波幅 V_m(或 I_m)及相角 ϕ 是不同。若頻率 ω 為已知，由相量說明可以把正弦波完全描述。若波形是餘弦，則可使用下列結果

$$\cos\theta = \sin(\theta + 90°) \quad\text{...} \quad (13.24)$$

根據這個關係式再獲得相量表示式。

【例題 13.9】

試求下列弦波的相量表示式：

(a)　$v = 170\sin(377t + 40°)$ V

(b)　$i = 20\cos(6t - 30°)$ A

解　(a)因為 $V_m = 170$，$\theta = 40°$，故其相量表示式為：

　　$V = V_m \angle \theta = 170 \angle 40°$ (V)

(b)可將函數相角加上 90° 而轉換成正弦函數，故改寫成：

　　$i = 20\sin(6t - 30 + 90°) = 20\sin(6t + 60°)$ (A)

故其相量表示式為：

　　$I = I_m \angle \theta = 20 \angle 60°$ (A)

【例題 13.10】

若一相量 $I = 7.07 \angle 45°$ A，且頻率 $f = 60$Hz，試求出其正弦電流 i。

解　由題知其 $I_m = 7.07$A，且角頻率 $\omega = 2\pi f = 2\pi(60) = 377$rad/s，利用(13.22)式可得：

　　$i = 7.07\sin(377t + 45°)$ (A)

我們可以很方便地使用相量的方式來求兩頻率相等之弦波的和(或差)。在做加法(或減法)運算時，首先把相量之極座標型式轉換成直角座標型式，然後相加，結果再轉換成極座標型式，最後化成弦波型式。為了說明整個過程，我們以下例來說明。

【例題 13.11】

兩弦波電壓 $v_1 = 10\sin\omega t$ V 和 $v_2 = 20\sin(\omega t + 60°)$ V 試求此兩弦波電壓之和。

解 我們欲求 v_1 和 v_2 之和，首先將 v_1 和 v_2 表示成相量型式，分別為：

$$v_1 = 10\sin\omega t，V_1 = 10 \underline{/0°}$$

$$v_2 = 20\sin(\omega t + 60°)，V_2 = 20 \underline{/60°}$$

轉換成直角座標型式並求兩者之和，得

$$v_1 = 10(\cos 0° + j\sin 0°) = 10 + j0$$

$$v_2 = 20(\cos 60° + j\sin 60°) = 10 + j17.32$$

$$v_1 + v_2 = (10 + j0) + (10 + j17.3) = 20 + j17.32$$

再將 $v_1 + v_2$ 化成極座標型式為：

$$\sqrt{20^2 + 17.32^2} \underline{\bigg/ \tan^{-1}\frac{17.32}{20}} = 26.46 \underline{/40.9°}$$

最後轉換成弦波型式，得

$$v_1 + v_2 = 26.46\sin(\omega t + 40.9°) \ (\text{V})$$

13.5　阻抗和導納

就如同電阻一樣，**電抗**是用來做為交流電路元件阻礙電流流動的量度，其單位亦為歐姆。其中電容抗 $X_C = \dfrac{1}{\omega C}$，與頻率成反比，電感抗 $X_L = \omega L$，與頻率成正比，電阻則與頻率無關。一般我們使用阻抗來表示這三個量或它們任何形態的組合，符號以 Z 表示之。

一、阻抗

一電路或一電路元件的**阻抗**(impedance)為跨於此電路(或元件)的電壓與流經其中的電流之比，以數學式表示為：

$$Z = \frac{V}{I} \quad \text{或} \quad I = \frac{V}{Z} \quad \text{或} \quad V = IZ \quad\quad\quad\quad (13.25)$$

此處 Z 為阻抗，單位為歐姆，與電阻所用的單位相同。是以阻抗為一電路對一正弦交流電流的通過所生反抗的直接測定。在(13.25)式中，通常以電壓相量與電

流相量表示之，故阻抗Z亦為一相量(亦為複數量)。阻抗亦可用極座標型式或直角座標型式表示，即

$$Z=|Z|\angle\theta=R+jX \quad\quad\quad (13.26)$$

【例題 13.12】

某電路元件，其電壓和電流分別是：$v=100\sin(2t+70°)$V，$i=5\sin(2t+25°)$A，試求其阻抗Z。

解　v與i的相量分別為：

$$V=100\angle70°$$
$$I=5\angle25°$$

利用(13.25)式可得

$$Z=\frac{V}{I}=\frac{100\angle70°}{5\angle25°}=20\angle45° \ (\Omega)$$

電阻器的阻抗

如圖 13.4(a)所示，若其元件是電阻器，其電流與電壓分別為：

$$i=I_m\sin\omega t$$
$$v=Ri=RI_m\sin\omega t$$

因此在圖 13.4(b)中，相量電壓和電流是：

$$I=I_m\angle0°$$
$$V=RI_m\angle0°$$

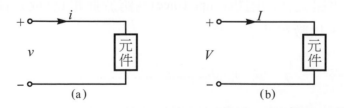

圖 13.4　具有(a)正弦函數電壓和電流與(b)電壓相量和電流相量之元件

13-16

利用(13.25)式，可得電阻器的阻抗是：

$$Z = \frac{V}{I} = \frac{RI_m \underline{/\,0°}}{I_m \underline{/\,0°}} = R \underline{/\,0°} = R$$

即電阻器的阻抗是它的電阻R，或電阻器R的阻抗Z_R為：

$$Z_R = R \dots\dots\dots\dots\dots\dots\dots\dots\dots\dots\dots\dots\dots\dots\dots\dots\dots\dots (13.27)$$

電容器的阻抗

若圖 13.4(a)中的元件為電容器C，其電壓與電流分別為：

$$v = V_m \sin\omega t$$

$$i = C\frac{dv}{dt} = \omega C V_m \cos\omega t = \omega C V_m \sin(\omega t + 90°)$$

因此在圖 13.4(b)中相量值是：

$$V = V_m \underline{/\,0°}$$

$$I = \omega C V_m \underline{/\,90°}$$

故電容器的阻抗Z_C為：

$$Z_C = \frac{V_m \underline{/\,0°}}{\omega C V_m \underline{/\,90°}} = \frac{1}{\omega C} \underline{/\,-90°}$$

或以j取代，則為：

$$Z_C = -j\frac{1}{\omega C} = \frac{1}{j\omega C} \dots\dots\dots\dots\dots\dots\dots\dots\dots\dots\dots\dots\dots (13.28)$$

電感器的阻抗

若圖 13.4(a)中的元件是電感器L，其電流和電壓分別為：

$$i = I_m \sin\omega t$$

$$v = L\frac{di}{dt} = \omega L I_m \cos\omega t = \omega L I_m \sin(\omega t + 90°)$$

因此在圖 13.4(b)中電流和電壓相量是：

$$I = I_m \underline{/\,0°}$$

$$V = \omega L I_m \underline{/\,90°}$$

故電感器的阻抗Z_L為：

$$Z_L = \frac{\omega L I_m \,/\!\underline{90°}}{I_m \,/\!\underline{0°}} = \omega L \,/\!\underline{90°}$$

或以j取代，則為：

$$Z_L = j\omega L \dots\dots\dots\dots\dots\dots\dots\dots\dots\dots\dots\dots\dots\dots\dots (13.29)$$

綜合以上敘述，阻抗Z_R、Z_C和Z_L已由相角為零的相量V和I獲得。其中Z_R為常數，而Z_C和Z_L與頻率有關。Z_R是正實數，位於正實數軸上。Z_L位於正j軸(虛數軸，90°角)，而Z_C位於負j軸(虛數軸，−90°角或270°角)。在低頻時，Z_L很小，但Z_C則很大。在直流的情況$\omega = 0$，則$Z_L = 0$，因此電感器是短路的，但在$\omega = 0$情況下，則Z_C是無窮大，因此電容器是開路。在高頻時，正好相反，Z_L很大而Z_C很小。

【例題 13.13】

有一元件具有$v = 10\sin 2t$ V 及電流$i = 2\sin(2t - 30°)$A，試求它的阻抗Z。

解 由題目知電壓相量與電流相量是：

$$V = 10 \,/\!\underline{0°} \text{ 和 } I = 2 \,/\!\underline{-30°}$$

利用(13.25)式可得：

$$Z = \frac{V}{I} = \frac{10 \,/\!\underline{0°}}{2 \,/\!\underline{-30°}} = 5 \,/\!\underline{30°} \ (\Omega)$$

【例題 13.14】

若頻率$\omega = 2000$rad/s，試求(a)1kΩ電阻器，(b)3H電感器及(c)0.1μF電容器之阻抗。

解 (a)利用(13.27)式可得$R = 1$kΩ時的阻抗：

$$Z_R = R = 1(\text{k}\Omega)$$

(b)因$L = 3$H，由(13.29)式可得：

$$Z_L = j\omega L = j \times 2000 \times 3 = j6(\text{k}\Omega)$$

(c)$C = 0.1\mu\text{F} = 0.1 \times 10^6 \text{F}$，由(13.28)式可得：

$$Z_C = \frac{1}{j\omega C} = \frac{1}{j \times 2000 \times 0.1 \times 10^{-6}} = -j5(\text{k}\Omega)$$

二、導納

電路的**導納**(admittance)定義為電路阻抗的倒數。其符號為Y，即：

$$Y = \frac{I}{V} = \frac{1}{Z} \quad\text{..(13.30)}$$

其單位為姆歐(℧)。若以導納代替歐姆定律，則為：

$$I = YV \quad\text{...(13.31)}$$

由上述定義及(13.27)式，可得電阻器的導納是：

$$Y_R = \frac{1}{Z_R} = \frac{1}{R} = G \quad\text{..................................(13.32)}$$

電容器的導納由(13.28)式可知是：

$$Y_C = \frac{1}{Z_C} = j\omega C \quad\text{...................................(13.33)}$$

電感器的導納由(13.29)式可知是：

$$Y_L = \frac{1}{Z_L} = \frac{1}{j\omega L} = -j\frac{1}{\omega L} \quad\text{................(13.34)}$$

【例題 13.15】

試求具有電壓為$v = 10\sin(1000t + 20°)$V 的 4.7μF 電容器之相量電流和穩態正弦電流。

解 由題目知道相量電壓是

$$V = 10\ \underline{/20°}\ \text{V}$$

由(13.33)式可得電容器的導納為：

$$Y_C = j\omega C = j(1000)(4.7 \times 10^{-6}) = 4.7 \times 10^{-3}\ \underline{/90°}\ ℧$$

由(13.31)式可得相量電流為：

$$I = Y_C V = (4.7 \times 10^{-3}\ \underline{/90°})(10\ \underline{/20°})\ \text{A} = 0.047\ \underline{/110°}\ \text{A} = 47\ \underline{/110°}\ \text{(mA)}$$

而穩態正弦電流為：

$$i = 47\sin(1000t + 110°)\ \text{(mA)}$$

13.6　克希荷夫定律及相量電路

克希荷夫定律除了可應用於時域電路外，亦可用於頻域相量電路的分析。因此在**弦波穩態時，克希荷夫方程式可直接以電壓相量和電流相量寫出**。若一電路應用 KVL 寫出之方程式為：

$$v_1 + v_2 + v_3 = 0 \text{.. (13.35)}$$

假設每一電壓均具有相同角頻率 ω 的弦波，且電路處於弦波穩態時，則(13.35)式可直接寫成：

$$V_1 + V_2 + V_3 = 0$$

其中 V_1、V_2 和 V_3 分別是 v_1、v_2 和 v_3 的相量電壓。同理，在弦波穩態下，KCL 亦可直接以電流相量寫出方程式，如

$$i_1 + i_2 + i_3 = 0$$

可直接寫成：

$$I_1 + I_2 + I_3 = 0$$

因此，若電路的輸入為弦波時，則可將時域電路轉換成頻域的相量電路，在利用克希荷夫定律分析電路。分析的方法與直流電路相同，只要以阻抗取代電阻，頻域相量值取代時域值，求得頻域相量解後，再將其相量轉換成時域的弦波即可。

相量電路

例如考慮圖 13.5 中的交流電路，它是從時域電路中把所有電壓和電流以相量所取代，並把電源以外元件以阻抗來標記而獲得，圖 13.5 所示電路，就稱之為**相量電路**。

KCL 和 KVL 亦適用於相量電路，且歐姆定律也適用，因此圖 13.5 中電路有

$$\begin{aligned} V_1 &= Z_1 I \\ V_2 &= Z_2 I \end{aligned} \text{.. (13.36)}$$

的方程式，所以相量電路亦可和電阻電路一樣分析。唯一不同的是阻抗為複數，而電阻為實數。而在分析中求得的電壓和電流都是相量，它可立即轉換成時域正弦函數的解答。

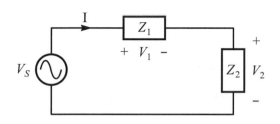

圖 13.5　以相量值表示之電路

例如在圖 13.6(a)所示電路是R、L、C串聯時域電路，將其上的v_S、v_R、v_L、v_C和i以它們各自的相量V_S、V_R、V_L、V_C和I所取代，並把R、L、C以它們的阻抗來標示，而獲得如圖 13.6(b)所示的相量電路。

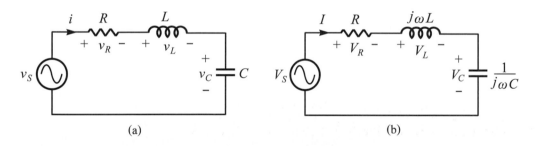

(a)　　　　　　　　　　　　　　(b)

圖 13.6　(a)時域電路，(b)頻域相量電路

若在圖 13.6(a)中電路V_S、R、L和C已知，欲求穩態電流i時，可由圖 13.6(b)相量電路中應用KVL可得：

$$V_R + V_L + V_C = V_S \dotfill (13.37)$$

其中$V_R = RI$，$V_L = j\omega LI$，$V_C = \dfrac{1}{j\omega C}I$，因此(13.37)式變成

$$RI + j\omega LI + \frac{1}{j\omega C}I = V_S$$

或　　　$$\left(R + j\omega L + \frac{1}{j\omega C}\right)I = V_S$$

因此相量電流是

$$I = \frac{V_s}{R + j\omega L + \dfrac{1}{j\omega C}} \quad\text{.. (13.38)}$$

正弦函數電流可由I獲得。

【例題 13.16】

在圖 13.6(a)中，若$R = 3\Omega$，$L = 1H$，$C = \dfrac{1}{4}F$及$v_s = 18\sin 4t$ V，試求穩態電流i的值。

解 電源相量$V_s = 18\underline{/0°}$及$\omega = 4$rad/s，利用(13.38)式可得：

$$I = \frac{18\underline{/0°}}{3 + j(4)(1) + \dfrac{1}{j(4)\left(\dfrac{1}{4}\right)}} = \frac{18\underline{/0°}}{3 + j4 - j1} = \frac{18\underline{/0°}}{3 + j3}$$

$$= \frac{18\underline{/0°}}{3\sqrt{2}\underline{/45°}} = \frac{6}{\sqrt{2}}\underline{/-45°}$$

因此時域電流是

$$i = \frac{6}{\sqrt{2}}\sin(4t - 45°)\ (A)$$

 電學愛玩客

有機發光二極體(OLED)與薄膜電晶體液晶顯示器為不同類型的產品，前者具有自發光性、廣視角、高對比、低耗電、高反應速率、全彩化及製程簡單等優點，有機發光二極體顯示器可分單色、多彩及全彩等種類，而其中以全彩製作技術最為困難。

Chapter **14**

基本交流電路

　　在第十二章把交流正弦函數的電源加到 R、L 和 C 所組成的電路，而產生穩態交流正弦函數的電流和電壓。這些正弦函數的響應與電源頻率相同，但波幅、相位不同。

　　描述交流電路的負載，可視為由 R、L 和 C 單獨作用或相互串、並聯所組成。交流電路會因 R、L 和 C 元件的特性，致使流經的電流波形與元件端電壓波形，在時間上產生不同的相位差(θ)，因此在電路的分析與計算上，不能如直流電路般，採純量的完整計算。

　　如交流電路方程式會有導數，需用微積分來幫助。但可使用稱為**相量**(phasor)來提供很好的解法，這種相量應用於交流電路，如同歐姆定律應用在電阻電路一樣。

　　應用相量法僅需代數和基本三角函數知識即可。若應用相量的複數計算，雖計算過程較直流電路繁雜，但計算方法相同。本章將分別探討 R、L 和 C 元件，單獨或相互串、並聯於交流電源時之電路特性，並計算出阻抗、電流、端電壓及相位差。

14.1 阻抗

阻抗(impedance)是用來作爲交流電路元件阻止電流流過它的量度,其符號爲Z,單位爲歐姆(Ω),其數學式爲:

$$Z = R + jX \quad\text{...} (14.1)$$

式中,R爲電阻,X爲**電抗**,**電抗又可分為感抗**X_L**與容抗**X_C。電阻器的阻抗爲$Z_R = R$,電感器的阻抗(或稱感抗)爲$X_L = j\omega L = \omega L\ \underline{/90°}$,電容的阻抗(或稱為容抗)$X_C = \dfrac{1}{j\omega C} = -j\dfrac{1}{\omega C} = \dfrac{1}{\omega C}\ \underline{/-90°}$。阻抗之串聯與電阻之串聯相同,但其和則爲相量和。當有兩個或以上阻抗串聯時,其總阻抗爲各串接阻抗之和:

$$Z_T = Z_1 + Z_2 + \cdots\cdots + Z_n \quad\text{..} (14.2)$$

由於阻抗有大小及相角,因此執行加法運算時,必須把它們轉換成直角座標型式,然後才能作運算。

14.2 RC 串聯電路

如圖 14.1 所示爲一串聯RC連接交流電壓源之電路。
由於電容器的容抗爲:

$$X_C = \frac{1}{j\omega C} = \frac{1}{\omega C}\ \underline{/-90°} = 0 - j\frac{1}{\omega C} = 0 - j\,|X_C|\ \Omega \quad\text{.......................} (14.3)$$

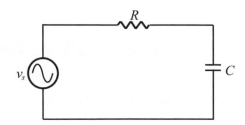

圖 14.1 串聯RC連接交流電壓源之電路

因此總阻抗 Z_T 爲：

$$Z_T = (R + j0) + \left(0 - j\frac{1}{\omega C}\right) = R - j\frac{1}{\omega C} = R - j|X_C| \ \Omega \quad\text{...............}(14.4)$$

其大小與相角分別爲：

$$|Z_T| = \sqrt{R^2 + \left(\frac{1}{\omega C}\right)^2} \quad\text{............................}(14.5)$$

$$\theta = \tan^{-1}\frac{-\dfrac{1}{\omega C}}{R} = \tan^{-1}\frac{-1}{\omega RC}$$

故得以極座標型式表示之**總阻抗** Z_T 爲：

$$Z_T = |Z_T| \angle \theta = \sqrt{R^2 + \left(\frac{1}{\omega C}\right)^2} \Big/ -\tan^{-1}\frac{1}{\omega RC} \quad\text{..........................}(14.6)$$

【例題 14.1】

若圖 14.1 中，$R = 600\Omega$，$C = 2\mu F$，且 $v_s = 20\sin(200t + 30°)$ V，試求其總阻抗，結果並分別以直角座標及極座標型式表示。

解　電容抗的大小爲：$|X_C| = \dfrac{1}{\omega C} = \dfrac{1}{200(2 \times 10^{-6})} = 2500\Omega$

因此由(14.4)式可得：$Z_T = 600 - j2500 \,(\Omega)$

換成極座標型式，得：$Z_T = \sqrt{600^2 + 2500^2} \Big/ \tan^{-1}\left(\dfrac{-2500}{600}\right) = 2571 \ \Big/ -76.5° \ (\Omega)$

【例題 14.2】

如右圖所示之 RC 串聯交流電路，若 $R = 150\Omega$，$C = 5\mu F$，外加電壓電源 $v_s = 200\sin(10^3 t)$V，試求該電路之(a)容抗 X_C，(b)總阻抗 Z_T，(c)總電流 I_T，(d) i 與 v_s 之相位關係，(e) i_T 的正弦表示式，(f)電阻電壓 V_R，(g)電容電壓 V_C。

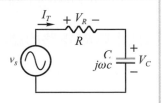

解　(a) $X_C = \dfrac{1}{j\omega C} = \dfrac{1}{\omega C}\angle -90° = \dfrac{1}{10^3(5 \times 10^{-6})}\angle -90° = 200\angle -90°(\Omega)$

(b) $Z_T = R + \dfrac{1}{j\omega C} = R - j\dfrac{1}{\omega C} = 150 - j200\,(\Omega)$

$\qquad = \sqrt{R^2 + \left(\dfrac{1}{\omega C}\right)^2}\angle\tan^{-1}\dfrac{1}{\omega RC} = \sqrt{(150)^2 + (200)^2}\angle -\tan^{-1}\dfrac{250}{150} = 250\angle -53.1°(\Omega)$

(c) $I_T = \dfrac{V_s}{Z_T} = \dfrac{200\angle 0°}{250\angle -53.1°} = 0.8\angle 53.1°\text{(A)}$

(d) $\theta = \theta_i - \theta_v = 53.1° - 0° = 53.1°$　　∴i_T超前v_s53.1°

(e) $i_T = 0.8\sin(10^3 t + 53.1°)\text{(A)}$

(f) $V_R = I_T \times R = 0.8\angle 53.1° \times 150\angle 0° = 120\angle 53.1°\text{(V)}$

(g) $V_C = I_T \times X_C = 0.8\angle 53.1° \times 200\angle -90° = 160\angle -36.9°\text{(V)}$

14.3　RL 串聯電路

如圖14.2所示爲一串聯RL連接交流電壓源之電路。

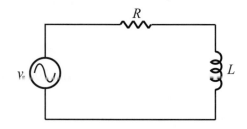

圖14.2　串聯RL連接交流電壓源之電路

由於電感抗隨電壓源的頻率而變且相量型式爲：

$$X_L = j\omega L = \omega L \,\underline{/90°} = 0 + j|X_L|\ \Omega \quad\text{.. (14.7)}$$

電阻的相量型式爲：

$$R\,\underline{/0°} = R + j0\,\Omega \quad\text{.. (14.8)}$$

因此串聯RL電路的總阻抗爲：

$$Z_T = (R + j0) + (0 + j\omega L) = R + j\omega L = R + j|X_L|\ \Omega \quad\text{.............. (14.9)}$$

將上式轉換成極座標型式可得Z_T的大小及相角爲：

$$|Z_T| = \sqrt{R^2 + (\omega L)^2}$$
$$\theta = \tan^{-1}\dfrac{\omega L}{R} \quad\text{.. (14.10)}$$

故得以極座標型式表示之**總阻抗**Z_T為：

$$Z_T = |Z_T| \angle \theta = \sqrt{R^2 + (\omega L)^2} \left/ \tan^{-1} \frac{\omega L}{R} \right. \quad \text{......................(14.11)}$$

【例題 14.3】

若圖 14.2 中，$R = 600\Omega$，$L = 0.4H$，且 $v_s = 2\sin(2000t)\,V$，試求其總阻抗，結果並分別以直角座標及極座標型式表示。

解 電感抗的大小為：$|X_L| = \omega L = 2000 \times 0.4 = 800\Omega$

因此，由(14.9)式，可得總阻抗Z_T的直角座標表示為：$Z_T = 600 + j800(\Omega)$

其中，$|Z_T| = \sqrt{600^2 + 800^2} = 1000\Omega$

$\theta = \tan^{-1} \frac{\omega L}{R} = \tan^{-1} \frac{800}{600} = 53.13°$

故總阻抗的極座標表示式為：$Z_T = 1000 \left/ 53.3° \right. (\Omega)$

【例題 14.4】

如圖 14.2 所示RL串聯電路，若$R = 80\Omega$，$L = 0.6H$，$v_s = 100\sin(1000t)V$，試求(a)感抗X_L，(b)總阻抗Z_T，(c)總電流I_T，(d)v_s與i之相位關係，(e)i的正弦表示式，(f)電阻電壓V_R，(g)電感電壓V_L。

解 (a)感抗$X_L = j\omega L = j100 \times 0.6 = 60\angle 90°(\Omega)$

(b)總阻抗$Z_T = R + j\omega L = 80 + j60(\Omega)$

$\quad = \sqrt{R^2 + (\omega L)^2} \angle \tan^{-1} \frac{\omega L}{R} = \sqrt{80^2 + 60^2} \angle \tan^{-1} \frac{80}{60} = 100\angle 37°(\Omega)$

(c)總電流$I_T = \dfrac{V_s}{Z_T} = \dfrac{100\angle 0°}{100\angle 37°} = 1\angle -37°(A)$

(d)v_s與i之相位差，$\theta = 0 - (-37°) = 37°$，$\therefore v_s$領先$i$ 37°

(e)$i = 1\sin(1000t - 37°)(A)$

(f)$V_R = I_T \times R = 1\angle -37° \times 80\angle 0° = 80\angle -37°(V)$

(g)$V_L = I_T \times X_L = 1\angle -37° \times 60\angle 90° = 60\angle 53°(V)$

14.4 RLC 串聯電路

如圖 14.3 所示爲一串聯RLC連接交流電壓源之電路。

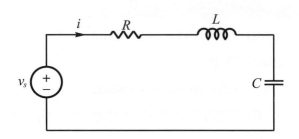

圖 14.3　串聯RLC連接交流電壓源之電路

由於電感器之電抗爲：$X_L = j\omega L = \omega L \underline{/90°}$

而電容之容抗爲：$X_C = \dfrac{1}{j\omega C} = -j\dfrac{1}{\omega C} = \dfrac{1}{\omega C} \underline{/-90°}$

故電路之總阻抗Z_T爲：

$$Z_T = R + j\omega L + \frac{1}{j\omega C} = R + j\left(\omega L - \frac{1}{\omega C}\right) \quad\cdots\cdots\cdots\cdots\cdots (14.12)$$

將上式換成極座標型式爲：

$$Z_T = |Z_T| \underline{/\theta} = \sqrt{R^2 + \left(\omega L - \frac{1}{\omega C}\right)^2} \underline{\bigg/ \tan^{-1}\frac{\omega L - \dfrac{1}{\omega C}}{R}} \quad\cdots\cdots\cdots (14.13)$$

此處$\tan^{-1}\dfrac{\omega L - \dfrac{1}{\omega C}}{R}$爲所加於電路電壓與電流的相角$\theta$。當$\omega L$大於$\dfrac{1}{\omega C}$時，$\theta$爲正角，其電路主要爲電感性，電流落後於所加電壓。反之，當ωL小於$\dfrac{1}{\omega C}$時，θ爲負角，其電流超前於所加電壓。

【例題 14.5】

如圖 14.3 所示電路，若 $R=50\Omega$，$L=0.15H$，$C=25\mu F$，該串聯電路連接於 60Hz，120V 之電源上，試求(a)此電路之阻抗，(b)電流，(c)每部份的電壓。

解 (a)此電路為 RLC 串聯電路，其中

感抗為：$|X_L|=\omega L=2\pi fL=2\pi(60)(0.15)=56.6\Omega$

容抗為：$|X_C|=\dfrac{1}{\omega C}=\dfrac{1}{2\pi fC}=\dfrac{1}{2\pi(60)(25\times10^{-6})}=106\Omega$

由於 $X_C > X_L$，故其淨電抗 X 為：

$X=|X_C|-|X_L|=106-56.6=49.4\ \Omega$(電容性)

應用(14.13)式，電路阻抗為：

$$Z_T=\sqrt{(50)^2+(-49.4)^2}\ \Big/\ \tan^{-1}\dfrac{-49.4}{50}=70.2\ \underline{/-44.7°}\ (\Omega)$$

(b)因 $I=\dfrac{V}{Z}=\dfrac{120\ \underline{/0°}}{70.2\ \underline{/-44.7°}}=1.71\ \underline{/44.7°}\ (A)$

(c)各部份電壓計算如下：

$V_R=RI=(50)(1.71\ \underline{/44.7°})=85.5\ \underline{/44.7°}\ (V)$

$V_L=j\omega LI=(56.6\ \underline{/90°})(1.71\ \underline{/44.7°})=96.8\ \underline{/134.7°}\ (V)$

$V_C=-j\dfrac{1}{\omega C}I=(106\ \underline{/-90°})(1.71\ \underline{/44.7°})\quad=181.3\ \underline{/-45.3°}\ (V)$

【例題 14.6】

有一 RLC 串聯交流電路如下圖所示，若 $R=8\Omega$，$L=2mH$，$C=125F$，當加入 $v_s=100\sin(1000t)V$ 之電壓電源，試求該電路之(a)感抗與容抗，(b)電路特性，(c)電路總阻抗 Z_T，(d)電流 i_T，(e)各元件之電壓，(f)相位差。

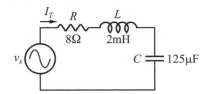

解 (a)感抗$X_L = j\omega L = j1000 \times (2 \times 10^{-3}) = 2\angle 90°(\Omega)$

容抗$X_C = \dfrac{1}{j\omega C} = -j\dfrac{1}{1000 \times (125 \times 10^{-6})} = 8\angle -90°(\Omega)$

(b)因$|X_C| > |X_L|$，故其淨電抗X為：

$X = |X_C| - |X_L| = 4\Omega$，故電路特性呈電容性

(c)電路總阻抗Z_T為：

$$Z_T = \sqrt{R^2 + \left(\omega L - \dfrac{1}{\omega C}\right)^2} \angle \tan^{-1} \dfrac{\omega L - \dfrac{1}{\omega C}}{R}$$

$$= \sqrt{8^2 + (2-8)^2} \angle \tan^{-1}\dfrac{2-8}{8} = 10\angle -36.9°(\Omega)$$

(d) $I_T = \dfrac{V_s}{Z_T} = \dfrac{100\angle 0°}{10\angle -36.9°} = 10\angle 36.9°$

$\therefore i_T = 10\sin(1000t + 36.9°)(A)$

(e)各元件電壓

$V_R = I_T \times R = 10\angle 36.9° \times 8\angle 0° = 80\angle 36.9°(V)$

$V_L = I_T \times X_t = 10\angle 36.9° \times 2\angle 90° = 20\angle 126.9°(V)$

$V_C = I_T \times X_C = 10\angle 36.9° \times 8\angle -90° = 80\angle -53.1°(V)$

(f) $\theta = \theta_{i_T} - \theta_v = 36.9° - 0° = 36.9°$

i_T超前v_s 36.9°，故知此電路為電容性電路

14.5　電導和電納

阻抗的倒數稱為導納(admittance)，以Y表示之；即

$$Y = \dfrac{1}{Z} = \dfrac{1}{R + jX} \quad\text{.............................(14.14)}$$

其單位為姆歐(℧)。阻抗是用來作為電路元件阻止交流電流流過它的量度，而導納則用來作為電路元件容許交流電流流過它的量度。因此電路的阻抗與導納成反比的關係，即阻抗越大，則導納越小，反之亦然。

由(14.14)式，可得：

$$Y = \dfrac{1}{R+jX} = \dfrac{1}{R+jX} \cdot \dfrac{R-jX}{R-jX} = \dfrac{R}{R^2+X^2} - j\dfrac{X}{R^2+X^2} = G - jB \quad\text{.............(14.15)}$$

式中

$$G = \frac{R}{R^2 + X^2} \quad\text{...} (14.16)$$

G 稱為此電路之 **電導**(conductance)，其單位為姆歐($\mho$)。

$$B = \frac{X}{R^2 + X^2} \quad\text{...} (14.17)$$

B 稱為此電路之 **電納**(susceptance)，其單位亦為姆歐($\mho$)。B 可正亦可為負，以電導與電納用複數形式合併，組成該電路的導納。除非電納為零，電導並非電阻的倒數，同理，除非電導為零，電納亦非電抗的倒數。但導納確為阻抗的倒數。

$$Y = \frac{1}{Z} = \frac{1}{R \pm jX} = G \mp jB \quad\text{...} (14.18)$$

由於有電感及電容兩種型態的電抗，因此亦有兩種不同型態的電納：電感納和電容納。

電感納(inductive susceptance)B_L **為電感抗的倒數**，其相量的形式為：

$$B_L = \frac{1}{X_L} = \frac{1}{j\omega L} = \frac{1}{\omega L} \underline{/-90^\circ} = 0 - j\left(\frac{1}{\omega L}\right) \quad\text{.........................} (14.19)$$

電容納(capacitive susceptance)B_C 則 **為電容抗的倒數**，其相量形式為：

$$B_C = \frac{1}{X_C} = j\omega C = \omega C \underline{/90^\circ} = 0 + j\omega C \quad\text{.............................} (14.20)$$

若電抗為電感性，則 $Z = R + jX_L$，其導納的電納部份用負號，$Y = G - jB$，若電抗為電容性，則 $Z = R - jX_C$，其導納的電納部份應註以正號，$Y = G + jB$。因此 $-jB$ 表示電感性電納，或電感納；$+jB$ 表示電容性電納，或電容納。

若阻抗及導納均以極座標表示，則

$$Z = |Z| \underline{/\theta} = \sqrt{R^2 + X^2} \underline{/\tan^{-1} \frac{\pm X}{R}} \quad\text{...} (14.21)$$

$$Y = |Y| \underline{/\theta} = \sqrt{G^2 + B^2} \underline{/\tan^{-1} \frac{\mp B}{G}} = \sqrt{G^2 + B^2} \underline{/-\tan^{-1} \frac{\pm X}{R}}$$

$$= \frac{1}{Z} = \frac{1}{\sqrt{R^2 + X^2} \underline{/\tan^{-1} \frac{\pm X}{R}}} = \frac{1}{\sqrt{R^2 + X^2}} \underline{/-\tan^{-1} \frac{\pm X}{R}} \quad\text{..................} (14.22)$$

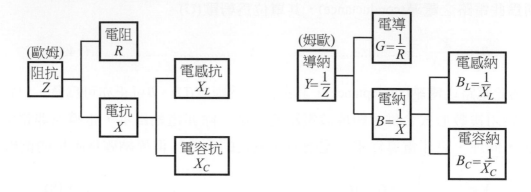

由上兩式可見，導納的數值，為阻抗數值的倒數，其單位為姆歐(℧)；其相角為阻抗角度的負角。

茲將上述阻抗及導納的術語與定義摘要了下表，以供讀者參閱。

【例題 14.7】

若電路元件阻抗為$Z_T = 3 + j4\Omega$，試求其導納，其結果分別以極座標型式與直角座標型式表示之。

解

$$Y = \frac{1}{Z} = \frac{1}{3 + j4}$$

Z轉換成極座標型式，得$Z = \sqrt{3^2 + 4^2} \underline{/\tan^{-1}\frac{4}{3}} = 5 \underline{/53.13°} \, (\Omega)$

因此，$Y = \dfrac{1}{5 \underline{/53.13°}} = 0.2 \underline{/-53.13°} \, (℧)$

$$= 0.2\cos(-53.13°) + j0.2\sin(-53.13°) = 0.12 - j0.16 \, (℧)$$

【例題 14.8】

試求下列各元件之導納：

(a)10Ω電阻器。

(b)在頻率為 60Hz 時之 10mH 電感器。

(c)在$\omega = 1.5 \times 10^6$ rad / sec 時之 4.7μF 電容器。

解

(a)$Y = G = \dfrac{1}{R} = \dfrac{1}{10 \underline{/0°}} = 0.1 \underline{/0°} = 0.1 + j0 \, (℧)$

(b)$|B_L| = \dfrac{1}{\omega L} = \dfrac{1}{2\pi f L} = \dfrac{1}{2\pi(60)(10 \times 10^{-3})} = 0.265\text{℧}$

$Y = B_L = 0 - j|B_L| = 0 - j0.265 = 0.265 \underline{/-90°}\ (\text{℧})$

(c)$|B_C| = \omega C = (1.5 \times 10^6)(4.7 \times 10^{-6}) = 7.05\text{℧}$

$Y = B_C = 0 + j|B_C| = 0 + j7.05 = 7.05 \underline{/90°}\ (\text{℧})$

【例題 14.9】

若有一20μF的電容及一100Ω的電阻，串接於120V，60Hz電源，試求出此電路的導納、電導、電納及電流。

解　　$|X_C| = \dfrac{1}{2\pi f C} = \dfrac{1}{2\pi(60)(20 \times 10^{-6})} = 132.6\,\Omega$

$Z = R - j|X_C| = 100 - j132.6\,\Omega$

$\qquad = \sqrt{(100)^2 + (132.6)^2} \underline{\left/ \tan^{-1} \dfrac{-132.6}{100}\right.}$

$\qquad = 166 \underline{/-53°}\ \Omega$

$Y = \dfrac{1}{Z} = \dfrac{1}{166 \underline{/-53°}} = 0.00603 \underline{/53°}\ (\text{℧})$

$\qquad = 0.00603(\cos 53° + j\sin 53°) = 0.0036 + j0.0048\ (\text{℧})$

所以，$G = 0.0036\text{℧}$，$B = 0.0048(\text{℧})$

$I = \dfrac{V}{Z} = \dfrac{120 \underline{/0°}}{166 \underline{/-53°}} = 0.723 \underline{/53°}\ (\text{A})$

電流的值為 0.723A，較電壓超前 53°。

14.6　RC 並聯電路

如圖 14.4 所示為電阻R與電容C連接交流電壓源的並聯電路。**總導納**Y_T**為**：

$$Y_T = \dfrac{1}{R} + j\omega C = G + jB_C \dotfill (14.23)$$

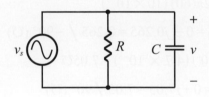

圖 14.4　並聯 RC 連接交流電壓源之電路

其中

$$G = \frac{1}{R} \quad\text{...} (14.24)$$

$$B_C = \omega C = \frac{1}{X_C} = 2\pi f C$$

若以極座標表示，則爲：

$$Y_t = \sqrt{G^2 + B_c^2} \underline{\bigg/ \tan^{-1}\frac{B_C}{G}} = \sqrt{G^2 + B_c^2} \underline{\bigg/ \tan^{-1}\omega RC} \quad\text{......................} (14.25)$$

於並聯電路中，總導納求出後，可利用歐姆定律求出各個元件之端電壓，及電路總阻抗。

【例題 14.10】

　　如右圖所示之並聯 RC 電路，試求其總導納，總阻抗及 v_R 和 v_C，i_R 和 i_C。

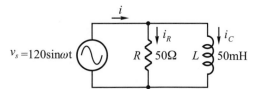

解　電路總導納 Y_T 爲：

$$Y_T = G + jB_C = \frac{1}{R} \underline{\big/ 0°} + \frac{1}{X_C} \underline{\big/ 90°}$$

$$= \frac{1}{40} \underline{\big/ 0°} + \frac{1}{50} \underline{\big/ 90°} = 0.025 \underline{\big/ 0°} + 0.02 \underline{\big/ 90°} \; \text{℧}$$

$$= \sqrt{(0.025)^2 + (0.02)^2} \underline{\bigg/ \tan^{-1}\frac{0.02}{0.025}} = 0.032 \underline{\big/ 38.66°} \; (\text{℧})$$

電路總阻抗爲：$Z_T = \dfrac{1}{Y_T} = \dfrac{1}{0.032 \underline{\big/ 38.66°}} = 31.25 \underline{\big/ -38.66°} \; (\Omega)$

電阻器與電容器兩端之電壓與電源電壓相同，用相量表示爲：

$$V_R = V_C = V_S = 120 \underline{\big/ 0°} \; (\text{V})$$

故 $v_R = v_C = 120 \sin \omega t$ (V)

流經電阻器電流I_R為：$I_R = \dfrac{V_R}{R} = \dfrac{120 \underline{/0°}}{40 \underline{/0°}} = 3 \underline{/0°}$ A，所以$i_R = 3\sin \omega t$ (A)

流經電容器電流I_C為：$I_C = \dfrac{V_C}{X_C} = \dfrac{120 \underline{/0°}}{50 \underline{/-90°}} = 2.4 \underline{/90°}$ A

所以$i_C = 2.4 \sin (\omega t + 90°)$ (A)

【例題 14.11】

如右圖所示RC並聯交流電路，若
$R = 10\Omega$，$X_C = 10\Omega$，$V_s = 50\angle 0°$V，試 利
用分流定理計算(a)I_R，(b)I_C，(c)I_T，(d)
Z_T，(e)Y_T。

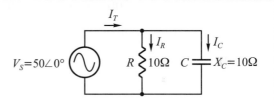

解 (a)$I_R = \dfrac{V_s}{R} = \dfrac{50\angle 0°}{10\angle 0°} = 5\angle 0°$(A)

(b)$I_C = \dfrac{V_s}{X_C} = \dfrac{50\angle 0°}{10\angle -90°} = 5\angle 90°$(A)

(c)$I_T = I_R + I_C = 5\angle 0° + 5\angle 90° = 5 + j5 = \sqrt{5^2 + 5^2}\angle \tan^{-1}\dfrac{5}{5} = 7.07\angle 45°$(A)

(d)$Z_T = \dfrac{V_s}{I_T} = \dfrac{50\angle 0°}{7.07\angle 45°} = 7.07\angle -45°$(Ω)

(e)$Y_T = \dfrac{1}{Z_T} = \dfrac{1}{7.07\angle -45°} = 0.1416\angle 45°$(℧)

【例題 14.12】

如下圖所示RC並聯交流電路，若$v_s = 100\sin(1000t)$V，$R = 100\Omega$，$C = 10\mu$F，
試求(a)總導納Y_T，(b)電路總阻抗Z_T，(c)電容電流i_C，(d)電阻電流i_R，(e)總電流
i_T，(f) i_T與v_s之相位關係。

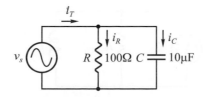

解 (a) $\omega = 1000$rad/sec，$\therefore |X_C| = \dfrac{1}{\omega C} = \dfrac{1}{1000 \times (10 \times 10^{-6})} = 100\Omega$

$$G = \frac{1}{R} \angle 0° = \frac{1}{100} \angle 0° = 0.01 \angle 0° ℧$$

$$B_C = \frac{1}{X_C} = j\omega C = 1000(10 \times 10^{-6}) = 0.01 \angle 90° ℧$$

$$Y_T = G + jB_C = 0.01 \angle 0° + 0.01 \angle 90° = 0.01 + j0.01$$

$$= \sqrt{(0.01)^2 + (0.01)^2} \angle \tan^{-1}\frac{0.01}{0.01} = 0.01\sqrt{2} \angle 45°(℧)$$

(b)$Z_T = \dfrac{1}{Y_T} = \dfrac{1}{0.01\sqrt{2} \angle 45°} = 70.7 \angle -45°(\Omega)$

(c)$V_s = 100 \angle 0°$

$I_C = V_s \times B_C = 100 \angle 0° \times 0.01 \angle 90° = 1 \angle 90°A$

$\therefore i_C = 1\sin(1000t + 90°)(A)$

(d)$I_R = V_s \times G = 100 \angle 0° \times 0.01 \angle 0° = 1 \angle 0°A$

$\therefore i_R = 1\sin(1000t)(A)$

(e)$I_T = I_R + I_C = 1 \angle 0° + 1 \angle 90° = 1 + j1 = \sqrt{1^2 + 1^2} \angle \tan^{-1}\frac{1}{1} = \sqrt{2} \angle 45°A$

$\therefore i_T = \sqrt{2}\sin(1000t + 45°)(A)$

(f)總電流 i_T 超前電源電壓 v_s，$0 - 0_{i_r}$ $0_{v_s} - 15° - 0° = 45°$，電路呈現電容性

14.7　*RL* 並聯電路

並聯交流電路的分析與直流並聯電路的分析頗為相似。在並聯交流電路中之導納 Y 為阻抗 Z 的倒數，即 $Y = \dfrac{1}{Z}$，單位為姆歐。對於並聯電路，我們可利用 14.4 節所討論過的導納來分析比較方便，惟在運算時須以相量方法為之。現先討論並聯 *RC* 電路，後面兩節再分別討論並聯 *RL* 及 *RLC* 電路。

如圖 14.5 所示為並聯 *RL* 連接交流電壓源電路。

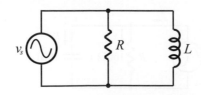

圖 14.5　並聯 *RL* 連接交流電壓源之電路

電路之總導納Y_T為：

$$Y_T = \frac{1}{R} + \frac{1}{j\omega L} = \frac{1}{R} - j\frac{1}{\omega L} = G - jB_L \quad\text{.. (14.26)}$$

其中

$$G = \frac{1}{R} \quad\text{.. (14.27)}$$

$$B_L = \frac{1}{\omega L} = \frac{1}{X_L} = \frac{1}{2\pi f L}$$

若以極座標表示，則為：

$$Y_T = \sqrt{G^2 + B_L^2}\left/\tan^{-1}\frac{-B_L}{G}\right. = \sqrt{G^2 + B_L^2}\left/-\tan^{-1}\frac{R}{\omega L}\right. \quad\text{.................. (14.28)}$$

【例題 14.13】

　　如右圖所示之並聯RL電路，試求其總導納，總阻抗及v_R和v_L，i_R和i_L。

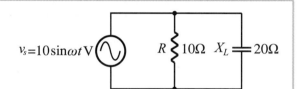
$v_s = 10\sin\omega t\,\text{V}$　　$R\gtrless 10\Omega$　　$X_L = 20\Omega$

解 電路總導納Y_T為：

$$Y_T = G - jB_L = \frac{1}{R}\left/0°\right. + \frac{1}{X_L}\left/-90°\right.$$

$$= \frac{1}{10}\left/0°\right. + \frac{1}{20}\left/-90°\right. = 0.1\left/0°\right. + 0.05\left/-90°\right.\,\mho$$

$$= \sqrt{(0.1)^2 + (0.05)^2}\left/-\tan^{-1}\frac{0.05}{0.1}\right. = 0.112\left/-26.57°\right.(\mho)$$

電路總阻抗為：$Z_T = \dfrac{1}{Y_T} = \dfrac{1}{0.112\left/-26.57°\right.} = 8.93\left/26.57°\right.\,(\Omega)$

由於並聯電路，所以$v_R = v_L = v_s = 10\sin\omega t$　(V)

流經電阻器電流I_R為：$I_R = \dfrac{V_R}{R} = \dfrac{10\left/0\right.}{10\left/0°\right.} = 1\left/0°\right.\,\text{A}$

所以，$i_R = 1\sin\omega t$　(A)

流經電感器電流I_L為：$I_L = \dfrac{V_L}{X_L} = \dfrac{10\left/0°\right.}{20\left/90°\right.} = 0.5\left/-90°\right.\,\text{A}$

所以，$i_L = 0.5\sin(\omega t - 90°)$　(A)

【例題 14.14】

如右圖所示 RL 並聯交流電路，若
$v_s = 100\sin(1000t + 30°)V$，$R = 50\Omega$，$L = 50\text{mH}$，
試求 (a) 總導納 Y_T，(b) 總阻抗 Z_T，(c) 電感電流 I_L，
(d) 電阻電流 I_R，(e) 總電流 I_T，(f) 電路特性。

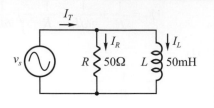

解 (a) $Y_T = G - jB_L = \dfrac{1}{R} - j\dfrac{1}{\omega L} = \dfrac{1}{50} - j\dfrac{1}{1000 \times (50 \times 10^{-3})} = \dfrac{1}{50} - j\dfrac{1}{50}(\mho)$

或 $Y_T = \sqrt{\left(\dfrac{1}{50}\right)^2 + \left(\dfrac{1}{50}\right)^2} \angle -\tan^{-1}\dfrac{\dfrac{1}{50}}{\dfrac{1}{50}} = \dfrac{\sqrt{2}}{50}\angle -45°(\mho)$

(b) $Z_T = \dfrac{1}{Y_T} = \dfrac{1}{\dfrac{\sqrt{2}}{50}\angle -45°} = 25\sqrt{2}\angle 45°(\mho)$

(c) $I_L = V_s \times jB_L = 100\angle 30° \times \dfrac{1}{50}\angle -90° = 2\angle -60°\ (A)$

(d) $I_R = V_s \times G = 100\angle 30° \times \dfrac{1}{50}\angle 0° = 2\angle 30°\ (A)$

(e) $I_T = \dfrac{V_s}{Z_T} = \dfrac{100\angle 30°}{25\sqrt{2}\angle 45°} = 2\sqrt{2}\angle -15°(A)$

(f) V_s 超前 I_T 相位角，$\theta = \theta_{V_T} - \theta_{I_T} = 30° - (-15°) = 45°$

∴ 電路特性呈電感性

14.8 RLC 並聯電路

如圖 14.6 所示為並聯 RLC 連接交流電壓源電路。電路之**總導納** Y_T 為：

$$Y_T = \frac{1}{R} + \frac{1}{j\omega L} + j\omega C = G - jB_L + jB_C = G + j(B_C - B_L) \quad\text{.....................(14.29)}$$

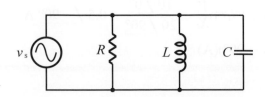

圖 14.6 並聯 RLC 連接交流電壓源之電路

若以極座標表示，則為：

$$Y_T = \sqrt{G^2 + (B_C - B_L)^2} \left/ \tan^{-1}\frac{B_C - B_L}{G} \right.$$

$$= \sqrt{G^2 + (B_C - B_L)^2} \left/ \tan^{-1}R(B_C - B_L) \right. \text{.........................} (14.30)$$

當 ωL 小於 $\dfrac{1}{\omega C}$ 時，I_L 大於 I_C，此並聯電路為電感性，電流落後電壓。反之當 ωL 大於 $\dfrac{1}{\omega C}$ 時，I_L 小於 I_C，此並聯電路為電容性，電流超前電壓。

【例題 14.15】

如下圖所示之並聯 RLC 電路，試求其總導納，總阻抗，v_R、v_L、v_C 及 i_R、i_L 和 i_C。

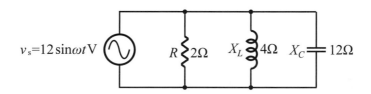

解 電路總導納 Y_T 為：

$$Y_T = G + j(B_C - B_L) = \frac{1}{R} + \frac{1}{j\omega L} + j\omega C$$

$$= \frac{1}{R}\underline{/0°} + \frac{1}{X_L}\underline{/-90°} + \frac{1}{X_C}\underline{/90°}$$

$$= \frac{1}{2}\underline{/0°} + \frac{1}{4}\underline{/-90°} + \frac{1}{12}\underline{/90°}$$

$$= 0.5\underline{/0°} + 0.25\underline{/-90°} + 0.08\underline{/90°}\ \mho$$

$$= \sqrt{G^2 + (B_C - B_L)^2} \left/ \tan^{-1}\frac{B_C - B_L}{G} \right.$$

$$= \sqrt{(0.5)^2 + (0.08 - 0.25)^2} \left/ \tan^{-1}\frac{0.08 - 0.25}{0.5} \right.$$

$$= 0.527\underline{/-18.78°}\ (\mho)$$

電路總阻抗 Z_T 為：

$$Z_T = \frac{1}{Y_T} = \frac{1}{0.527\underline{/-18.78°}} = 1.898\underline{/18.78°}\ (\Omega)$$

由於是並聯電路，所以$v_R = v_L = v_C = v_s = 12\sin\omega t$ V

流經電阻器之電流I_R為：

$$I_R = \frac{V_R}{R} = \frac{12\ \underline{/0°}}{2\ \underline{/0°}} = 6\ \underline{/0°}\ \text{A}$$

所以，$i_R = 6\sin\omega t$ (A)

流經電感器之電流I_L為：

$$I_L = \frac{V_L}{X_L} = \frac{12\ \underline{/0°}}{4\ \underline{/90°}} = 3\ \underline{/-90°}\ \text{A}$$

所以，$i_L = 3\sin(\omega t - 90°)$(A)，

流經電容器之電流I_C為：

$$I_C = \frac{V_C}{X_C} = \frac{12\ \underline{/0°}}{12\ \underline{/-90°}} = 1\ \underline{/90°}\ \text{A}$$

所以$i_C = 1\sin(\omega t + 90°)$(A)

【例題 14.16】

如右圖所示RLC並聯交流電路，若 $R = 200\Omega$，$L = 0.2$H，$C = 10\mu$F，外加電壓 $v_s = 100\sin(10^3 t + 30°)$V，試求(a)總電納B與 電路特性，(b)總導納$Y_T$，(c)總阻抗$Z_T$，

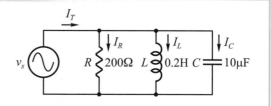

(d)總電流I_T，(e)電阻電流I_R，(f)電感電流I_L，(g)電容電流I_C。

解 (a)電感納B_L為：

$$\because X_L = \omega L = 10^3 \times 0.2 = 200\Omega \qquad \therefore B_L = \frac{1}{X_L} = \frac{1}{200}\mho$$

電容納B_C為：

$$\because X_C = \frac{1}{\omega C} = \frac{1}{10^3(10 \times 10^{-6})} = 100\Omega \qquad \therefore B_C = \frac{1}{X_C} = \frac{1}{100}\mho$$

$$\therefore 總電納\ B = B_C - B_L = \frac{1}{100} - \frac{1}{200} = \frac{1}{200}(\mho)$$

(b)總導納$Y_T = G + jB = \frac{1}{200} + j\frac{1}{200} = \sqrt{\left(\frac{1}{200}\right)^2 + \left(\frac{1}{200}\right)^2}\ \angle\tan^{-1}\frac{\frac{1}{200}}{\frac{1}{200}}$

$$= \frac{\sqrt{2}}{200}\ \angle 45°(\mho)$$

(c)總阻抗 $Z_T = \dfrac{1}{Y_T} = \dfrac{1}{\dfrac{\sqrt{2}}{200}\angle 45°} = 100\sqrt{2}\angle -45°(℧)$

(d)總電流 $I_T = V_s \times Y_T = 100\angle 30° \times \dfrac{\sqrt{2}}{200}\angle 45° = \dfrac{1}{\sqrt{2}}\angle 75°(A)$

(e) $I_R = V_s \times G = 100\angle 30° \times \dfrac{1}{200}\angle 0° = 0.5\angle 30°(A)$

(f) $I_L = V_s \times (-jB_L) = 100\angle 30° \times (\dfrac{1}{200}\angle -90°) = \dfrac{1}{2}\angle -60°\ (A)$

(g) $I_C = V_s \times (jB_C) = 100\angle 30° \times (\dfrac{1}{100}\angle 90°) = 1\angle 120°(A)$

14.9 RLC 串並聯電路

實際之交流電路，單純的串聯落並聯電路較少。且串並聯混合電路，在處理電路問題上，應用性較廣，較能符合實際電路的需要。

在交流電路分析中，為簡化其過程，經常會將串聯阻抗化為等效並聯阻抗，或將並聯阻抗化為等效串聯阻抗，本節將分別介紹兩者間互換原理及公式。

一、串聯阻抗電路轉換為等效並聯阻抗電路

圖 14.7(a)為一串聯阻抗電路，其中 X 為電抗（電感抗或電容抗），圖 14.7(b)為其等效並聯阻抗電路，其中 R_{eq} 與 X_{eq} 分別為等效電阻與等效電抗。

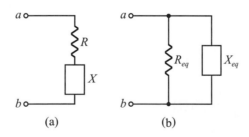

圖 14.7　(a)串聯阻抗電路，(b)等效並聯阻抗電路

由圖 14.7(a)可知 a、b 兩端串聯阻抗為：

$$Z = R \pm jX \quad\text{...} (14.31)$$

其中電抗X，若為電感抗則取$+jX_L$，若為電容抗則取$-jX_C$。由(14.18)式知串聯導納表示式為：

$$Y = \frac{1}{Z} = \frac{1}{R \pm jX} = \frac{1}{R \pm jX} \times \frac{R \mp jX}{R \mp jX} = \frac{R \mp jX}{R^2 - (jX)^2}$$

$$= \frac{R}{R^2 + X^2} \mp j\frac{X}{R^2 + X^2} = G \mp jB \quad\text{.....................} (14.32)$$

其中電納B，若為電感納則取$-jB_L$，若為電容納則取$+jB_C$。

由圖 14.7(b)可知a、b兩端導納為：

$$Y = G \mp jB = \frac{1}{R_{eq}} \mp j\frac{1}{X_{eq}} \quad\text{.....................} (14.33)$$

若圖 14.7(b)為圖 14.7(a)之等效並聯電路，則由(14.32)與(14.33)式可知：等效電阻R_{eq}與等效電抗X_{eq}如下式所示。

$$R_{eq} = \frac{R^2 + X^2}{R} \;,\; X_{eq} = \frac{R^2 + X^2}{X} \quad\text{.....................} (14.34)$$

【例題 14.17】

　　如右圖所示之等效電路，若$R = 2\Omega$，$X = j4\Omega$，若將其轉換為並聯等效電路，試求該電路之：(a)R_{eq}，(b)X_{eq}，(c)G，(d)B_{eq}。

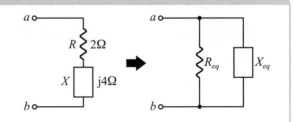

解 由(14.34)式，可得：

(a)$R_{eq} = \dfrac{R^2 + X^2}{R} = \dfrac{2^2 + 4^2}{2} = 10(\Omega)$

(b)$X_{eq} = j\dfrac{R^2 + X^2}{X} = j\dfrac{2^2 + 4^2}{4} = j5(\Omega)$

(c)$G_{eq} = \dfrac{1}{R_{eq}} = \dfrac{1}{10} = 0.1(\mho)$

(d)$B_{eq} = \dfrac{1}{X_{eq}} = \dfrac{1}{j5} = -j0.2(\mho)$

二、並聯阻抗電路轉換為等效串聯阻抗電路

圖 14.8(a)為一並聯阻抗電路,其中X為電抗(電感抗或電容抗),圖 14.8(b)為其等效串聯阻抗電路,其中R_{eq}與X_{eq}分別為等效電阻與等效電抗。

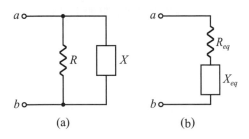

圖 14.8　(a)並聯阻抗電路,(b)等效串聯阻抗電路

由圖 14.8(a)可知a、b兩端並聯阻抗為:

$$Z=\frac{R\times(\pm jX)}{R\pm jX}=\frac{\pm jRX}{R\pm jX}\cdot\frac{R\mp jX}{R\mp jX}=\frac{RX^2\pm jR^2X}{R^2+X^2}$$

$$=\frac{RX^2}{R^2+X^2}\pm j\frac{R^2X}{R^2+X^2}\text{ ....}(14.35)$$

由圖 14.8(b)可知 a、b 兩端串聯阻抗為:

$$Z_{eq}=R_{eq}\pm jX_{eq}\text{ ....}(14.36)$$

若圖 14.8(b)為圖 14.8(a)之等效串聯電路,則由(14.35)與(14.36)式可知:等效電阻R_{eq}與等效電抗X_{eq}如下式所示。

$$R_{eq}=\frac{RX^2}{R^2+X^2}，X_{eq}=\frac{R^2X}{R^2+X^2}\text{ ....}(14.37)$$

圖 14.8(a)為電導G與電納B相並聯之電路,則並聯導納Y為:

$$Y_{eq}=G\mp jB\text{ ....}(14.38)$$

並聯阻抗如(14.38)式所示:

$$Z_{eq}=\frac{1}{Y_{eq}}=\frac{1}{G\mp jB}=\frac{1}{G\mp jB}\times\frac{G\pm jB}{G\pm jB}=\frac{G}{G^2+B^2}\pm j\frac{B}{G^2+B^2}\text{ ....}(14.39)$$

比較(14.36)與(14.39)式，應合乎下列關係：

$$等效串聯阻抗：Z_{eq} = R_{eq} \pm jX_{eq} = \frac{G}{G^2+B^2} \pm j\frac{B}{G^2+B^2} \tag{14.40}$$

又由(14.35)式可得，等效串聯電路之電阻與電抗為：

$$等效電阻 R_{eq} = \frac{RX^2}{R^2+X^2} = \frac{G}{G^2+B^2} \quad\cdots\cdots\cdots\cdots\cdots\cdots (14.41)$$

$$等效電抗 X_{eq} = \frac{R^2X}{R^2+X^2} = \frac{B}{G^2+B^2} \quad\cdots\cdots\cdots\cdots\cdots\cdots (14.42)$$

其中 $G = \dfrac{1}{R}$，$B = \dfrac{1}{X}$

【例題 14.18】

如下圖所示之並聯電路，電路之 $G = \dfrac{1}{10}$℧，$B = -j\dfrac{1}{5}$℧，若將其轉換為串聯等效電路，試求該電路之(a)R_{eq}，(b)X_{eq}。

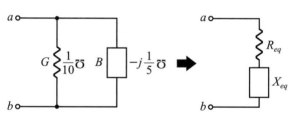

解 $R = \dfrac{1}{G} = \dfrac{1}{\frac{1}{10}} = 10\Omega$，$X = \dfrac{1}{B} = \dfrac{1}{\frac{1}{5}} = 5\Omega$

由(14.41)與(14.42)式，可得：

(a)$R_{eq} = \dfrac{RX^2}{R^2+X^2} = \dfrac{10 \times 5^2}{10^2+5^2} = 2(\Omega)$

(b)$X_{eq} = \dfrac{R^2X}{R^2+X^2} = \dfrac{10^2 \times 5}{10^2+5^2} = 4(\Omega)$

在交流信號下，對於 RLC 串並聯混合電路的分析方法與直流電路的分析方法是相同的。亦即直流電路分析使用的定理或方法，在 RLC 串並聯混合電路均可使用，如 KVL、KCL、分壓定理、分流定理及各種電路分析法等。稍有不同

之處，在於交流*RLC*串並聯混合電路分析過程中，必須以向量複數方式計算，在運算過程中比較複雜。另外在最大功率轉換定理與直流電路分析上有些差異，我們將在 17.7 節中加以說明。

【例題 14.19】

如下圖所示之電路，試求該電路之(a)Z，(b) I，(c) I_1，(d)V_{ab}。

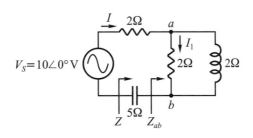

解 $Z_{ab} = 2 \,//\, j2 = \dfrac{2 \times j2}{2+j2} = \dfrac{j4}{2+j2} \times \dfrac{2-j2}{2-j2} = \dfrac{8+j8}{2^2+2^2} = 1+j1$

$\qquad = \sqrt{1^2+1^2} \angle \tan^{-1}\dfrac{1}{1} = \sqrt{2}\angle 45°\,\Omega$

(a)$Z = 2 + Z_{ab} - j5 = 2 + (1+j1) - j5 = 3 - j4 = 5\angle -53.1°(\Omega)$

(b)$I = \dfrac{V_S}{Z} = \dfrac{10\angle 0°}{5\angle -53.1°} = 2\angle 53.1°(A)$

(c)$I_1 = I \times \dfrac{j2}{2+j2} = 2\angle 53.1° \times \dfrac{2\angle 90°}{2\sqrt{2}\angle 45°} = \sqrt{2}\angle 98.1°(A)$

(d)$V_{ab} = I \times Z_{ab} = 2\angle 53.1° \times \sqrt{2}\angle 45° = 2\sqrt{2}\angle 98.1°(A)$

$\quad$ 或 $\quad V_{ab} = I_1 \times 2\Omega = \sqrt{2}\angle 98.1° \times 2\angle 0° = 2\sqrt{2}\angle 98.1°(A)$

Chapter 15

交流穩態分析

　　本章是第十三章相量的應用，在一具有正弦函數電源電路的情況，可以以相量來求得穩態電流和電壓。把時域中所有電流和電壓以相量來取代，並把所有電阻器、電感器、電容器以阻抗標示而獲得相量電路。相量電路則可如電阻電路相同方法求得相量電流或電壓，唯一不同的是 *I* 和 *V* 為相量，而不是時域的 *i* 和 *v* 值，另外阻抗是複數，而電阻是實數。獲得相量解答後，可直接轉換成正弦函數的時域解答。若僅要電流、電壓的峰值，則相量解答已足夠，因此不必再做轉換。

　　在第十四章中，我們討論簡單的 *RL*、*RC*、*RLC* 串、並聯電路，因相量電路和電阻電路性質很相似，但電路只要含有一個正弦函數的電源，或兩個以上相同頻率的電源都可應用相量法來解電路。本章也將相量解法延伸至一般化電路的使用。首先討論各儲能元件 *L* 和 *C* 的 *Q* 值，再利用相量討論 *L* 和 *C* 元件上電壓和電流的關係，及分壓和分流定理，節點和環路分析法等阻抗分析技巧來解交流電路。

15.1 Q 值的意義

儲能元件或儲能元件所組成的電路，**於所儲存能量對所消耗能量的比率，稱之為 Q 值。我們已知電感器和電容器為儲能元件，用以描述一電抗元件，以儲能來抵制在元件中之功率損耗的能力之量測，我們以 Q 值來表示之，即：**

$$Q = \frac{能量儲存}{能量損耗}$$

我們應用 Q 值的觀念，至各別的電感器、電容器和整個電路。Q 值在諧振電路中，是一重要之量測值，我們將在第十八章中討論。

一、電感器的 Q 值

在一電感器中儲存的能量，乃與電感抗成比例；而損耗之能量，則與電感器的內阻成比例，即：

$$能量儲存 = I^2 X_L$$
$$能量損耗 = I^2 R_o。$$

取二者之比率，即得一電感器之 Q 值，即

$$Q = \frac{I^2 X_L}{I^2 R_o} = \frac{X_L}{R_o} = \frac{\omega L}{R_o} \quad \cdots\cdots\cdots (15.1)$$

式中，R_o 為電感器的內阻。Q 值之大小與頻率成正比，Q 值將隨頻率之增加而增大。故電感器可被設計之工作於一些高的頻率範圍，而仍具有一般性的 Q 值。電感器之 Q 值約在 5 至 200 之間。

二、電容器的 Q 值

電容器除了電解度電容器具有較低的損失外，一般的電容器都有很高的 Q 值。電容器的 Q 值為：

$$Q = \frac{I^2 X_C}{I^2 R_o} = \frac{X_C}{R_o} = \frac{1}{\omega R_o C} \quad \cdots\cdots\cdots\cdots\cdots\cdots\cdots (15.2)$$

式中，R_o為電容器的有效串聯電阻，此值通常接近於零，故一般的電容器的Q值很高。例如雲母質電容器工作於高頻率範圍時，其Q值約 1400 至 10000，在低頻率時，Q值就更高了。

三、串聯電路的 Q 值

在一串聯電路中，我們求Q值，乃求**電抗對電阻的比率**，即：

$$Q = \frac{X}{R_s} = \frac{1}{R_o + R} \text{...(15.3)}$$

式中，R_S為$R_o + R$，R_o為元件的內阻，R為串聯之電阻值。

串聯 RC 電路之 Q 值為：

$$Q = \frac{X_C}{R_S} = \frac{\dfrac{1}{\omega C}}{R_o + R} = \frac{1}{\omega C(R_o + R)} \text{.................................(15.4)}$$

串聯 RL 電路之 Q 值為：

$$Q = \frac{X_L}{R_S} = \frac{\omega L}{R_o + R} \text{..(15.5)}$$

由上兩式知道，電路中因外加一串聯電阻值，以增加能量之損耗，此所加之電阻值，乃減低電路之Q值。

四、並聯電路的 Q 值

在一並聯電路中，我們求Q值，乃求**電阻對電抗的比率**，即：

$$Q = \frac{R_P}{X} \text{...(15.6)}$$

並聯 RC 電路之 Q 值為：

$$Q = \frac{R_P}{|X_C|} = \omega R_p C \text{...(15.7)}$$

並聯 RL 電路之 Q 值為：

$$Q = \frac{R_P}{|X_L|} = \frac{R_P}{\omega L} \text{..(15.8)}$$

【例題 15.1】

(a)一只100μH之電感器的Q值為80,當其工作於400kHz時,試求電感器之電阻值R_o。

(b)一只100pF之電容器,其等效之串聯電阻值為2Ω,當工作於20MHz時,試求其Q值。

解 (a)利用(15.1)式,可知:

$$R_o = \frac{\omega L}{Q} = \frac{2\pi f L}{Q} = \frac{2\pi (400 \times 10^3)(100 \times 10^{-6})}{80} = 3.14(\Omega)$$

(b)利用(15.2)式,可得:

$$Q = \frac{1}{\omega R_o C} = \frac{1}{2\pi f R_o C} = \frac{1}{2\pi (20 \times 10^6)(2) \times (100 \times 10^{-12})} = 39.8$$

【例題 15.2】

如下圖所示電路,若工作頻率為100kHz,試求電路之Q值。

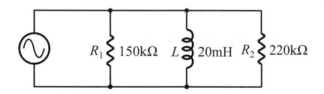

解 其為RL並聯電路,利用(15.8)式,可得電路之Q值為:

$$Q = \frac{R_P}{\omega L} = \frac{R_1 // R_2}{2\pi f L} = \frac{150k // 220k}{2\pi (100 \times 10^3)(20 \times 10^{-3})} = 7.1$$

15.2 相量關係

　　我們在第十二章第七節曾介紹交流電路元件上電壓與電流之關係，在本節我們將用相量來討論元件上電壓與電流之關係。

超前與落後

　　設兩個相同頻率不同相位之正弦函數如圖 15.1 所示，其中：

$$v_1 = V_m \sin \omega t$$

和

$$v_2 = V_m \sin (\omega t + \theta)$$

v_1 以虛線表示，v_2 以實線表示，圖中實曲線峰值那點比虛曲線向左移動或提早了 $\omega t = \theta$ 弳(rad)或 $t = \dfrac{\theta}{\omega}$ 秒(s)，我們稱 v_2 **超前** v_1 為 θ 弳(或度)或 $\dfrac{\theta}{\omega}$ 秒。反之，亦可稱之 v_1 **落後** v_2 為 Q 弳(或度)。

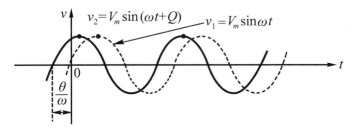

圖 15.1　不同相位之正弦函數

　　一般情況，若兩正弦函數為：

$$v_1 = V_1 \sin (\omega t + \theta_1) \quad\dotfill\quad (15.9)$$

和

$$v_2 = V_2 \sin (\omega t + \theta_2)$$

則正弦函數 v_1 超前 v_2 為 $(\theta_1 - \theta_2)$ rad，亦可稱之 v_2 落後 v_1 為 $(\theta_1 - \theta_2)$ rad，例如：

$$v_1 = 3 \sin (377t + 40°)$$

和

$$v_2 = 8 \sin (377t + 10°)$$

則 v_1 超前 v_2 為 $(40° - 10°) = 30°$，或 v_2 落後 v_1 為 $30°$。

電阻器的相位關係

電阻器 R 上之電壓若為：

$$v = V_m \sin(\omega t + \theta) \quad\text{...} (15.10)$$

則電流 $i = \dfrac{v}{R}$，或

$$i = I_m \sin(\omega t + \theta) \quad\text{...} (15.11)$$

式中，$I_m = \dfrac{V_m}{R}$。因此電阻器中正弦電壓和電流具有相同相位 θ，稱為**同相**(in phase)，如圖 15.2 所示。圖中兩條曲線的峰值都在同一時間發生。

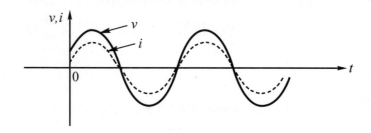

圖 15.2　電阻器的電壓和電流波形

電感器的相位關係

若電感器 L 上之電壓為：

$$v = V_m \sin(\omega t + \theta) \quad\text{...} (15.12)$$

電壓相量為：

$$V = V_m \underline{/\theta}$$

則電流相量為：

$$I = \frac{V}{Z_L} = \frac{V}{j\omega L} = \frac{V_m \underline{/\theta}}{\omega L \underline{/90°}} = \frac{V_m}{\omega L} \underline{/\theta - 90°} = I_m \underline{/\theta - 90°}$$

此處 $I_m = \dfrac{V_m}{\omega L}$，因此電感器上之電壓和電流為：

$$v = V_m \sin\left(\omega t + \theta\right) \quad\text{...}\quad (15.13)$$
$$i = I_m \sin\left(\omega t + \theta - 90°\right)$$

由(15.13)式，可知電感器上的電壓超前電流，或電流落後電壓 $\theta - (\theta - 90°) = 90°$。
如圖 15.3 所示，可看出電流的峰值在 v 的後面，故知電流落後的電壓。

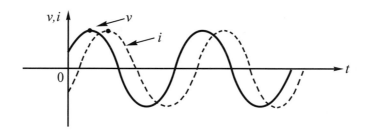

圖 15.3　電感器的電壓和電流波形

電容器的相位關係

若電容器 C 上之電壓為：

$$v = V_m \sin\left(\omega t + \theta\right) \quad\text{...}\quad (15.14)$$

電壓相量為：

$$V = V_m \angle\, \theta$$

則電流相量為：

$$I = \frac{V}{Z_c} = \frac{V}{\dfrac{1}{j\omega C}} = \frac{V_m \angle\, \theta}{\dfrac{1}{\omega C} \angle\, {-90°}} = \omega C V_m \angle\, {\theta + 90°} = I_m \angle\, {\theta + 90°}$$

此處 $I_m = \omega C V_m$，因此電容器上之電壓和電流為：

$$v = V_m \sin\left(\omega t + \theta\right) \quad\text{...}\quad (15.15)$$
$$i = I_m \sin\left(\omega t + \theta + 90°\right)$$

由(15.15)式，可知 i 和 v 異相(out phase)90°，或電流 i 超前電壓 v，$(\theta + 90°) - \theta = 90°$。如圖 15.4 所示，可看出電流的峰值在電壓峰值的前面。

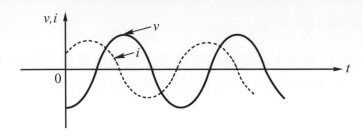

圖 15.4　電容器的電壓和電流波形

【例題 15.3】

有一電路元件電壓為 $v = 30 \sin(10t + 20°)$ V，若元件是(a)2H 電感器，(b)$\frac{1}{2}$F 電容器，(c)阻抗 $Z = 8 + j6\ \Omega$，試求它們電壓與電流的相位關係。

解　由題知，角頻率 $\omega = 10$ rad/s，及電壓相量 $V = 30\ \underline{/20°}$ V

(a)電流相量是：

$$I = \frac{V}{Z_L} = \frac{V}{\omega L\ \underline{/90°}} = \frac{30\ \underline{/20°}}{10(2)\ \underline{/90°}} = 1.5\ \underline{/-70°}\ \text{A}$$

因此電流是 $i = 1.5\sin(10t - 70°)$ A，且落後電壓

$20° - (-70°) = 90°$

(b)電流相量是：

$$I = \frac{V}{Z_c} = \frac{V}{\dfrac{1}{\omega C}\ \underline{/-90°}} = \frac{30\ \underline{/20°}}{\dfrac{1}{10 \times \dfrac{1}{2}}\ \underline{/-90°}} = 150\ \underline{/110°}\ \text{A}$$

因此電流是 $i = 150\sin(10t + 110°)$ A，且超前電壓

$110° - 20° = 90°$

(c)電流相量是：

$$I = \frac{V}{Z} = \frac{30\ \underline{/20°}}{8 + j6} = \frac{30\ \underline{/20°}}{10\ \underline{/36.9°}} = 3\ \underline{/-16.9°}\ \text{A}$$

因此電流是 $i = 3\sin(10t - 16.9°)$ A，且落後電壓

$20° - (-16.9°) = 36.9°$

【例題 15.4】

若 $i_1 = (10 \cos 5t - 10\sqrt{3} \sin 5t)$ A，$i_2 = (20 \cos 5t - 20 \sin 5t)$ A，試求 i_1 與 i_2 之相位關係。

解 $i_1 = (10 \cos 5t - 10\sqrt{3} \sin 5t) = \sqrt{(10)^2 + (10\sqrt{3})^2} \cos(5t + \theta_1)$

$\theta_1 = \tan^{-1} \dfrac{10\sqrt{3}}{10} = \tan^{-1}\sqrt{3} = 60°$

$i_2 = (20 \cos 5t - 20 \sin 5t) = \sqrt{(20)^2 + (20)^2} \cos(5t + \theta_2)$

$\theta_2 = \tan^{-1} \dfrac{20}{20} = \tan^{-1} = 45°$

$\theta_1 - \theta_2 = 60° - 45° = 15°$

所以 i_1 超前 i_2 15°

15.3　分壓定理和分流定理

一、分壓定理

　　交流電路的分壓定理在觀念上與直流電路分壓定理相同，只是在**交流電路是以相量表示**，而直流電路是以代數和表示。如圖 15.5 所示，加一交流電壓於阻抗相串聯的電路，任一阻抗 Z_X 之壓降 V_X 為電路兩端電壓乘以 $\dfrac{Z_X}{Z_T}$，亦即：

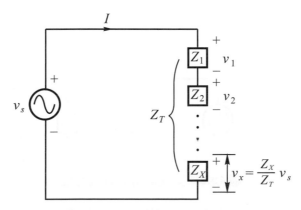

圖 15.5　交流電路的分壓定理

$$V_X = \frac{Z_X}{Z_T} V_S \dotfill (15.16)$$

上式中，Z_X 可為單一元件或數個元件的總阻抗。

二、分流定理

如同分壓定理，交流電路的分流定理在觀念上與直流電路相同。**只是在交流電路是以相量表示**。如圖 15.6 所示，電路在兩端點的導納是：

$$Y_T = Y_1 + Y_2$$

因此，我們可得：

$$V = \frac{I}{Y_T} = \frac{I}{Y_1 + Y_2}$$

且由圖中可看出

$$V_1 = Z_1 I_1$$
$$V_2 = Z_2 I_2$$

把 V 值代入上兩式，可得

$$I_1 = \frac{Y_1}{Y_1 + Y_2} I = \frac{Z_2}{Z_1 + Z_2} I \dotfill (15.17)$$

$$I_2 = \frac{Y_2}{Y_1 + Y_2} I = \frac{Z_1}{Z_1 + Z_2} I$$

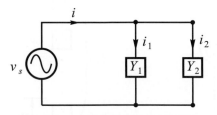

圖 15.6　交流電路的分流定理

【例題 15.5】

如下圖所示電路，若 $v_s = 10 \sin 2t$ V，試求出穩態電壓 v。

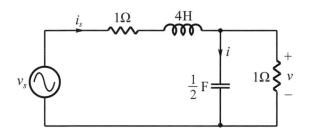

解　電源相量是 $V_s = 10 \underline{/0°}$，頻率 $\omega = 2$ rad/s，因此電感器和電容器的阻抗是：

$$Z_L = j\omega L = j(2)(4) = j8\Omega$$

$$Z_C = \frac{1}{j\omega C} = -j\frac{1}{(2)\left(\frac{1}{2}\right)} = -j1\Omega$$

把 1Ω 電阻器和 $j8\Omega$ 電感器組合串聯等效阻抗為：

$$Z_1 = 1 + j8\Omega$$

同樣地，$-j1\Omega$ 電容器和 1Ω 電阻器是並聯，等效阻抗是：

$$Z_2 = \frac{(-j1)\times(1)}{(-j1)+1} = \frac{-j1}{-j1+1} = \frac{-j1}{1-j1} \cdot \frac{(1+j1)}{1+j1} = \frac{1-j1}{2}\Omega$$

此結果如下圖所示的等效電路，利用分壓定理可得：

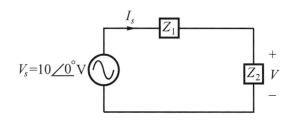

$$V = \frac{Z_2}{Z_1+Z_2}V_s = \frac{\dfrac{1-j1}{2}}{(1+j8)+\dfrac{1-j1}{2}}10\underline{/0°}$$

$$= \frac{10\sqrt{2}\underline{/-45°}}{15.3\underline{/78.7°}} = 0.92\underline{/-123.7°}\ \text{V}$$

因此，穩態正弦電壓是：

$$v = 0.92\sin(2t - 123.7°)\ (\text{V})$$

【例題 15.6】

如下圖所示電路，試求 i_1 及 i_2 之穩態值

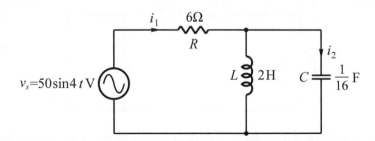

$$v_s = 50\sin 4t\ \text{V}$$

解 電源相量是 $V_s = 50\ \underline{/0°}$，頻率 $\omega = 4\ \text{rad/s}$，因此電感器和電容器的阻抗是：

$$Z_L = j\omega L = j(4)(2) = j8\,\Omega$$

$$Z_C = \frac{1}{j\omega C} = -j\frac{1}{\omega C} = -j\frac{1}{(4)\left(\dfrac{1}{16}\right)} = -j4\,\Omega$$

設 Z_1 為 $j8\Omega$ 電感器和 $-j4\Omega$ 電容器並聯等效阻抗，則 Z_1 為：

$$Z_1 = (j8)\,\|\,(-j4) = \frac{(j8)(-j4)}{(j8)+(-j4)} = -j8\,\Omega$$

因此，i_1 的電流相量 I_1 為：

$$I_1 = \frac{V_s}{R+Z_1} = \frac{50\ \underline{/0°}}{6-j8} = \frac{50\ \underline{/0°}}{10\ \underline{/-53.1°}} = 5\ \underline{/53.1°}\ \text{A}$$

故穩態電流 i_1 為：

$$i_1 = 5\sin(4t+53.1°)\ (\text{A})$$

利用分流定理可得 I_2 為：

$$I_2 = \frac{Z_L}{Z_L+Z_C}I_1 = \frac{j8}{(j8)+(-j4)}I_1 = 2I_1 = 10\ \underline{/53.1°}\ \text{A}$$

故穩態電流 i_2 為：

$$i_2 = 10\sin(4t+53.1°)\ (\text{A})$$

15.4 節點分析法

　　交流電路中的節點分析法與直流電路中的節點分析法相同。若僅有一未知節點電壓，則僅需用相量寫出一節點方程式，所獲得解答為相量，將之轉換成時域的正弦波函數解答即可。若一較複雜的電路，可能有數個節點電壓，因此就必需用相量寫出聯立方程式，而可利用消去法或克拉姆法則(Cramer's rule)求解，再把所得的相量解轉回時域，即可得弦波時域的弦波穩態值。下列例題分別說明含有一個與多個未知節點電壓電路如何應用節點分析法。

【例題 15.7】

　　如下圖所示電路中，試用節點分析法求穩態節點電壓v。

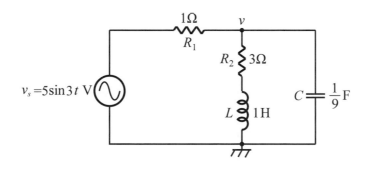

解　因$\omega = 3$ rad/s，可獲得如下圖所示的相量電路。在標示V的節點上的節點方程式是：

$$I_1 + I_2 + I_3 = 0$$

上式使用歐姆定律而以V項來代替而變成

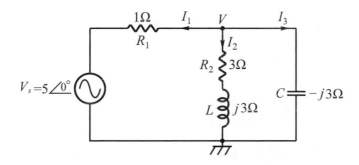

$$\frac{V - 5\big/0°}{1} + \frac{V}{3+j3} + \frac{V}{-j3} = 0$$

整理之，可得：

$$V = \frac{5\big/0°}{\dfrac{7}{6} - j\dfrac{1}{6}} = \frac{5\big/0°}{1.18\big/-8.1°} = 4.2\big/8.1°\ \text{V}$$

因此時域電壓為：

$$v = 4.2\sin(3t + 8.1°)\ (\text{V})$$

【例題 15.8】

如下圖所示電路，若輸入為一電流電源 $i_s = 10\sin(2t + 30°)$ A，試利用節點分析法求穩態電壓 v_3 之值。

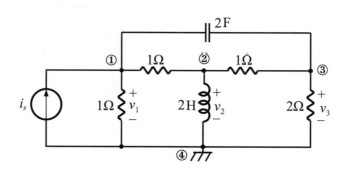

解 我們以①、②和③此三節點至參考點④電壓的相量寫出三個節點的 *KCL* 方程式，故得：

節點① : $\dfrac{V_1}{1} + \dfrac{V_1 - V_2}{1} + j4(V_1 - V_3) = I_s$

或　$(2+j4)V_1 - V_2 - j4V_3 = I_s$ ....(1)

節點② : $\dfrac{V_2}{j4} + \dfrac{V_2 - V_3}{1} = \dfrac{V_1 - V_2}{1}$

或　$V_1 - \left(2 + \dfrac{1}{j4}\right)V_2 + V_3 = 0$ ....(2)

節點③ : $\dfrac{V_3}{2} = \dfrac{V_2 - V_3}{1} + j4(V_1 - V_3)$

或　$j4V_1 + V_2 - \left(\dfrac{3}{2} + j4\right)V_3 = 0$ ....(3)

將(1)、(2)、(3)式利用克拉姆法則，即可得電壓相量V_3，爲：

$$V_3 = \frac{\begin{vmatrix} (2+j4) & -1 & I_s \\ 1 & -\left(2+\dfrac{1}{j4}\right) & 0 \\ j4 & 1 & 0 \end{vmatrix}}{\begin{vmatrix} (2+j4) & -1 & -j4 \\ 1 & -\left(2+\dfrac{1}{j4}\right) & 1 \\ j4 & 1 & -\left(\dfrac{3}{2}+j4\right) \end{vmatrix}} = \frac{2+j8}{6+j11.25} I_s = \frac{8.25 \underline{/75.9°}}{12.75 \underline{/61.9°}} 10 \underline{/30°}$$

$$= 6.45 \underline{/44°}\text{V}$$

因此V_3的時域電壓是：

$$v_3 = 6.45\sin(2t+44°) \text{ (V)}$$

15.5　網目分析法

　　與節點分析法相似，穩態交流相量電路的網目分析法是和直流電路完全相同。使用網目分析法時，首先應用KVL於若干個封閉之環路，建立若干個未知變數爲網目電流的方程式，然後再解此聯立方程式。由於**本分析法需要電路的電源皆爲電壓電源**，因此，在使用網目分析法分析電路前，務必把**電流電源轉換成等效的電壓電源**。

　　若電路有超過一個以上相同頻率的電源時，則可和直流電路分析法完全相同。若含有一個以上不同頻率的電源時，這時就不能用此法分析，而可用第十六章第一節的重疊定理來解決這個問題。

【例題 15.9】

如下圖所示電路,試利用網目分析法求穩態電流 i 的值。

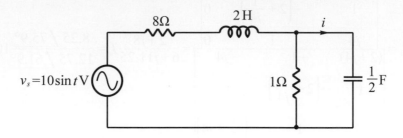

解 因頻率 $\omega = 1$ rad/s,故可獲得阻抗於下圖中的相量電路。

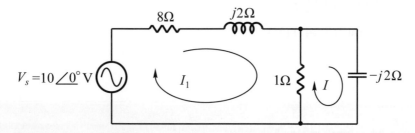

8Ω和 $j2$ Ω阻抗是串聯,因此等效阻抗是 $8+j2$ Ω。因此標示 I_1 網目方程式為:

$$(8+j2)I_1 + 1(I_1 - I) = 10 \underline{/0°}$$

或　$(9+j2)I_1 - I = 10 \underline{/0°}$　　　　　　　(1)

而標示 I 的網目方程式為:

$$1(I - I_1) = -j2I$$

或　$I_1 - (1-j2)I = 0$　　　　　　　(2)

由(2)式可得:

$I_1 = (1-j2)I$,代入(1)式,可得

$$(9+j2)(1-j2)I - I = 10 \underline{/0°}$$

整理之,可得:

$$I = \frac{10 \underline{/0°}}{12 - j16} = \frac{10 \underline{/0°}}{20 \underline{/-53.1°}} = 0.5 \underline{/53.1°} \text{ A}$$

將之轉換成時域電流 i 為:

$$i = 0.5\sin(t + 53.1°) \text{ (A)}$$

【例題 15.10】

如下圖所示雙電源電路中，試求其穩態電流 i 與 i_1 之值

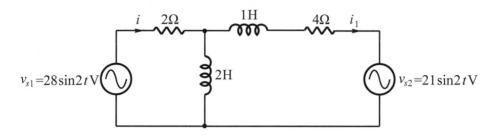

解 其相量電路如下圖所示，可得網目方程式為：

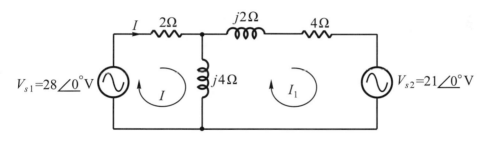

$$(2+j4)I - j4I_1 = 28 \quad\text{...(1)}$$

$$-j4I + (4+j6)I_1 = 21 \quad\text{...(2)}$$

利用克拉姆法則，可得：

$$I = \frac{\begin{vmatrix} 28 & -j4 \\ -21 & 4+j6 \end{vmatrix}}{\begin{vmatrix} 2+j4 & -j4 \\ -j4 & 4+j6 \end{vmatrix}} = \frac{112+j84}{j28} = \frac{140\,\angle 36.7°}{28\,\angle 90°} = 5\,\angle -53.1° \text{ A}$$

$$I_1 = \frac{\begin{vmatrix} 2+j4 & 28 \\ -j4 & -21 \end{vmatrix}}{\begin{vmatrix} 2+j4 & -j4 \\ -j4 & 4+j6 \end{vmatrix}} = \frac{-42+j28}{j28} = \frac{50.48\,\angle -146.3°}{28\,\angle 90°} = 1.8\,\angle -236.3° \text{ A}$$

故得正弦函數電流是：

$$i = 5\sin(2t - 53.1°) \text{ (A)}$$

$$i_1 = 1.8\sin(2t - 236.3°) \text{ (A)}$$

15.6 相量圖

由於相量是複數，有大小及方向(相角)，是故有時亦可視為向量(vecter)，因此交流電路的相量分析類似傳統的向量分析，為了保持與向量一致，我們可以把相量畫在平面上，且相量的加和減可由作圖法來完成，這種圖稱之為**相量圖**(phasor diagrams)，在分析交流穩態電路中非常有用。

依所畫電路相量圖，用圖解法求得相量電流和電壓，相量間的相角和大小關係可由圖表示，且相量的加法和減法是依照克希荷夫定律來完成。在**串聯相量電路，電流相量I是所有元件所共有，因此把它當參考相量**，即相角為$0°$，並畫在正實數軸上，其它相量將以參考相量為準而劃出。**在並聯相量電路，電壓相量V是所有元件所共有的，所以以它為參考相量**，把其它相量將以參考相量為準而劃出。

圖 15.7 所示係RLC串聯相量電路，電流相量I是所有元件所共有，因此選擇參考相量I為：

$$I = I_m \underline{/0°} \dots\dots\dots\dots\dots\dots\dots\dots\dots\dots\dots\dots\dots\dots\dots\dots\dots (15.18)$$

以此為基準畫出其它的相量。

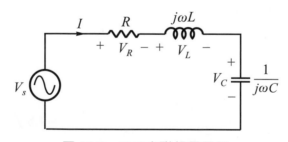

圖 15.7　RLC 串聯相量電路

電阻器的相量圖

在圖 15.7 電阻器R中，可知電壓和電流同相，由(15.18)式可得：

$$V_R = RI = RI_m \underline{/0°} \dots\dots\dots\dots\dots\dots\dots\dots\dots\dots\dots\dots\dots\dots\dots (15.19)$$

其相量圖示於圖 15.8(a)中，圖中參考相量I是用來和V_R有所區別。

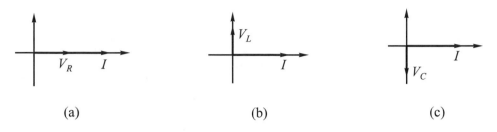

圖 15.8　(a)電阻器，(b)電感器及(c)電容器的電流和電壓之相量圖

電感器相量圖

在圖 15.7 中電感器L，電流I落後電壓V_L 90°，由(15.19)式可得其關係式為：

$$V_L = j\omega LI = j\omega LI_m \underline{/90°} \quad\text{......................................(15.20)}$$

其相量圖示於圖 15.8(b)中，在圖中電流相量的相角是比電壓相量落後 90°。

電容器相量圖

在圖 15.7 中電容器C，電流I超前電壓V_C 90°，由(15.19)式可得：

$$V_C = \frac{1}{j\omega C}I = \frac{I_m \underline{/0°}}{\omega C \underline{/90°}} = \frac{I_m}{\omega C} \underline{/-90°} \quad\text{...(15.21)}$$

其相量圖示於圖 15.8(c)中，在圖中電流相量的相角是比電壓相量超前 90°。

*RLC*串聯相量電路的相量圖

由*KVL*可知

$$V_R + V_L + V_C = V_S$$

因V_L有正虛數部份，而V_C有負虛數部份，故$V_L + V_C$會有一數在j軸上。若$|V_L| > |V_C|$，則為正j軸的數目，如圖 15.9(a) 所示。完成由$V_L + V_C$及V_R所組成的平行四邊形而得電壓相量和V_S，可知$|V_S|$的大小及V_S的相角θ是超前電流I，且感抗大於容抗，因此淨電抗為電感性。若$|V_L| < |V_C|$則為負j軸的數目，如圖(b)所示，其電壓相量和V_S落後電流I一個θ角，且容抗大於感抗，因此淨電抗為電容性。若$|V_L| = |V_C|$，則感抗與容抗互相抵消，如圖 15.9(c)所示，其電壓相量和$V_S = V_R$，故電路如同純電阻性電路一樣。

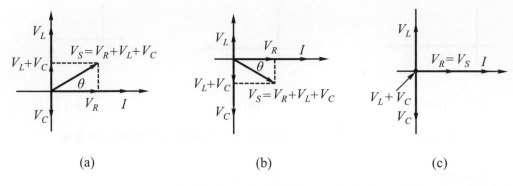

圖 15.9　　(a)$|V_L|>|V_c|$，(b)$|V_L|<|V_c|$，(c)$|V_L|=|V_c|$的相量圖

【例題 15.11】

　　在RLC串聯相量電路如圖 15.7 所示，若$R=3\Omega$，$j\omega L=j8\Omega$，$\dfrac{1}{j\omega C}=-j4\Omega$，$V_s=10\underline{/0°}$ V，試使用相量圖求I值。

解　取I為參考相量，並任意給它的值為：

$$I=1\underline{/0°} \quad\cdots\cdots\cdots\cdots\cdots\cdots\cdots\text{①}$$

則元件電壓為：

$$V_R=RI=3(1\underline{/0°})=3\underline{/0°}\text{ V}$$

$$V_L=j8I=j8=8\underline{/90°}\text{ V} \quad\cdots\cdots\cdots\cdots\text{②}$$

$$V_C=-j4I=-j4=4\underline{/-90°}\text{ V}$$

這些數值畫於下圖中，其相量和V_s由圖解法求

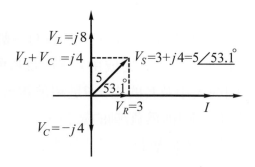

得為：

$$V_S=V_R+V_L+V_C=3+j4=5\underline{/53.1°}\text{ V}$$

此計算值V_S為$5\,\underline{/53.1°}$與題目所給眞實值V_S為$10\,\underline{/0°}$不同，故應校正計算值$5\,\underline{/53.1°}$等於眞實值$10\,\underline{/0°}$ V，必須將計算值的大小乘以2，而把相角減去$53.1°$ ($\dfrac{10\,\underline{/0°}}{5\,\underline{/53.1°}} = 2\,\underline{/-53.1°}$)。這調整亦要校正①式和②式的計算值$I$，$V_R$，$V_L$和$V_C$至它們的正確值為：

$$I = 2\,\underline{/-53.1°} \times 1\,\underline{/0°} = 2\,\underline{/-53.1°}\text{ (A)}$$

$$V_R = 2\,\underline{/-53.1°} \times 3\,\underline{/0°} = 6\,\underline{/-53.1°}\text{ (V)}$$

$$V_L = 2\,\underline{/-53.1°} \times 8\,\underline{/90°} = 16\,\underline{/36.9°}\text{ (V)}$$

$$V_C = 2\,\underline{/-53.1°} \times 4\,\underline{/-90°} = 8\,\underline{/-143.1°}\text{ (V)}$$

【例題 15.12】

使用相量圖，求如下圖所示之RLC並聯相量電路的V值。

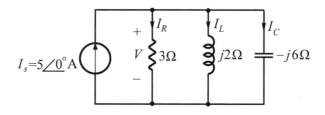

解　因並聯電路，故取V為參考相量，並任意給它的值為：

$$V = 1\,\underline{/0°}\text{ V}$$

則元件電流為：

$$I_R = \frac{V}{3} = \frac{1}{3}\,\underline{/0°}\text{ A}$$

$$I_L = \frac{V}{j2} = -j\frac{1}{2} = \frac{1}{2}\,\underline{/-90°}\text{ A}$$

$$I_C - \frac{V}{-j6} = j\frac{1}{6} = \frac{1}{6}\,\underline{/90°}\text{ A}$$

這些數值劃於下圖中，其相量和I_S由圖解法求得為：

$$I_S = I_R + I_L + I_C$$
$$= \frac{1}{3} - j\frac{1}{3} = \frac{\sqrt{2}}{3}\,\underline{/-45°}\text{ A}$$

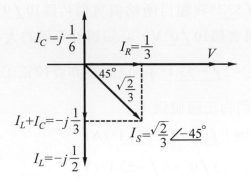

由相量圖知電流I_s落後電壓V 45°，真實大小和相角可由計算值$\dfrac{\sqrt{2}}{3}$ $\angle -45°$

和其實值$5 \angle 0°$求出。校正值，必須將計算值大小乘以$\dfrac{15}{\sqrt{2}}$ (因

$\dfrac{5 \angle 0°}{\dfrac{\sqrt{2}}{3} \angle -45°} = \dfrac{15}{\sqrt{2}} \angle 45°$)，並把計算值相角加45°，將此種校正方法用在其

他計算值而得校正值為：

$$V = \frac{15}{\sqrt{2}} \times 1 \angle 0° + 45° = \frac{15}{\sqrt{2}} \angle 45° \text{ (V)}$$

$$I_R = \frac{15}{\sqrt{2}} \times \frac{1}{3} \angle 0° + 45° = \frac{5}{\sqrt{2}} \angle 45° \text{ (A)}$$

$$I_L = \frac{15}{\sqrt{2}} \times \frac{1}{2} \angle -90° + 45° = \frac{15}{2\sqrt{2}} \angle -45° \text{ (A)}$$

$$I_C = \frac{15}{\sqrt{2}} \times \frac{1}{6} \angle 90° + 45° = \frac{15}{6\sqrt{2}} \angle 135° \text{ (A)}$$

Chapter 16

交流網路理論

　　在交流電路中，除了以複數取代實數外，相量電路和直流電阻性電路完全相似，故適用於電阻性電路的網路理論亦可適用於相量電路。若把直流電流和電壓以相量電流和電壓，及把電阻由阻抗所取代，則第八章網路定理都可以轉歸於相量電路。

　　本章將討論重疊定理、戴維寧定理、諾頓定理及電源之轉換。我們將了解這些定理與它們所對應電阻電路定理完全相同，並可用同樣方法來分析。

16.1　重疊定理

　　所謂**重疊定理**(superposition theorem)是指**對於一線性網路，由數個獨立電源產生的電壓或電流，為其各獨立電源單獨作用時，所引起的電壓或電流之總和**。

　　此定理適用於線性網路中，與獨立電源之形態、波形、位置無關，但須注意的是**電壓源不用時**，應視為**短路**；而**電流源不用時**，應視為**開路**。

　　重疊定理的特性是在單獨考慮各電源的效應，在考慮各電源的效應時，可利用短路電壓電源和開路電流電源的方法，將其他電源移去，然後求出各別電源在網路上所產生的電流或電壓，並予以相加減，而求出總電流或總電壓。其

方法與第八章中直流電路之重疊定理相同,所不同的是在交流穩態電路中,我們皆以相量方法來處理。**若數個獨立電源其頻率都相同,可把每一電源所產生的相量電壓或電流相加而獲得相量電壓或電流。若頻率不同,則必須把相量部份轉換成時域值,然後再相加而得總時域電壓或電流。**

【例題 16.1】

如下圖所示電路,試使用重疊定理求穩態電流i。

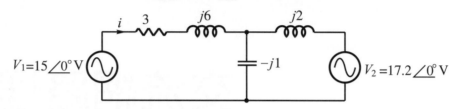

解 相量電路如下圖(a)所示,I是i的相量,藉重疊定理為:

$$I = I_1 + I_2 \quad\text{.....................................(1)}$$

(1)式中I_1是 15V 電源所產生的電流(16.2V 短路),I_2是 16.2V 電源所產生的電流(15V 短路),單獨的I_1和I_2相量圖示於圖(b)及圖(c)中。在圖(a)中把 17.2V 電源去掉,而圖(c)中是去掉 15V 之電源。圖(b)中由電源端看入的阻抗是:

$$Z_1 = 3 + j6 + \frac{j2(-j1)}{j2+(-j1)} = 3 + j4 = 5\ \underline{/53.1°}\ \Omega$$

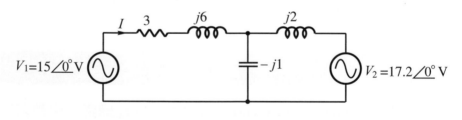

(a)

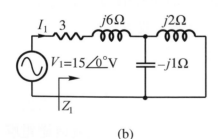

(b)

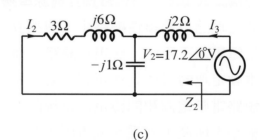

(c)

因此 I_1 是：

$$I_1 = \frac{V_1}{Z_1} = \frac{15\,\underline{/0°}}{5\,\underline{/53.1°}} = 3\,\underline{/-53.1°}\ \text{A}$$

在圖(c)中，從電源端看入的阻抗是：

$$Z_2 = j2 + \frac{(3+j6)(-j1)}{(3+j6)+(-j1)} = \frac{3+j29}{34} = 0.86\,\underline{/84.1°}\ \Omega$$

因此電流 I_3 是：

$$I_3 = \frac{V_2}{Z_2} = \frac{17.2\,\underline{/0°}}{0.86\,\underline{/84.1°}} = 20\,\underline{/-84.1°}\ \text{A}$$

利用分流定理而得 I_2 為：

$$I_2 = \frac{-j1}{(3+j6)+(-j1)}(-I_3) = \frac{j1}{3+j5}(20\,\underline{/-84.1°})$$

$$= 3.43\,\underline{/-53.1°}\ \text{A}$$

因此相量電流 I 是：

$$I = I_1 + I_2 = 3\,\underline{/-53.1°} + 3.43\,\underline{/-53.1°}$$

$$= 3.9 - j5.1 = 6.4\,\underline{/-52.6°}\ \text{A}$$

因此時域電流是：

$$i = 6.4\sin(2t - 52.6°)\ (\text{A})$$

【例題 16.2】

如下圖所示電路，試利用重疊定理求穩態電壓 v_c。

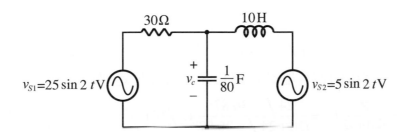

解　其相量電路如下圖(a)所示，V_c 是 v_c 的相量，藉重疊定理為：

$$V_C = V_1 + V_2$$

式中 V_1 是 25V 電源在電容器兩端所產生的壓降(5V 短路)，V_2 是 5V 電源在電容器兩端所產生的壓降(25V 短路)，單獨的 V_1 和 V_2 相量圖示於圖(b)和圖

(c)中。在圖(b)中是把5V 電源去掉,而圖(c)中是把25V 電源去掉。圖(b)
電路中電感器和電容器並聯,因此等效並聯阻抗Z_1為:

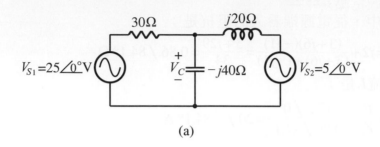

(a)

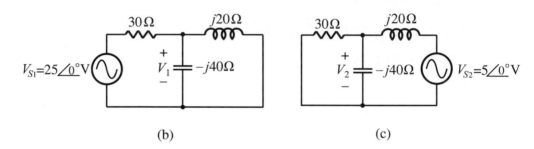

(b)   (c)

$$Z_1 = \frac{(j20)(-j40)}{j20 - j40} = \frac{800 \underline{/0°}}{20 \underline{/-90°}} = 40 \underline{/90°} \ \Omega$$

經由V_{S1}所產生的電容器端電壓V_1可由分壓定理求得為:

$$V_1 = \frac{Z_1}{30 + Z_1}V_{S1} = \frac{4 \underline{/90°}}{30 + j40}(25 \underline{/0°}) = \frac{40 \underline{/90°}}{50 \underline{/53.13°}}(25 \underline{/0°})$$

$$= 20 \underline{/36.87°} = (16 + j12)\text{V}$$

同理,圖(c)中電阻器與電容器並聯 因此,得並聯阻抗Z_2為:

$$Z_2 = \frac{30(-j40)}{30 - j40} = \frac{1200 \underline{/-90°}}{50 \underline{/-53.13°}} = 24 \underline{/-36.87°} \ \Omega$$

經由V_{S2}所產生的電容器端電壓V_2亦可由分壓定理求得為:

$$V_2 = \frac{Z_2}{j20 + Z_2}V_{S2} = \frac{24 \underline{/-36.87°}}{j20 + 24 \underline{/-36.87°}}(5 \underline{/0°})$$

$$= \frac{24 \underline{/-36.87°}}{20 + j5.6}(5 \underline{/0°}) = \frac{24 \underline{/-37.87°}}{20.77 \underline{/15.64°}}(5 \underline{/0°})$$

$$= 5.79 \underline{/52.51°} = (3.52 - j4.59)\text{V}$$

由重疊定理,可得:

$$V_C = V_1 + V_2 = (16 + j12) + (3.52 - j4.59) = (19.52 + j7.41)$$
$$= 20.88 \underline{/20.79°} \text{ V}$$

因此時域電壓是：

$$v_c = 20.88\sin(2t + 20.79°) \text{ (V)}$$

當求由各別電源所產生的電壓或電流之和時，參考極性必須列入考慮。在某些情況下，這些欲求和的電壓或電流的極性可能彼此相反，因此極性相反的電壓或電流必須被減而非相加，亦即，若有一些電壓或電流假設為正的極性(亦即為參考極性)，則其他極性相反的電壓或電流必須被減，例題 16.3 說明了這種觀念。

若電路具有兩個以上不同頻率之電源，不能直接求得電壓或電流，這是因為相量電路及阻抗不能同時考慮一個以上的頻率。但可使用重疊定理，而每一電路僅含一個電源，當然也只有一個頻率存在。例題 16.4 說明了分析的程序。

【例題 16.3】

如下圖所示電路，試利用重疊定理求流過 120Ω 電阻器的電流 i。

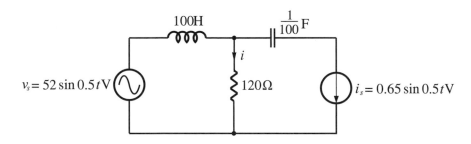

解 其相量電路如下圖(a)所示，I 是 i 的相量，藉重疊定理為：

$$I = I_1 + I_2$$

式中 I_1 是 0.65A 電流電源開路，而 52V 電壓電源所產生的電流，I_2 是 52V 電壓電源短路，而 0.65A 電流電源所產生的電流。單獨的 I_1 和 I_2 相量圖示於圖(b)和圖(c)之中。在圖(b)中是把 0.65A 電源去掉(即開路)，而圖(c)中是把 52V 電源去掉(即短路)。由圖(b)所示，因沒有電流流過電容器，因此由電壓源兩端看入之總阻抗 Z_1 為：

$$Z_1 = 120 + j50\Omega = 130 \underline{/22.62°}\ \Omega$$

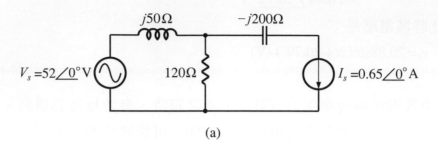

(a)

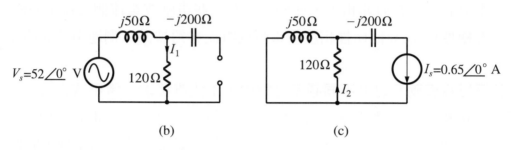

(b)   (c)

因此由電壓源單獨對 120Ω 電阻器所產生的電流 I_1 為：

$$I_1 = \frac{V_s}{Z_1} = \frac{52\ \underline{/0°}}{130\ \underline{/22.62°}} = 0.4\ \underline{/-22.62°}\ \text{A}$$

其中 I_1 的方向為由電阻器的上方指向下方。

同理，由圖(c)所示，利用分流定理，得由電流電源單獨對 120Ω 電阻器所產生的電流 I_2 為：

$$I_2 = \left(\frac{j50}{120+j50}\right)I_s = \left(\frac{50\ \underline{/90°}}{130\ \underline{/22.62°}}\right)(0.65\ \underline{/0°})$$

$$= 0.25\ \underline{/67.38°}\ \text{A}$$

其中 I_2 的方向由電阻器的下方指向上方。由重疊定理知，流過電阻器的總電流為 I_1 和 I_2 之和，但由於方向相反，故得：

$$I = I_1 - I_2 = 0.4\ \underline{/-22.62°} - 0.25\ \underline{/67.38°}$$

$$= (0.369 - j0.154) - (0.096 + j0.231)$$

$$= 0.273 - j0.385 = 0.472\ \underline{/-54.66°}\ \text{A}$$

因此，時域電流是：

$$i = 0.472\sin(0.5t - 54.66°)\ \text{(A)}$$

【例題 16.4】

如下圖所示具有不同頻率電源之電路，試求其穩態電流i。

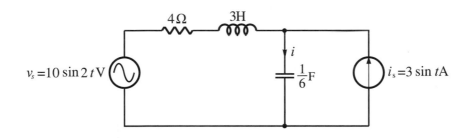

$$i = i_1 + i_2$$

解 使用重疊定理，電路i是：

式中i_1是由電壓源單獨所產生的電流(把電流源i_s開路)，而i_2是由電流源所產生的電流(把電壓源v_s短路)，其相量圖分別示於下圖(a)和圖(b)之中。

在圖(a)中，I_1是i_1的相量，$\omega = 2$ rad/s，把電流源開路，因此由電源看入的阻抗Z_1是：

$$Z_1 = 4 + j6 - j3 = 4 + j3 = 5 \underline{/36.9°}\ \Omega$$

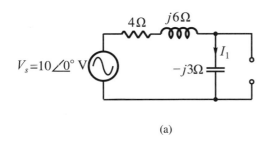

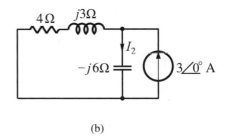

| (a) | (b) |

因此電流I_1是：

$$I_1 = \frac{V_s}{Z_1} = \frac{10\ \underline{/0°}}{5\ \underline{/36.9°}} = 2\ \underline{/-36.9°}\ \text{A}$$

因此，時域電流是：

$$i = 2\sin(2t - 36.9°)\text{A}$$

在圖(b)中，I_2是i_2的相量，$\omega = 1$ rad/s，而電壓源短路，利用分流定理可得：

$$I_2 = \frac{4+j3}{4+j3-j6} I_s = \frac{4+j3}{4-j3}(3\underline{/0°}) = \frac{3(5\underline{/36.9°})}{5\underline{/-36.9°}}$$

$$= 3\underline{/73.8°}\text{ A}$$

因此，時域電流是：

$$i_2 = 3\sin(t+73.8°)\text{A}$$

由重疊定理知總穩態電流 i 是：

$$i = i_1 + i_2$$

$$= 2\sin(2t-36.9°) + 3\sin(t+73.8°)\text{ (A)}$$

16.2 戴維寧定理和諾頓定理

在第八章網路定理分析時，戴維寧定理是以一等效電壓源與一等效電阻相串聯，而取代原電路。諾頓定理是以一等效電流電源與一等效電阻相並聯，而取代原電路。同樣地，**此二定理亦可使用於交流線性電路之分析**。在交流線性電路分析時，我們皆以相量方式來處理，在相量電路中，開路電壓 V_{oc} 和短路電流 I_{sc} 是相量，且把無源電路戴維寧電阻 R_{th} 以戴維寧阻抗 Z_{th} 所取代外，戴維寧和諾頓定理的應用完全和電阻電路相同。

一、戴維寧定理

一相量電路如圖 16.1(a)所示的戴維寧等效電路如圖 16.1(b)所示，此等效電路是由電壓源 V_{oc} 和阻抗 Z_{th} 串聯所組成。電壓源是由圖(a)的相量電路之 $a-b$ 兩端的**開路相量電壓**，而阻抗是由相量電路 $a-b$ 兩端看入把所有電源去掉所求得的阻抗。

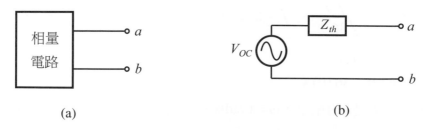

(a)   (b)

圖 16.1 (a)被戴維寧等效電路所取代之相量電路，(b)戴維寧等效電路

二、諾頓定理

如圖 16.2 (a)所示的相量電路，諾頓等效電路如圖 16.2 (b)所示。阻抗Z_{th}和戴維寧等效電路相同，而I_{sc}是**短路相量電路**，是圖 16.2(a)中$a-b$兩端短路所流過的電流。

開路電壓V_{oc}和短路電流I_{sc}之關係，與電阻電路相同，在相量情況下，其關係是：

$$V_{OC} = Z_{th}I_{SC} \dotfill (16.1)$$

因此可先求得V_{OC}，I_{SC}及Z_{th}中兩個數，然後再使用這個結果去求第三個數值，將以下列例題來說明分析程序。

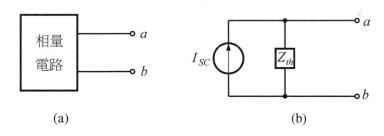

(a)　　　　　　　　　　　　(b)

圖 16.2　(a)被諾頓等效電路所取代之相量電路，(b)諾頓等效電路

【例題 16.5】

如下圖所示，試求端點$a-b$左方相量電路之戴維寧等效電路。

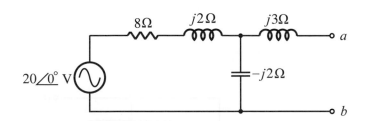

解 利用分壓定理可得V_{OC}為：

$$V_{OC} = \frac{-j2}{(8+j2)+(-j2)} 20\underline{/0^\circ} = \frac{2\underline{/-90^\circ}}{8} 20\underline{/0^\circ}$$

$$= 5\underline{/-90^\circ} \text{ (V)}$$

將上圖電源去掉求Z_{th}，如下圖，得Z_{th}：

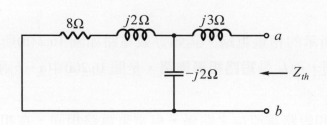

$$Z_{th} = j3 + \frac{(8+j2)(-j2)}{(8+j2)+(-j2)} = j3 + \frac{4-j16}{8} = \frac{1+j2}{2}$$

$$= \frac{\sqrt{5}}{2} \underline{/63.4°} \; (\Omega)$$

因此戴維寧等效電路如下圖所示。

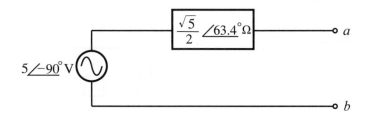

【例題 16.6】

如例題 16.5 所示相量圖，試求圖中 $a-b$ 兩端左方的諾頓等效電路。

解　例題 16.5 中已求出 V_{OC} 及 Z_{th}，因此利用(16.1)式可得：

$$I_{SC} = \frac{V_{OC}}{Z_{th}} = \frac{5 \underline{/-90°}}{\dfrac{\sqrt{5}}{2} \underline{/63.49°}} = 2\sqrt{5} \underline{/-153.4°} \; (A)$$

因此諾頓等效電路如下圖所示。

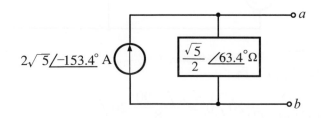

16.3 電壓和電流相量電源之轉換

如同 8.4 節電阻電路一樣，相量電壓源可以轉換為相量電流源，或是相量電流源轉換為相量電壓源，這種轉換是使用戴維寧和諾頓定理，此種轉換可使電路之求解簡化，尤其是有混合式的電源者。

相量電壓源轉換為相量電流源：以電源之內部阻抗值去除電源電壓，則其值即為相量電流源之電流。相量電流源的內部阻抗值，與相量電壓源者相同，但與相量電流源作並聯，如圖 16.3 所示。

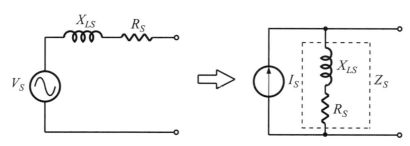

圖 16.3 相量電壓源轉換為相量電流源

相量電流源轉換為相量電壓源：相量電壓源電壓為相量電流源與內部阻抗之乘積。相量電流源之內部阻抗值亦用於相量電壓源中，但作串聯，如圖 16.4 所示。

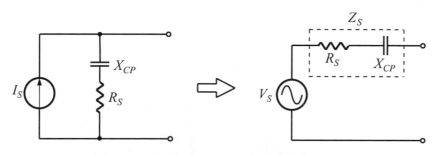

圖 16.4 相量電流源轉換為相量電壓源

【例題 16.7】

在下圖所示之電路中，試以一相量電流源代替相量電壓源。

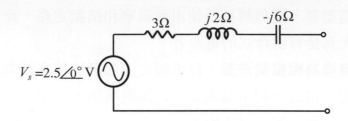

解 $Z_S = 3 + j2 - j6 = 3 - j4 = 5 \underline{/-53.1°} \Omega$

$$I_S = \frac{V_S}{Z_S} = \frac{2.5 \underline{/0°}}{5 \underline{/-53.1°}} = 0.5 \underline{/53.1°} \text{ A}$$

因此，相量電流源如下圖所示。

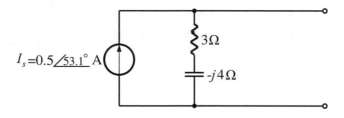

【例題 16.8】

如下圖所示之相量電流源電路，試將之轉換成相量電壓源電路。

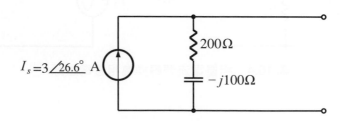

解　　　$Z_s = 200 - j100 = 223.6 \underline{/-26.6°}\ \Omega$

$V_s = I_s Z_s = (3\underline{/26.6°})(223.6\underline{/-26.6°}) = 671\underline{/0°}\ \text{V}$

因此相量電壓源如下圖所示。

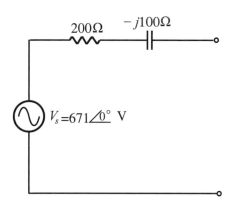

16.4　Y 型和Δ型相量網路

如同在 8.5 節中電阻電路一樣。可有如圖 16.5(a)和(b)所示 Y 型和Δ型連接法。唯一不同的是以阻抗複數取代電阻實數。

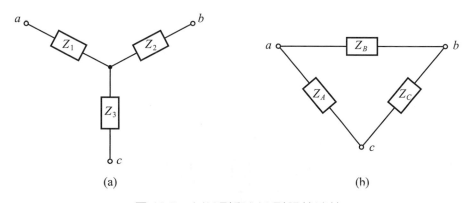

圖 16.5　(a)Y 型和(b)Δ型阻抗連接

我們可以把 Y 型連接換至Δ型連接的等效電路，或由Δ型連接轉換至 Y 型連接的等效電路，其公式和電阻電路所導出的(8.6)式和(8.10)式的型式完全相同。

一、Y→Δ轉換

把圖 16.5(a)中 Y 型轉換至(b)圖中的Δ型。

其轉換公式為：

$$Z_A = \frac{Z_1 Z_2 + Z_2 Z_3 + Z_3 Z_1}{Z_2}$$

$$Z_B = \frac{Z_1 Z_2 + Z_2 Z_3 + Z_3 Z_1}{Z_3} \quad\cdots\cdots\cdots\cdots\cdots\cdots\cdots\cdots (16.2)$$

$$Z_C = \frac{Z_1 Z_2 + Z_2 Z_3 + Z_3 Z_1}{Z_1}$$

Y 型和Δ型連接共同示於圖 16.6 之中。在(16.2)式和圖 16.6 可知：方程式的分子是 Y 型網路阻抗中一次取兩相乘的和，而分母部分是欲計算的Δ型阻抗所對應的 Y 型網路中的阻抗，即：

$$Z_\Delta = \frac{Y \text{ 型中兩阻抗乘積之和}}{\text{所對應的 } Y \text{ 型之阻抗}} \quad\cdots\cdots\cdots\cdots\cdots\cdots\cdots (16.3)$$

若 Y 型為平衡網路，則因 $Z_1 = Z_2 = Z_3$

所以 　　$Z_A = Z_B = Z_C = 3Z \quad\cdots\cdots\cdots\cdots\cdots\cdots\cdots\cdots\cdots (16.4)$

或 　　$Z_\Delta = 3Z_Y \quad\cdots\cdots\cdots\cdots\cdots\cdots\cdots\cdots\cdots\cdots\cdots (16.5)$

故當 Y 型為平衡網路時，其等效之Δ型亦為平衡網路，且其每一支路上的阻抗為 Y 型的三倍。

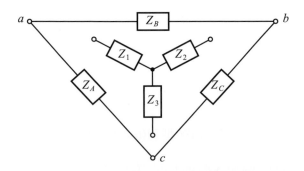

圖 16.6　Y→Δ或Δ→Y 轉換的網路

【例題 16.9】

試將下圖所示之 Y 型網路，轉換成 Δ 型網路。

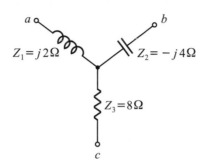

解　由圖中可得：

$$Z_1Z_2 + Z_2Z_3 + Z_3Z_1 = j2(-j4) + (-j4)(8) + 8(j2) = 8 - j16$$

再應用(16.2)式，可得：

$$Z_A = \frac{8 - j16}{Z_2} = \frac{8 - j16}{-j4} = 4 + j2 \ (\Omega)$$

$$Z_B = \frac{8 - j16}{Z_3} = \frac{8 - j16}{8} = 1 - j2 \ (\Omega)$$

$$Z_C = \frac{8 - j16}{Z_1} = \frac{8 - j16}{j2} = -8 - j4 \ (\Omega)$$

如下圖所示是它的等效 Δ 型之連接。

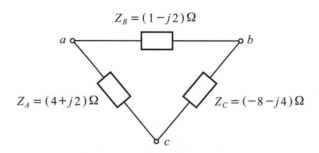

二、Δ→Y 轉換

由Δ型網路變為等效 Y 型網路，如同圖 16.6 所示。其轉換公式為：

$$Z_1 = \frac{Z_A Z_B}{Z_A + Z_B + Z_C}$$

$$Z_2 = \frac{Z_B Z_C}{Z_A + Z_B + Z_C} \quad\cdots\cdots\cdots\cdots\cdots\cdots\cdots\cdots\cdots\cdots\cdots\cdots\cdots\cdots (16.6)$$

$$Z_3 = \frac{Z_C Z_A}{Z_A + Z_B + Z_C}$$

其連接圖如圖 16.6 中所示。在(16.6)式和圖 16.6 可知：方程式的分母是Δ型中阻抗之和，而分子部分是與 Y 型阻抗相鄰的兩個Δ型阻抗之乘積，即：

$$Z_Y = \frac{\Delta \text{型中相鄰兩阻抗之乘積}}{\Delta \text{型中阻抗之和}} \quad\cdots\cdots\cdots\cdots\cdots\cdots\cdots\cdots\cdots (16.7)$$

若Δ型為平衡網路，則因 $Z_A = Z_B = Z_C = Z$

$$\therefore Z_1 = Z_2 = Z_3 = \frac{Z}{3} \quad\cdots\cdots\cdots\cdots\cdots\cdots\cdots\cdots\cdots\cdots\cdots\cdots (16.8)$$

或

$$Z_Y = \frac{1}{3} Z_\Delta \quad\cdots\cdots\cdots\cdots\cdots\cdots\cdots\cdots\cdots\cdots\cdots\cdots\cdots\cdots\cdots (16.9)$$

故當Δ型為平衡網路時，其等效之 Y 型亦為平衡網路，且其每一支路上的阻抗為Δ型的 $\frac{1}{3}$ 倍。

【例題 16.10】

試將下圖所示之Δ型網路，轉換成 Y 型網路。

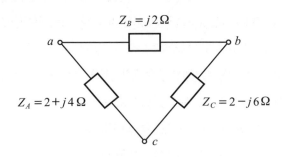

$Z_B = j2\,\Omega$

a b

$Z_A = 2 + j4\,\Omega$ $Z_C = 2 - j6\,\Omega$

c

解 由圖中可得：

$$Z_A + Z_B + Z_C = (2+j4) + j2 + (2-j6) = 4$$

再應用(16.6)式，可得：

$$Z_1 = \frac{Z_A Z_B}{4} = \frac{(2+j4)(j2)}{4} = \frac{-8+j4}{4} = -2+j1 \ (\Omega)$$

$$Z_2 = \frac{Z_B Z_C}{4} = \frac{j2(2-j6)}{4} = \frac{12+j4}{4} = 3+j1 \ (\Omega)$$

$$Z_3 = \frac{Z_C Z_A}{4} = \frac{(2-j6)(2+j4)}{4} = \frac{28-j4}{4} = 7-j1 \ (\Omega)$$

如下圖所示是它的等效 Y 型之連接。

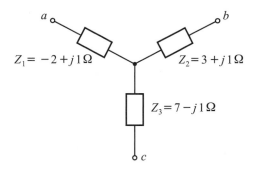

【例題 16.11】

試求下圖所示電路之等效阻抗 Z_T。

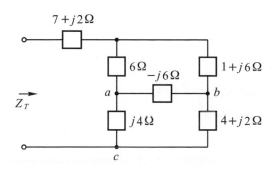

解 由 a、b、c 端點使用 Δ→Y 轉換，利用(16.6)式，可得：

$$Z_1 = \frac{(j4)(-j6)}{(i4)+(-j6)+(4+j2)} = \frac{24}{4} = 6\ \Omega$$

$$Z_2 = \frac{-j6(4+j2)}{4} = 3-j6\ \Omega$$

$$Z_3 = \frac{(4+j2)j4}{4} = -2+j4\ \Omega$$

把 Δ 以 Y 所取代而得下圖所示電路。

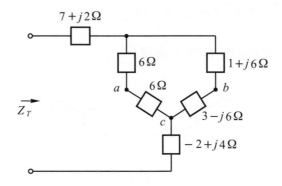

兩個 6Ω 電阻串聯等效阻抗是 $6+6=12\Omega$。同樣的，$1+j6\Omega$ 和 $3-j6\Omega$ 串聯等效阻抗是 $1+j6+3-j6=4\Omega$，結果如下圖所示電路。

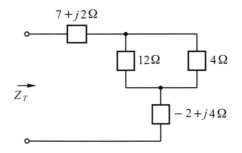

因此，等效阻抗是：

$$Z_T = (7+j2)+12\ /\!/\ 4+(-2+j4)$$
$$= (7+3-2)+j(2+4)$$
$$= 8+j6\ (\Omega)$$

電學愛玩客

　　自動門或水龍頭大都使用光電感應器當作開關，光電感應器由一組發光器及受光器所組成，其基本原理為受光器偵測發光器投射出的光線變化量，進行光電轉換控制開關動作，進而達成自動化控制。

Chapter **17**

交流電路之功率

　　功率是作功的效率。我們知道電阻器是能損耗電功率之唯一電路元件；亦知道電感器及電容器有儲能的特性，它們不耗損電能，而是與電源交換電能；把自一電源所取得之電能，返回至電源。而在電感器及電容器中之損耗，乃由於與這些零件相結合之小電阻值所導致。

　　在第十二章中已提出，供給元件的瞬時功率是電壓與電流的乘積，若要考慮它是時間的函數，亦可定義週期性電壓和電流的平均功率，平均功率是某一週期內瞬時功率的平均值。且平均是交流瓦特表上功率的讀值。

　　本章中，我們將對交流穩態電路的平均功率更深入的探討，並可看到平均功率是交流電壓和電流相量結合在一起。且將定義交流穩態的瞬時功率、平均功率、視在功率、功率因數、無效功率、複數功率及最大功率轉換定理。

17.1 瞬時功率

假設一電路,若其有兩個端點,我們稱此電路為**兩端電路**(two terminal circuit),以現代的術語,則兩端電路稱為**單埠**(one-port)。單埠即是指電路的一對端點,在所有時間,流入其中一端的瞬時電流等於由另一端流出的瞬時電流。此一事實示於圖 17.1 中。進入埠端的電流 i 稱為**埠端電流**(port-current),而跨於埠端的電壓 v,則稱為**埠端電壓**(port-voltage)。

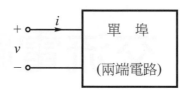

圖 17.1 於時間 t 時進入埠端的瞬時功率為 $p = vi$

只要埠端電流和埠端電壓的參考方向如圖 17.1 所示的相關參考方向,則當交流電流通過單埠(或稱之為負載)時,在單埠兩端產生端電壓時,其**埠端電壓(v)與埠端電流(i)之乘積,稱之為瞬時功率**(instantaneous power),以符號 P 表示,單位為瓦特(W)。此為物理學上的基本事實,令 p 代表在時間 t 由外界輸送到單埠的瞬時功率,則

$$p = vi \quad\dotfill\quad (17.1)$$

式中,v 的單位為伏特,i 的單位為安培,而 p 的單位為瓦特。

假設在交流穩態下,單埠的埠端電壓及埠端電流分別為:

$$v = V_m \sin\omega t \text{ V} \quad\dotfill\quad (17.2)$$

$$i = I_m \sin\omega t \text{ A} \quad\dotfill\quad (17.3)$$

若此單埠如圖 17.2 所示為一電阻器時,利用歐姆定律,則電流為:

$$i = \frac{v}{R} = \frac{V_m}{R} \sin\omega t \text{ A} \quad\dotfill\quad (17.4)$$

(17.4)式與(17.3)式比較，則得：

$$I_m = \frac{V_m}{R} \quad\text{..(17.5)}$$

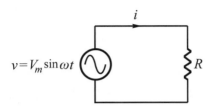

$$v = V_m \sin\omega t \qquad i \qquad R$$

圖 17.2　供給電阻的交流電壓

此時瞬時功率為：

$$p = vi = Ri^2 = RI_m^2 \sin^2\omega t \quad\text{.....................................(17.6)}$$

或

$$p = \frac{I_m^2 R}{2}(1 - \cos 2\omega t) \quad\text{....................................(17.7)}$$

(17.2)和(17.3)式所示為同相之交流電壓與電流，則瞬時功率為：

$$\begin{aligned}
p = vi &= V_m \sin\omega t\, I_m \sin\omega t \\
&= \sqrt{2}V_{\text{rms}} \sin\omega t \sqrt{2}\, I_{\text{rms}} \sin\omega t \\
&= 2V_{\text{rms}}\, I_{rms} \sin^2\omega t \quad\text{...........................(17.8)}
\end{aligned}$$

或

$$p = 2V_{\text{rms}}\, I_{\text{rms}}\frac{1 - \cos 2\omega t}{2} \quad\text{..........................(17.9)}$$

式中，V_{rms} 和 I_{rms} 為電壓與電流之有效值。

(17.2)和(17.3)式若為異相時，可令：

$$v = V_m \sin(\omega t + \theta_v)$$
$$i = I_m \sin(\omega t + \theta_i)$$

則**瞬時功率**為：

$$p = vi = V_m I_m \sin(\omega t + \theta_v)\sin(\omega t + \theta_i)$$

$$= \frac{V_m I_m}{2}[\cos\theta - \cos(2\omega t + \theta_v + \theta_i)]$$

$$= V_{\text{rms}}I_{\text{rms}}[\cos\theta - \cos(2\omega t + \theta_v + \theta_i)] \quad\ldots\ldots\ldots\ldots\ldots\ldots\ldots\ldots (17.10)$$

其中，相位夾角 $\theta = \theta_v - \theta_i$。

由(17.10)式，我們知道第一項為定值，而第二項則是角頻率 2ω 的弦波，即功率的脈動頻率為電壓與電流的兩倍，因此，當我們路過一大功率的變壓器旁，會聽到嗡嗡聲，其頻率為 120Hz，日光燈閃爍的頻率也是 120Hz。

由(17.10)式中，因 $\cos(2\omega t + \theta_v + \theta_i)$ 項介於 $-1 \sim +1$ 之間，故可得**瞬時功率的最大功率**(P_{max})與**瞬時功率的最小功率**(P_{min})。

1. 當 $\cos(2\omega t + \theta_v + \theta_i) = -1$ 時，由(17.10)式可得 P_{max} 為：

$$P_{\text{max}} = \frac{V_m I_m}{2}(\cos\theta + 1) = V_{\text{rms}}I_{\text{rms}}(\cos\theta + 1)$$

2. 當 $\cos(2\omega t + \theta_v + \theta_i) = +1$ 時，由(17.10)式可得 P_{min} 為：

$$P_{\text{min}} = \frac{V_m I_m}{2}(\cos\theta - 1) = V_{\text{rms}}I_{\text{rms}}(\cos\theta - 1)$$

因 $\cos(2\omega t + \theta_v + \theta_i) = \pm 1$ 時，所以**瞬時功率的頻率**(f_p)為**電壓效率**(f_v)或**電流頻率**(f_i)的兩倍。

【例題 17.1】

一有效值 V_{rms} 為 110V，60Hz 之電壓加於一 10Ω 之電阻器上，試求其瞬時功率。

解 $V_{\text{rms}} = 110$，因 $V_{\text{rms}} = \dfrac{V_m}{\sqrt{2}}$，所以 $V_m = \sqrt{2}V_{\text{rms}} = 110\sqrt{2}$，則

$$P = vi = \frac{v^2}{R} = \frac{V_m^2 \sin^2\omega t}{R} = \frac{V_m^2}{2R}(1 - \cos 2\omega t)$$

$$= \frac{(110\sqrt{2})^2}{2(10)}(1 - \cos 2 \times 2\pi \times 60t)$$

$$= 1210(1 - \cos 754t) \text{ (W)}$$

【例題 17.2】

有一交流電路，當加入 $v = 10\sqrt{2}\sin(314t)$V 電源電壓時，若產生
$i = 2\sqrt{2}\sin(314t - 60°)$A 之電流，試求該電路之：(a)瞬時功率$P$，(b)瞬時功率之
最大值P_{max}，(c)瞬時功率之最小值P_{min}，(d)瞬時功率之頻率f_p。

解　相位夾角$\theta = \theta_v - \theta_i = 0° - (-60°) = 60°$

(a)由(17.10)式，可得：

$$P = \frac{V_m I_m}{2}[\cos\theta - \cos(2\omega t + \theta_v + \theta_i)]$$

$$= \frac{10\sqrt{2} \times 2\sqrt{2}}{2}[\cos(60°) - \cos(2 \times 314t + 0° - 60°)]$$

$$= 20[\frac{1}{2} - \cos(2 \times 314 - 60°)] = 10 - 20\cos(628t - 60°)\text{(W)}$$

(b)$P_{max} = \frac{V_m I_m}{2}(\cos\theta + 1) = \frac{10\sqrt{2} \times 2\sqrt{2}}{2}[\cos(60°) + 1]$

$$= 30\text{(W)}$$

(c)$P_{min} = \frac{V_m I_m}{2}(\cos\theta - 1) = 20[\cos(60°) - 1] = -10\text{(W)}$

(d)$f_v = \frac{\omega}{2\pi} = \frac{314}{2 \times 3.14} = 50\text{Hz}$，$\therefore f_p = 2f_v = 100\text{(Hz)}$

17.2　平均功率

在純電阻上消耗的功率，我們可以利用求出一段週期內在電阻上消耗功率
$P = i^2 R$的平均值來表示**平均功率**。若對弦波電流$i = I_m \sin\omega t$A 而言，電阻上功率為：

$$P = Ri^2 = R(I_m \sin\omega t)^2 \quad\text{(17.11)}$$

平均功率(average power)在座標系上的實數軸，如圖 17.7 所示，故又稱為**實功率**
(real power)，或**有效功率**(effective power)，以符號P_{av}表示，單位為瓦特(W)。
雖然(17.11)式中$\sin\omega t$可能為正值或負值，但因其被平方，所以功率永為正值，
且波形仍為弦波，如圖 17.3 所示。利用三角等式$\sin^2\theta = \frac{1 - \cos 2\theta}{2}$，而電流的平方
可寫成：

$$(I_m \sin\omega t)^2 = \frac{1}{2}I_m^2 - \frac{1}{2}I_m^2 \cos 2\omega t$$

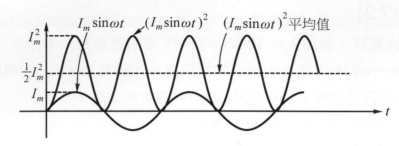

圖 17.3　弦波$I_m\sin\omega t$的平方亦為弦波且其平均功率為$\frac{1}{2}I_m^2$

因此，上式平方電流的平均值為其**直流值**$\frac{1}{2}I_m^2$，如圖 17.3 所示。故所求**平均值功率**為：

$$P_{av} = \frac{1}{2}I_m^2 R \quad\dots\dots\dots\dots\dots\dots\dots\dots\dots\dots\dots\dots (17.12)$$

又因電流為弦波函數，所以$I_m = \sqrt{2}I_{\text{rms}}$代入上式，可得等效平均功率為：

$$P_{av} = \frac{1}{2}(\sqrt{2}I_{\text{rms}})^2 R = I_{\text{rms}}^2 R \quad\dots\dots\dots\dots\dots\dots\dots\dots\dots (17.13)$$

再因$I_m = \dfrac{V_m}{R}$及$I_{\text{rms}} = \dfrac{V_{\text{rms}}}{R}$，故(17.12)和(17.13)式亦可寫成：

$$P_{av} = \frac{V_m^{\,2}}{2R} = \frac{V_{\text{rms}}^2}{R} \quad\dots\dots\dots\dots\dots\dots\dots\dots\dots\dots\dots (17.14)$$

同時，因$V_m = I_m R$及$V_{\text{rms}} = I_{\text{rms}}R$，可得

$$P_{av} = \frac{V_m I_m}{2} = V_{\text{rms}} I_{\text{rms}} \quad\dots\dots\dots\dots\dots\dots\dots\dots\dots (17.15)$$

若電路是處於交流穩態電路，且電壓及電流都是正弦函數，分別為：

$$v = V_m \sin\omega t \quad\dots\dots\dots\dots\dots\dots\dots\dots\dots\dots\dots\dots\dots\dots (17.16)$$

$$i = I_m \sin(\omega t - \theta) \quad\dots\dots\dots\dots\dots\dots\dots\dots\dots\dots\dots\dots (17.17)$$

此處選擇電壓相角為零，及電流落後電壓θ之相角，此時瞬時功率是：

$$p = vi = V_m I_m \sin\omega t \sin(\omega t - \theta)$$

由習題 17.5 可得**供給至電阻之交流負載平均功率**是：

$$P_{av} = \frac{1}{2} V_m I_m \cos\theta = V_{\text{rms}} I_{\text{rms}} \cos\theta \quad\dots\dots\dots\dots\dots\dots (17.18)$$

在圖 17.4 相量電路，相量V和I是(17.16)和(17.17)式之相量，因此它們的相量是

$$V = V_m \,\underline{/0°}\ \text{V} \dotfill (17.19)$$

$$I = I_m \,\underline{/-\theta}\ \text{A} \dotfill (17.20)$$

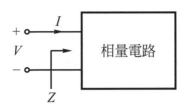

圖 17.4　吸收功率的相量電路

其中阻抗Z是：

$$Z = \frac{V}{I} = \frac{V_m\,\underline{/0°}}{I_m\,\underline{/-\theta}} = \frac{V_m}{I_m}\,\underline{/\theta}\ \Omega \dotfill (17.21)$$

又Z是複數，其可用下式表示，即

$$Z = |Z|\,\underline{/\theta}\ \Omega$$

式中

$$|Z| = \frac{V_{\text{rms}}}{I_{\text{rms}}} = \frac{V_m}{I_m} \dotfill (17.22)$$

及$\theta = 0 - (-\theta)$爲相量V的角度減去相量I的角度，Z的特徵示於圖 17.5(a)中的相量圖，而V和I間θ的關係示於圖 17.5(b)中。

因此平均功率可從相量來決定，而不需經由轉換至時域後再決定。僅需相量電壓和電流的大小V和I及它們的相角θ就可決定平均功率。

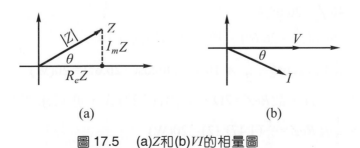

圖 17.5　(a)Z和(b)VI的相量圖

由(17.22)式，有$V_{rms} = |Z|I_{rms}$，及由圖 17.5(a)中可看出$\cos\theta = \dfrac{ReZ}{|Z|}$，把這些數值代入(17.18)式，可得**電源所提供的平均功率**為：

$$P_{av} = (|Z|I_{rms})\,I_{rms}\left(\frac{ReZ}{|Z|}\right) = I_{rms}^2\,ReZ = \frac{1}{2}I_m^2 ReZ \,.................................. (17.23)$$

此式類似於供給電阻器功率情況如(17.12)和(17.13)式，$P_{av} = I_{rms}^2 R = \dfrac{1}{2}I_m^2 R$

【例題 17.3】

試求供給 2kΩ 電阻器之平均功率，所通過之電流為$i = 4\sin(100t + 30°)$ mA。

解 由(17.12)式，可知平均功率P_{av}為：

$$P_{av} = \frac{1}{2}I_m^2 R = \frac{1}{2}(4\times 10^{-3})^2 \times (2\times 10^3) = 16\text{(mW)}$$

【例題 17.4】

如下圖所示RL串聯電路，若電壓電源$v_s = 10\sin 5t$ V，試求電壓電源所提供之平均功率為多少？

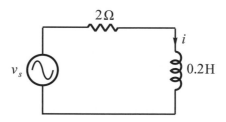

解

$$I = \frac{V_s}{Z} = \frac{10\,\underline{/\,0°}}{R + j\omega L} = \frac{10\,\underline{/\,0°}}{2 + j(5\times 0.2)} = \frac{10\,\underline{/\,0°}}{2.24\,\underline{/\,26.6°}}$$

$$= 4.46\,\underline{/\,-26.6°}\text{ A}$$

所以$i = 4.46\sin(5t - 26.6°)$，利用(17.18)式，得：

$$P_{av} = \frac{1}{2}V_m I_m \cos\theta = \frac{1}{2}\times 10 \times 4.46\cos(+26.6°) = 20\text{(W)}$$

或因為$Z = 2 + j1$，故$ReZ = 2\Omega$，故由(17.23)式，亦可求得P_{av}為：

$$P_{av} = \frac{1}{2}I_m^2 ReZ = \frac{1}{2}(4.47)^2(2) = 20\text{(W)}$$

17.3　視在功率

如 17.2 節中的(17.18)式是供給交流穩態負載的平均功率是：

$$P_{av} = \frac{1}{2} V_m I_m \cos\theta \dotfill (17.24)$$

上式中，**電壓與電流的均方根值(有效值)之乘積**，稱之為**視在功率**(apparent power)。簡言之，即負載為純電阻時，所消耗功率之量，其單位為伏特-安培，簡稱為**伏安**(VA)，其符號以S表示，即

$$S = V_{\text{rms}} I_{\text{rms}} = \frac{1}{2} V_m I_m \dotfill (17.25)$$

因此(17.24)式可寫成：

$$P_{av} = S \cos\theta \dotfill (17.26)$$

　　一般工業用的電力設備都是以視在功率來表示其容量，而不是以平均功率來表示，並且透過視在功率，可以計算設備的最大壓值或電流值。

17.4　功率因數

　　由(17.24)與(17.26)式可知，實際的功率應小於視在功率，因式中有一個$\cos\theta$存在，式中$\cos\theta$稱之為**功率因數**(power factor)。由(17.26)式可知：

$$\cos\theta = \frac{P_{av}}{S} \dotfill (17.27)$$

因此，**平均功率與視在功率的比值定義為功率因數，以 PF 表示之**，即

$$PF = \cos\theta \dotfill (17.28)$$

θ有時稱為功率因數角(power factor angle)，當然它是負載阻抗Z的相角，因為$0 \le \cos\theta \le 1$，因此阻抗的角度在決定多少實際功率輸入阻抗中，也佔有一重要角色。

　　對**純電阻性負載**而言，因電壓和電流同相，且$\theta = 0°$，因此**功率因數為** PF $= \cos\theta = \cos 0° = 1$，且平均功率及視在功率相等，所給的是：

$$P_{av} = S = V_{\text{rms}}\, I_{\text{rms}} = \frac{1}{2}\, V_m\, I_m \dots\dots\dots\dots\dots\dots\dots\dots\dots\dots\dots (17.29)$$

使用歐姆定律，另一種表示爲

$$P_{av} = S = R I_{\text{rms}}^2 = \frac{V_{\text{rms}}^2}{R} = \frac{V_m^2}{2R} \dots\dots\dots\dots\dots\dots\dots\dots\dots (17.30)$$

對**純電抗性負載**而言，如電感器或電容器中，**功率因數為零**。因在電感器中有：

$$Z = Z_L = jX_L = X_L\ \underline{/\,90°}$$

而在電容器中有：

$$Z = Z_C = -jX_C = X_C\ \underline{/\,-90°}$$

因此功率因數角 θ 是 $+90°$ (電感器)或 $-90°$ (電容器)，在任一情況下純電感器或純電容器的功率因數爲：

$$\text{PF} = \cos(\pm 90°) = 0$$

由上式可知，任一由單一電感器或單一電容器，或由電感器及電容器所組合而成的電路，無論視在功率如何大，仍沒有實際平均功率注入純電抗元件，因此電感器和電容器有時稱之爲**無損失元件**。事實上，無損失元件在週期中的一部份儲存能量，而另一部份放出能量，因此平均供給的功率爲零。

　　如圖 17.6 所示爲 RL 或 RC 串聯或並聯負載之交流電路，係以視在功率(S)代表電源傳送至負載的功率。但電源傳的功率並不一定被負載完全消耗掉，故**將負載所消耗的實功率(P_{av})與電源傳送的視在功率(S)之比值，定義為功率因數**，即 (17.27)式所示。由(17.24)與(17.25)式，可得：

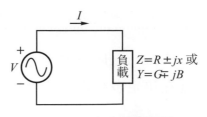

圖 17.6　交流相量電路

$$PF = \frac{P_{av}}{S} = \frac{\frac{1}{2}V_m I_m \cos\theta}{\frac{1}{2}V_m I_m} = \cos\theta = \frac{V_m I_m}{V_m I_m}$$

$$= \frac{(I_m R)I_m}{(I_m Z)I_m} = \frac{R}{Z}(\because 串聯負載)$$

$$= \frac{V_m^2 G}{V_m^2 Y} = \frac{G}{Y}(\because 並聯負載) \dots\dots\dots (17.31)$$

由(17.31)式，可知：

串聯電路的功率因數PF_s爲：

$$PF_s = \frac{P_{av}}{S} = \frac{R}{Z_s} = \frac{R}{\sqrt{R^2+X^2}} \dots\dots\dots (17.32)$$

並聯電路的功率因數PF_p爲：

$$PF_p = \frac{P_{av}}{S} = \frac{G}{Y} = \frac{Z_p}{R} = \frac{\frac{RX}{\sqrt{R^2+X^2}}}{R} = \frac{X}{\sqrt{R^2+X^2}}\dots\dots (17.33)$$

其中，Z_p係並聯阻抗，不考慮相位角。

由(17.32)與(17.33)式，可比較出負載爲串聯電路之功率因數(PF_s)與負載爲並聯電路之功率因數(PF_p)之關係爲：

$$在相同負載元件時：(PF_s)^2 + (PF_p)^2 = 1 \dots\dots\dots (17.34)$$

　　實際上負載的功率因數很重要。例如工業上有數 kW 的負載，而功率因數對電費有很大影響。爲了解這一點，由(17.27)、(17.28)和(17.29)式，可知電流之均方根值爲：

$$PF = \cos\theta = \frac{P_{av}}{S} = \frac{P_{av}}{V_{rms}I_{rms}},$$

$$\therefore I_{rms} = \frac{P_{av}}{V_{rms}PF} \dots\dots\dots (17.35)$$

　　由(17.35)式，若所供給的電壓V_{rms}是定值，與取得固定的平均功率P_{av}，則電流I_{rms}與PF成反比。如果用戶的負載功率因數很小時，電力公司必須供給用戶較高的電流。當電力公司供給的電流提高時，電力系統的能量損失就會增加，而且電線及相關電力設備的容量也隨之增加。電力公司爲了反映較大容量設備及浪費能量成本。爲此電力公司鼓勵工商用戶具有較高的功率因數系統，如 0.9 或

更高值,並對較低功率因數的工商用戶以較高的電費率來計算電費或處以罰款。

一般交流電路的負載並非純電阻性,而且大都為電抗性,導致負載之功率消耗為無效功率,因此功率因數應從負載的屬性去改善,若負載為電感性,即功率因數落後,則並聯一電容器。若負載為電容性,則功率因數超前,則並聯一電感器。

並聯的目的是改善阻抗之相位角,使其愈小愈好,則功率因數愈高。有關功率因數改善方法,因限於篇幅,留待電力設備或電力系統相關課程再詳細深入探討。

【例題 17.5】

試求由250Ω電阻器及1H電感器串聯在一起負載之功率因數,若頻率$\omega = 500$ rad/sec。

解 負載阻抗是:$Z = R + j\omega L = 250 + j(500)(1) = 250 + j500\Omega$

因此Z的相角是:$\theta = \tan^{-1}\dfrac{500}{250} = 63.4°$

功率因數為:$\text{PF} = \cos\theta = \cos 63.4° = 0.447$

【例題 17.6】

若一負載之阻抗為$Z = 10\underline{/15°}\,\Omega$,電壓$v = 50\sqrt{2}\sin\omega t$ V,試求負載之視在功率,功率因數及平均功率。

解 電流的相量為:

$$I = \frac{V}{Z} = \frac{50\sqrt{2}\underline{/0°}}{10\underline{/15°}} = 5\sqrt{2}\underline{/-15°}\text{ A}$$

所以電流$i = 5\sqrt{2}\sin(\omega t - 15°)$ A

視在功率:$S = V_{\text{rms}}I_{\text{rms}} = \dfrac{50\sqrt{2}}{\sqrt{2}}\dfrac{5\sqrt{2}}{\sqrt{2}} = 250(\text{VA})$

或 $S = \dfrac{1}{2}V_m I_m = \dfrac{1}{2}(50\sqrt{2})(5\sqrt{2}) = 250(\text{VA})$

$\theta = \theta_v - \theta_h = 0° - (-15°) = 15°$

功率因數:$\text{PF} = \cos\theta = \cos(\theta) = \cos(15°) = 0.966$

平均功率:$P_{av} = S\cos\theta = 250 \times 0.966 = 241.5(\text{W})$

【例題 17.7】

如右圖所示 RLC 串聯交流電路，若$R=16\Omega$，$X_L=20\Omega$，$X_C=8\Omega$，外接電壓電源$v_s=100\sqrt{2}\sin(\omega t)$V，試求：(a)瞬時功率$P$，(b)瞬時功率最大值$P_{\max}$與最小值$P_{\min}$，(c)平均功率$P_{av}$，(d)視在功率$S$，(e)功率因數PF。

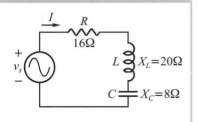

解 總阻抗Z為：

$$Z=16+jX_L-jX_C$$

$$=16+j20-j8=16+j12$$

$$=20\angle37°\Omega(電路為電感性)$$

$$I=\frac{V_s}{Z}=\frac{100\sqrt{2}\angle0°}{20\angle37°}=5\sqrt{2}\angle-37° \text{ A}$$

$$\therefore i=5\sqrt{2}\sin(\omega t-37°)\text{A}$$

(a)由(17.10)式，可得

$$P=\frac{V_m I_m}{2}[\cos\theta-\cos(2\omega t+\theta_v+\theta_i)]$$

其中相位夾角$\theta=\theta_v-\theta_i=0-(-37°)=37°$

$$\therefore P=\frac{100\sqrt{2}\times5\sqrt{2}}{2}[\cos(37°)-\cos(2\omega t+0°-37°)]$$

$$=500[0.8-\cos(2\omega t-37°)]$$

$$=400-500\cos(2\omega t-37°)(\text{W})$$

(b)$P_{\max}=\dfrac{V_m I_m}{2}(\cos\theta+1)=\dfrac{100\sqrt{2}\times5\sqrt{2}}{2}[\cos(37°)+1]=500\times1.8=900(\text{W})$

$P_{\min}=\dfrac{V_m I_m}{2}[\cos(37°)-1]=-100(\text{W})$

(c)$P_{av}=\dfrac{V_m I_m}{2}\cos\theta=500\cos37°=400(\text{W})$

(d)$S=\dfrac{1}{2}V_m I_m=\dfrac{1}{2}(100\sqrt{2}\times5\sqrt{2})=500(\text{VA})$

(e)PF$=\cos\theta=\dfrac{P_{av}}{S}=\dfrac{400}{500}=0.8$

或PF$=\cos\theta=\cos37°=0.8$(電感性)

【例題 17.8】

如下圖所示為 RLC 並聯之交流電路，若 $R=10\Omega$，$X_L=10\Omega$，$X_C=5\Omega$，外加電壓 $v_s=100\sqrt{2}\sin(\omega t)$V，試求：(a)瞬時功率 P，(b)瞬時功率最大值 P_{max} 與最小值 P_{min}，(c)平均功率 P_{av}，(d)視在功率 S，(e)功率因數 PF。

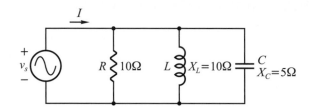

解 總導納 Y 為：

$Y=\dfrac{1}{10}+\dfrac{1}{j10}+\dfrac{1}{-j5}=0.1+j0.2=0.1\sqrt{2}\angle 45°\text{℧}$（電路為電容性）

$I=V_sY=100\sqrt{2}(0.1\sqrt{2}\angle 45°)=20\angle 45°$ A

$\therefore i=20\sin(\omega t+45°)$A

(a) $P=\dfrac{V_mI_m}{2}[\cos\theta-\cos(2\omega t+\theta_v+\theta_i)]$

其中，$\theta=\theta_v-\theta_i=0°-45°=-45°$

$\therefore P=\dfrac{100\sqrt{2}\times 20}{2}[\cos(-45°)-\cos(2\omega t+0°+45°)]$

$=1000\sqrt{2}[\dfrac{\sqrt{2}}{2}-\cos(2\omega t+45°)]$

$=1000-1000\sqrt{2}\cos(2\omega t+45°)$(W)

(b) $P_{max}=\dfrac{V_mI_m}{2}(\cos\theta+1)=1000\sqrt{2}(\dfrac{\sqrt{2}}{2}+1)=2414$(W)

$P_{min}=\dfrac{V_mI_m}{2}(\cos\theta-1)=1000\sqrt{2}(\dfrac{\sqrt{2}}{2}-1)=-414$(W)

(c) $P_{av}=\dfrac{V_mI_m}{2}\cos\theta=\dfrac{100\sqrt{2}\times 20}{2}\cos(-45°)=1000$(W)

(d) $S=\dfrac{V_mI_m}{2}=1000\sqrt{2}$(VA)

(e) PF $=\cos\theta=\cos(-45°)=\dfrac{\sqrt{2}}{2}$

或 PF $=\dfrac{P_{av}}{S}=\dfrac{1000}{1000\sqrt{2}}=\dfrac{\sqrt{2}}{2}$（電容性）

17.5 無效功率

由 17.2 節平均功率可知各元件(純 R、L、C時)，其平均功率為：純電阻時其平均功率$P_{av} = V_{rms}I_{rms}\cos\theta$，而純電感或純電容時，其平均功率皆為 0。由此可知基本元件在交流電路中，只有電阻會消耗功率，而電感及電容並不會消耗功率。但電感器及電容器的瞬時功率(P)並非為零，而在瞬時功率的正半週，將電源傳送的能量儲存起來，在瞬時功率的負半週，將儲存的能量釋放回電源，而沒有造成能量的損耗，因此**對於電感器或電容器將電源能量在一週內進行轉移，而沒有任何能量的消耗，稱為無效功率**(ineffective power)、**虛功率**(imaginary power)或**電抗功率**(reactive power)，符號以Q表示，單位為乏(Voltage-Amper Reactive；VAR)，其數學式為：

$$Q = \frac{1}{2}V_m I_m \sin\theta = V_{rms} I_{rms} \sin\theta \quad\text{...} (17.36)$$

其中，θ為電壓與電流之夾角$\theta = \theta_v - \theta_i$。

在**電感性電路**中，電壓超前電流 90°，對於一純電感器而言，其功率曲線的正半週是吸收電源所供給的能量，而負半週是將能量送回電源，而本身並不消耗能量，故其平均功率為零。對任一**電感性負載**而言，其**無效功率**為：

$$Q = \frac{1}{2}V_m I_m \sin\theta$$
$$= V_{rms} I_{rms} \sin\theta = V_{rms} I_{rms} \sin 90° = V_{rms} I_{rms} = \frac{1}{2} V_m I_m \quad\text{.....................} (17.37)$$

對於一電感性電路之電壓$V_{rms} = I_{rms} X_L$，所以

$$Q_L = I_{rms}^2 X_L = \frac{1}{2} I_m^2 X_L \quad\text{...} (17.38)$$

因為電感性電路之平均功率為零，所以其功率因數為：

$$\text{PF} = \frac{P_{av}}{S} = \frac{0}{\frac{1}{2} V_m I_m} = 0$$

在**電容性電路**中，當電流i流經一電容器時，電容器兩端之電壓v落後電流i 90°。純電容器本身也不消耗功率，其功率由曲線的正半週是吸收電源所供給的能量，而負半週是將能量送回電源。

對於任一**電容性負載**而言，其**無效功率**爲：

$$Q_C = V_{rms} I_{rms} \sin\theta = V_{rms} I_{rms} \sin(-90°) = V_{rms} I_{rms} = \frac{1}{2} V_m I_m \dots\dots\dots\dots (17.39)$$

因爲 $V_{rms} = I_{rms} X_C$，所以

$$Q_C = -I_{rms}^2 X_C = -\frac{1}{2} I_m^2 X_C \dots\dots\dots\dots\dots\dots\dots\dots\dots\dots\dots (17.40)$$

如同電感器一樣，因爲電容性電路的平均功率爲零，所以其功率因數亦爲零。

【例題 17.9】

一電感性負載(包含電阻與感抗)，其負載兩端之電壓爲 $v = 30\sin\omega t$ V，而負載電流 $i = 6\sin(\omega t - 30°)$ A。

(a)試求負載所消耗的平均功率。　　(b)試求視在功率。

(c)試求電感性負載的無效功率。　　(d)試求該負載的功率因數。

解　(a) $P_{av} = \dfrac{1}{2} V_m I_m \cos\theta = \dfrac{1}{2}(30)(6)\cos30° = 77.9\,(W)$

(b) $S = \dfrac{1}{2} V_m I_m = \dfrac{1}{2}(30)(6) = 90\,(VA)$

(c) $Q = \dfrac{1}{2} V_m I_m \sin\theta = S\sin\theta = 90\sin30° = 45\,(VAR)$

(d) $PF = \dfrac{P_{av}}{S} = \dfrac{77.9}{90} = 0.866$

【例題 17.10】

如下圖所示 RLC 並聯交流電路，設負載元件 $R = 3\Omega$，$X_L = 2\Omega$，$X_C = 4\Omega$，當加入 $V_s = 12\angle36.9°$V 之電源電壓時，試求電路之：(a)P_{av}，(b)Q_L，(c)Q_C，(d)Q，(e)S，(f)PF。

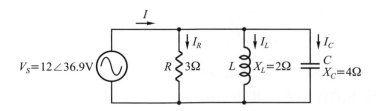

解 $I_R = \dfrac{V_s}{R} = \dfrac{12}{3} = 4\text{A}$

$I_L = \dfrac{V_s}{X_L} = \dfrac{12}{2} = 6\text{A}$

$I_C = \dfrac{V_s}{X_C} = \dfrac{12}{4} = 3\text{A}$

$\therefore I = \sqrt{I_R^2 + (I_L - I_C)^2} = \sqrt{4^2 + (6-3)^2} = 5\text{A}$

(a) $P_{av} = I_R^2 R = 4^2 \times 3 = 48(\text{W})$

(b) $Q_L = I_L^2 X_L = 6^2 \times 2 = 72(\text{VAR})$

(c) $Q_C = -I_C^2 X_C = -(3^2 \times 4) = -36(\text{VAR})$

(d) $Q = Q_L + Q_C = 72 + (-36) = 36(\text{VAR})$

(e) $S = \sqrt{P_{av}^2 + Q^2} = \sqrt{(48)^2 + (36)^2} = 60(\text{VA})$ 或 $S = VI = 12 \times 5 = 60(\text{VA})$

(f) $\text{PF} = \dfrac{P_{av}}{S} = \dfrac{48}{60} = 0.8$（$\because$ 落後功率因數）

　　無效功率與功率因數之關係，我們可由下列的討論得知：由圖 17.5 可知 $\sin\theta = \dfrac{I_m Z}{|Z|}$，又 $V_{\text{rms}} = |Z| I_{\text{rms}}$，將此兩數值代入(17.37)式中，可得：

$$Q = (|Z| I_{\text{rms}})(I_{\text{rms}})\left(\frac{I_m Z}{|Z|}\right) = I_{\text{rms}}^2 I_m Z \quad\text{.............................(17.41)}$$

又 $I_m Z = X$，因此有

$$Q = I_{\text{rms}}^2 X = \frac{1}{2} I_m^2 X \quad\text{...(17.42)}$$

之關係。亦可把 I_{rms} 消去，而以 V_{rms} 來取代，而得到

$$Q = \frac{V_{\text{rms}}^2 I_m Z}{|Z|^2} = \frac{V_{\text{rms}}^2 X}{|Z|^2} = \frac{V_m^2 X}{2|Z|^2} \quad\text{................................(17.43)}$$

由此可了解，若負載是電感性，則 $X > 0$，Q 為正值，為功率因數落後的情況。若為電容性，則 $X < 0$（如 $X = -X_C$），Q 為負值，為功率因數超前的情況。若負載是純電阻性，則 $X = 0$，$Q = 0$，是功率因數為 1 的情況。

　　最後作個結論：Q 與功率因數有下列之關係。若 $Q = 0$，功率因數為 1，且為電阻性負載。若 $Q > 0$，功率因數為落後，且為電感性負載。若 $Q < 0$，功率因數為超前，且負載是電容性。而且大的正負 Q 值對應了低功率因數，另一方面，小的正負 Q 值，對應了大的功率因數(近於 1)。

17.6 複數功率

平均功率、視在功率和無效功率三者之關係，可以用直角三角形來表示，此三角形稱為**功率三角形**(power triangle)。如圖 17.7 所示。圖 17.7(a)中為$\theta > 0$(落後功率因數)，在圖 17.7(b)中$\theta < 0$(超前功率因數)，數值Q示於三角形另一邊。因平均功率P_{av}為實數，故功率三角形P_{av}邊位於實軸上，Q平行於虛軸上，為複數的虛數部份。由此三角形可以看出Q、S及θ間的關係為：

$$\sin\theta = \frac{Q}{S}$$

因此　　　　$Q = S\sin\theta$

或　　　　$Q = \dfrac{1}{2} V_m I_m \sin\theta$ .... (17.44)

(17.44)式如同(17.37)式，Q稱為**無效功率**(或稱**電抗功率**)。由圖 17.7 可看出：

$$S = P_{av} + jQ \text{.. (17.45)}$$

式中大寫的S**是複數**，在極座標中可寫成：

$$S = |S| \underline{/\theta} = V_{rms} I_{rms} \underline{/\theta} = \frac{1}{2} V_m I_m \underline{/\theta} \text{.. (17.46)}$$

由(17.45)式可知S的兩部份都是功率值，故S有時稱為**複數功率**(complex power)。複數功率很有用，因**實數部份為實功率，或平均功率**即$P_{av} = Re(S)$。而**虛數部份為虛功率或無效功率**$\theta = I_m(S)$。且它的大小為視在功率S，相角為功率因數角θ。

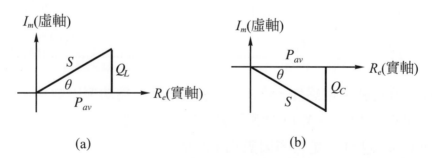

(a)　　　　　　　　　　　　(b)

圖 17.7　對於(a)落後功率因數及(b)超前功率因數情況的功率三角形

我們可直接由電壓和電流相量求得S，若選擇電壓相量為：

$$V = V_m \underline{/\phi} \text{.. (17.47)}$$

若阻抗是 $Z=|Z|\,\angle\,\theta$，則電流相量為：

$$I=\frac{V}{Z}=\frac{V_m\,\angle\,\phi}{|Z|\,\angle\,\theta}$$

或

$$I=I_m\,\angle\,\phi-\theta\quad\text{.. (17.48)}$$

式中相量 I 的共軛複數 I^*，是把**角度的符號變號即可**，所以由(17.48)式可得：

$$I^*=I_m\,\angle\,\theta-\phi\quad\text{.. (17.49)}$$

最後，完成 $\frac{1}{2}VI^*$ 的乘積，由(17.47)及(17.49)式可得：

$$\frac{1}{2}VI^*=\frac{1}{2}(V_m\,\angle\,\phi)(I_m\,\angle\,\theta-\phi)=\frac{1}{2}V_m\,I_m\,\angle\,\theta$$

將此結果與(17.46)比較，可得**複數功率**：

$$S^*=\frac{1}{2}VI^*=\frac{1}{2}V_m\,I_m\,\angle\,\theta\quad\text{.. (17.50)}$$

因在電機相關課程，通常以電源電流 I_m 或 I_{rms} 為基準相量，來表達複數功率，故本書採用 S^* 來表示複數功率，即：

$S^*=\dfrac{1}{2}V_m I_m^* \angle\theta=V_{\mathrm{rms}}I_{\mathrm{rms}}^* \angle\theta$ 來說明複功率，與視在功率 (S) 作一區別，以求有相同的課程理念。

【例題 17.11】

　　有一負載 4kW 的平均功率，及 $Q=-3\text{kVA}$ 的無效功率，若負載相量為 $500\sqrt{2}$ V，試求視在功率、電流均方根值、功率因數及負載阻抗。

解　由圖 17.7 可知功率因數角是：

$$\theta=\tan^{-1}\frac{Q}{P_{av}}=\tan^{-1}\frac{-3000}{4000}=-36.87°$$

視在功率：$S=\dfrac{Q}{\sin\theta}=\dfrac{-3000}{\sin(-36.87°)}=5000\text{VA}=5(\text{kVA})$

電流均方根值：$I_{\mathrm{rms}}=\dfrac{S}{V_{\mathrm{rms}}}=\dfrac{5000}{500}=10(\text{A})$

功率因數：$\mathrm{PF}=\cos\theta=\cos(-36.87°)=0.8(超前)$

負載阻抗：$Z=\dfrac{V}{I}=\dfrac{500\sqrt{2}}{10\sqrt{2}}\,\angle\,-36.87°=50\,\angle\,-36.87°\,(\Omega)$

【例題 17.12】

有一負載電壓和電流分別是：

$$v = 100\sqrt{2}\sin\omega t \text{ V}$$

$$i = 5\sqrt{2}\sin(\omega t + 30°) \text{ A}$$

試求複數功率、視在功率、平均功率、無效功率及功率因數。

解 由題目知道電壓相量和電流相量分別是：

$$V = 100\sqrt{2} \underline{/0°}，I = 5\sqrt{2} \underline{/30°}，I^* = 5\sqrt{2} \underline{/-30°}。$$

複數功率：$S^* = \dfrac{1}{2}VI^* = \dfrac{1}{2}(100\sqrt{2}\underline{/0°})(5\sqrt{2}\underline{/-30°})$

$$= 500 \underline{/-30°} \text{ (VA)}$$

視在功率：$S = \dfrac{1}{2}V_m I_m = \dfrac{1}{2}(100\sqrt{2})(5\sqrt{2}) = 500\text{(VA)}$

平均功率：$P_{av} = \dfrac{1}{2}V_m I_m \cos\theta = S\cos\theta = 500\cos(-30°)$

$$= 433\text{(W)}$$

無效功率：$Q = \dfrac{1}{2}V_m I_m \sin\theta = S\sin\theta = 500\sin(-30°)$

$$= -250\text{(VAR)}$$

功率因數：$\text{PF} = \cos\theta = \cos(-30°) = 0.866\text{(超前)}$

17.7 / 最大功率轉移定理

我們在 8.6 節已討論過直流部份的最大功率轉移定理：若直流電路之負載總電阻等於自負載端向內看之戴維寧等效電阻時，此負載將獲得最大功率。現在我們來討論交流部份的最大功率轉移定理。

如圖 17.8 所示的電路，Z_s 代表一已知被動阻抗，V_s 代表已知頻率為 ω 之弦波電壓相量，Z_L 代表一被動的負載阻抗。

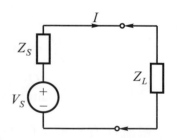

圖 17.8　最大功率轉移定理電路分析

最大功率轉移定理的敘述是：**交流電路之負載阻抗Z_L等於電源被動阻抗Z_S的共軛值時；即$Z_L = Z_s^*$，負載即得最大功率。**

假設$Z_s = R_s + jX_s$，$Z_L = R_L + jX_L$，若以電流相量I表示，則由(17.23)式中可知**送至負載Z_L的平均功率**為：

$$P_{av} = \frac{1}{2} |I|^2 Re[Z_L] \dotfill (17.51)$$

又由電路可知：

$$I = \frac{V_s}{Z_s + Z_L} = \frac{V_s}{(R_s + jX_s) + (R_L + jX_L)} = \frac{V_s}{(R_s + R_L) + j(X_s + X_L)}$$

故其大小

$$|I| = \frac{|V_s|}{\sqrt{(R_s + R_L)^2 + (X_s + X_L)^2}}$$

所以

$$|I|^2 = \frac{|V_s|^2}{(R_s + R_L)^2 + (X_s + X_L)^2}$$

代入(17.51)式，可得：

$$P_{av} = \frac{1}{2} |V_s|^2 \frac{R_L}{(R_s + R_L)^2 + (X_s + X_L)^2} \dotfill (17.52)$$

因為電抗X_L可能為正亦可能為負，欲使(17.52)式中的P_{av}較大，故我們可選取$(X_s + X_L)^2$項為零，即：

$$X_L = -X_s \dotfill (17.53)$$

因此(17.52)式P_{av}變為：

$$P_{av} = \frac{1}{2} |V_s|^2 \frac{R_L}{(R_s + R_L)^2} \dotfill (17.54)$$

欲使P_{av}為最大，故可取P_{av}對R_L的偏微分，且令偏微分結果為零；即$\frac{\partial P_{av}}{\partial R_L} = 0$，故(17.54)式可得：

$$\begin{aligned}
\frac{\partial P_{av}}{\partial R_L} &= \frac{1}{2} |V_s|^2 \frac{(R_s + R_L)^2 - 2(R_s + R_L)R_L}{(R_s + R_L)^4} \\
&= \frac{1}{2} |V_s|^2 \frac{R_s^2 - R_L^2}{(R_s + R_L)^4} = 0
\end{aligned}$$

即 $R_s^2 - R_L^2 = 0$，或 $(R_s + R_L)(R_s - R_L) = 0$，因 $R_s + R_L \neq 0$，故可得 $R_s - R_L = 0$，即

$$R_L = R_s \quad\text{..} (17.55)$$

由(17.53)和(17.55)式，可得：

$$Z_L = R_L + jX_L = R_s - jX_s = Z_s^* \text{..................................} (17.56)$$

當此條件滿足時，即**負載阻抗與電源阻抗共軛匹配**時負載可得最大功率。

當 $Z_L = Z_s^*$ 時，**輸送至負載的最大平均功率**為：

$$\max P_{av} = \frac{1}{2}|V_s|^2 \frac{R_L}{(R_s + R_L)^2} = \frac{1}{2}|V_s|^2 \frac{R_s}{(2R_s)^2} = \frac{|V_s|^2}{8R_s} \text{......................} (17.57)$$

當負載得到最大功率時，由**電源所輸送出平均功率**：

$$P_{s,av} = \frac{1}{2}|I|^2 Re[Z_s + Z_L] = \frac{1}{2}\left|\frac{V_s}{R_s + R_L}\right|^2 (R_s + R_L)$$

$$= \frac{1}{2}\left|\frac{V_s}{2R_s}\right|^2 (2R_s) = \frac{|V_s|^2}{4R_s} \text{......................................} (17.58)$$

由(17.57)與(17.58)式相比較，可知由電源 V_s 輸送至負載的平均功率之**轉移功率**僅有 50%，此轉移效率對電子工程師而言，此項事實並不重要。但對電力工程師而言，情況正好相反，因由電源所輸送出的能量需要費用，所以電力公司對於效率特別注重，他們希望所產生的平均功率盡可能地輸送至負載(即用戶)，故大型交流發電機都不做共軛匹配。

【例題 17.13】

如下圖所示之電路，當 $e_s = 9\sin t$ V 時，試求：

(a)負載得最大功率時 Z_L 之值為何？

(b)此時之最大功率為何？

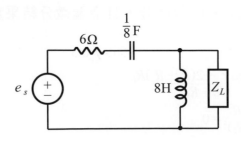

解 $e_s = 9\sin t$ 故相量為 $E_s = 9\,\underline{/0^\circ}$，$\omega = 1$

電容器之阻抗：$X_c = \dfrac{1}{j\omega C} = -j8\Omega$

電感器之阻抗：$X_L = j\omega L = j8\Omega$

(a)先求戴維寧交流等效電路阻抗得：

$$Z_s = (6-j8)\,//\,j8 = \frac{(6-j8)j8}{(6-j8)+j8} = \frac{64+j48}{6} = 10.7 + j8\Omega = R_S + jX_L$$

故 $Z_L = Z_s^* = 10.7 - j8(\Omega)$

(b)欲得最大功率，必須先求戴維寧交流等效電壓得：

$$V_s = \frac{E_s(j8)}{(6-j8)+j8} = \frac{9(j8)}{6} = j12 = 12\,\underline{/90^\circ}\ \text{V}$$

故最大功率為：$\max P_{av} = \dfrac{|V_s|^2}{8R_s} = \dfrac{12^2}{8\times 10.7} = 1.68(\text{W})$

【例題 17.14】

在圖 17.8 中令 $V_s = 24\sqrt{2}\,\underline{/0^\circ}$ V，及 $Z_s = 4+j3\Omega$，試求負載 Z_L 分別等於 (a)$Z_L = 4 - j4\ \Omega$，(b)$Z_L = 5 - j3\ \Omega$，及 (c)$Z_L = 5 - j2\ \Omega$ 時所吸收的功率。

解 (a)電流相量 I 為：

$$I = \frac{V_s}{Z_s + Z_L} = \frac{24\sqrt{2}\,\underline{/0^\circ}}{(4+j3)+(4-j4)} = \frac{24\sqrt{2}\,\underline{/0^\circ}}{8-j1} = \frac{24\sqrt{2}\,\underline{/0^\circ}}{8.06\,\underline{/7.125^\circ}}$$

$$= 4.2\,\underline{/-7.125^\circ}\text{A}$$

由(17.51)式，可得送至負載 Z_L 的平均功率為：

$$P_{av} = \frac{1}{2}|I|^2 Re Z_L = \frac{1}{2}(4.2)^2(4) = 35.45(\text{W})$$

(b)電流相量 I 為：$I = \dfrac{V_s}{Z_s + Z_L} = \dfrac{V_s}{(4+j3)+(5-j3)} = \dfrac{24\sqrt{2}\,\underline{/0^\circ}}{9} = 3.77\,\underline{/0^\circ}\ \text{A}$

所以

$$P_{av} = \frac{1}{2}(3.77)^2(5) = 35.56(\text{W})$$

(c)電流相量 I 為：$I = \dfrac{V_s}{Z_s + Z_L} = \dfrac{V_s}{9+j1} = \dfrac{24\sqrt{2}\,\underline{/0^\circ}}{9.055\,\underline{/6.3^\circ}} = 3.748\,\underline{/-6.3^\circ}\ \text{A}$

所以送到負載 Z_L 的平均功率為：

$$P_{av} = \frac{1}{2}(3.748)^2 \times 5 = 35.12(\text{W})$$

Chapter 18

諧振電路與濾波器

　　由於電抗元件之阻抗會隨頻率而變，因此，含有電阻器、電感器及電容器的電路之總阻抗會隨頻率而變。前述電感抗 X_L 之大小會隨頻率之增加而變大，而電容抗 X_C 之大小則因頻率之增加而變小，且 X_L 之相角為 $90°$，而 X_C 之相角則為 $-90°$，因此，我們可讓電路操作於某一頻率，而使得電路總電感抗恰好抵消電路之總電容抗。當電路操作於某一頻率，而使得總阻抗之電抗部份(虛數部)為零，則我們說此電路處在諧振下。由於諧振下之電路的電抗為零，因此在諧振時，電路的總阻抗為純電阻(實數部)。

　　像上述這種**含有電阻器、電感器和電容器的一種電路，電感器和電容器能在某工作頻率下發生諧振，此種電路稱為諧振電路**(resonant circuit)，諧振電路有二種，**串聯諧振電路與並聯諧振電路**，在應用上極為重要。所謂**諧振**其意義為：交流電路中，當其輸出函數為最大值時，則處於諧振的情況，如圖 18.1(a)所示。在產生峰值的頻率 f_o(Hz)或 $\omega_o = 2\pi f_o$(rad/sec)稱為**諧振頻率**。諧振頻率亦可取波於型輸出函數為最小值時，如圖 18.1(b)，當然它的諧振頻率亦為 f_o 或 ω_o。

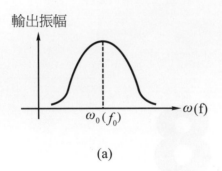 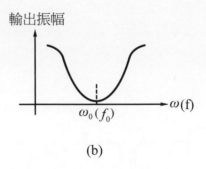

(a) (b)

圖 18.1　諧振狀況下之振幅響應

在本章中，我們先探討不同頻率對網路函數的振幅響應與相位響應的影響，接著介紹各種形式的諧振電路，並解釋諧振及品質因數的定義。除外我們還介紹串並聯諧振電路之品質因數作一解釋，最後有關各種濾波器特性的頻寬及截止頻率亦將作說明。

18.1　網路函數

所謂**網路函數**(network function)是指：**交流電路中，輸出相量與輸入相量之比**。以 $H(j\omega)$ 表示網路函數。

$H(j\omega)$ 與一般相量一樣，為一複數量，因此可分成實數與虛數兩部份，可寫成：

$$H(j\omega)=R_eH(j\omega)+jImH(j\omega) \quad\text{...} (18.1)$$

或以極坐標表示，則為：

$$H(j\omega)= \mid H(j\omega) \mid \underline{/\theta(\omega)} \quad\text{...} (18.2)$$

(18.2)式中，**振幅響應**為：

$$\mid H(j\omega) \mid = \sqrt{[R_eH(j\omega)]^2+[ImH(j\omega)]^2} \quad\text{...............................} (18.3)$$

相位響應為：

$$\theta(\omega)=\tan^{-1}\frac{ImH(j\omega)}{R_eH(j\omega)} \quad\text{...} (18.4)$$

網路函數內之振幅和相位角，在電路或網路設計上是很重要，其原因有二：(1) 電路或網路設計的規格，一般是以振幅大小和相位角來擬定，極少以實數或虛數來規定。(2)使用儀器測量電路或網路時，所得到的數據，一均為振幅大小和相位角表示。因此，在弦波穩態下之網路函數常以振幅大小和相位角來表示。

　　因網路函數為輸出相量與輸入相量之比，故欲求輸出時，可由網路函數與輸入相量之乘積計算而得。

【例題 18.1】

已知電路之網路函數為：

$$H(j\omega) = \frac{10}{11 + j\omega}$$

輸入 $v_s = 2\sin(t + 30°)$ V，試求當 v_s 輸入時穩態輸出電壓 v_o。

解 因 $H(j\omega) = \dfrac{10}{11 + j\omega}$，$\omega = 1$ rad/s，故

$$H(j\omega) = \frac{10}{11 + j\omega} = \frac{10}{\sqrt{122}\ \underline{/5.2°}} = 0.9\ \underline{/-5.2°}$$

所以 $V_o = H(j\omega)V_s = 0.9\ \underline{/-5.2°} \cdot 2\ \underline{/30°} = 1.8\ \underline{/24.8°}$ V

因此，$v_o = 0.9\sin(t + 24.8°)$ (V)

18.2　並聯諧振電路

　　設如圖 18.2 所示之 RLC 並聯諧振電路，此電路係由弦波電流電源所驅動，即：

$$i_s = |\,I_s\,|\ \sin(\omega t + \measuredangle I_s) \dots\dots\dots\dots\dots\dots\dots (18.5)$$

1.　導　納

此電路在角頻率為 ω 時的導納為：

$$
\begin{aligned}
Y(j\omega) &= G + j\omega C + \frac{1}{j\omega L} \\
&= G + j\left(\omega C - \frac{1}{\omega L}\right) \\
&= G + jB(\omega) \dots\dots\dots\dots\dots\dots\dots (18.6)
\end{aligned}
$$

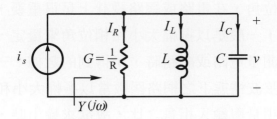

圖 18.2　RLC 並聯諧振電路

由(18.6)式，可看出 RLC 並聯諧振的實數部份 G 為常數，而虛數部份 B(ω) 為 ω 函數。導納的實數部份 G 稱為**電導**，即：

$$G = \frac{1}{R} \quad\text{...}(18.7)$$

而導納的虛數部份 B(ω) 稱為**電納**(susceptance)，即：

$$B(\omega) = \omega C - \frac{1}{\omega L} \quad\text{...}(18.8)$$

B(ω) 為 ω 之函數，故其對 ω 變化之關係圖如圖 18.3 所示。

由圖 18.3 可看出 ω 由小到大，B(ω) 先為負值，經過零值，再成為正值，因此當 B(ω) 呈現負值時，整個 RLC 並聯諧振電路屬於電感性，當 B(ω) 呈現正值時，整個 RLC 並聯諧振電路屬於電容性，而當 B(ω_o) = 0 時，則稱此電路處於諧振狀態。

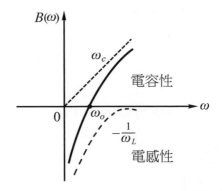

圖 18.3　RLC 並聯諧振電路電納 B(ω) 對 ω 之關係圖

在頻率 $f_o = \dfrac{\omega_o}{2\pi} = \dfrac{1}{2\pi\sqrt{LC}}$ 時，電納 $B(\omega_o) = 0$，此時電路稱爲在 **諧振狀態**，而 f_o 稱爲 **諧振頻率**(resonant frequency)。

2. **阻　抗**

若用阻抗來描述圖 18.2 所示之 RLC 並聯電路時，則並聯諧振電路的阻抗爲：

$$
\begin{aligned}
Z(j\omega) &= \frac{1}{Y} = \frac{1}{G + jB(\omega)} = \frac{1}{G + jB(\omega)} \cdot \frac{G - jB(\omega)}{G - jB(\omega)} \\
&= \frac{G}{G^2 + B^2(\omega)} + j\frac{-B(\omega)}{G^2 + B^2(\omega)} \\
&= R + jX(\omega) \quad\quad\quad\quad\quad\quad\quad\quad\quad\quad\quad\quad\quad (18.9)
\end{aligned}
$$

由(18.9)式，可知，阻抗之實數部份爲常數 R，稱爲 **電阻**，而虛數數部份 $X(\omega)$ 爲 ω 之函數，稱爲 **電抗**(impedance)。即：

$$
X(\omega) = \frac{-B(\omega)}{G^2 + B^2(\omega)} \quad\quad\quad\quad\quad\quad\quad\quad\quad\quad\quad\quad (18.10)
$$

3. **並聯諧振電路之網路函數**

如圖 18.2 所示之 RLC 並聯諧振電路，若 I_s 及 V 分別爲輸入及響應的相量，則網路函數 $H(j\omega)$ 爲：

$$
\begin{aligned}
H(j\omega) &= \frac{V}{I_s} = Z(j\omega) = \frac{1}{\dfrac{1}{R} + \dfrac{1}{j\omega L} + j\omega C} \\
&= \frac{1}{\dfrac{1}{R} + j\left(\omega C - \dfrac{1}{\omega L}\right)} \quad\quad\quad\quad\quad\quad\quad\quad (18.11)
\end{aligned}
$$

因此可得振幅響應與相位響應爲：

$$
\left| H(j\omega) \right| = \frac{1}{\sqrt{\left(\dfrac{1}{R}\right)^2 + \left(\omega C - \dfrac{1}{\omega L}\right)^2}} \quad\quad\quad\quad\quad (18.12)
$$

$$
\theta(\omega) = -\tan^{-1} R\left(\omega C - \frac{1}{\omega L}\right) \quad\quad\quad\quad\quad\quad (18.13)
$$

由(18.11)式可知,當 $\omega C = \dfrac{1}{\omega L}$ 時,分母最小,即此時之 $H(j\omega)$ 最大,亦即輸入阻抗 $Z(j\omega)$ 為最大,此種情況,我們稱之為並聯諧振,發生諧振時之頻率 ω_o 為:

$$\omega_o C - \frac{1}{\omega_o L} = 0$$

因此可得諧振頻率為:

$$\omega_o = \frac{1}{\sqrt{LC}} \ (\text{rad/sec})$$

或

$$f_o = \frac{1}{2\pi\sqrt{LC}} \ (\text{Hz}) \dots\dots\dots\dots\dots\dots\dots\dots (18.14)$$

　　圖 18.4(a)、(b)所示分別為網路函數 $H(j\omega)$ 的振幅響應與相位響應圖,由 18.4(a)圖可看出網路函數即輸入阻抗受輸入信號頻率影響的情形,在 $\omega \to 0$ 及 $\omega \to \infty$ 時,$|H(j\omega)| \to 0$;而在 $\omega = \omega_o$(即諧振)時,$|H(j\omega)|$ 為最大。而相位響應,當 $\omega \to 0$ 時,$\theta(\omega) = \dfrac{\pi}{2}$,$\omega \to \infty$ 時,$\theta(\omega) = -\dfrac{\pi}{2}$,當諧振 $(\omega = \omega_o)$ 時,$\theta(\omega) = 0$,為純電阻性。

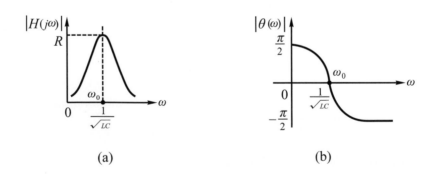

(a)　　　　　　　　　　　(b)

圖 18.4　RLC 並聯諧振電路之(a)振幅響應,(b)相位響應圖

【例題 18.2】

如圖 18.2 所示之 RLC 並聯電路中，若 $R=1\Omega$，$L=3\mathrm{H}$，$C=\dfrac{1}{27}\mathrm{F}$，試求(a)諧振頻率 ω_o，(b)當輸入 $i_s=2\sin(3t+30°)$ A 時之 v，(c)當輸入 $i_s=6\sin(270t+30°)$ A 時之 v。

解 (a) $\quad \omega_o=\dfrac{1}{\sqrt{LC}}=\dfrac{1}{\sqrt{3\cdot\dfrac{1}{27}}}=3\ (\mathrm{rad/s})$

(b)由於輸入信號之頻率 $\omega=3$ rad/s，因為 $\omega=\omega_o$，故電路發生諧振，此時之輸入阻抗為：

$\qquad Z(j3)=R=1\Omega$

因此，

$\qquad V=I_sZ(j\omega)$

$\qquad\quad =6\ \underline{/30°}\cdot 1=6\ \underline{/30°}\ \mathrm{V}$

所以得到：

$\qquad v=6\sin(3t+30°)\ (\mathrm{V})$

(c)因 $i_s=6\sin=(270t+30°)$，故知 $\omega=270$ rad/s，$\omega=\omega_o$，故非諧振，此時阻抗 $Z(j\omega)$ 為：

$\qquad Z(j270)=\dfrac{1}{\dfrac{1}{R}+j\left(\omega C-\dfrac{1}{\omega L}\right)}-\dfrac{1}{1+j\left(270\cdot\dfrac{1}{27}-\dfrac{1}{270\times 3}\right)}$

$\qquad\qquad =0.134\ \underline{/-82.3°}\ \Omega$

因，

$\qquad V=I_sZ(j\omega)$

$\qquad\quad =6\ \underline{/30°}\cdot 0.134\ \underline{/-82.3°}$

$\qquad\quad =0.8\ \underline{/-52.3°}\ \mathrm{V}$

所以得到：

$\qquad v=0.8\sin(270t-52.3°)\ (\mathrm{V})$

因此在頻率 $\omega=270$ rad/s 之情形況下，輸出振幅已大為降低。

18.3 並聯諧振電路之品質因數與頻帶寬度

由圖 18.4(a)*RLC* 並聯諧振電路之振幅響應可看出當 $\omega = \omega_0$ 附近的頻率對應較大的振幅，而接近於零或大於 ω_0 的頻率對應較小的振幅，因而得知圖 18.2 的 *RLC* 並聯電路為一**帶通濾波器**(bandpass filter)，其通過的頻率集中在 ω_0 附近的頻率。典型之帶通濾波器振幅響應如圖 18.5 所示。其最大振幅發生在 ω_0 處，因此角頻率 ω_0 稱為**中心頻率**(center frequency)，而通過的角頻率或**通帶**(pass band)的定義為：

$$\omega_1 \leq \omega_0 \leq \omega_2 \dotfill (18.15)$$

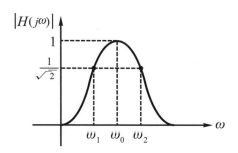

圖 18.5　典型帶通濾波器之振幅響應

其中 ω_1 與 ω_2 稱為**截止點**(cutoff points)。一實用之帶通濾波器(如諧振電路)其通帶可以數種不同方法加以定義。最常用的定義為 **3 分貝通帶**(3-dB passband)，其意指，在帶通的邊緣，$|H(j\omega)|$ 為通帶極大值的 $\frac{1}{\sqrt{2}} = 0.707$，因 **3 分貝頻寬**(3-dB bandwidth)定義為：

$$\mathrm{BW} = \omega_2 - \omega_1 \dotfill (18.16)$$

而 $f_1 = \frac{\omega_1}{2\pi}$，$f_2 = \frac{\omega_2}{2\pi}$，其中，$f_1$，$f_2$ 稱之為 **3 分貝截止頻率**(3-dB cutoff frequency)，故以赫茲(Hz)為單位之 3 分貝頻寬定義為：

$$\mathrm{BW} = \Delta f = f_2 - f_1 = \frac{\omega_2 - \omega_1}{2\pi} \dotfill (18.17)$$

在諧振電路中，一個尖銳的選擇性(selectivity)或銳度(sharpness)的良好量度稱之為**品質因數**(quality factor)，以 Q 表示之，定義為**諧振頻率與頻帶寬度比**，即：

$$Q = \frac{\omega_0}{\mathrm{BW}} \dotfill (18.18)$$

品質因數 Q 的定義可依並聯諧振與串聯諧振之不同而略有不同，現分述如下：

如圖 18.2 所示之 RLC 並聯諧振電路，在諧振時，電感器(或電容器)中電流之大小與電流電源大小(或電阻電流大小)之比值，即為並聯諧振電路之**品質因數**，即：

$$Q = \frac{諧振時電感(或電容)之電流}{諧振時電流電源(或電阻電流)} \dotfill (18.19)$$

$$= \frac{|I_L|}{|I_s|} = \frac{\left|\dfrac{V}{j\omega_0 L}\right|}{\left|\dfrac{V}{R}\right|} = \frac{R}{\omega_0 L} \dotfill (18.20)$$

$$- \frac{|I_C|}{|I_s|} = \frac{|j\omega_0 CV|}{\left|\dfrac{V}{R}\right|} = \omega_0 RC \dotfill (18.21)$$

又因為 $\omega_0 = \dfrac{1}{\sqrt{LC}}$，代入(18.20)和(18.21)式，可得：

$$Q = R\sqrt{\frac{C}{L}} \dotfill (18.22)$$

依上述，我們可將(18.17)之 3 分貝頻寬表示成：

$$\mathrm{BW} = \frac{\omega_2 - \omega_1}{2\pi} = \frac{\omega_0}{2\pi Q} = \frac{f_0}{Q} \dotfill (18.23)$$

在諧振時，由於電容電感之並聯導納 $j\omega C + \dfrac{1}{j\omega L} = 0$，即並聯電抗為無限大，故通過電阻之電流 $I_R = \dfrac{V}{R} = I_s$，亦即等於電源電流。而流過電感上之電流為：

$$I_L = \frac{V}{j\omega_0 L} = -j\frac{V}{\omega_0 L} = -j\frac{I_s R}{\omega_0 L} = -jQI_s \dotfill (18.24)$$

流過電路電容之上電流為：

$$I_C = \frac{V}{\left(\dfrac{1}{j\omega_0 C}\right)} = j\omega_0 CV = j\omega_0 RCI_s = jQI_s \dotfill (18.25)$$

由(18.24)與 (18.25)式,可知 *RLC* 並聯電路在諧振時,電源上之電流直接流入電阻上,而流過電感上之電流與流過電容上之電流均為電源電流之*Q*倍,大小相等而方向相反,故互相抵消。由 *RLC* 並聯電路,利用分流定理可得流過電阻之電流為:

$$I_R = I_S \times \frac{\left(j\omega L \parallel \dfrac{1}{j\omega C}\right)}{\left(j\omega L \parallel \dfrac{1}{j\omega C}\right) + R} = \frac{I_S}{1 + jR\left(\omega C - \dfrac{1}{\omega L}\right)} \quad\quad\quad (18.26)$$

故 I_R 的大小為:

$$\mid I_R \mid = \frac{\mid I_S \mid}{\sqrt{1 + R^2\left(\omega C - \dfrac{1}{\omega L}\right)^2}} \quad\quad\quad (18.27)$$

由(18.27)式可知,電阻上電流之大小為 ω 之函數,其大小與角頻率 ω 之關係可繪出如圖 18.6 所示之頻率響應。當 $\omega = \omega_0 = \dfrac{1}{\sqrt{LC}}$ 時,$\mid L_R \mid$ 為最大值,即:

$$\mid I_R \mid = \mid I_S \mid = \frac{\mid V \mid}{R}$$

若非諧振點,則電流 I_R 變小,當電流 $\mid I_R \mid$ 為諧振點電流 $\mid I_S \mid$ 的 $\dfrac{1}{\sqrt{2}} = 0.707$ 倍時,有二點 ω_2 及 ω_1,分別稱為**三分貝高頻**與**三分貝低頻**,或稱為**上半功率**(upper half-power frequency)**點**與**下半功率**(low half-power frequency)**點**,此時

$$\omega C - \frac{1}{\omega L} = \pm\frac{1}{R}$$

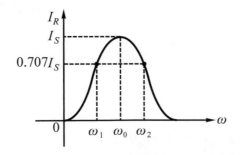

圖 18.6　*RLC* 並聯諧振電路之頻率響應

1.　當 $\omega C - \dfrac{1}{\omega L} = +\dfrac{1}{R}$ 時，上半功率點為：

$$\omega^2 - \dfrac{1}{RC}\omega - \dfrac{1}{LC} = 0$$

$$\omega = \dfrac{\dfrac{1}{RC} \pm \sqrt{\left(\dfrac{1}{RC}\right)^2 + 4\dfrac{1}{LC}}}{2}$$

根號前之負號不合，否則頻率將變為負值，故令

$$\omega_2 = \dfrac{\dfrac{1}{RC} + \sqrt{\left(\dfrac{1}{RC}\right)^2 + \dfrac{4}{LC}}}{2} \quad\dotfill (18.28)$$

2.　當 $\omega C - \dfrac{1}{\omega L} = -\dfrac{1}{R}$，下半功率點為：

$$\omega^2 + \dfrac{1}{RC}\omega - \dfrac{1}{LC} = 0$$

$$\omega = \dfrac{-\dfrac{1}{RC} \pm \sqrt{\left(\dfrac{1}{RC}\right)^2 + \dfrac{4}{LC}}}{2}$$

同理，去掉負號並令 ω_1 為：

$$\omega_1 = \dfrac{-\dfrac{1}{RC} + \sqrt{\left(\dfrac{1}{RC}\right)^2 + \dfrac{4}{LC}}}{2} \quad\dotfill (18.29)$$

由(18.28)，(18.29)式，可得三分貝頻帶寬度：

$$\mathrm{BW} = \omega_2 - \omega_1 = \dfrac{1}{RC} \quad\dotfill (18.30)$$

再由(18.17)和(18.18)式，可得：

$$\mathrm{BW} = \dfrac{f_0}{Q} \quad\dotfill (18.31)$$

【例題 18.3】

一並聯 RLC 電路，其中 $R = 100\text{k}\Omega$，$L = 10\text{mH}$，$C = 0.022\mu\text{F}$，若輸入電流 $i_s = 2\sin\omega t$ A，試求：

(a)諧振頻率 f_0，

(b)品質因數 Q，

(c)頻帶寬度 BW，

(d)上半功率與下半功率頻率點，

(e)諧振時流過電感與電容上之電流值。

解 (a)諧振頻率：

$$f_0 = \frac{1}{2\pi\sqrt{LC}} = \frac{1}{2\pi\sqrt{10 \times 10^{-3} \times 0.022 \times 10^{-6}}} = 10.73 \text{ (kHz)}$$

(b)品質因數：

$$Q = \frac{R}{\omega_0 L} = \frac{100 \times 10^3}{2\pi(10.73 \times 10^3) \times 10 \times 10^{-3}} = 148.33$$

(c)頻帶寬度：

$$\text{BW} = \frac{f_0}{Q} = \frac{10.73 \times 10^3}{148.33} = 72.34 \text{ (Hz)}$$

(d)上下半功率點頻率分別為：

$$f_2 = \frac{\dfrac{1}{RC} + \sqrt{\left(\dfrac{1}{RC}\right)^2 + \dfrac{4}{LC}}}{2\pi \times 2} = 10766.17 \text{ (Hz)}$$

$$f_1 = \frac{-\dfrac{1}{RC} + \sqrt{\left(\dfrac{1}{RC}\right)^2 + \dfrac{4}{LC}}}{2\pi \times 2} = 10693.83 \text{ (Hz)}$$

(e)諧振時流過電感及電容上之電流值分別為：

$$I_L = -jQI_s = -j148.33 \times 2 \underline{/0°} = 296.66 \underline{/-90°} \text{ (A)}$$

$$I_C = jQI_s = j148.33 \times 2 \underline{/0°} = 296.66 \underline{/90°} \text{ (A)}$$

得到 $|I_L| = |I_C|$，大小相等而方向相反，故互相抵消。

18.4 串聯諧振電路

　　串聯諧振電路為並聯諧振之對偶，所以串聯諧振電路的處理方法，可仿照並聯諧振電路的處理方法。

　　如圖 18.7 所示為一 RLC 串聯諧振電路，若輸入為 v_s，響應 i。

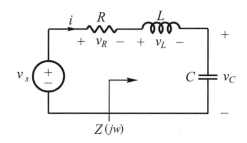

圖 18.7　RLC 串聯諧振電路

1. **阻　抗**

　　其總阻抗值 $Z(j\omega)$ 為：

$$
\begin{aligned}
Z(j\omega) &= R + j\omega L + \frac{1}{j\omega C} \\
&= R + j\left(\omega L - \frac{1}{j\omega C}\right) \\
&= R + jX(\omega) \quad\text{................................} (18.32)
\end{aligned}
$$

其中 $X(\omega) = \omega L - \dfrac{1}{\omega C}$，為 ω 的函數，稱為**電抗**，若將電抗 $X(\omega)$ 對 ω 作圖，可得圖 18.8 所示。由圖可知，當 $\omega < \omega_0 = \dfrac{1}{\sqrt{LC}}$ 時，$\omega L < \dfrac{1}{\omega C}$，故 $X(\omega)$ 為負值，則電路呈現電容性；當 $\omega = \omega_0$ 時，電路處於諧振狀態，$X(\omega) = 0$，此時 $Z(j\omega_0) = R$；當 $\omega > \omega_0$ 時，$\omega L > \dfrac{1}{\omega C}$，故 $X(\omega)$ 為正值，則電路呈現電感性。

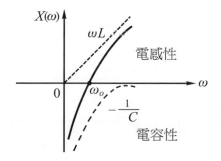

圖 18.8　RLC 串聯諧振電路之電抗 $X(\omega)$ 對 ω 之關係圖

2. **導　納**

　　其總導納 $Y(j\omega)$ 為：

$$Y(j\omega) = \frac{1}{Z(j\omega)} = \frac{1}{R + jX(\omega)}$$
$$= \frac{R}{R^2 + X^2(\omega)} + j\frac{-X(\omega)}{R^2 + X^2(\omega)}$$
$$= G + jB(\omega) \dots\dots\dots (18.33)$$

由(18.33)式，可看 RLC 串聯諧振電路的實數部份 G，虛數部份 $B(\omega)$ 為 ω 的數，導納的實數部份 G 稱為**電導**，即：

$$G = \frac{R}{R^2 + X^2(\omega)} \dots\dots\dots (18.34)$$

而導納的虛數部份 $B(\omega)$ 稱為**電納**，即：

$$B(\omega) = \frac{-X(\omega)}{R^2 + X^2(\omega)} \dots\dots\dots (18.35)$$

3. **串聯諧振電路之網路函數**

　　如圖 18.7 所示之 RLC 串聯諧振電路，若 V_s 及 I 分別為輸入及響應的相量，則網路函數 $H(j\omega)$ 為：

$$H(j\omega) = \frac{I}{V_s} = Y(j\omega) = \frac{1}{R + j\left(\omega L - \dfrac{1}{\omega C}\right)} \dots\dots\dots (18.36)$$

由(18.36)式可知，當 $\omega = \omega_0 = \dfrac{1}{\sqrt{LC}}$ 或 $f = f_0 = \dfrac{1}{2\pi\sqrt{LC}}$ 時，其分母為最小，此時為串聯諧振，其導納最大，阻抗最小。當 $\omega = \omega_0$ 時，$\omega_0 L - \dfrac{1}{\omega_0 C} = 0$；故：

$$H(j\omega) = Y(j\omega) = \frac{1}{R} \dots\dots\dots (18.37)$$

圖 18.7 之電路中，若 $v_s = V_m \sin\omega_0 t$，$\omega_0 = \dfrac{1}{\sqrt{LC}}$，則

$$I = V_s \cdot Y(j\omega_0) = V_m \underline{/0°} \cdot \frac{1}{R} = \frac{V_m \underline{/0°}}{R} \dots\dots\dots (18.38)$$

各元件之電壓響應為：

$$V_R = IR$$

$$V_L = IX_L = j\omega_0 L I$$

$$V_C = IX_C = -j\frac{I}{\omega_0 C}$$

依 KCL，可得：

$$V_S = V_R + V_L + V_C = I\left[R + j\left(\omega_0 L - \frac{1}{\omega_0 C}\right)\right] \cdots\cdots\cdots\cdots\cdots\cdots (18.39)$$

又因為

$$\omega_0 L = \frac{1}{\omega_0 C}$$

因此：

$$V_L + V_C = 0$$

所以：

$$V_S = V_R$$

換言之，RLC 串聯電路諧振時，電阻上的電壓等於外加電壓，同時 V_L 與 V_C 之大小相同，但相位相反。

【例題 18.4】

如下圖所示之 RLC 串聯電路，若 $v_S = 100\sin\omega t$ V，試求：

(a)ω 值時，i 的振幅最大，及此時之 i 值。

(b)各元件之電壓 v_R、v_L 與 v_C 之值。

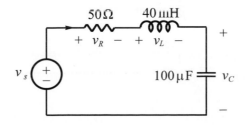

解 (a)在 $\omega = \omega_0$ 時，i 振幅最大

$$\therefore \omega = \omega_0 = \frac{1}{\sqrt{LC}} = \frac{1}{\sqrt{40 \times 10^{-3} \times 100 \times 10^{-6}}} = 500 \text{ rad/s}$$

由(18.38)式得知串聯共振之 I，即：

$$I = \frac{V_m \underline{/0°}}{R} = \frac{100 \underline{/0°}}{50} = 2 \underline{/0°} \text{ A}$$

$$\therefore i = 2\sin 500t \text{ (A)}$$

(b)各元件之電壓值分別為：

$$V_R = IR = 2 \underline{/0°} \times 50 = 100 \text{ (V)}$$

$$\therefore v_R = 100\sin 500t \text{ (V)}$$

$$V_L = IX_L = j\omega_0 LI = j500 \times 40 \times 10^{-3} \times 2 \underline{/0°}$$

$$= 40 \underline{/90°} \text{ (V)}$$

$$\therefore v_L = 40\sin(500t + 90°) \text{ (V)}$$

$$V_C = IX_C = -j\frac{I}{\omega_0 C} = -j\frac{2 \underline{/0°}}{500 \times 100 \times 10^{-6}}$$

$$= 40 \underline{/-90°} \text{ (V)}$$

$$\therefore v_C = 40\sin(500t - 90°) \text{ (V)}$$

18.5 串聯諧振電路之品質因數與頻帶寬度

如圖 18.7 所示之 *RLC* 串聯諧振電路，在諧振時，電感器(或電容)中電壓之大小(或電阻電壓大小)之比值，即為串聯諧振電路之**品質因數**，即：

$$Q = \frac{諧振時電感(或電容)之電壓}{諧振時電壓電源(或電阻電壓)} \quad\text{.............................(18.40)}$$

$$= \frac{|V_L|}{|V_S|} = \frac{|j\omega_0 LI|}{|RI|} = \frac{\omega_0 L}{R} \quad\text{.............................(18.41)}$$

$$= \frac{|V_C|}{|V_S|} = \frac{\left|\dfrac{I}{j\omega_0 C}\right|}{|RI|} = \frac{1}{\omega_0 RC} \quad\text{.............................(18.42)}$$

又因爲$\omega_0 = \dfrac{I}{\sqrt{LC}}$，代入(18.41)和(18.42)式，可得：

$$Q = \frac{1}{R}\sqrt{\frac{L}{C}} \quad\text{.. (18.43)}$$

(18.19)式與(18.40)式之Q的定義，基本上是諧振時電感(或電容)上所儲存之虛功率與諧振時電阻上所消耗之實功率的比值。

在串聯諧振時，由於電感與電容之串聯阻抗$j\omega L + \dfrac{1}{j\omega C} = 0$，即所有之電源電壓均在電阻$R$上，故$V_R = V_s$，此時電流$I_s = \dfrac{V_s}{R}$。而電感上之電壓爲：

$$V_L = I_s j\omega_0 L = \frac{jV_s\omega_0 L}{R} = jQV_s \quad\text{.. (18.44)}$$

電容上之電壓爲：

$$V_C = I_s \frac{1}{j\omega_0 C} = -j\frac{V_s}{\omega_0 RC} = -jQV_s \quad\text{.. (18.45)}$$

由(18.44)與(18.45)式，可知 RLC 串聯電路的諧振時，其電源之電壓均降在電阻上，而電感上之電壓與電容上之電壓均爲電源電壓之Q倍，大小相等而方向相反，故互相抵消。由 RLC 串聯電路，可得：

$$I = \frac{V_s}{Z} = \frac{V_s}{R + j\left(\omega L - \dfrac{1}{\omega C}\right)}$$

故

$$|I| = \frac{|V_s|}{\sqrt{R^2 + \left(\omega L - \dfrac{1}{\omega C}\right)^2}} \quad\text{.. (18.46)}$$

由(18.46)式可知，電流之大小爲ω的函數，其大小與頻率ω之關係可繪出如圖18.9所示之頻率響應。當$\omega = \omega_0 = \dfrac{1}{\sqrt{LC}}$時，$|I|$爲最大值，即：

$$|I| = |I_s| = \frac{|V_s|}{R}$$

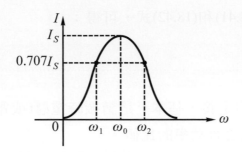

圖 18.9　RLC 串聯諧振電路之頻率響應

若非諧振角頻率點，則電流 I 變小，當電流 I 為 $\dfrac{|I_S|}{\sqrt{2}}$ 時，通過電阻之電流為 $\dfrac{|I_S|}{\sqrt{2}}$，消耗功率為：

$$P_{\omega 2} - P_{\omega 1} = \left(\frac{|I_S|}{\sqrt{2}}\right)^2 R = \frac{1}{2}\,|I_S|^2 R$$

此值恰為諧振頻率點之消耗功率的一半，故稱之為**半功率點**，欲使 $|I|$ 變為 $\dfrac{|I_S|}{\sqrt{2}} = \dfrac{V_S}{\sqrt{2}R}$，則於 (18.46) 式中必須使 $\omega L - \dfrac{1}{\omega C} = \pm R$ 故

1.　當 $\omega L - \dfrac{1}{\omega C} = +R$ 時，則上半功率點為：

$$\omega^2 - \frac{R}{L}\omega - \frac{1}{LC} = 0$$

$$\therefore \omega = \frac{\dfrac{R}{L} \pm \sqrt{\left(\dfrac{R}{L}\right)^2 + \dfrac{4}{LC}}}{2}$$

根號前之負號不合，否則頻率將變為負值，故令 ω_2 為：

$$\therefore \omega_2 = \frac{\dfrac{R}{L} + \sqrt{\left(\dfrac{R}{L}\right)^2 + \dfrac{4}{LC}}}{2} \quad\text{.. (18.47)}$$

2.　當 $\omega L - \dfrac{1}{\omega C} = -R$ 時，下半功率點為：

$$\omega^2 + \frac{R}{L}\omega - \frac{1}{LC} = 0$$

$$\therefore \omega = \frac{-\dfrac{R}{L} \pm \sqrt{\left(\dfrac{R}{L}\right)^2 + \dfrac{4}{LC}}}{2}$$

同理，去掉負號並令 ω_1 為：

$$\therefore \omega_1 = \frac{-\dfrac{R}{L} + \sqrt{\left(\dfrac{R}{L}\right)^2 + \dfrac{4}{LC}}}{2} \quad\text{......................................(18.48)}$$

由(18.47)、(18.48)及(18.16)式，可得三分貝頻帶寬度為：

$$\text{BW} = \omega_2 - \omega_1 = \frac{R}{L} \quad\text{......................................(18.49)}$$

再由(18.17)和(18.18)兩式，可得：

$$\text{BW} = \frac{f_0}{Q} \quad\text{..(18.50)}$$

【例題 18.5】

一串聯 RLC 電路，其中 $R=10\Omega$，$L=2\text{mH}$，$C=0.47\mu\text{F}$，若輸入電壓 $v_s = 20\sin\omega t$，試求

(a)諧振頻率 f_0，

(b)品質因數 Q，

(c)頻帶寬度 BW，

(d)上半功率點與下半功率頻率點，

(e)諧振時電感與電容上之電壓值。

解　(a)諧振頻率：

$$f_0 = \frac{1}{2\pi\sqrt{LC}} = \frac{1}{2\pi\sqrt{2 \times 10^{-3} \times 0.47 \times 10^{-6}}} = 5.19 \text{ (kHz)}$$

(b)品質因數：

$$Q = \frac{\omega_0 L}{R} = \frac{2\pi f_0 L}{R} = \frac{2\pi \times 5.19 \times 10^3 \times 2 \times 10^{-3}}{10} = 6.52$$

(c)頻帶寬度：

$$\text{BW} = \frac{f_0}{Q} = \frac{5.19 \times 10^3}{6.52} = 796 \text{ (Hz)}$$

(d)上下半功率點頻率分別為：

$$f_2 = \frac{\dfrac{R}{L} + \sqrt{\left(\dfrac{R}{L}\right)^2 + \dfrac{4}{LC}}}{2\pi \times 2} = 5589 \ (\text{Hz})$$

$$f_1 = \frac{-\dfrac{R}{L} + \sqrt{\left(\dfrac{R}{L}\right)^2 + \dfrac{4}{LC}}}{2\pi \times 2} = 4793 \ (\text{Hz})$$

(e)諧振時電感及電容上之電壓分別為：

$$V_L = jQV_S = j \times 6.52 \times \underline{/0°} = 130.4 \ \underline{/90°} \ (\text{V})$$

$$V_C = -jQV_S = -j \times 6.52 \times 20 \ \underline{/20°} = 130.4 \ \underline{/-90°} \ (\text{V})$$

所以 $|V_L| = |V_S| = 130.4$，大小相等，方向相反，故互相抵消。

18.6 帶通濾波器

所謂**濾波器(filters)**就是能通過特定頻率而把其他頻率阻隔掉的電路。最常見的濾波器有**帶通濾波器**(band-pass filter)，它允許某一頻率帶通過；**低通濾波器**(low-pass filter)，它允許低頻訊號通過；**高通濾波器**(high-pass filter)，它允許高頻訊號通過；**帶拒濾波器**(band-reject filter)，它是除了某特定頻率外，其餘的全部通過。

頻率帶的中心頻率，不論是帶通所通過的或是帶拒所拒絕的都是電路的諧振頻率。電路在此頻率時稱為諧振狀態。

高通及低通都只有一個截止頻率，此頻率把帶通從被拒絕的頻帶中分離出來。在帶通和帶拒濾波器中，有兩個截止點，此兩截止點定義了帶通中通過的頻帶及帶拒濾波器中被拒絕的頻帶。現將常用的濾波器分述如下。

帶通濾波器

如前述之諧振電路，在諧振頻率允許訊號通過，而在頻率為零和無限大時，則阻止訊號通過。在其他頻率下，則隨頻率的增減而改變。故在諧振頻率的鄰近區，輸入訊號通過時，其大小僅降低一點，而其相位亦改變很少，在低頻帶($\omega \ll \omega_0$)和高頻率($\omega \gg \omega_0$)下，輸出的大小降低很多。由於此事實，我們稱諧振電路為**帶通濾波器**。

　　一理想的帶通濾波器其振幅大小曲線如圖 18.10 所示。理想上，在通帶內的所有訊號均能通過，其大小和相不會改變；而在通帶外，其輸出則爲零，如圖 18.10 的大小曲線實際上是無法實現。一實用的帶通濾波器其振幅大小響應如圖 18.5 所示，現重劃如圖 18.11 所示。其中心頻率 f_0 (或 ω_0)，其振幅爲 $|H|_{max}$，在 ω_L 或 ω_H 時則振幅降爲最大振幅的 $\frac{1}{\sqrt{2}}=0.707$ 倍，其所通過的頻率或通帶定義爲：

$$\omega_L \le \omega_0 \le \omega_H$$

其中 ω_L 和 ω_H 稱爲**截止點**(cutoff point)或**截止頻率**。ω_L 稱爲**三分貝低頻**，ω_H 稱爲**三分貝高頻**。前二節所述即爲帶通濾波器，在此不再重述。

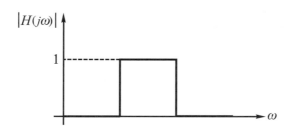

圖 18.10　理想帶通濾波器之振幅曲線

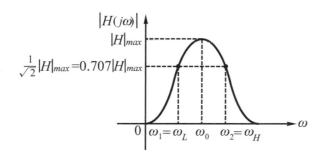

圖 18.11　典型帶通濾波器之振幅響應

18.7　低通濾波器

　　低通濾波器是能通過低頻而把高頻阻隔的濾波器。典型的低通濾波器其振幅響應 $|H(j\omega)|$ 是如圖 18.12 所示的曲線，圖中 ω_H 是截止頻率，而 $0 \le \omega \le \omega_H$ 是通帶。在低通濾波器中的頻帶寬度 BW$=\omega_H$(弳／秒)或 BW$=f_H=\dfrac{\omega_H}{2\pi}$(赫芝)。

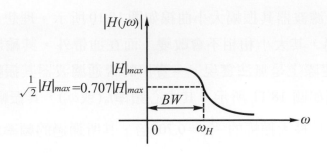

圖 18.12　典型之低通濾波器的振幅響應

如同帶通濾波器，通過頻率所對應振幅是大於或等於最大振幅的 $\dfrac{1}{\sqrt{2}} = 0.707$ 倍。但與帶通濾波器不同的是，在低通濾波器中僅有一個截止點，而且所阻隔的是一頻率帶。

典型的低通濾波器電路如圖 18.13 所示，在頻率較低時，$X_C = \dfrac{1}{j\omega C}$ 值變大而使輸入電壓 V_s 之壓降送到 $\dfrac{1}{j\omega C}$ 作為輸出；即頻率低時可以通過，由圖 18.13 可得：

$$\frac{V}{V_s} = \frac{\dfrac{1}{j\omega C}}{R + \dfrac{1}{j\omega C}} = \frac{1}{1 + j\omega RC} = \frac{1}{1 + j\dfrac{f}{\dfrac{1}{2\pi RC}}}$$

令：　　$f_H = \dfrac{1}{2\pi RC}$，則 $\dfrac{V}{V_s} = \dfrac{1}{1 + j\dfrac{f}{f_H}}$

當　　$f = f_H$ 時，　$\left| \dfrac{V}{V_s} \right| = \dfrac{1}{\sqrt{2}}$，即 $V = \dfrac{1}{\sqrt{2}} V_s$

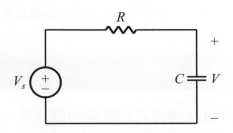

圖 18.13　典型之低通濾波器電路

f_H 為三分貝高頻，其值為：

$$f_H = \frac{1}{2\pi RC} \quad\text{..}\quad (18.51)$$

【例題 18.6】

如下圖所示之電路，若 $R = 1\text{k}\Omega$，$L = 0.1\text{H}$ 和 $C = 0.05\mu\text{F}$，試求其網路函數 $H(j\omega) = \dfrac{V}{V_S}$，並證明其低通濾波器，且求出其截止頻率 f_H 的值。

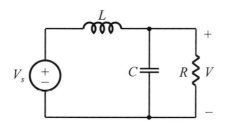

解 設 RC 並聯阻抗為 $Z_1(j\omega)$，則

$$Z_1(j\omega) = \frac{R \cdot \dfrac{1}{j\omega C}}{R + \dfrac{1}{j\omega C}} = \frac{R}{1 + j\omega RC}$$

利用分壓定理，可得：

$$H(j\omega) = \frac{V}{V_S} = \frac{Z_1(j\omega)}{j\omega L + Z_1(j\omega)} = \frac{R}{(R - \omega^2 LRC) + j\omega L}$$

因此振幅為：

$$|H(j\omega)| = \frac{R}{\sqrt{(R - \omega^2 LRC)^2 + (\omega L)^2}}$$

代入已知元件數值可得：

$$|H(j\omega)| = \frac{10^3}{\sqrt{25 \times 10^{-12}\omega^4 + 10^6}} = \frac{1}{\sqrt{1 + \dfrac{\omega^4}{4 \times 10^{16}}}}$$

$$= \frac{1}{\sqrt{1 + \left(\dfrac{\omega}{\sqrt{2 \times 10^4}}\right)^4}}$$

可看出最大振幅是 $|H|_{max} = 1$，是 $\omega = 0$ 時發生的，因 ω 增加時，振幅則隨著連續降低，且 $\omega = \sqrt{2} \times 10^4$ rad/s 的頻率時，振幅等於：

$$|H| = \frac{1}{\sqrt{1+1}} = \frac{1}{\sqrt{2}} = \frac{1}{\sqrt{2}}(1) = \frac{1}{\sqrt{2}} |H|_{max}$$

因此截止頻率是 $\omega_H = \sqrt{2} \times 10^4$，若以 Hz 表示時，則爲：

$$f_H = \frac{\sqrt{2} \times 10^4}{2\pi} = 2251 \text{ (Hz)}$$

18.8 高通濾波器

　　高通濾波器是能通過高頻訊號而把低頻訊號阻隔的濾波器。典型的高通濾波器其振幅響應是如圖 18.14 所示的曲線，圖中低頻所對應振幅是相對的小，而被阻隔。在高頻所對應的振幅是大的，所以可以通過。曲線截止頻率是 ω_L(rad/s)，或 $f_L = \frac{\omega_L}{2\pi}$(Hz)，此點把拒帶 $0 < \omega < \omega_L$ 和通帶 $\omega \geq \omega_L$ 分隔。而通過頻率所對應的振幅是大於或等於最大振幅 $|H|_{max}$ 的 $\frac{1}{\sqrt{2}} = 0.707$ 倍。

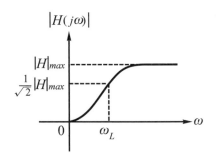

圖 18.14　典型之高通濾波器的振幅響應

　　典型的高通濾波器電路如圖 18.15 所示，在頻率較高時，$X_C = \frac{1}{j\omega C}$ 值變小，而使入電壓 V_s 之壓降傳送到 R 上作爲輸出；即頻率高時可以通過。由圖 18.15 可得：

$$\frac{V}{V_S} = \frac{R}{R + \frac{1}{j\omega C}} = \frac{1}{1 - j\frac{1}{\omega RC}} = \frac{1}{1 - j\frac{1}{\frac{2\pi RC}{f}}}$$

令　　$f_L = \frac{1}{2\pi RC}$，則 $\frac{V}{V_S} = \frac{1}{1 - j\frac{f_L}{f}}$

當 $f = f_L$ 時，$\left| \dfrac{V}{V_s} \right| = \dfrac{1}{\sqrt{2}}$ 即 $V = \dfrac{1}{\sqrt{2}} V_s$

此 f_L 為三分貝低頻，其值為：

$$f_L = \frac{1}{2\pi RC} \quad\dotfill\quad (18.52)$$

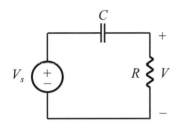

圖 18.15　典型之高通濾波器電路

【例題 18.7】

　　如下圖所示之電路，若 $R = 1\mathrm{k}\Omega$、$L = 0.1\mathrm{H}$ 和 $C = 0.05\mu\mathrm{F}$，試求其網路函數 $H(j\omega) = \dfrac{V}{V_s}$，並證明其為高通濾波器，且求出其截止頻率 f_L 之值。

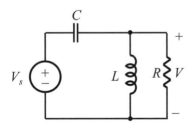

解　設 RL 並聯阻抗為 $Z_1(j\omega)$，則：

$$Z_1(j\omega) = \frac{R(j\omega L)}{R + j\omega L}$$

利用分壓定理，可得：

$$H(j\omega) = \frac{V}{V_s} = \frac{Z_1(j\omega)}{\dfrac{1}{j\omega C} + Z_1(j\omega)} = \frac{jRL}{\left(\dfrac{L}{\omega C}\right) + j\left(RL - \dfrac{R}{\omega^2 C}\right)}$$

因此振幅為：

$$|H(j\omega)| = \frac{RL}{\sqrt{\left(\dfrac{L}{\omega C}\right)^2 + R^2\left(L - \dfrac{1}{\omega^2 C}\right)^2}}$$

代入已知元件數值可得：

$$|H(j\omega)| = \frac{100}{\sqrt{10^4\left(\dfrac{4 \times 10^{16}}{\omega^4} + 1\right)}} = \frac{\omega^2}{\sqrt{\omega^4 + 4 \times 10^{16}}}$$

由上式可知，當 $\omega = 0$ 時振幅為零，當 ω 繼續增大時，$\dfrac{4 \times 10^{16}}{\omega^4}$ 則持續減小，故 $|H(j\omega)|$ 時續往 1 增大。因此其振幅響應和以 $|H(j\omega)| = 1$ 的圖 18.14 相似。故當 $\dfrac{4 \times 10^{16}}{\omega^4} = 1$ 時，振幅等於：

$$|H| = \frac{1}{\sqrt{2}} = \frac{1}{\sqrt{2}}(1) = \frac{1}{\sqrt{2}}|H|_{max}$$

因此截止頻率是 ω_L 滿足了 $\dfrac{4 \times 10^{16}}{\omega^4} = 1$，故 ω_L 之值為：

$$\omega_L = \sqrt[4]{4 \times 10^{16}} = \sqrt{2} \times 10^4 \ \text{rad/s}$$

若以 Hz 表示時,則

$$f_L = \frac{\sqrt{2} \times 10^4}{2\pi} = 2251 \ (\text{Hz})$$

18.9　帶拒濾波器(※)

　　帶拒濾波器是除了已知頻率 ω_0 周圍的頻帶外，能通過其他頻率的濾波器，帶拒濾波器又稱為**凹陷濾波器**(notch filter)或稱為**頻帶消除電路**。頻率 ω_0 是中心頻率,若去掉的頻帶等於

　　$\omega_L < \omega < \omega_H$

則 ω_L 和 ω_H 是截止頻率。與其他濾波器相同，通過頻率所對應的振幅必須大於或等於最大振幅的 $\dfrac{1}{\sqrt{2}} = 0.707$ 倍。典型的帶拒濾波器其振幅響應是如圖 18.16 所示的曲線。圖中拒帶具有一頻帶寬度，其值為：

$$BW = \omega_H - \omega_L \ \ (\text{rad/s}) \dots\dots\dots\dots\dots\dots\dots\dots\dots\dots\dots (18.53)$$

和帶通濾波器相同，帶拒濾波器也定義一品質因數Q，其值為

$$Q = \frac{\omega_0}{\text{BW}} \dots\dots\dots\dots\dots\dots\dots\dots\dots\dots\dots\dots\dots\dots\dots (18.54)$$

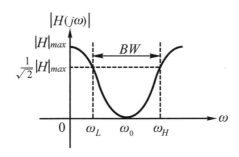

圖 18.16　典型之帶拒濾波器的振幅響應

典型的帶拒濾波器電路如圖 18.17 所示，其網路函數為：

$$H(j\omega) = \frac{V}{V_s} = \frac{j\left(\omega L - \dfrac{1}{\omega C}\right)}{R + j\left(\omega L - \dfrac{1}{\omega C}\right)} = \frac{1}{1 - j\left(\dfrac{R}{\omega L - \dfrac{1}{\omega C}}\right)} \dots\dots\dots (18.55)$$

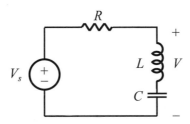

圖 18.17　典型之帶拒濾波器電路

其振幅之大小為：

$$|\,H(j\omega)\,| = \frac{1}{\sqrt{1 + \left(\dfrac{R}{\omega L - \dfrac{1}{\omega C}}\right)^2}} = \frac{1}{\sqrt{1 + \left(\dfrac{\omega RC}{\omega^2 LC - 1}\right)^2}} \dots\dots\dots (18.56)$$

又由(18.55)式,可得振幅大小為:

$$|H(j\omega)| = \frac{\left|\omega L - \dfrac{1}{\omega C}\right|}{\sqrt{R^2 + \left(\omega L - \dfrac{1}{\omega C}\right)^2}} \quad\text{...(18.57)}$$

由(18.56)式可知最大振幅 $|H|_{max} = 1$ 是發生在當 $\dfrac{\omega RC}{\omega^2 LC - 1} = 0$ 之時,或 $\omega = 0$ 及 $\omega = \infty$ 之處。由(18.57)式知道,當 $\omega L = \dfrac{1}{\omega C}$ 時, $|H(j\omega)| = 0$,而它必是在中心頻率 ω_0 處,因此我們有如下結果:

$$\omega_0 L = \frac{1}{\omega_0 C}$$

或

$$\omega_0 = \frac{1}{\sqrt{LC}} \quad\text{..(18.58)}$$

由(18.56)式可知當從 ω_0 處頻率增大或減小時,分子和分母都會增大。因 ω 移向 0 或 ∞ 時, $|H(j\omega)|$ 移向 1,一定會有如圖 18 16 相似的振幅響應曲線。因此圖 18.17 電路是帶拒濾波器。

由(18.56)式知道,當

$$\frac{\omega RC}{\omega^2 LC - 1} = \pm 1$$

或

$$\omega^2 LC - 1 = \pm \omega RC \quad\text{..(18.59)}$$

時, $|H(j\omega)| = \dfrac{1}{\sqrt{2}} = \dfrac{1}{\sqrt{2}}|H|_{max}$。因此(18.59)式是使截止點所滿足的關係式,可把(18.59)式改寫成如下:

$$\omega^2 LC \mp \omega RC - 1 = 0$$

1. 當 $\omega^2 LC - \omega RC - 1 = 0$ 時,其解為:

$$\omega = \frac{RC \pm \sqrt{(RC)^2 + 4LC}}{2LC}$$

2. 當 $\omega^2 LC + \omega RC - 1 = 0$ 時,其解為:

$$\omega = \frac{-RC \pm \sqrt{(RC)^2 + 4LC}}{2LC}$$

若 $\omega > 0$，則在根號前的負號須省略，否則頻率將變為負值，因此有下列的截止點：

$$\omega_L = \frac{-RC + \sqrt{(RC)^2 + 4LC}}{2LC} \quad\text{.....................................} (18.60)$$

$$\omega_H = \frac{RC + \sqrt{(RC)^2 + 4LC}}{2LC} \quad\text{.....................................} (18.61)$$

其寬度為：

$$\text{BW} = \omega_H - \omega_L = \frac{R}{L} \quad\text{.....................................} (18.62)$$

【例題 18.8】

如圖 18.17 所示之帶拒濾波器電路中，若 $R = 100\Omega$，$L = 0.1\text{H}$ 及 $C = 0.4\mu\text{F}$，試求其(a)中心頻率，(b)截止點頻率，(c)拒帶的寬度，(d)Q值。

解 (a)中心頻率可由(18.58)式求得為：

$$\omega_0 = \frac{1}{\sqrt{LC}} = \frac{1}{\sqrt{0.1 \times 0.4 \times 10^{-6}}} = 5000 \text{ (rad/s)}$$

或 $\quad f_0 = \dfrac{\omega_0}{2\pi} = \dfrac{5000}{2\pi} = 796$ (Hz)

(b)截止點頻率可由(18.60)及(18.61)式，求得為：

$$\omega_L = \frac{-RC + \sqrt{(RC)^2 + 4LC}}{2LC} = 4525 \text{ (rad/s)}$$

或 $\quad f_L = \dfrac{\omega_L}{2\pi} = 720.2$ (Hz)

$$\omega_H = \frac{RC + \sqrt{(RC)^2 + 4LC}}{2LC} = 5525 \text{(rad/s)}$$

或 $\quad f_H = \dfrac{\omega_H}{2\pi} = 879.3$ (Hz)

(c)拒帶寬度可由(18.62)式，得到：

$$\text{BW} = \omega_H - \omega_L = 1000 \text{ (rad/s)}$$

或 $\quad \text{BW} = f_H - f_L = 151.9$ (Hz)

(d)Q值可由(18.54)式得到：

$$Q = \frac{\omega_0}{\text{BW}} = \frac{5000}{1000} = 5$$

Chapter **19**

耦合電感器與變壓器電路

　　我們在第十一章中曾提及電磁感應時，會在線圈(或電感)中電流的變化會產生磁場的變化，而此變化磁場在線圈中產生一電壓。如果兩個線圈靠得足夠近而有共同的磁場，這就是互相耦合(coupled)。在此情形下，在一線圈有電流的變化時，將會產生變化的磁通而使所有的線圈產生電壓。如第八章中所了解，電感L是測量線圈中由變化電流所感應產生電壓的能力。同樣的，**一線圈由另一線圈電流所感應產生電壓的能力**，稱為**互感**(mutual inductance)，互感存在線圈中。為了區別，稱L為本身的自感，自感是取決於線圈的匝數，磁芯的導磁係數，以及外形(線圈長度和截面積)。而互感則決定線圈互相耦合的性質，及這些線圈彼此靠近的程度和彼此間的方向。

　　兩個或兩個以上互相耦合的線圈繞在單結構或芯上，稱為變壓器(transformer)。最通用變壓器的型式為具有兩個線圈，它是用來使另一線圈產生較高或較低的電壓，且為不同的應用設計各種不同的大小和外觀。本章中，將討論耦合電感器之電壓並定義互感極性，耦合係數，電感矩陣，理想變壓器最後將討論其等效電路，用來代替電路中含有變壓器的電路，而使更容易分析及計算電路，最後再討論變壓器的型式及自耦變壓器與多負載變壓器。

19.1 耦合電感器

設有兩線圈，彼此緊密靠近如圖 19.1 所示。此兩線圈是否繞於共同的磁質鐵心上，並不重要。然而我們必須假設兩線圈彼此間或線圈對於所繞的鐵心，均沒有相對運動。

我們採用圖 19.1 所示的電流與電壓的參考方向。對於每一線圈而言，這些參考方向都是**相關的參考方向**。對於此兩線圈的磁路中，通量ϕ_1和ϕ_2與電流i_1和i_2之間的關係，由法拉第定律得知為：

$$v_1 = \frac{d\phi_1}{dt} , \quad v_2 = \frac{d\phi_2}{dt}$$

上兩式為**耦合電感器之通量電壓方程式**。我們用「耦合電感器」而不用「耦合線圈」以表示我們是在討論電路模型。線圈表示物理元件，它通常包含若干能量的散逸及一些離散電容。線圈能以電感器、電阻器與電容器的組合來作模型。

一、耦合電感器之電壓

變壓器它主要原理是利用電流通過一線圈，產生磁場，經由磁路之流通，將磁場耦合至另一線圈，由此線圈感應出不同量之電流值，達到耦合的目的。其基本原理是由兩個電感器組成，如圖 19.1(a)、(b)所示，每個線圈可獨立定義其參數方向，左方線圈 1 稱為**初級(primary)線圈**，而右方線圈 2 稱為**次級(secondary)線圈**。由於電流通過線圈會有**磁通量(flux)**產生。由圖 19.1(a)可看出，由線圈 2 之電流i_2所產生的磁通會有一部份耦合至線圈 1，其大小為ϕ_{12}，因此，線圈 1 所產生的磁通ϕ_1除與其通過的電流i_1有關外，且亦與線圈 2 的電流i_2有關。

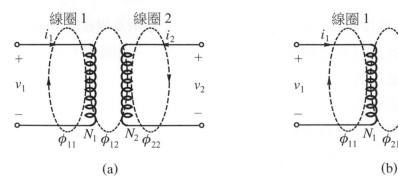

圖 19.1　耦合電感器及其參考方向

令 ϕ_{11} 為線圈 1 本身因通過電流 i_1 所產生的磁通，ϕ_{12} 為線圈 2 電流 i_2 所產生之磁通而耦合至元件線圈 1 的磁通，因 ϕ_{11} 和 ϕ_{12} 具有相同的參考方向，故線圈 1 產生的磁通為：

$$\phi_1 = \phi_{11} + \phi_{12} \quad\dots\dots\dots\dots\dots\dots\dots\dots\dots\dots\dots\dots\dots\dots (19.1)$$

若線圈 1 的匝數為 N_1，則此線圈之**磁通鏈**(flux linkage)為：

$$\lambda_1 = N_1\phi_1 = N_1\phi_{11} + N_1\phi_{12} \quad\dots\dots\dots\dots\dots\dots\dots\dots\dots\dots (19.2)$$

應用法拉第感應定律，則圖 19.1(a)所示線圈 1 因磁通變化而在其兩端產生的感應電壓為：

$$v_1 = \frac{d\lambda_1}{dt} = N_1\frac{d\phi_{11}}{dt} + N_1\frac{d\phi_{12}}{dt} \quad\dots\dots\dots\dots\dots\dots\dots\dots (19.3)$$

但因 ϕ_{11} 係由電流 i_1 所產生，而 ϕ_{12} 則由電流 i_2 所產生，故 ϕ_{11} 和 ϕ_{12} 可分別視為 i_1 和 i_2 的合成函數，因此(19.3)式根據微分的**鏈鎖法則**(chain rule)可另寫成：

$$v_1 = \left(N_1\frac{d\phi_{11}}{di_1}\right)\frac{di_1}{dt} + \left(N_1\frac{d\phi_{12}}{di_2}\right)\frac{di_2}{dt} \quad\dots\dots\dots\dots (19.4)$$

上式等號右邊第一項係代表線圈 1 本身電流 i_1 在其兩端所產生的電感電壓，而第二項則表示為線圈 2 電流 i_2 因磁通耦合至線圈 1 而在其兩端產生的感應電壓。故依此可定義**線圈 1** 的**自感**(self-inductance)為：

$$L_1 = N_1\frac{d\phi_{11}}{di_1} \quad\dots\dots\dots\dots\dots\dots\dots\dots\dots\dots\dots\dots\dots\dots (19.5)$$

並**定義線圈 2 對線圈 1 的互感**(mutual inductance)為：

$$M_{12} = N_1\frac{d\phi_{12}}{di_2} \quad\dots\dots\dots\dots\dots\dots\dots\dots\dots\dots\dots\dots\dots (19.6)$$

於是(19.4)式變成：

$$v_1 = L_1\frac{di_1}{dt} + M_{12}\frac{di_2}{dt} \quad\dots\dots\dots\dots\dots\dots\dots\dots\dots\dots (19.7)$$

同理，圖 19.1(b)所示為線圈 2 因電流 i_1 和 i_2 所產生的磁通為：

$$\phi_2 = \phi_{21} + \phi_{22} \dots\dots\dots (19.8)$$

其中ϕ_{21}為線圈 1 之電流i_1在線圈 2 內所產生的耦合磁通，而ϕ_{22}則為線圈 2 本身電流i_2所產生的磁通。

若線圈 2 的匝數為N_2，則此線圈之磁通鏈為：

$$\lambda_2 = N_2\phi_2 = N_2\phi_{21} + N_2\phi_{22} \dots\dots\dots (19.9)$$

同理，在線圈 2 兩端之電感電壓為：

$$v_2 = \frac{d\lambda_2}{dt} = N_2\frac{d\phi_{21}}{dt} + N_2\frac{d\phi_{22}}{dt} \dots\dots\dots (19.10)$$

或寫成：

$$v_2 = N_2\left(\frac{d\phi_{21}}{di_1}\right)\frac{di_1}{dt} + N_2\left(\frac{d\phi_{22}}{di_2}\right)\frac{di_2}{dt} \dots\dots\dots (19.11)$$

定義線圈 1 對線圈 2 的互感為：

$$M_{21} = N_2\frac{d\phi_{21}}{di_1} \dots\dots\dots (19.12)$$

及線圈 2 的自感為：

$$L_2 = N_2\frac{d\phi_{22}}{di_2} \dots\dots\dots (19.13)$$

因此(19.11)式變成為：

$$v_2 = M_{21}\frac{di_1}{dt} + L_2\frac{di_2}{dt} \dots\dots\dots (19.14)$$

若圖 19.1(a)、(b)的線圈為線性非時變時，則M_{12}、M_{21}、L_1和L_2必皆為常數，且互感$M_{12} = M_{21} = M$，故(19.7)和(19.14)式可寫成：

$$v_1 = L_1\frac{di_1}{dt} + M\frac{di_2}{dt} \dots\dots\dots (19.15)$$

$$v_2 = M\frac{di_1}{dt} + L_2\frac{di_2}{dt} \dots\dots\dots (19.16)$$

在弦波穩態下，以相量表示之，則上兩式成為：

$$V_1 = j\omega L_1 I_1 + j\omega M I_2 \dots\dots\dots\dots\dots\dots\dots\dots\dots\dots\dots\dots (19.17)$$

$$V_2 = j\omega M I_1 + j\omega L_2 I_2 \dots\dots\dots\dots\dots\dots\dots\dots\dots\dots\dots\dots (19.18)$$

二、互感的極性

所謂**互感**的極性，是**指兩個或兩個以上之電感器在同一瞬間其感應電壓相對極性之同與異而言。**

互感M有正負極性，其正負與線圈繞著磁路之方向有關，即當初級與次級之電流方向隨意選定後，M的正負值將視線圈繞的方向來決定；M值正負的決定，可由圖 19.2(a)、(b)之磁路來說明，**當i_1與i_2選定後，流過分別之線圈所造成之磁場方向(即磁通)在磁路上是具有相加性的，即磁通方向相同時，則M為正，反之，若磁通方向相反時，則M為負，而磁通之方向可依右手定則而定。**

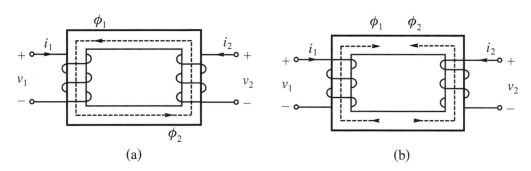

(a)　　　　　　　　　　　(b)

圖 19.2　M極性(a)磁通方向相同故M為正，(b)磁通方向相反故M為負

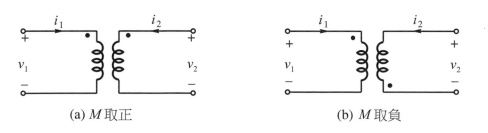

(a) M 取正　　　　　　　　　(b) M 取負

圖 19.3　電感器黑點標示法

　　爲了方便辨識，一般是在兩側線圈之某端點標上黑點，如圖 19.3(a)、(b)所示，**當電流 i_1 與 i_2 同時流入或同時流出標有黑點的端點時，M 取正即稱之爲互助型。**如圖 19.3(a)所示。**反之，則 M 取負值即稱之爲互消型，**如圖 19.3(b)所示。

三、耦合係數

　　兩線圈沒有耦合(如有屏蔽或分離很遠)，則互感 M 爲零，另一方面，若兩線圈靠很近幾乎沒有漏磁通，則 M 值很大(接近於 1)，因此兩線圈彼此間之耦合能力除了與兩線圈之遠近有關外，亦與材料有關，爲了量度此耦合程度，我們可定義一**耦合係數**(cofficient of coupling)作爲耦合電感器特性之參數，定義耦合係數 k 如下：

$$k = \triangleq \frac{|M|}{\sqrt{L_1 L_2}} \quad\dots\dots\dots\dots\dots\dots\dots\dots\dots\dots\dots\dots\dots\dots\dots (19.19)$$

由(19.19)式可知 k 爲正值，且 $0 \le k \le 1$。由習題 19.9 可知儲存於耦合電感器內之能量爲：

$$\begin{aligned}
W &= \frac{1}{2}L_1 i_1^2 + M i_1 i_2 + \frac{1}{2}L_2 i_2^2 \\
&= \frac{1}{2}L_1 i_1^2 + M i_1 i_2 + \frac{1}{2}\frac{M^2}{L_1} i_2^2 + \frac{1}{2}L_2 i_2^2 - \frac{1}{2}\frac{M^2}{L_1} i_2^2 \\
&= \frac{1}{2}L_1\left(i_1 + \frac{M}{L_1} i_2\right)^2 + \frac{1}{2}\left(L_2 - \frac{M^2}{L_1}\right)i_2^2 \quad\dots\dots\dots\dots\dots\dots (19.20)
\end{aligned}$$

對於任意電流 i_1 和 i_2 而言，(19.20)式右邊第一項 $\left(i_1 + \frac{M}{L_1} i_2\right)^2$ 之電流 i_1 和 i_2 的值亦必定不爲負，且儲存在耦合電感器內的能量 W 對於任意之電流 i_1 和 i_2 的值亦必定不爲負，故(19.20)式右邊第二項 $\left(L_2 - \frac{M^2}{L_1}\right)$ 亦必不爲負。因此我們可得下列條件：

$$L_2 - \frac{M^2}{L_1} \ge 0$$

即　　　　$L_1 L_2 \ge M^2$

所以

$$k = \frac{|M|}{\sqrt{L_1 L_2}} \le 1 \quad\dots\dots\dots\dots\dots\dots\dots\dots\dots\dots\dots\dots\dots\dots (19.21)$$

當兩線圈相離很遠而無耦合時，則 $k=0$，因此 k 的值是 $0 \le k \le 1$。若兩線圈緊密耦合而沒漏磁通，此時稱爲完全耦合，則 $k=1$。當 $k=1$ 時，則由(19.19)式可知：

$$|M| = k\sqrt{L_1 L_2} = \sqrt{L_1 L_2} \ldots\ldots\ldots\ldots\ldots\ldots\ldots\ldots\ldots (19.22)$$

故互感 M 可能從 0(當 $k=0$ 時)變化到 $\sqrt{L_1 L_2}$(當 $k=1$ 時)，耦合係數是用來量度線圈耦合的緊密程度。

【例題 19.1】

如下圖所示之耦合電感器，若 $L_1 = 2\text{H}$，$L_2 = 8\text{H}$，$k = 0.8$，電流之變化率爲

$\dfrac{di_1}{dt} = 20\text{A/S}$ 及 $\dfrac{di_2}{dt} = -7\text{A/S}$ 試求 v_1 與 v_2。

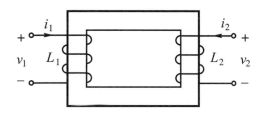

解 由(19.19)式可得：

$$|M| = k\sqrt{L_1 L_2} = 0.8\sqrt{2 \times 8} = 3.2\text{H}$$

因此，利用(19.15)和(19.16)式，電壓爲：

$$v_1 = L_1 \frac{di_1}{dt} + M\frac{di_2}{dt} = 2(20) + 3.2(-7) = 17.6(\text{V})$$

$$v_2 = M\frac{di_1}{dt} + L_2\frac{di_2}{dt} = 3.2(20) + 8(-7) = 8(\text{V})$$

【例題 19.2】

如下圖所示，包含變壓器的電路中，試求相量電流 I_1、I_2 及穩態電壓 v 之值。

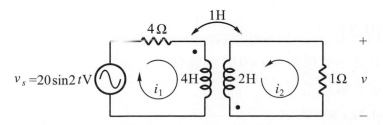

解 $\omega = 2\text{rad/s}$，相量電路示於下圖中，環路電流I_1和I_2都從標有黑點處流入，所以變壓器V_{ab}及V_{dc}值為：

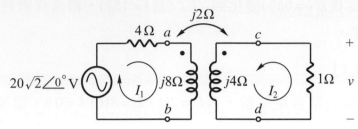

$$\because V_m = 20 \underline{/0^\circ} \, , \, \therefore V_{rms} = \frac{V_m}{\sqrt{2}} = \frac{20}{\sqrt{2}} \, ,$$

$$V_{ab} = j8I_1 + j2I_2$$

$$V_{dc} = -V = j2I_1 + j4I_2$$

因此環路方程式是

$$\begin{cases} 4I_1 + V_{ab} = 4I_1 + j8I_1 + j2I_2 = \dfrac{20}{\sqrt{2}} \underline{/0^\circ} \\ 1I_2 + V_{dc} = I_2 + j2I_1 + j4I_2 = 0 \end{cases}$$

整理之，得

$$\begin{cases} (4+j8)I_1 + j2I_2 = \dfrac{20}{\sqrt{2}} \underline{/0^\circ} \\ j2I_1 + (1+j4)I_2 = 0 \end{cases}$$

解I_1、I_2得

$$I_1 = 1.72 \underline{/300.96^\circ}(\text{A})$$

$$I_2 = 0.83 \underline{/135^\circ}(\text{A})$$

$$V = 1I_2 = 0.83\angle135^\circ(\text{V})$$

故時域電壓v為

$$v = 0.83\sqrt{2}\sin(2t+135^\circ) = 1.17\sin(2t+135^\circ)(\text{V})$$

【例題 19.3】

如例題 19.2 中變壓器在 $t=0$ 時所儲存的能量為多少？

解 由上例題之解知道

$$I_1 = 1.72\angle300.96^\circ\text{A}$$

及 $I_2 = 0.83\angle135^\circ\text{A}$

故得 I_1 在 $t=0$ 時是：

$$i_1 = 1.72\sqrt{2}\sin(2t + 300.96°)$$
$$= 1.72\sin(300.96°) = -2.09\text{A}$$

i_2 在 $t=0$ 是：

$$i_2 = 0.83\sqrt{2}\sin(2t + 135°)$$
$$= 0.83\sqrt{2}\sin 135° = 0.83\text{A}$$

因電流都是從標有黑點的端點流入，故儲存的能量可由(19.20)式出得，在 $t=0$ 時是：

$$W = \frac{1}{2}L_1 i_1^2 + M i_1 i_2 + \frac{1}{2}L_2 i_2^2$$
$$= \frac{1}{2}(4)(-0.29)^2 + 1(-0.29)(0.83) + \frac{1}{2}(2)(0.83)^2$$
$$= 7.69\text{(J)}$$

四、多繞組電感器及其電感矩陣

若有兩個以上的電感器耦合在一起，稱之為多繞組電感器(multiwinding indutors)，如圖 19.4 所示為三繞組電感器，則其電流和通量之關係為：

$$\phi_1 = L_{11}i_1 + L_{12}i_2 + L_{13}i_3$$
$$\phi_2 = L_{21}i_1 + L_{22}i_2 + L_{23}i_3 \quad\text{...}\quad (19.23)$$
$$\phi_3 = L_{31}i_1 + L_{32}i_2 + L_{33}i_3$$

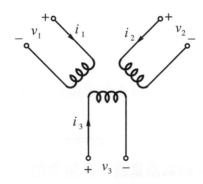

圖 19.4　三繞組電感器

其中 L_{11}、L_{22} 與 L_{33} 為自感，$L_{12}=L_{21}$，$L_{23}=L_{32}$ 與 $L_{13}=L_{31}$ 為互感。若將(19.23)式寫成向量－矩陣的形式，則為：

$$\begin{bmatrix} \phi_1 \\ \phi_2 \\ \phi_3 \end{bmatrix} = \begin{bmatrix} L_{11} & L_{12} & L_{13} \\ L_{21} & L_{22} & L_{23} \\ L_{31} & L_{32} & L_{33} \end{bmatrix} \begin{bmatrix} i_1 \\ i_2 \\ i_3 \end{bmatrix} \text{.............................(19.24)}$$

用一方程式表示，則為：

$$\Phi = LI \text{...(19.25)}$$

其中 Φ 稱為通量向量，I 為電流向量，而 L 為一方陣，稱為**電感矩陣**(inductance matix) L，**電感矩陣在求串聯電感器之總感量時，非常有用。在求總電感 L 時，只要將矩陣內元素相加即可。** 即：

$$\Phi = \begin{bmatrix} \phi_1 \\ \phi_2 \\ \phi_3 \end{bmatrix}, I = \begin{bmatrix} i_1 \\ i_2 \\ i_3 \end{bmatrix}, L = \begin{bmatrix} L_{11} & L_{12} & L_{13} \\ L_{21} & L_{22} & L_{23} \\ L_{31} & L_{32} & L_{33} \end{bmatrix} \text{.......................(19.26)}$$

電感矩陣 L 的階次(order)等於電感器的數目，如圖 19.4 所示為三繞組電感器，故其階次為 3×3 的矩陣，故電感矩陣 L 的各元素均為常數且對稱(如 $L_{12} = L_{21}$ 等)。

電感器電壓與電流之關係若用向量表示時，叫寫成：

$$V = L\frac{dI}{dt} \text{...(19.27)}$$

即

$$\begin{bmatrix} v_1 \\ v_2 \\ v_3 \end{bmatrix} = \begin{bmatrix} L_{11} & L_{12} & L_{13} \\ L_{21} & L_{22} & L_{23} \\ L_{31} & L_{32} & L_{33} \end{bmatrix} \begin{bmatrix} \dfrac{di_1}{dt} \\ \dfrac{di_2}{dt} \\ \dfrac{di_3}{dt} \end{bmatrix} \text{.........................(19.28)}$$

因此，在計算電感矩陣時，用(19.28)式來求電感矩陣比用(19.24)式來求時較易。讀者可由例題 19.4 得知。

電感矩陣之倒矩陣，我們可定義成**倒感矩陣**(reciprocal inductance matrix)Γ，**倒感矩陣在求並聯電感器之總電感量時，非常有用。在求總倒感 Γ 時，只要將矩陣內元素相加即可。** 倒感矩陣 Γ 定義成：

$$\Gamma \triangleq = \frac{1}{L} = L^{-1} \text{.......................................(19.29)}$$

因此由(19.25)式，可得：

$$I = \Gamma\Phi \dots\dots\dots\dots\dots\dots\dots\dots\dots\dots\dots\dots\dots (19.30)$$

若以兩繞組電感器為例，則其電流方程式可寫如下：

$$i_1 = \Gamma_{11}\phi_1 + \Gamma_{12}\phi_2$$
$$i_2 = \Gamma_{21}\phi_1 + \Gamma_{22}\phi_2 \dots\dots\dots\dots\dots\dots\dots (19.31)$$

其中電感矩陣元素與倒感矩陣內元素之關係，由矩陣之數學特性可知為：

$$\Gamma_{11} = \frac{L_{22}}{\det L} \ , \ \Gamma_{22} = \frac{L_{11}}{\det L} \dots\dots\dots\dots\dots\dots (19.32)$$

$$\Gamma_{12} = \Gamma_{21} = \frac{-L_{12}}{\det L} = \frac{-L_{21}}{\det L} \dots\dots\dots\dots\dots (19.33)$$

其中 $\det L$ 表示電感矩陣 L 的行列式值，而 $\Gamma_{12} = \Gamma_{21}$ 稱之為**互倒感**(mutal reciprocal inductance)。

【例題 19.4】

如下圖所示電感器電路中，試求此電路之電感矩陣。

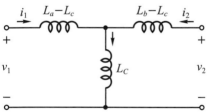

解　$$v_1 = (L_a - L_c)\frac{di_1}{dt} + L_c\frac{d(i_1 + i_2)}{dt} = L_a\frac{di_1}{dt} + L_c\frac{di_2}{dt}$$

$$v_2 = (L_b - L_c)\frac{di_2}{dt} + L_c\frac{d(i_1 + i_2)}{dt} = L_c\frac{di_1}{dt} + L_b\frac{di_2}{dt}$$

寫成向量—矩陣形式，則得：$$\begin{bmatrix} v_1 \\ v_2 \end{bmatrix} = \begin{bmatrix} L_a & L_c \\ L_c & L_b \end{bmatrix} \begin{bmatrix} \dfrac{di_1}{dt} \\ \dfrac{di_2}{dt} \end{bmatrix}$$

故電感矩陣 $L = \begin{bmatrix} L_a & L_c \\ L_c & L_b \end{bmatrix}$

19.2 耦合電感器之串並聯連接

耦合電感器在電路上常會因電路的需要而作適當的連接，三種基本連接方式就是串聯連接、並聯連接與串並聯連接，以下就有互感的串、並、串並聯連接作一探討。

一、串聯連接

如圖 19.5 所示為兩耦合電感的器串聯，其互感為 M，但因 M 有正負之分，故依(19.15)和(19.16)式，可得每一個耦合電感器之感應電壓分別為：

$$v_1 = L_1 \frac{di_1}{dt} \pm |M| \frac{di_2}{dt} \quad\text{.............................(19.34)}$$

$$v_2 = \pm |M| \frac{di_1}{dt} + L_2 \frac{di_2}{dt} \quad\text{.............................(19.35)}$$

因為串聯連接，所以

$$i_1 = i_2 = i \text{，} v = v_1 + v_2 \text{...............................(19.36)}$$

將(19.34)式和(19.35)式，代入(19.36)式，可得：

$$v = (L_1 + L_2 \pm 2|M|) \frac{di}{dt} = L \frac{di}{dt}] \text{.......................(19.37)}$$

故得：

$$L = L_1 + L_2 \pm 2|M| \text{.............................(19.38)}$$

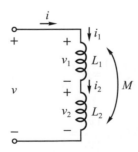

圖 19.5　串聯連接之耦合電感器

由(19.38)式可知，兩耦合電感器串聯連接的總電感量極易由上式求得。其中M正負的選定是：**若在每一電感器中的共同電流所產生的通量具有同一方向時，選用正號；而若這些通量具有相反的方向時，則選用負號。**

【例題 19.5】

如下圖所示為兩耦合電感器連接成串聯，試求其總電感量。

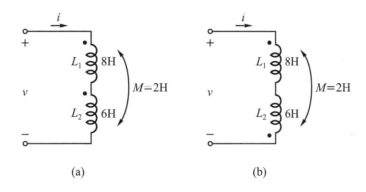

(a)　　　　　　　　　　(b)

解　由(a)圖上所示之黑點，可知M應取正，故依(19.38)式，可得其總電感量為：

$$L = L_1 + L_2 + 2|M| = 8 + 6 + 2 \times 2 = 18 \text{(H)}$$

而(b)圖中M應取負，故得其總電感量為：

$$L = L_1 + L_2 - 2|M| = 8 + 6 - 2 \times 2 = 10 \text{(H)}$$

若有二個以上之耦合電感器相串聯時，依同樣方法可推得其總電感量為：

$$L = L_1 + L_2 + L_3 + \cdots + L_n \pm 2M_{12} \pm 2M_{23} \pm 2M_{34} \pm \cdots \pm 2M_{n1} \quad \cdots\cdots\cdots\cdots (19.39)$$

二、並聯連接

如圖 19.6 所示為兩耦合電感器的並聯，其互感為M，且M有正負之分，故依(19.25)式，可得每一耦合電感器之通量方程式分別為：

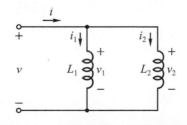

圖 19.6　並聯連接之耦合電感器

$$\varphi_1 = L_1 i_1 \pm |M| i_2$$
$$\varphi_2 = \pm |M| i_1 + L_2 i_2 \quad \text{..(19.40)}$$

故得電感矩陣

$$\begin{bmatrix} L_1 & \pm|M| \\ \pm|M| & L_2 \end{bmatrix} \quad \text{..(19.41)}$$

再依(19.32)和(19.33)式，可得其倒感矩陣Γ，並寫出其電流方程式如(19.31)式；即：

$$i_1 = |\Gamma_{11}|\varphi_1 + |\Gamma_{12}|\varphi_2$$
$$i_2 = |\Gamma_{21}|\varphi_1 + |\Gamma_{22}|\varphi_2 \quad \text{......................................(19.42)}$$

因為並聯連接，所以

$$v = v_1 = v_2，故得 \phi = \phi_1 = \phi_2，且 i = i_1 + i_2 \quad \text{...................(19.43)}$$

將(19.42)式代入(19.43)式，可得：

$$i(t) = (\Gamma_{11} + \Gamma_{22} \pm 2|\Gamma_{12}|)\varphi = \Gamma\varphi \quad \text{.........................(19.44)}$$

故得：

$$\Gamma = \Gamma_{11} + \Gamma_{22} \pm 2|\Gamma_{12}| \quad \text{...(19.45)}$$

其總電感為倒感之倒數，可得總電感量為：

$$L = \frac{1}{\Gamma} \quad \text{...(19.46)}$$

由(19.45)式可知，兩耦合電感器之並聯連接的總電感量極易由上式求得。其中Γ_{12}或Γ_{21}正負號的選定是：若由每一電感器電流(由共同電壓所引起的)所產生的通量具有相反的方向時，則選用正號；若這些通量具有相同的方向時，則選用負號。此種選法與串聯連接時M的選法不相同，請讀者注意。

【例題 19.6】

如下圖所示為兩耦合電感器之並聯連接，試求其總電感量。

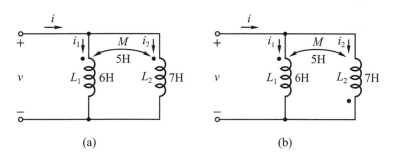

(a)　　　　　　　　　　　(b)

解 由(a)圖中黑點所標示可知，L_1和L_2電感器電流所引起的通量方向相同，故 (19.45)式Γ_{12}或Γ_{21}應取負號。因此由(19.41)式可知其電感矩陣為：

$$L = \begin{bmatrix} L_1 & M \\ M & L_2 \end{bmatrix} = \begin{bmatrix} 6 & 5 \\ 5 & 7 \end{bmatrix}$$

由電感矩陣求得倒感矩陣為：

$$\Gamma = \begin{bmatrix} \Gamma_{11} & \Gamma_{12} \\ \Gamma_{21} & \Gamma_{22} \end{bmatrix} = \begin{bmatrix} \dfrac{7}{17} & -\dfrac{5}{17} \\ -\dfrac{5}{17} & \dfrac{6}{17} \end{bmatrix}$$

由(19.45)式，可得：$\Gamma = (\Gamma_{11} + \Gamma_{22} - 2|\Gamma_{12}|) = \dfrac{7}{17} + \dfrac{6}{17} - 2\left(\dfrac{5}{17}\right) = \dfrac{3}{17}$

故得(a)圖總電感量為：$L = \dfrac{1}{\Gamma} = \dfrac{17}{3}$(H)

由(b)圖中黑點所標示可知，其通量方向相反，因此可知其電感矩陣為：

$$L = \begin{bmatrix} 6 & -5 \\ -5 & 7 \end{bmatrix}$$

倒感矩陣矩陣為：

$$\Gamma = \begin{bmatrix} \dfrac{7}{17} & \dfrac{5}{17} \\ \dfrac{5}{17} & \dfrac{6}{17} \end{bmatrix}$$

由(19.45)式，取正號，可得：$\Gamma = \dfrac{7}{17} + \dfrac{6}{17} + 2\left(\dfrac{5}{17}\right) = \dfrac{23}{17}$

故(b)圖總電感為：$L = \dfrac{1}{\Gamma} = \dfrac{17}{23}$(H)

三、串並聯連接

若耦合電感器為串並聯連接時，可依前述之觀念，特性求出，再求解，現舉例題 19.7 加以說明。

【例題 19.7】

如下圖所示之串並聯連接的耦合電感器，試求其等效電感量 L。其中 $L_1 = L_3 = 2\mathrm{H}$，$L_2 = 3\mathrm{H}$，$M_1 = M_2 = 1\mathrm{H}$，$M_3 = 2\mathrm{H}$。

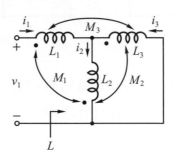

解 由上圖可知 $i_2 = i_1 - i_3$，但 $v_1 = L\dfrac{di_1}{dt}$，則由 KVL 及黑點標示可知：

$$v_1 = L_1\frac{di_1}{dt} + M_3\frac{dl_3}{dt} - M_1\frac{d(i_1-i_3)}{dt} + L_2\frac{d(i_1-i_3)}{dt} + M_2\frac{di_2}{dt} - M_1\frac{di_1}{dt}$$

$$0 = L_3\frac{di_3}{dt} + M_3\frac{di_1}{dt} + M_2\frac{d(i_1-i_3)}{dt} + L_2\frac{d(i_3-i_1)}{dt} + M_1\frac{di_1}{dt} - M_2\frac{di_3}{dt}$$

整理上二式可得：

$$(L_1 + L_2 - 2M_1)\frac{di_1}{dt} + (M_1 + M_3 + M_2 - L_2)\frac{di_3}{dt} = v_1 \quad\text{......................①}$$

$$(-L_2 + M_1 + M_2 + M_3)\frac{di_1}{dt} + (L_3 - M_2 + L_2 - M_2)\frac{di_3}{dt} = 0 \quad\text{..............②}$$

將數值代入①、②二式，並寫成矩陣形式為：

$$\begin{bmatrix} 3 & 1 \\ 1 & 3 \end{bmatrix}\begin{bmatrix} \dfrac{di_1}{dt} \\ \dfrac{di_3}{dt} \end{bmatrix} = \begin{bmatrix} v_1 \\ 0 \end{bmatrix}$$

故 $\quad \dfrac{di_1}{dt} = \dfrac{\begin{bmatrix} v_1 & 1 \\ 0 & 3 \end{bmatrix}}{\begin{bmatrix} 3 & 1 \\ 1 & 3 \end{bmatrix}} = \dfrac{3}{8}v_1$

因 $\quad v_1 = L\dfrac{di_1}{dt}$，故 $L = \dfrac{8}{3}(\mathrm{H})$

19.3　耦合電路

由上述三種耦合元件所組成之電路謂之**耦合電路**(coupled circuits)。在耦合電路的分析中，當寫出電路方程式時，若遇受控電源時，係如獨立電源的方式來處理。前面幾章的分析法亦適用於耦合電路的分析。現舉二例說明之。

【例題 19.8】

如下圖所示之電路係在弦波穩態下，其中輸入為電壓電源$v_s = \cos(2t + 30°)$，試求其弦波穩態電流i_1和i_2。

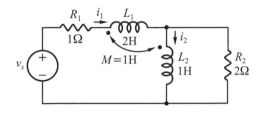

解　由 KVL 可得：

$$R_1 i_1 + \left(L_1 \frac{di_1}{dt} + M \frac{di_2}{dt} \right) + \left(L_2 \frac{di_2}{dt} + M \frac{di_1}{dt} \right) = v_s$$

代入數值，並取相量，可得：

$$(1 + j\omega 3)I_1 + j\omega 2 I_2 = V_S \quad\text{………………………①}$$

又$M \dfrac{di_1}{dt} + L_2 \dfrac{di_2}{dt} - R_2(i_1 - i_2) = 0$

代入數值，並取相量，可得：

$$(-2 + j\omega)I_1 + (2 + j\omega)I_2 = 0 \quad\text{……………②}$$

由①、②兩式，利用克拉姆法則解之得：

$$I_1 = \frac{(1 + j\omega)V_S}{(1 - \omega^2) + j\omega 6} \ , \ I_2 = \frac{(1 + j\omega)V_S}{(1 - \omega^2) + j\omega 6}$$

又因為$V_S = 1\angle 30° \text{ V}$，且$\omega = 2 \text{ rad/s}$代入上兩式，即得：

$$I_1 = 0.18 \angle -10.6° \ , \ I_2 = 0.18 \angle -137.5°$$

故得：

$$i_1 = 0.18\cos(2t - 10.6°)(\text{A})$$

$$i_2 = 0.18\cos(2t - 137.5°)(\text{A})$$

【例題 19.9】

如下圖所示之電路，若 $i_s = \cos t$ 時，試求其弦波穩態電壓 v_2。

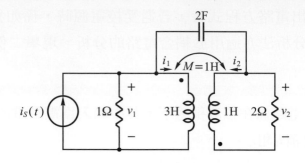

解 定節點①和②及電壓 v_1 和 v_2，電流 i_1 和 i_2 並以相量表示，分別如下圖所示。

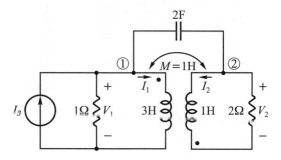

由耦合電感器的黑點方向及其互感、自感，可列出下列矩陣：

$$\begin{bmatrix} V_1 \\ V_2 \end{bmatrix} = \begin{bmatrix} 3 & -1 \\ -1 & 1 \end{bmatrix} \begin{bmatrix} j\omega I_1 \\ j\omega I_2 \end{bmatrix}$$

由倒置矩陣法，可得：

$$\begin{bmatrix} I_1 \\ I_2 \end{bmatrix} = \frac{1}{2j\omega} \begin{bmatrix} 1 & 1 \\ 1 & 3 \end{bmatrix} \begin{bmatrix} V_1 \\ V_2 \end{bmatrix}$$

即：$I_1 = \dfrac{1}{2j\omega}(V_1 + V_2)$，$I_2 = \dfrac{1}{2j\omega}(V_1 + 3V_2)$

其節點方程式為：

$$V_1 + \frac{(V_1 + V_2)}{2j\omega} + 2j\omega(V_1 - V_2) = I_S，\quad \frac{V_2}{2} + \frac{(V_1 + 3V_2)}{2j\omega} = 2j\omega(V_1 - V_2)$$

將數值 $\omega = 1$ rad/s 代入，得：

$$\begin{bmatrix} 1+j1.5 & -j2.5 \\ -j2.5 & 0.5+j0.5 \end{bmatrix} \begin{bmatrix} V_1 \\ V_2 \end{bmatrix} = \begin{bmatrix} I_S \\ 0 \end{bmatrix}$$

因 $i_s = \cos t$，故 $I_S = 1\angle 0°$ 代入以克拉姆法則解之，故得：

$$V_2 = \frac{j2.5}{6+j1.25} = \frac{2.5e^{j90°}}{6.129e^{j11.8°}} = 0.4e^{j78.2°} \quad \therefore v_2(t) = 0.4\cos(t + 78.2°)(V)$$

【例題 19.10】

如下圖，請計算出I_s、I_L及V_L(以相量形式表示)

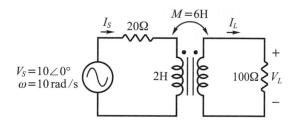

解　利用 KVL，可列出兩個迴路之迴路方程式

$$\begin{cases}(20+j20)I_s - j60I_L = 10\angle 0° \\ -60I_s + (100+j100)I_L = 0\end{cases}$$

令

$$\Delta = \begin{bmatrix}20+j20 & -j60 \\ -j60 & 100+j100\end{bmatrix} = 3600 + j4000 = 5381\angle 48°$$

$$\Delta_s = \begin{bmatrix}10 & -j60 \\ 0 & 100+j100\end{bmatrix} = 1000 + j1000 = 1000\sqrt{2}\angle 45°$$

$$\Delta_L = \begin{bmatrix}20+j20 & 10 \\ -j60 & 0\end{bmatrix} = j600 = 600\angle 90°$$

則　$I_s = \dfrac{\Delta_s}{\Delta} = \dfrac{1414\angle 45°}{5381\angle 48°} = 0.2628\angle -3° \text{ (A)}$

$I_L = \dfrac{\Delta_L}{\Delta} = \dfrac{600\angle 90°}{5381\angle 48°} = 0.1128\angle 42° \text{ (A)}$

最後可以計算出負載電壓V_L為　$V_L = 100 I_L = 11.28\angle 42° \text{ (V)}$

【例題 19.11】

如下圖，試計算出I_s、I_L及V_L(以相量形式表示)

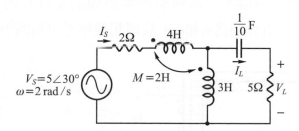

解 利用 KVL，可列出兩個迴路之迴路方程式

$$\begin{cases} 2I_s + j8I_s + j4(I_s - I_L) + j6(I_s - I_L) = 5\angle 30° \\ j6(I_L - I_s) - j4I_s - j5I_L + 5I_L = 0 \end{cases}$$

經整理得 $\begin{cases} (2 + j18)I_s - j10I_L = 5\angle 30° \\ -j10I_s + (5 + j)I_L = 0 \end{cases}$

令 $\Delta = \begin{vmatrix} 2+j18 & -j10 \\ -j10 & 5+j \end{vmatrix} = 92 + j92 = 92\sqrt{2}\angle 45°$

$\Delta_s = \begin{vmatrix} 5\angle 30° & -j10 \\ 0 & 5+j \end{vmatrix} = 25.5\angle 41.31°$

$\Delta_L = \begin{vmatrix} 2+j18 & 5\angle 30° \\ -j10 & 0 \end{vmatrix} = 50\angle 120°$

則 $I_s = \dfrac{\Delta_s}{\Delta} = \dfrac{25.5\angle 41.31°}{92\sqrt{2}\angle 45°} = 0.196\angle -3.69° \text{ (A)}$

$I_L = \dfrac{\Delta_L}{\Delta} = \dfrac{50\angle 120°}{92\sqrt{2}\angle 45°} = 0.384\angle 75° \text{ (A)}$

最後可以計算出負載電壓 V_L 為 $V_L = 5I_L = 1.92\angle 75° \text{ (V)}$

19.4 理想變壓器

所謂**理想變壓器**(ideal transformer)是指一耦合電感器其具有下述四理想化的特性：(a)元件不消耗能量，(b)**無漏磁通量(leakage flux)，即耦合係數 $k = 1$**，(c)**每一繞組的自感為無限大**，(d)**磁路材料的導磁係數 μ 為無限大**。具有上述四種理想化特性的耦合電感器即稱之為理想變壓器。理想變壓器是在網路分析或合成中常用的一種理想元件。我們可將兩線圈繞於導磁係數μ為無限大的磁心上，即可獲得一理想變壓器，如圖 19.7 所示。我們假設線圈既無損失亦無雜散電容。因磁心材料之導磁係數為無限大，故所有磁場將局限於磁心內，而無任何漏磁通量，且假設各線圈的匝數分別為 n_1 和 n_2，故理想變壓器可用圖 19.8 的符號來表示。

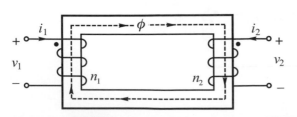

圖 19.7　兩線圈繞於共同磁心上而形成一變壓器

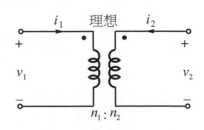

圖 19.8　理想變壓器之符號

一、理想變壓器端點電壓及電流方程式

由圖 19.7 所示之變壓器，我們可知經過線圈 1 和線圈 2 之總通量 ϕ_1 和 ϕ_2 分別為：

$$\phi_1 = n_1\phi \quad 與 \quad \phi_2 = n_2\phi \dots\dots\dots\dots\dots\dots\dots\dots\dots\dots (19.47)$$

因爲 $v_1 = \dfrac{d\phi_1}{dt}$ 與 $v_2 = \dfrac{d\phi_2}{dt}$，故可得：

$$\frac{v_1}{v_2} = \frac{n_1 \dfrac{d\phi}{dt}}{n_2 \dfrac{d\phi}{dt}} = \frac{n_1}{n_2} = \frac{1}{a} \dots\dots\dots\dots\dots\dots\dots\dots\dots\dots (19.48)$$

上式對於所有時間 t 與對於所有電壓 v_1 和 v_2 均成立。我們定義：匝教比 a 爲 $\dfrac{n_2}{n_1}$ 的比值，故 $\dfrac{v_2}{v_1} = \dfrac{V_2}{V_1} = \dfrac{n_2}{n_1} = a$。

又整個磁路之**磁動勢**(magnetomotive force, mmf)和**磁阻**(magnetic reluctance)之關係爲：

$$\text{mmf} = n_1 i_1 + n_2 i_2 = \Re\phi \dots\dots\dots\dots\dots\dots\dots\dots\dots\dots (19.49)$$

若導磁係數 μ 爲無限大，因磁阻與 μ 成反比，故 $\Re$ 爲零，因此(19.49)式爲：

$$n_1 i_1 + n_2 i_2 = 0 \dots\dots\dots\dots\dots\dots\dots\dots\dots\dots (19.50)$$

所以

$$\frac{i_1}{i_2} = -\frac{n_2}{n_1} = -a \dots\dots\dots\dots\dots\dots\dots\dots\dots\dots (19.51)$$

上式亦對於所有時間 t 與對於所有電流 i_1 和 i_2 均成立。其中

$$\frac{i_1}{i_2} = \frac{I_1}{I_2} = -\frac{n_2}{n_1} = -a$$

(19.48)和(19.51)兩式可視爲理想變壓器端點方程式的定義。由上兩式可知，兩側電壓的比值與兩側電流之比值僅與 n_1 與 n_2 的比值有關，且呈線性非時變之關係。一實際的變壓器之特性須由其繞線電阻，自感與互感來決定。當一變壓器被認爲是理想的，則繞線電阻可視爲零，而其電感量須滿足 $M = \sqrt{L_1 L_2}$ 條件，而理想變壓器特性則由匝數比 n_1 和 n_2 來決定。

二、理想變壓器之特性

1. 理想變壓器無功率消耗

由(19.48)和(19.51)兩式可知：

$$v_1 = \left(\frac{n_1}{n_2}\right)v_2 \text{ 與 } i_2 = -\frac{n_1}{n_2}i_1 \quad\text{......................................(19.52)}$$

故理想變壓器之功率為：

$$
\begin{aligned}
P = P_1 + P_2 &= v_1 i_1 + v_2 i_2 \\
&= \left(\frac{n_1}{n_2}\right)v_2 i_1 + v_2\left(-\frac{n_1}{n_2}\right)i_1 \\
&= 0 \quad\text{...(19.53)}
\end{aligned}
$$

由(19.53)式可知，理想變壓器不消耗能量，亦不會儲存能量。

2. 理想變壓器的每一電感器之自感為無限大

如圖 19.9 所示之理想變壓器，若將次級 CD 開路，則 $i_2 = 0$，由(19.51)式可知 $i_1 = 0$，其表示雖然加上 v_1 的電壓，但可視如開路。因 $\phi_1 = L_1 i_1 + M i_2$，現因 CD 開路，$i_2 = 0$，故 $\phi = L_1 i_1$，又 因 $i_1 = 0$，故 $L_1 = \dfrac{\phi}{i_1}$，故 $L_1 = \infty$。同理，若 AB 開路，則 $i_1 = 0$，故雖然加上 v_2 的電壓，而 $i_2 = 0$ 之下，L_2 之值亦為無限大。此事實表示一理想變壓器的每一電感器之自感為無限大。

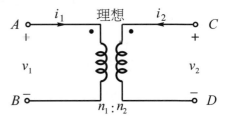

圖 19.9 理想變壓器

3. 理想變壓器之耦合係數 $k = 1$

由習題 19.9 可知，在 i_1 和 i_2 下，儲存於耦合電感器之能量為：

$$
\begin{aligned}
W &= \frac{1}{2}L_1 i_1^2 + M i_1 i_2 + \frac{1}{2}L_2 i_2^2 \\
&= \frac{1}{2}(L_1 i_1^2 + 2\sqrt{L_1 L_2}\,i_1 i_2 + L_2 i_2^2) + \left(\frac{M}{\sqrt{L_1 L_2}} - 1\right)\sqrt{L_1 L_2}\,i_1 i_2 \\
&= \frac{1}{2}(\sqrt{L_1}\,i_1 + \sqrt{L_2}\,i_2)^2 + (k-1)\sqrt{L_1 L_2}\,i_1 i_2 \quad\text{..............................(19.54)}
\end{aligned}
$$

由(19.53)式的結果可知，對於一理想變壓器，$W=0$ 故得

$$k=1 \quad\text{.. (19.55)}$$

及

$$\frac{i_1}{i_2} = -\frac{\sqrt{L_2}}{\sqrt{L_1}} \quad\text{.. (19.56)}$$

又因(19.51)式，$\dfrac{i_1}{i_2} = -\dfrac{n_2}{n_1}$，與(19.56)式比較，故得：

$$\frac{L_1}{L_2} = \frac{n_1^2}{n_2^2} \quad\text{.. (19.57)}$$

若三繞組理想變壓器，如圖 19.10 所示，其繞組匝數分別為 n_1、n_2 和 n_3，則由雙繞組理想變壓器的觀念加以延伸至三繞組理想變壓器，則其電壓與電流方程式可寫成如下：

$$\frac{v_1}{n_1} = \frac{v_2}{n_2} = \frac{v_3}{n_3} \quad\text{.. (19.58)}$$

而且

$$n_1 i_1 + n_2 i_2 + n_3 i_3 = 0 \quad\text{.. (19.59)}$$

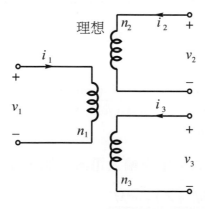

圖 19.10　三繞組理想變壓器

三、反射阻抗

所謂**反射阻抗**(reflected impedance)是由於電流在耦合電感器的次級線圈中流動，而在初級線圈中兩端呈現的阻抗值。此阻抗由互感而生，亦代表互感電壓之效應。

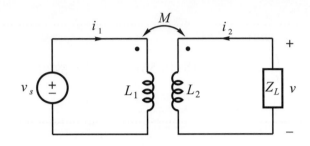

圖 19.11　兩繞組之耦合電感器

利用迴路分析法來解含有互感之電路雖亦十分方便，但此法不能顯示互感電路特有的性質，若用反射阻抗法就可達此目的，因為耦合電感器有互感存在時，將感應一電壓，此電壓會限制流過耦合電感器之電流，此感應電壓之效果，就相當於有一阻抗反射到電路中一樣，如圖 19.11 所示，電壓源v_s接於初級線圈，負載Z_L則接於次級線圈。因此利用相量表示法及 KVL 可得：

$$I_1(j\omega L_1) + I_2(j\omega M) = V_S \dotfill (19.60)$$

$$I_1(j\omega M) + I_2(j\omega L_2 + Z_L) = 0 \dotfill (19.61)$$

利用行列式解之，可得初級線圈中之電流為：

$$I_1 = \frac{\begin{vmatrix} V_S & j\omega M \\ 0 & (j\omega L_2 + Z_L) \end{vmatrix}}{\begin{vmatrix} j\omega L_1 & j\omega M \\ j\omega M & (j\omega L_2 + Z_L) \end{vmatrix}} = \frac{V_S(j\omega L_2 + Z_L)}{j\omega L_1(j\omega L_2 + Z_L) + \omega^2 M^2} \dotfill (19.62)$$

初級線圈之總有效阻抗為輸入電壓與輸入電流之比，即：

$$Z_1(j\omega) = \frac{V_S}{I_1} = \frac{j\omega L_1(j\omega L_2 + Z_L) + \omega^2 M^2}{(j\omega L_2 + Z_L)}$$

$$= j\omega L_1 + \frac{\omega^2 M^2}{j\omega L_2 + Z_L} \dotfill (19.63)$$

上式中右側第一項表示初級線圈之阻抗，第二項係由於互感而多加到原電路之阻抗，此阻抗係因次級線圈阻抗的特性而在輸入端呈現的阻抗，故稱之為**反射阻抗**，即

$$Z_r = \frac{\omega^2 M^2}{j\omega L_2 + Z_L} \quad\text{...} (19.64)$$

上式分母 $j\omega L_2 + Z_L$ 為次級線圈之總阻抗，故令 $Z_S = j\omega L_2 + Z_L$ 則：

$$Z_r = \frac{\omega^2 M^2}{Z_S} \quad\text{...} (19.65)$$

由(19.65)式可知，若 Z_S 為電感性，則反射阻抗 Z_r 為電容性，反之亦然。若次級線圈上之負載端開路，即 Z_S 為無限大，Z_r 為零，M 之正負對 Z_r 無影響，因 Z_r 之分子為 $\omega^2 M^2$。

　　若圖 19.11 所示為一理想變壓器，則其**輸入阻抗**為：

$$Z_{in}(j\omega) = \frac{V_S}{I_1} = \frac{\left(\dfrac{n_1}{n_2}\right)V}{-\left(\dfrac{n_2}{n_1}\right)I_2} = \left(\frac{n_1}{n_2}\right)^2\left(\frac{V}{-I_2}\right) = \left(\frac{n_1}{n_2}\right)^2 Z_L \quad\text{.....................} (19.66)$$

若次級線圈上之負載為電阻性負載 R_L，接到理想變壓器之次級線圈上，則輸入電阻為：

$$R_{in} = \frac{v_S}{i_1} = \frac{\left(\dfrac{n_1}{n_2}\right)v}{-\left(\dfrac{n_2}{n_1}\right)i_2}$$

$$= \left(\frac{n_1}{n_2}\right)^2\left(\frac{v}{-i_2}\right) = \left(\frac{n_1}{n_2}\right)^2 R_L \quad\text{...} (19.67)$$

由(19.66)與(19.67)式可知，理想變壓器可改變負載的視在阻抗，且能用以匹配不同阻抗之電路。

【例題 19.12】

下圖(a)、(b)所示電路為線性非時變者，試求(a)圖之等效阻抗與i_1及(b)圖之等效電阻。

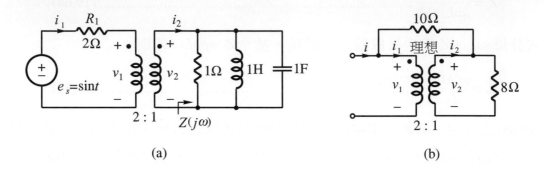

(a)   (b)

解 (a)圖

$$Z_L(j\omega) = \frac{1}{Y(j\omega)} = \frac{1}{\dfrac{1}{R} + \dfrac{1}{j\omega L} + j\omega C} = \frac{1}{\dfrac{1}{1} + \dfrac{1}{j\omega \times 1} + j\omega \times 1}$$

$$= \frac{1}{1 + j\left(\omega - \dfrac{1}{\omega}\right)}$$

$\therefore \omega = 1$，故 $Z_L(j1) = 1$，由(19.66)式，可知：

$$Z_{in}(j\omega) = \left(\frac{n_1}{n_2}\right)^2 Z_L(j\omega) = \left(\frac{2}{1}\right)^2 \times 1 = 4(\Omega)$$

亦即將次級阻抗轉換至初級側為 4Ω，故：

$$I_1 = \frac{E_S}{R_1 + Z_{in}(j\omega)} = \frac{1}{6} \angle 0°$$

$$\therefore i_1 = \frac{1}{6}\sin t \text{ (A)}$$

(b)圖

圖中 10Ω 電阻由 KCL 特性知道無迴路形成，故 10Ω 上無電流流通，因此其視同斷路，與等效電阻無關，故：

$$R_{in} = \left(\frac{n_1}{n_2}\right)^2 R_L = \left(\frac{2}{1}\right)^2 \times 8 = 32(\Omega)$$

【例題 19.13】

有一理想變壓器 $n_1 = 100$ 匝，$n_2 = 1000$ 匝，$V_1 = 50 \underline{/0°}$ V，$I_2 = 0.5 \underline{/30°}$ A，若標點位置如下圖(a)及圖(b)所示，試求其 V_2 及 I_1。(題目中 V_1、V_2、I_1 和 I_2 是 v_1、v_2、i_1 和 i_2 的相量)

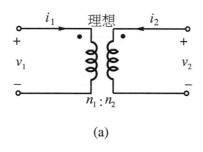

(a)

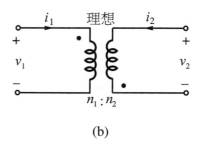

(b)

解　圖(a)中，由(19.48)式，可知

$$V_2 = \left(\frac{n_2}{n_1}\right)V_1 = \left(\frac{1000}{100}\right)50\angle 0° = 500 \underline{/0°} \text{ (V)}$$

再由(19.51)式，可知

$$I_1 = -\left(\frac{n_2}{n_1}\right)I_2 = -\left(\frac{1000}{100}\right)0.5 \underline{/30°} = -5 \underline{/30°} \text{ (A)}$$

圖(b)中因極性標點有一個移動，故(19.48)式改為：

$$V_2 = -\left(\frac{n_2}{n_1}\right)V_1 = -\left(\frac{1000}{100}\right)50 \underline{/0°} = -500 \underline{/0°} \text{ (V)}$$

$$I_1 = \left(\frac{n_2}{n_1}\right)I_2 = \left(\frac{1000}{100}\right)0.5 \underline{/0°} = 5 \underline{/30°} \text{ (A)}$$

【例題 19.14】

試求如例題 19.13 所示變壓器之初級和次級繞組的功率。

解　供給初級的功率是：

$$P_1 = v_1 i_1 = |V_1||I_1|\cos\theta$$
$$= (50)(5)\cos 30° = 216.5 \text{(W)}$$

由(19.53)式，可知初級功率等於次級功率，因此

$$P_2 = 216.5 \text{(W)}$$

19.5 變壓器之等效電路

在很多情況，電路中含有變壓器，爲了解及計算此電路，我們常以變壓器的等效電路，來取代含有變壓器的電路，首先考慮圖 19.12 所示的電路，在此電路中包含一個理想變壓器。

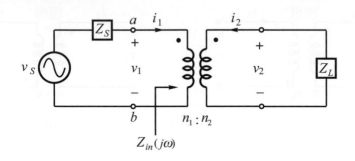

圖 19.12　含有變壓器的電路

由(19.66)式 $Z_{in}(j\omega) = \left(\dfrac{n_1}{n_2}\right)^2 Z_L$ 可獲得圖 19.12 的等效電路，是把初級端右方所有元件被 $Z_{in}(j\omega)$ 所取代形成的電路，如圖 19.13 所示之電路。因爲它可想成是將次級阻抗插入，或反射入初級繞組之中。

若圖 19.12 中的 v_s，Z_s，Z_L，n_1 和 n_2 爲已知，則由圖 19.13 的等效電路，可以容易地求得初級和次級電壓，利用 KVL 相量方程式可得：

$$Z_S I_1 + \left(\frac{n_1}{n_2}\right)^2 Z_L I_1 = V_S$$

可得

$$I_1 = \frac{V_S}{Z_S + \left(\dfrac{n_1}{n_2}\right)^2 Z_L} \quad \text{..} (19.68)$$

由圖 19.13 及(19.68)式可得：

$$V_1 = \left(\frac{n_1}{n_2}\right)^2 Z_L I_1 = \frac{\left(\dfrac{n_1}{n_2}\right)^2 Z_L}{Z_S + \left(\dfrac{n_1}{n_2}\right)^2 Z_L} V_S \quad \text{................................} (19.69)$$

圖 19.12 中若有一線圈以相反的方法纏繞，其中一端點被指定至相反端點上，即極性黑色標點相反，在此情況的效應是以 $-\left(\dfrac{n_1}{n_2}\right)$ 來取代 $\left(\dfrac{n_1}{n_2}\right)$。因此 (19.66) 式的反射阻抗沒有改變，但 (19.68) 和 (19.69) 式中所有電流和電壓將會改變，我們將以例題 19.16 的例子來說明。

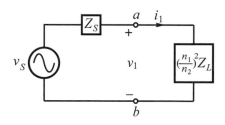

圖 19.13　圖 19.12 中電路的等效電路

【例題 19.15】

如圖 19.12 所示電路中，若 $V_S = 100\ \underline{/0°}\,\text{V}$，$Z_S = 6 + j3\,\Omega$，$Z_L = 400 - j300\,\Omega$，及 $\left(\dfrac{n_1}{n_2}\right) = \dfrac{1}{10}$，試求 I_1、V_1、I_2 和 V_2。

解　利用 (19.68) 和 (19.69) 式：

$$I_1 = \frac{100\ \underline{/0°}}{(6+j3) + \left(\dfrac{1}{10}\right)^2(400 - j300)} = \frac{100\ \underline{/0°}}{10} = 10\ \underline{/0°}\ \text{(A)}$$

$$V_1 = \frac{\left(\dfrac{1}{10}\right)^2(400 - j300)}{(6+j3) + \left(\dfrac{1}{10}\right)^2(400 - j300)}100\ \underline{/0°} = \frac{4 - j3}{10}100\ \underline{/0°}$$

$$= \frac{5\ \underline{/-36.9°}}{10}100\ \underline{/0°} = 50\ \underline{/-36.9°}\ \text{(V)}$$

再由 (19.51) 及 (19.48) 式：

$$I_2 = -\left(\frac{n_1}{n_2}\right)I_1 = -\left(\frac{1}{10}\right)(10\ \underline{/0°}) = -1\ \underline{/0°}\ \text{(A)}$$

$$V_2 = \left(\frac{n_2}{n_1}\right)V_1 = (10)(50\ \underline{/-36.9°}) = 500\ \underline{/-36.9°}\,\text{(V)}$$

【例題 19.16】

如下圖所示含變壓器的電路中，試求V_1、V_2、I_1和I_2

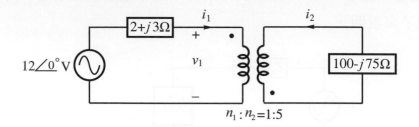

$n_1 : n_2 = 1:5$

解　因負載阻抗是$Z_L = 100 - j75\Omega$，所以反射阻抗$Z_{in}(j\omega) = \left(\dfrac{n_1}{n_2}\right)^2 Z_L = \left(\dfrac{1}{5}\right)^2$

$(100 - j75) = 4 - j3$，應用此結果，可劃出其等效相量電路如下圖所示：

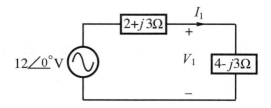

由圖中可得

$$I_1 = \frac{12\ \underline{/0^\circ}}{(2+j3)+(4-j3)} = 2\ \underline{/0^\circ}\ (A)$$

$$V_1 = \frac{4-j3}{(2+j3)+(4-j3)} \times 12\ \underline{/0^\circ} = \frac{(5\ \underline{/-36.9^\circ})}{6} 12\ \underline{/0^\circ} = 10\ \underline{/-36.9^\circ}\ (V)$$

因其極性黑色標點位置不同，故次級電壓與電流分別等於：

$$I_2 = +\left(\frac{n_1}{n_2}\right)I_1 = \left(\frac{1}{5}\right)(2\ \underline{/0^\circ}) = 0.4\ \underline{/0^\circ}\ (A)$$

$$V_2 = -\left(\frac{n_2}{n_1}\right)V_1 = -5(10\ \underline{/-36.9^\circ}) = -50\ \underline{/-36.9^\circ}\ (V)$$

阻抗匹配

　　如第十七章第七節所述，當負載阻抗與電源阻抗共軛匹配時負載可得最大功率。如圖 19.12 中的v_s接Z_s的情形，若欲從電源取得最大功率，則負載Z_L是在下列條件下產生的

$$Z_L = Z_s{}^*$$

此處$Z_S{}^*$是Z_S的共軛複數。若Z_S是電阻，如$Z_S = R_S$，則當

$$Z_L = Z_S = R_S$$

時，取用了最大功率。此情況，由(19.66)式知道，僅需使負載Z_L是電阻(如R_S)，並調整匝數比$n_1 : n_2$，而使**反射阻抗**如(19.67)式爲：

$$R_{in} = R_S = \left(\frac{n_1}{n_2}\right)^2 R_L$$

即有

$$\frac{n_1}{n_2} = \sqrt{\frac{R_S}{R_L}} \quad\text{...} (19.70)$$

的結果。

【例題 19.17】

試求右圖中匝數比爲多少而能使從電源中取得取大功率，並求最大功率爲多少？

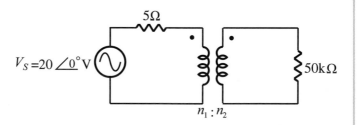

$V_S = 20\angle 0° \text{ V}$

解 $V_S = 20\underline{/0°}\text{ V}$，

$Z_S = R_S = 5\underline{/0°}$，

及負載$R_L = 50\text{k}\Omega$，

因此由(19.70)式知道匝數比是：

$$\frac{n_1}{n_2} = \sqrt{\frac{R_S}{R_L}} = \sqrt{\frac{5}{50000}} = \frac{1}{100}$$

因此反射阻抗是：

$$R_{in} = \left(\frac{n_1}{n_2}\right)^2 R_L = \left(\frac{1}{100}\right)^2 50000 = 5\Omega$$

所以它的等效電路如右圖所示。

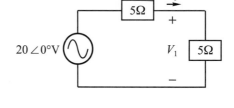

現在負載阻抗與V_S相匹配，所以從電源取得取大功率，由上圖知道電流

I_1是：$I_1 = \dfrac{20\underline{/0°}}{5+5} = 2\underline{/0°}\text{ A}$

因此最大功率是：

$$P = |V_S|\,|I_1|\cos 0° = (20)(2) = 40(\text{W})$$

19.6 變壓器之型式

一、隔離裝置

變壓器在應用上有各種不同的大小和外觀，並可設計許多不同的用途。一些在應用上常用的有電力(電源)變壓器、聲頻變壓器、中頻(IF)變壓器、脈波變壓器和射頻變壓器等。它們因應用目的不同，故結構也不一樣。電力變壓器是用來輸送功率之用，所以體積比較大。另一方面中頻、射頻、脈波變壓器是在無線電和電視接收機及發射機中使用，故其體積較小。

聲頻及電力變壓器有較高的耦合係數及很高效率。事實上，大多數計算中，我們可以假設它們作完全耦合，其所導致的誤差，可被忽略不計。在另一方面，射頻變壓器有低導磁率的磁束路徑，耦合係數較低，故射頻變壓器有較可觀的洩漏損失。

變壓器因初級和次級電路互相隔離，因此可將變壓器視同一**隔離裝置**，沒有物理上的連接，僅以互磁通連接。並由前節反射阻抗的敘述，可知道變壓器有**匹配或變更阻抗**的用途，此為在低頻率及聲頻功率放大器電路中常應用者。

二、自耦變壓器

有一類變壓器，其沒有隔離結構，**使用共同線圈代替初級和次級線圈兩者**，此變壓器稱為**自耦變壓器**(autotransformer)。常見的電力變壓器即為一例，其符號如圖 19.14(a)、(b)所示。圖 19.14(a)中，次級端點 2 是由初級繞組節點 2 處接出，故其次級含有n_2匝，而初級匝數是n_1，其值為：

$$n_1 = n_2 + n_3$$

因此有

$$\frac{v_1}{v_2} = \frac{n_1}{n_2} = \frac{n_2 + n_3}{n_2} \quad \text{...} (19.71)$$

及 $\quad n_1 i_1 = (n_2 + n_3)i_1 = -n_2 i_2$

或

$$\frac{i_1}{i_2} = -\left(\frac{n_2}{n_2 + n_3}\right) \text{...} (19.72)$$

的關係式。圖 19.14(b)是升壓自耦變壓器，因初級匝數比次級匝數少(n_1和$n_2 = n_1 + n_3$是相對的)。

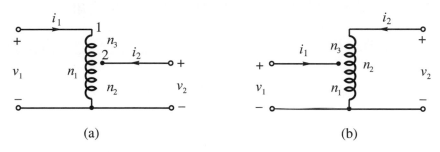

圖 19.14　(a)降壓和(b)升壓自耦變壓器

自耦變壓器因僅用一繞組代替兩個，所以更經濟，故其具有簡單和高效率的優點。但它的初級和次級間沒有隔離，而必須由另一個變壓器來提供隔離，此乃其最大缺點。

【例題 19.18】

在圖 19.14(a)中的自耦變壓器具有 $n_1 = 1000$ 匝，$n_2 = 400$ 匝及 $n_3 = 600$ 匝，若 $V_1 = 100 \underline{/0°}$ V 及 $I_1 = 4 \underline{/0°}$ A，試求 I_2 和 V_2。

解　由(19.72)式可得：

$$I_2 = -\left(\frac{n_2 + n_3}{n_2}\right)I_1 = -\left(\frac{400 + 600}{400}\right)4 \underline{/0°} = -10 \underline{/0°} \text{ (A)}$$

再由(19.71)式，可得：$V_2 = \left(\frac{n_2}{n_2 + n_3}\right)V_1 = \left(\frac{400}{400 + 600}\right)100 \underline{/0°} = 40 \underline{/0°} \text{ (V)}$

三、多負載變壓器

超過一個以上的負載可連接至二次級，這可利用次級繞組的中間抽頭，或採用如圖 19.15 所示次級繞組的分離繞組來執行這種功能。

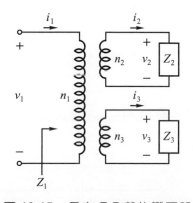

圖 19.15　具有多負載的變壓器

圖 19.15 是多負載變壓器的例子，電壓比是由(19.48)式知：

$$\frac{v_1}{v_2} = \frac{n_1}{n_2} \ , \ \frac{v_1}{v_3} = \frac{n_1}{n_3} \qquad \text{.......................................(19.73)}$$

其中 n_1、n_2 和 n_3 是線圈的匝數。由(19.73)式，可求得 v_2 / v_3 為：

$$\frac{v_2}{v_3} = \frac{(\frac{n_2}{n_1})v_1}{(\frac{n_3}{n_1})v_1} = \frac{n_2}{n_3} \qquad \text{.......................................(19.74)}$$

所以每一情況，電壓比是等於匝數比。

因初級繞組的安匝數和次級繞組相同，所以在圖 19.15 中為：

$$n_1 i_1 = n_2 i_2 = n_3 i_3 \qquad \text{.......................................(19.75)}$$

由這些結果及電壓比，可以求得 **輸入阻抗** 為：

$$Z_1 = \frac{v_1}{i_1}$$

把(19.73)式的 v_1 及(19.75)式的 i_1 代入上式，可得：

$$Z_1 = \frac{(\frac{n_1}{n_2})v_2}{(\frac{n_2}{n_1})i_2 + (\frac{n_3}{n_1})i_3} = \frac{(\frac{n_1}{n_2})}{(\frac{n_2}{n_1})(\frac{i_2}{v_2}) + (\frac{n_3}{n_1})(\frac{i_3}{v_2})} \qquad \text{..............(19.76)}$$

由圖 19.15 中可知：

$i_2 = \frac{v_2}{Z_2}$，$i_3 = \frac{v_3}{Z_3}$ 代入(19.76)式中，可得：

$Z_1 = \dfrac{(\frac{n_1}{n_2})}{(\frac{n_2}{n_1})Z_2 + (\frac{n_3}{n_1})Z_3(\frac{v_3}{v_2})}$，再把(19.74)式代入左式可得：

$$Z_1 = \frac{(\frac{n_1}{n_2})}{(\frac{n_2}{n_1})Z_2 + (\frac{n_3^2}{n_1 n_2})Z_3} = \frac{n_1^2}{\frac{n_2^2}{Z_2} + \frac{n_3^2}{Z_3}} \qquad \text{.......................................(19.77)}$$

若定義 **匝數比** a_2 和 a_3 為：

$$a_2 = \frac{n_2}{n_1} \ , \ a_3 = \frac{n_3}{n_1} \qquad \text{.......................................(19.78)}$$

則(19.77)式**輸入阻抗**可改寫為：

$$Z_1 = \cfrac{1}{\cfrac{(\frac{n_2}{n_1})^2}{Z_2} + \cfrac{(\frac{n_3}{n_1})^2}{Z_3}} = \cfrac{1}{\cfrac{a_2^2}{Z_2} + \cfrac{a_3^2}{Z_3}} \qquad \text{......................(19.79)}$$

$$\text{或} \quad \frac{1}{Z_1} = \frac{a_2^2}{Z_2} + \frac{a_3^2}{Z_3} = \cfrac{1}{\cfrac{Z_2}{a_2^2} + \cfrac{Z_3}{a_3^2}} \qquad \text{......................(19.80)}$$

(19.80)式是 $\dfrac{Z_2}{a_2^2}$ 和 $\dfrac{Z_3}{a_3^2}$ 並聯阻抗和等效阻抗 Z_1 的關係式。因此圖 19.16 是圖 19.15 的等效電路。

由圖 19.16 可知圖 19.15 的反射阻抗 $\dfrac{Z_2}{a_2^2}$ 和 $\dfrac{Z_3}{a_3^2}$ 的並聯阻抗。

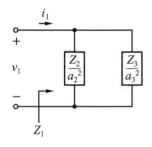

圖 19.16　電路的等效電路

【例題 19.19】

如圖 19.15 中，若 $V_1 = 144\angle 0° \text{V}$，$Z_2 = 6\angle 0° \Omega$，$Z_3 = j2\Omega$，$n_1 = 1200$ 匝，$n_2 = 600$ 匝，$n_3 = 400$ 匝，試求其輸入阻抗 Z_1 與 I_1、I_2 和 I_3 之值。

解 由(19.77)式知輸入阻抗為：

$$Z_1 = \frac{(1200)^2}{\dfrac{(600)^2}{6} + \dfrac{(400)^2}{j2}} = \frac{144}{6 - j8} = 14.4\angle 53.1° (\Omega)$$

電流 I_1 為：

$$I_1 = \frac{V_1}{Z_1} = \frac{144\angle 0°}{14.4\angle 53.1°} = 10\angle -53.1° (\text{A})$$

利用(19.73)式可求得次級電壓為：

$$V_2 = \frac{n_2}{n_1}V_1 = \frac{600}{1200}(144\angle 0°) = 72\angle 0° \text{ V}$$

$$V_3 = \frac{n_3}{n_1}V_1 = \frac{400}{1200}(144\angle 0°) = 48\angle 0° \text{ V}$$

因此次級電流為：

$$I_2 = \frac{V_2}{Z_2} = \frac{72\angle 0°}{6\angle 0°} = 12\angle 0° \text{ (A)}$$

$$I_3 = \frac{V_3}{Z_3} = \frac{48\angle 0°}{j2} = -j24 = 24\angle -90° (\text{A})$$

Chapter 附錄

長　度

1 吋	(Inch in)	＝ 2.54 公分 (Centimeter cm)
1 呎	(Foot ft)	＝ 30.48 公分 (Centimeter cm)
1 哩	(Mile)	＝ 1.609 公里 (Kilometer km)

面　積

1 圓密爾(Circular Mil C. M.,)	＝ 0.7854 平方密爾(Square Mil)
1 圓密爾(Circular Mil C. M.,)	＝ 0.000507 平方公分 (Square Centimeter cm^2)
1 方吋(Squure inch sq.in)	＝ 6.452 平方公分 (Square Centimeter cm^2)
1 方米(Square meter m^2)	＝ 10.76 方呎(Square feet ft^2)

體　積

1 立方吋(Cubic inch in³)	= 16.39 立方公分
	(C.C., Cubic Centi meter)
1 立特(Lite rl)	= 1,000 立方公分
	(C.C., Cubic Centimeter)
	= 0.2642 美制加侖(U.S. Gallon)
1 加侖(Gallon)	= 231 立方吋(Cubic inch in³)
	= 3.785 立特(Liter)
	= 8.345(Pound lb)

重　量

1 公克(Gram g)	= 381 達因(Dyne)
1 英兩(Ounce oz)	= 28.35 公克(Gram g)
1 公斤(Kilogram kg)	= 2,205 磅(Pound, lb)
1 噸(Ton)	= 2,000 磅(Pound, lb)
1 長噸(Long Ton)	= 2,240 磅(Pound, lb)
1 公噸(Metric Ton)	= 1,000 公斤 = 2.205 磅

功

1 焦耳，瓦秒(Joule, watt-second)	= 10^7 爾格(Erg)
1 克卡(Gram Calorie)	= 4.183 焦耳(Joule)
1 英熱單位	= 252.1 克卡
(British Thermal Unit, B. T. U.)	= 777.5 呎磅(Foot-pound ft-lb)

附錄 B 單位變換表

名稱	單位	其他單位
長度	米(m)	1 米(公尺)＝ 100 公分(cm)，1 吋(in)＝ 2.54 公分
質量	仟克(kg)	1 仟克(公斤)＝ 1,000 公克(g)＝ 2,205 磅(lb)， 1 磅＝ 453.6 公克
時間	秒(sec)	1 日＝ 86,400 秒
力	牛頓	1 牛頓＝ 0.10194 仟克＝ 0.2247 磅＝ 10^5 達因 1 公克＝ 981 達因
功或能	焦耳	1 焦耳＝ 10^7 爾格＝ 1 瓦特-秒，1 呎-磅＝ 1.356 焦耳 1 瓩時＝ 3.6×10^6 焦耳 1 仟克-卡路里＝ 4.184 焦耳 1 BTU (英熱量單位)＝ 1,054 焦耳＝ 0.252 仟克-卡路里
功率	瓦特	1 瓦特＝ 1 焦耳／秒，1 瓩(kW)＝ 10^3 瓦特 1 百萬瓦＝ 10^6 瓦特 1 毫瓦＝ 10^{-3} 瓦特 1 微瓦＝ 10^{-6} 瓦特 1 馬力(hp)＝ 746 瓦特＝ 550 呎磅／秒
溫度	°K	$^\circ\text{C} = \dfrac{5}{9}(^\circ\text{F} - 32)$ $^\circ\text{F} = \dfrac{9}{5}^\circ\text{C} + 32$ $^\circ\text{K} = 273.15 + ^\circ\text{C}$ $212^\circ\text{F} = 100^\circ\text{C} = 373.15^\circ\text{K}$ $-459.7^\circ\text{F} = -273.15^\circ\text{C} = 0^\circ\text{K}$

一、長度單位

二、質量單位

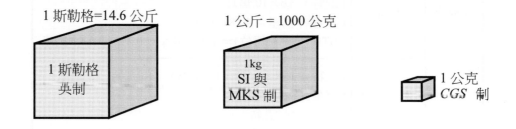

三、力單位

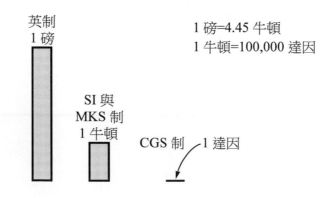

1 磅=4.45 牛頓
1 牛頓=100,000 達因

四、溫度單位

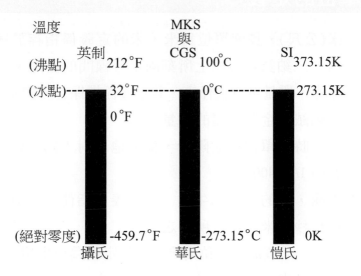

溫度

(沸點) 英制 212°F   MKS 與 CGS 100°C   SI 373.15K

(冰點)----- 32°F -------- 0°C --------- 273.15K

0°F

(絕對零度) -459.7°F   -273.15°C   0K

攝氏   華氏   愷氏

五、能量單位

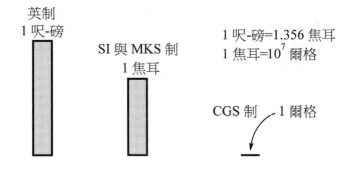

英制
1 呎-磅

SI 與 MKS 制
1 焦耳

1 呎-磅=1.356 焦耳
1 焦耳=10^7 爾格

CGS 制   1 爾格

附錄 C　單位的定義

1. **長度：**　米(公尺)，長度單位為米，米的定義係指存於國際度量衡局庫內，一鉑銥合金棒上所刻兩平行線間的距離。

2. **質量：**　仟克，質量單位為仟克，其定義係指保存於國際度量衡局庫內，一鉑銥合金圓柱體的質量。

3. **時間：**　秒，時間單位為太陽秒，係指地球對太陽自轉一周所需平均時間的 1/86,400。

4. **力：**　牛頓，力的單位為牛頓，其定義係指使一仟克之質量得到一每秒每秒一米加速度所需之力。

5. **功或能：**焦耳，功或能的單位為焦耳，其定義為一牛頓之力作用於一點，使其沿力的方向運動一米所做的功。

6. **功率：**　瓦特或瓩，功率的單位為瓦特，其定義為每秒作功一焦耳之意，瓩等於一仟瓦特。

7. **熱量：**　仟克-卡路里或 BTU，一仟克-卡路里，係將一仟克水的溫度昇高攝氏一度($1°C$)所需的能。英國熱量單位(BTU)係將一磅水的溫度提高華氏一度($1°F$)所需之能。

附錄 D　各單位制間的轉換表

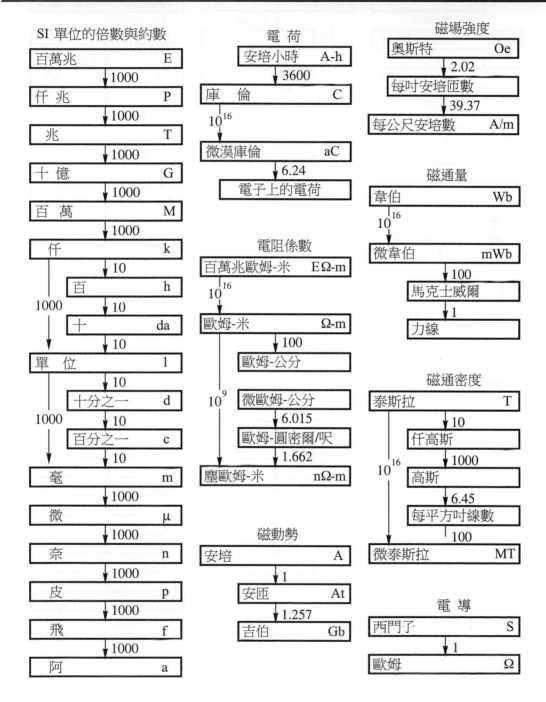

SI 單位的倍數與約數

百萬兆	E
↓ 1000
| 仟 兆 | P |
↓ 1000
| 兆 | T |
↓ 1000
| 十 億 | G |
↓ 1000
| 百 萬 | M |
↓ 1000
| 仟 | k |
↓ 10
| 百 | h |
1000　↓ 10
| 十 | da |
↓ 10
| 單 位 | l |
↓ 10
| 十分之一 | d |
1000　↓ 10
| 百分之一 | c |
↓ 10
| 毫 | m |
↓ 1000
| 微 | μ |
↓ 1000
| 奈 | n |
↓ 1000
| 皮 | p |
↓ 1000
| 飛 | f |
↓ 1000
| 阿 | a |

電 荷

| 安培小時 | A-h |
↓ 3600
| 庫 倫 | C |
10^{16} ↓
| 微漠庫倫 | aC |
↓ 6.24
| 電子上的電荷 | |

電阻係數

| 百萬兆歐姆-米 | EΩ-m |
10^{16} ↓
| 歐姆-米 | Ω-m |
↓ 100
| 歐姆-公分 | |
10^{9} ↓ 微歐姆-公分
↓ 6.015
| 歐姆-圓密爾/呎 | |
↓ 1.662
| 塵歐姆-米 | nΩ-m |

磁動勢

| 安培 | A |
↓ 1
| 安匝 | At |
↓ 1.257
| 吉伯 | Gb |

磁場強度

| 奧斯特 | Oe |
↓ 2.02
| 每吋安培匝數 | |
↓ 39.37
| 每公尺安培數 | A/m |

磁通量

| 韋伯 | Wb |
10^{16} ↓
| 微韋伯 | mWb |
↓ 100
| 馬克士威爾 | |
↓ 1
| 力線 | |

磁通密度

| 泰斯拉 | T |
↓ 10
| 仟高斯 | |
↓ 1000
10^{16} ↓ 高斯
↓ 6.45
| 每平方吋線數 | |
↓ 100
| 微泰斯拉 | MT |

電 導

| 西門子 | S |
↓ 1
| 歐姆 | Ω |

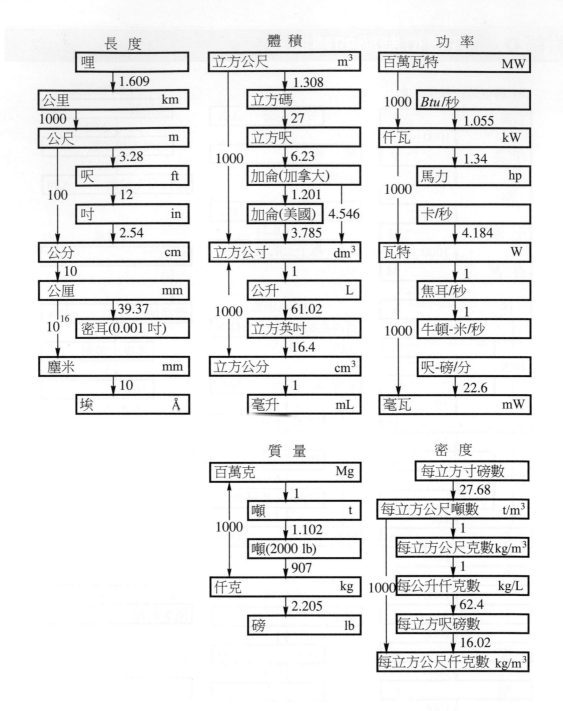

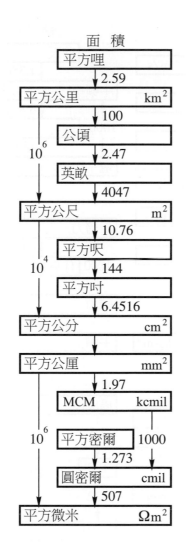

面 積

平方哩

↓ 2.59

平方公里　　　km²

↓ 100

公頃

↓ 2.47

英畝

↓ 4047

平方公尺　　　m²

↓ 10.76

平方呎

↓ 144

平方吋

↓ 6.4516

平方公分　　　cm²

平方公厘　　　mm²

↓ 1.97

MCM　　kcmil

平方密爾　　　1000

↓ 1.273

圓密爾　　　cmil

↓ 507

平方微米　　　Ωm²

10⁶

10⁴

10⁶

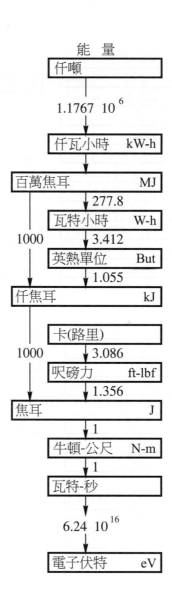

能 量

仟噸

↓ 1.1767　10⁶

仟瓦小時　　kW-h

百萬焦耳　　　MJ

↓ 277.8

瓦特小時　　W-h

↓ 3.412

英熱單位　　But

↓ 1.055

仟焦耳　　　kJ

卡(路里)

↓ 3.086

呎磅力　　ft-lbf

↓ 1.356

焦耳　　　J

↓ 1

牛頓-公尺　　N-m

↓ 1

瓦特-秒

↓ 6.24　10¹⁶

電子伏特　　eV

1000

1000

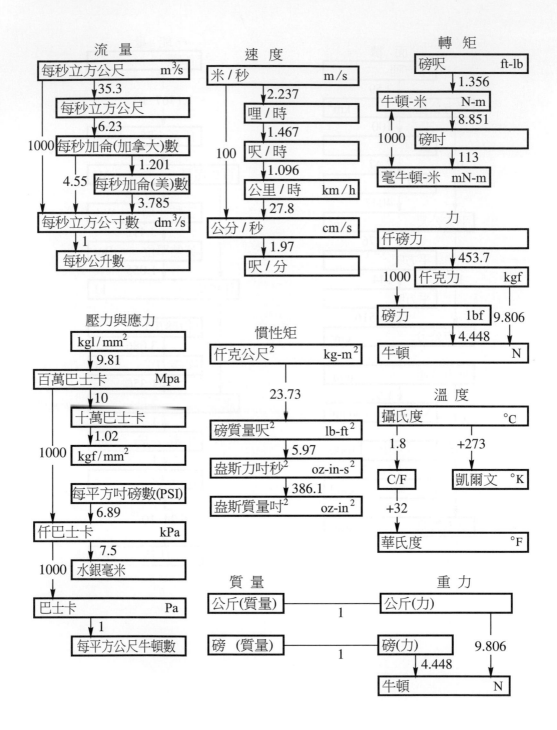

附錄 E　SI 制基本單位與導出單位

表 E.1　基本單位

量	單位	符號
長　　度	公尺	m
質　　量	公斤(仟克)	kg
時　　間	秒	s
電　　流	安培	A
溫　　度	凱耳文	°K
發光強度	新燭光(光度單位)	cd
物　質　量	莫耳(克分子)	mol
補充單位		
平　面　角	弧度(弳)	rad
立　體　角	球面角度(立體角單位)	sr

表 E.2　力學的常用單位

量	SI 單位	符號
角	弧度(弳)	rad
面　　積	平　方　米	m^2
能量(或功)	焦　　耳	J
力	牛　　頓	Nt
長　　度	米	m
質　　量	公斤(仟克)	kg
功　　率	瓦　　特	W
壓　　力	巴　士　卡	Pa
速　　率	每秒米數	m/s
旋轉速率	每秒弧度數	rad/s
轉　　矩	牛頓・米	Nt・m
體　　積	立　方　米	m^3
容　　量	公　　升	L

表 E.3　熱力學的常用單位

量	SI 單位	符號
熱	焦耳	J
熱功率	瓦特	W
比　熱	每仟克-凱耳文之焦耳數	J/kg-°K 或 J/kg-°C
溫　度	凱耳文	°K
溫　差	凱耳文或攝氏度	°K 或 °C
導熱度	每米-凱耳文之瓦特數	W/m-°K 或 W/m-°C

表 E.4　電和磁的常用單位

量	SI 單位	符號	註
電　容	法位	F	
電　導	西門子(姆歐)	S(℧)	1
電　荷	庫倫	C	
電　流	安培	A	
能　量	焦耳	J	
頻　率	赫茲	Hz	2
電　感	亨利	H	
電位差	伏特	V	
功　率	瓦特	W	
電　阻	歐姆	Ω	
電阻係數	歐姆-米	Ω-m	
磁場強度	每米安培數	A/m	3
磁通量	韋伯	Wb	
磁通密度	泰斯拉	T	4
磁動勢	安培(安匝)	A	5

1. 以前稱姆歐(mho)。
2. 1Hz = 1 週／秒。
3. 1A/m = 1 安匝／米。
4. 1T = 1 韋件／平方米。
5. 以前稱為安匝現在祇稱為安培：1A = 1 安匝。

表 E.5　以特別名稱導出的單位

量	單位	符號
力	牛　頓	Nt
電　荷	庫　倫	C
電　容	法　拉	F
電　感	亨　利	H
頻　率	赫　茲	Hz
能　量	焦　耳	J
電　阻	歐　姆	Ω
壓　力	巴士卡	Pa
電　導	西門子(姆歐)	S(℧)
磁通密度	泰斯拉	T
電　位	伏　特	V
功　率	瓦　特	W
磁通量	韋　伯	Wb

上表單位的定義

1. **牛頓** (Newton)：推動 1 公斤質量使產生每秒 1 米加速度所需的力，定義為 1 牛頓($kg\text{-}m/sec^2$)。

2. **庫倫**(Coulomb)：安培的電流在 1 秒鐘內所累積的電荷數為 1 庫倫(A-sec)。

3. **法拉**(Farad)：1 庫倫電荷的電容器，其兩極板間的電位差為 1 伏特時，其電容為 1 法拉(Q/V)。

4. **亨利**(Henry)：閉合迴路內，每秒有 1 安培的均勻變化電流流過時，產生 1 伏特的電動勢，稱此電路之電感為 1 亨利(V/(A/sec))。

5. **赫茲** (Hertz)：秒有一週期的變化稱為赫茲，為頻率的單位。

6. **焦耳**(Joules)：1 牛頓的力推動 1 米的位移所作的功為 1 焦耳(Nt-m)。

7. **歐姆** (Ohm)：有 1 伏特的電位差加於某一導體的兩端，產生 1 安培的電流流過此兩端，稱此兩端點間之阻力為 1 歐姆(V/A)。

8. **巴士卡**(Pascal)：為壓力或應力的單位即牛頓／平方米。

9. **西門子**(Siemens)：電導的單位，即歐姆的倒數(A/V)。

10. **泰斯拉**(Tesla)：磁通密度的單位，為韋伯／平方米。

11. **伏特**(Volt)：1 安培定電流的導體，若在某兩點間所消耗的功率為 1 瓦特時，此兩點間的電位差定為 1 伏特(W/A)。

12. **瓦特**(Watt)：每秒鐘消耗 1 焦耳能量的功率稱為 1 瓦特(J/sec)。

13. **韋伯**(Weber)：磁通量的單位，在 1 秒鐘內，1 匝線圈上交鏈之磁通自某磁通變為 0 時，於此線圈感應 1 伏特的電動勢，稱此磁通量為 1 韋伯(V-sec)。

附錄 **F** 電學應用公式與單位之對照

量的名稱	應用公式 (mks 制)	單位		
		m.k.s.制	e.s.u.制	e.m.u.制
力(F)	$F = ma$	1 牛頓	$= 10^5$達因	$= 10^5$達因
功(W)		1 焦耳	$= 10^7$爾格	$= 10^7$爾格
功率(P)	$P = \dfrac{W}{t}$, $P = VI$	1 瓦特	$= 10^7$爾格／秒	$= 10^7$爾格／秒
電流(I)	$I = \dfrac{V}{R}$, $I = \dfrac{q}{t}$	1 安培	$= 3 \times 10^9$靜安	$= 10^{-1}$電磁安
電荷(q)	$F = \dfrac{1}{4\pi\epsilon_0} \dfrac{qq'}{r^2}$	1 庫倫	$= 3 \times 10^9$靜庫	
容積電荷密度 (ρ)	$\rho = \dfrac{q}{V}$	1 庫倫／立方米	$= 3 \times 10^3$ 靜庫／立方公分	
表面電荷密度 (σ)	$\sigma = \dfrac{q}{A}$	1 庫倫／平方米	$= 3 \times 10^5$ 靜庫／立方公分	
線電荷密度 (λ)	$\lambda = \dfrac{q}{l}$	1 庫倫／米	$= 3 \times 10^7$ 靜庫／公分	
電流密度(J)	$J = \dfrac{I}{A}$	1 安培／平方米		10^3電磁安／方公分
線電流密度 (J_l)	$J_l = \dfrac{I}{l}$	1 安培／米		10 電磁安／公分
電場強度 (E)	$E = \dfrac{1}{4\pi\epsilon_0} \dfrac{q}{r^2}$	1 牛頓／庫倫 (伏特／米)	$\dfrac{1}{3} \times 10^{-4}$ 達因／靜庫 (靜伏／公分)	

（續前表）

量的名稱	應用公式 (mks 制)	單位		
		m.k.s.制	e.s.u.制	e.m.u.制
電力線數 (ϕ_E)	$\phi_E = E \cdot A$	1 牛頓，平方米／庫倫	$=\dfrac{1}{3}$達因‧方公分／靜庫	
電勢，電壓 (V)	$V=\dfrac{W}{q}$，$V=El$	1 伏特	$=\dfrac{1}{300}$靜伏	
電容(C)	$C=\dfrac{q}{V}$	1 法拉	$=9\times10^{11}$靜法	
電雙極距 (P)	$P=ql$	1 庫倫米	$=3\times10^{11}$公分‧靜庫	
誘電係數(ϵ_0) (ϵ)	$\epsilon_0=qq'/4\pi r^2 F$ $=10^{-9}/36\pi$ $=8.85\times10^{-12}$	1 法拉／米		
介質常數 (K)	$K=\dfrac{D}{\epsilon_0 E}=\dfrac{\epsilon}{\epsilon_0}$	無單位		
通電密度 (D)	$D=\epsilon_0 E+P$	1 庫倫／平方米	$=12\pi\times10^5$ 達因／靜庫	
電通(φ)	$\varphi=D\cdot A$	1 庫倫	$=12\pi\times10^9$ 達因‧方公分／靜庫	
電阻(R)	$R=\dfrac{V}{I}$，$R=\rho\dfrac{l}{A}$	1 歐姆	$=\dfrac{1}{9}\times10^{-11}$靜歐	
電導(G)	$G=\dfrac{I}{V}$，$G=\sigma\dfrac{A}{l}$	1 姆歐	$=9\times10^{11}$靜姆歐	
電阻係數 (ρ)	$\sigma=\dfrac{E}{J}$，$\rho=\dfrac{A}{l}R$	1 歐姆-米	$=\dfrac{1}{9}\times10^{-9}$靜歐-公分	
電導係數 (σ)	$\sigma=\dfrac{J}{E}$，$\sigma=\dfrac{l}{A}G$	1 姆歐／米	$=9\times10^{9}$靜姆歐／公分	

(續前表)

量的名稱	應用公式 (mks 制)	單位		
		m.k.s.制	e.s.u.制	e.m.u.制
磁通密度 (B)	$E-(V \times B) \cdot l$	1 韋伯／平方米		$= 10^4$高斯
磁通(ϕ)	$\phi = B \cdot A$	1 韋伯		$= 10^8$馬
磁導係數(μ_0) (μ)	$\mu = \dfrac{B}{H}$ $\mu_0 = 4\pi \times 10^{-7}$	1 亨利／米		$= \dfrac{1}{4\pi} \times 10^7$高斯／奧
相對磁導係數 (μ_r)	$\mu_r = \dfrac{\mu}{\mu_0}$	無單位		
電感(L)	$L = \dfrac{N\phi}{I}$	1 亨利		$= \dfrac{1}{9} \times 10^{-11}$ 靜伏-秒／靜安
磁場強度 (H)	$H = \dfrac{NB}{\mu}$	1 安／米		$= 10^{-3}$奧
磁勢($\mathcal{F}$)	$\mathcal{F} = Hl$	1 安		$= 0.4\pi$吉伯(奧-公分)
磁極強度 (m)	$m = \sigma_m A$， $F = \dfrac{1}{4\pi\mu_0}\dfrac{mm'}{r^2}$	1 韋伯		$= \dfrac{1}{4\pi} \times 10^8$ 高斯-方公分
磁阻($\mathcal{R}$)	$\mathcal{R} = \dfrac{\mathcal{F}}{\phi}$	1 安／韋伯		$= 4\pi \times 10^{-9}$ 吉伯／馬

附錄 G 電學物理量的單位和因次

物理量	符號	定義公式	因次	有理化公制(MKS 制)單位
長　度	l	定　義	L	公　尺
時　間	t	定　義	T	秒
質　量	m	定　義	M	仟克，公斤
電　流	I	定　義	I	安　培
速　度	v	$v=\dfrac{l}{t}$，$=\dfrac{dl}{dt}$	LT^{-1}	公尺／秒
加速度	a	$a=\dfrac{v}{t}=\dfrac{dv}{dt}$	LT^{-2}	公尺／秒^2
力	F	$F=ma$	MLT^{-2}	牛　頓
頻　率	f	$f=\dfrac{1}{T}$	T^{-1}	赫　茲
角頻率	ω	$\omega=2\pi f$	T^{-1}	彊／秒
能量、功	W	$W=Fl$	ML^2T^{-2}	焦　耳
功　率	P	$P=\dfrac{dW}{dt}$	ML^2T^{-3}	瓦　特
電　荷	Q	$I=\dfrac{dQ}{dt}$，$Q=IT$	IT	庫　倫
電　場	E	$E=F/Q$	$LMT^{-3}I^{-1}$	伏特／公尺
電壓，電位 電動勢	V	$V=El$	$L^2MT^{-3}I^{-1}$	伏　特
電通密度	D	$D=\epsilon E$	$L^{-2}TI$	庫倫／公尺^2
電容係數	ϵ	$F=\dfrac{Q_1Q_2}{4\pi\epsilon r^2}$	$M^{-1}L^{-3}T^4I^2$	法拉／公尺 庫倫^2／牛頓・公尺^2
電　阻	R	$R=V/I$	$L^2MT^{-3}I^{-2}$	歐　姆
電　感	L	$V=L\dfrac{dI}{dt}$	$L^2MT^{-2}I^{-2}$	亨　利
電　容	C	$C=Q/V$	$L^{-2}M^{-1}T^4I^2$	法　拉
電阻係數	ρ	$R=\rho\dfrac{l}{A}$	$L^3MT^{-3}I^{-2}$	歐姆・公尺
磁場強度	H	$H=\dfrac{I}{2\pi r}$	IL^{-1}	安培／公尺
導磁係數	μ	$F=\dfrac{\mu I_aI_bl}{2\pi r}$	$MLT^{-2}I^{-2}$	韋伯／安培・公尺 泰斯拉・公尺／安培
磁通密度	B	$B=\mu H$	$MT^{-2}I^{-1}$	韋伯／公尺^2，泰斯拉
磁　通	ϕ	$\phi=BA$	$ML^2T^{-2}I^{-1}$	韋　伯

附錄 H　電之各種單位間之關係

名稱	實用單位	C.G.S.制電磁單位*	C.G.S.制靜電單位
電動勢 (Electromotive Force)	1 伏特，伏 (Volt)	10^9電磁伏，伏 (Abvolt)	1/300 靜電伏 (Stat volt)
電　流 (Current)	1 安培，安 (Ampere)	1/10 電磁安，安 (Abampere)	3×16^9靜電安 (Stat ampere)
電量，電荷 (Quantity)	1 庫侖，庫 (Coulomb)	1/10 電磁庫，庫 (Abcoulomb)	3×10^9靜電庫 (Stat conlomb)
電　阻 (Resistance)	1 歐姆，歐 (Ohm)	10^9電磁歐，歐 (abohm)	$1/(9 \times 10^{11}$靜電歐 (Stat ohm)
電　容 (Capacitance)	1 法拉特，法拉 (Farad)	$1/10^9$電磁法拉，法 (abfarad)	9×10^{11}靜電法拉 (Stat farad)
電　容 (Capacitance)	1 微法拉 (Microfarad)	$1/10^5$電磁法拉，法 (abfarad)	9×10^5靜電法拉 (Stat farad)
電　感 (Inductance)	1 亨利，亨 (Henry)	10^9電磁亨，亨 (abhenry)	$1/(9 \times 10^{11}$靜電亨 (Stat henry)
能 (Energy)	1 焦耳 (Joule)	10^7爾格 (erg)	10^7爾格
功　率 (Power)	1 瓦特，瓦 (Watt)	10^7電磁瓦，瓦 (abwatt)	10^7靜電瓦 (Stat watt)
		即每秒爾格(Ergs per Second)	

*根據教育部公佈之 "電機工程名詞"(普通門)，其電磁制電之單位各名稱，除附加電磁二字外，即可在實用單位名稱所用之字，加一「之」作為符號。

附錄 I 一般化學元素常用原子價

元素		符號	原子序數	原子量	常用原子價
Aluminum	鋁	Al	13	26.97	3
Antimony	銻	Sb	51	121.76	5
Arsenic	砷	As	33	74.91	3，5
Barium	鋇	Ba	56	137.36	2
Cadmium	鎘	Cd	48	112.41	2
Calcium	鈣	Ca	20	40.08	2
Carbon	碳	C	6	12.01	2.4
Chlorine	氯	Cl	17	35.457	1
Chromium	鉻	Cr	24	52.01	2，3，6
Copper	銅	Cu	29	63.57	1，2
Gallium	鎵	Ga	31	69.72	3
Germanium	鍺	Ge	32	72.60	4
Gold	金	Au	79	197.2	1，3
Helium	氦	He	2	4.003	0
Hydrogen	氫	H	1	1.008	1
Indium	銦	In	49	114.76	3
Iron	鐵	Fe	26	55.85	2，3
Krypton	氪	Kr	36	83.7	0
Lead	鉛	Pb	82	207.21	2，4
Lithium	鋰	Li	3	6.94	1
Magnesium	鎂	Mg	12	24.32	2
Manganese	錳	Mn	25	54.93	2，(4，6)，7
Mercury	汞	Hg	80	200.61	1，2
Nickel	鎳	Ni	28	58.69	2，3
Nitrogen	氮	N	7	14.008	3，5
Oxygen	氧	O	8	16.000	2
Platinum	鉑	Pt	78	195.23	2，4
Potassium	鉀	K	19	39.096	1
Silicon	矽	Si	14	28.06	4
Silver	銀	Ag	47	107.880	1
Sodium	鈉	Na	11	22.997	1
Sulphur	硫	S	16	32.06	2，4，6
Tungsteu	鎢	W	74	183.92	6
Uranium	鈾	U	92	238.07	4，6
Zinc	鋅	Zn	30	65.38	2

附錄 J　化學元素軌道電子能圈

原子序數	化學元素		陽核電荷	不同之能圈 (不同能圈中之軌道電子)				
				K	L	M	N	O
1	Hydrogen	氫	1	1				
2	Helium	氦	2	2				
3	Lithium	鋰	3	2	1			
4	Beryllium	鈹	4	2	2			
5	Boron	硼	5	2	3			
6	Carbon	碳	6	2	4			
7	Nitrogen	氮	7	2	5			
8	Oxygen	氧	8	2	6			
9	Fluorine	氟	9	2	7			
10	Neon	氖	10	2	8			
11	Sodium	鈉	11	2	8	1		
12	Magnesium	鎂	12	2	8	2		
13	Aluminum	鋁	13	2	8	3		
14	Silicon	矽	14	2	8	4		
15	Phosphorus	磷	15	2	8	5		
16	Sulphur	硫	16	2	8	6		
17	Cholrine	氯	17	2	8	7		
18	Argon	氬	18	2	8	8		
19	Potassium	鉀	19	2	8	8	1	
20	Calcium	鈣	20	2	8	8	2	
21	Scandium	鈧	21	2	8	(9)	(2)	
22	Titanium	鈦	22	2	8	(10)	(2)	
23	Vanadium	釩	23	2	8	(11)	(2)	
24	Chromium	鉻	24	2	8	(12)	(2)	
25	Manganese	錳	25	2	8	(13)	(2)	
26	Iron	鐵	26	2	8	(14)	(2)	
27	Cobalt	鈷	27	2	8	(15)	(2)	
28	Nickel	鎳	28	2	8	(16)	(2)	
29	Copper	銅	29	2	8	18	1	
30	Zinc	鋅	30	2	8	18	2	
31	Gallium	鎵	31	2	8	18	3	
32	Germanium	鍺	32	2	8	18	4	
33	Arsenic	砷	33	2	8	18	5	
34	Selenium	硒	34	2	8	18	6	
35	Bromine	溴	35	2	8	18	7	
36	Krypton	氪	36	2	8	18	8	
37	Rubidium	銣	37	2	8	18	(8)	(1)
38	Strontium	鍶	38	2	8	18	(8)	(2)
…	……………	…	…	2				
47	Silver	銀	47	2	8	18	(18)	(1)

附錄 K　希臘字母及其代表之量

大寫字	小寫字	讀法	通常用以代表之量
A	α	Alpha	角度；係數
B	β	Beta	磁通密度；角度；係數
Γ	γ	Gamma	電導係數(小寫字)
Δ	δ	Delta	變動；密度
E	ε	Epsilon	對數之基數
Z	ζ	Zeta	係數
H	η	Eta	磁滯係數；效率(小寫字)
Θ	θ	Theta	溫度；相位角
I	ι	Iota	
K	κ	Kappa	介質常數
Λ	λ	Lambda	波長(小寫字)
M	μ	Mu	導磁係數；微(千分之一)；放大因數(小寫字)
N	ν	Nu	磁阻係數
Ξ	ξ	Xi	輸出係數
O	o	Omicron	
Π	π	Pi	圓周÷直徑＝ 3.1416
P	ρ	Rho	電阻係數(小寫字)
Σ	σ , ς	Sigma	總和(大寫字)；表面密度
T	τ	Tau	時間常數；時間相位
Υ	υ	Upsilon	位移
Φ	ϕ , φ	Phi	磁通；角
X	χ	Chi	
Ψ	ψ	Psi	角速；介質電通量(靜電力線)；角
Ω	ω	Omega	歐姆(大寫字)；角速(小寫字)；角

附錄 L　AWG 線規表

實心銅線			標準韌—100％導電係數 (歐姆／1000 呎*)			*硬抽	
美規或布朗夏泊線規	直徑密爾	面積圓密爾	0℃	20℃	50℃	磅／1000 呎 20℃	歐姆／1000 呎 20℃
0000	460.0	211,600	0.0451	0.0490	0.0548	640.5	0.0504
000	409.6	167,806	.0569	.0618	.0691	507.9	.0635
00	364.8	133,077	.0717	.0779	.871	402.8	.0801
0	324.9	105,535	.0906	.0983	.1099	319.5	.1010
1	289.3	83,693	.1141	.1239	.1385	253.3	.1273
2	257.6	66,371	.1440	.1563	.1748	200.9	.1606
3	229.4	52,635	.1815	.1970	.2203	159.3	.2025
4	204.3	41,741	.2289	.2485	.2778	126.4	.2554
5	181.9	33,102	.2886	.3133	.3503	100.2	.3220
6	162.0	26,251	.3640	.3951	.4418	79.46	.4061
7	144.3	20,818	.4590	.4982	.5570	63.02	.5120
8	128.5	16,510	.5787	.6282	.7024	49.98	.6456
9	114.4	13,093	.7297	.7921	.8856	39.63	.8141
10	101.9	10,383	.9203	.9989	1.117	31.43	1.027
11	90.74	8,234	1.161	1.260	1.409	24.92	1.295
12	80.81	6,530	1.463	1.588	1.775	19.77	1.632
13	71.96	5,178	1.845	2.003	2.240	15.68	2.059
14	64.08	4,107	2.326	2.525	2.823	12.43	2.595
15	57.07	3,257	2.933	3.184	3.560	9.858	3.272
16	50.82	2,583	3.700	4.016	4.490	7.818	4.127

實心銅線			標準韌—100％導電係數 (歐姆／1000 呎*)			*硬抽	
美規或布朗 夏泊線規	直徑 密爾	面積圓 密　爾	0℃	20℃	50℃	磅／1000 呎 20℃	歐姆／1000 呎 20℃
17	45.26	2,048	4.665	5.064	5.662	6.200	5.204
18	40.30	1,624	5.882	6.385	7.139	4.917	6.562
19	35.89	1,288	7.418	8.051	9.002	3.899	8.274
20	31.96	1,022	9.351	10.15	11.35	3.092	10.43
21	28.46	810.1	11.79	12.80	14.31	2.452	13.16
22	25.35	642.4	14.87	16.14	18.05	1.945	16.59
23	22.57	509.5	18.76	20.36	22.76	1.542	20.92
24	20.10	404.0	23.65	25.67	28.70	1.223	26.38
25	17.90	320.4	29.82	32.37	36.19	0.9699	33.27
26	15.94	254.1	37.60	40.81	45.63	0.7692	41.94
27	14.20	201.5	47.42	51.47	57.55	0.6100	52.90
28	12.64	159.8	59.80	64.90	72.57	0.4837	66.70
29	11.26	126.7	75.39	81.83	91.49	0.3836	84.10
30	10.03	100.5	95.07	103.2	115.4	0.3042	106.1
31	8.928	79.70	119.9	130.1	145.5	0.2413	133.7
32	7.950	63.21	151.2	164.1	183.5	0.1913	168.6
33	7.080	50.13	190.6	206.9	231.3	0.1517	212.6
34	6.305	39.75	240.4	260.9	291.7	0.1203	268.1
35	5.615	31.52	303.1	329.0	367.9	0.09542	338.1
36	5.000	25.00	382.1	414.8	463.8	0.07568	426.3
37	4.453	19.83	481.9	523.1	584.9	0.06001	537.6
38	3.965	15.72	607.7	659.6	737.5	0.04759	677.9
39	3.531	12.47	766.3	831.8	930.0	0.03774	854.8
40	3.145	9.89	966.4	1049	1173	0.02993	1078

*電線長度在 20℃ 為 100 呎時在指定溫度下之電阻。

*97.3 % 導電係數。

國家圖書館出版品預行編目資料

基本電學 / 賴柏洲編著. -- 十版. -- 新北市：
　　全華圖書股份有限公司, 2023.05
　　　面　；　公分
　　ISBN 978-626-328-458-6(平裝)

1. CST: 電學　2. CST: 電路

337　　　　　　　　　　　　　　112006667

基本電學

作者 / 賴柏洲

發行人 / 陳本源

執行編輯 / 張峻銘

出版者 / 全華圖書股份有限公司

郵政帳號 / 0100836-1 號

印刷者 / 宏懋打字印刷股份有限公司

圖書編號 / 0319009

十版一刷 / 2023 年 6 月

定價 / 新台幣 640 元

ISBN / 978-626-328-458-6(平裝)

全華圖書 / www.chwa.com.tw

全華網路書店 Open Tech / www.opentech.com.tw

若您對本書有任何問題，歡迎來信指導 book@chwa.com.tw

臺北總公司(北區營業處)
地址：23671 新北市土城區忠義路 21 號
電話：(02) 2262-5666
傳真：(02) 6637-3695、6637-3696

南區營業處
地址：80769 高雄市三民區應安街 12 號
電話：(07) 381-1377
傳真：(07) 862-5562

中區營業處
地址：40256 臺中市南區樹義一巷 26 號
電話：(04) 2261-8485
傳真：(04) 3600-9806(高中職)
　　　(04) 3601-8600(人專)

歡迎加入 **全華會員**

● 會員獨享

會員享購書折扣、紅利積點、生日禮金、不定期優惠活動…等。

● 如何加入會員

掃 QRcode 或填妥讀者回函卡直接傳真 (02) 2262-0900 或寄回，將由專人協助登入會員資料，待收到 E-MAIL 通知後即可成為會員。

如何購買 **全華書籍**

1. 網路購書

全華網路書店「http://www.opentech.com.tw」，加入會員購書更便利，並享有紅利積點回饋等各式優惠。

2. 實體門市

歡迎至全華門市（新北市土城區忠義路21號）或各大書局選購。

3. 來電訂購

(1) 訂購專線：(02) 2262-5666 轉 321-324
(2) 傳真專線：(02) 6637-3696
(3) 郵局劃撥（帳號：0100836-1　戶名：全華圖書股份有限公司）
※ 購書未滿 990 元者，酌收運費 80 元。

OpenTech 全華網路書店 .com.tw

全華網路書店 www.opentech.com.tw
E-mail: service@chwa.com.tw

※ 本會員制如有變更則以最新修訂制度為準，造成不便請見諒。

讀者回函卡

掃 QRcode 線上填寫 ▶▶

姓名：＿＿＿＿＿＿＿＿＿＿ 生日：西元＿＿＿＿＿年＿＿＿月＿＿＿日 性別：□男 □女

電話：（＿＿）＿＿＿＿＿＿＿＿＿ 手機：＿＿＿＿＿＿＿＿＿＿＿

e-mail：（必填）＿＿＿＿＿＿＿＿＿＿＿＿＿＿＿＿＿＿＿

註：數字零，請用 Φ 表示，數字 1 與英文 L 請另註明並書寫端正，謝謝。

通訊處：□□□□□

學歷：□高中・職 □專科 □大學 □碩士 □博士

職業：□工程師 □教師 □學生 □軍・公 □其他

學校/公司：＿＿＿＿＿＿＿＿ 科系/部門：＿＿＿＿＿＿＿＿

・需求書類：

□A. 電子 □B. 電機 □C. 資訊 □D. 機械 □E. 汽車 □F. 工管 □G. 土木 □H. 化工 □I. 設計

□J. 商管 □K. 日文 □L. 美容 □M. 休閒 □N. 餐飲 □O. 其他

・本次購買圖書為：＿＿＿＿＿＿＿＿＿＿＿ 書號：＿＿＿＿＿＿

・您對本書的評價：

封面設計：□非常滿意 □滿意 □尚可 □需改善，請說明＿＿＿＿＿＿

內容表達：□非常滿意 □滿意 □尚可 □需改善，請說明＿＿＿＿＿＿

版面編排：□非常滿意 □滿意 □尚可 □需改善，請說明＿＿＿＿＿＿

印刷品質：□非常滿意 □滿意 □尚可 □需改善，請說明＿＿＿＿＿＿

書籍定價：□非常滿意 □滿意 □尚可 □需改善，請說明＿＿＿＿＿＿

整體評價：請說明＿＿＿＿＿＿＿＿＿＿＿＿＿＿＿＿＿＿＿＿

・您在何處購買本書？

□書局 □網路書店 □書展 □團購 □其他

・您購買本書的原因？（可複選）

□個人需要 □公司採購 □親友推薦 □老師指定用書 □其他

・您希望全華以何種方式提供出版訊息及特惠活動？

□電子報 □DM □廣告（媒體名稱）＿＿＿＿＿＿＿＿＿

・您是否上過全華網路書店？（www.opentech.com.tw）

□是 □否 您的建議＿＿＿＿＿＿＿＿＿＿＿＿＿

・您希望全華出版哪方面書籍？＿＿＿＿＿＿＿＿＿＿＿＿

・您希望全華加強哪些服務？＿＿＿＿＿＿＿＿＿＿＿＿

感謝您提供寶貴意見，全華將秉持服務的熱忱，出版更多好書，以饗讀者。

填寫日期：＿＿＿／＿＿＿／＿＿＿

2020.09 修訂

親愛的讀者：

感謝您對全華圖書的支持與愛護，雖然我們很慎重的處理每一本書，但恐仍有疏漏之處，若您發現本書有任何錯誤，請填寫於勘誤表內寄回，我們將於再版時修正，您的批評與指教是我們進步的原動力，謝謝！

全華圖書 敬上

勘 誤 表

書 號	頁 數	行 數	書 名	作 者
			錯誤或不當之詞句	建議修改之詞句

我有話要說：（其它之批評與建議，如封面、編排、內容、印刷品質等・・・・・・）

習題
演練

Chapter 1
導論

得分欄

基本電學

班級：＿＿＿＿＿＿

學號：＿＿＿＿＿＿

姓名：＿＿＿＿＿＿

1.1 試求出鈧（Sc）原子各殼層所容納電子數。（鈧原子序 ＝21）

1.2 試分析氯元素及鈉元素的原子結構。

1.3 試求下列各題之單位轉換：

(a) 1 公里等於多少哩？

(b) 50 毫焦耳等於多少呎一磅？

(c) 2 磅的力使物體移動 4 碼所作的功為多少呎一磅？

(d) 68°F等於攝氏幾度？凱氏幾度？

(e) 0.0136 公斤等於多少公克？而 0.00157 秒等於多少微秒？

(f) 行走速度為 50mph，試求以英制(ft/h)表示的速度。

1.4 試由重力加速度(g)的因次求出單擺的週期。

1.5 (a) 5.02×10^3ps 為多少 ns？

(b) 3800 cm² 為多少 m²？

1.6 (a) 每邊長 1 cm 的正方形面積，試以 m² 表示之。

(b) 直徑為 1km 之圓面積，試以 m² 表示之。

(c) 半徑為 10mm 之球體積，試以 m³ 表示之。

1.7 有一線圈每分鐘內有 120 庫倫之電量通過，試求其上之電流。

B-1

1.8 有 3×10^{-3} C 的正電荷，由 B 點移向 A 點需做功 0.15J，若 $V_A = 80$ 伏特，試求 V_B 為若干 V。

1.9 下列諸數字，試以科學標記法表示之。

(a) 6,500,000　　(b) 0.009876　　(c) 15,350　　(d) 24.5×10^3　　(e) 15×10^{-6}

(f) 0.05×10^{-2}

1.10 (a)　電流為 750μA，試以 mA 及 A 為單位表示之。

(b)　2.2MΩ的電阻器，試以 kΩ表示其值。

1.11 下列諸數字，試以工程標記法表示之。

(a)　15×10^{17} Hz = ＿＿＿＿MHz

(b)　0.000055H = ＿＿＿＿μH

(c)　0.031A = ＿＿＿＿mA

(d)　0.00004A = ＿＿＿＿μA

(e)　550,000W = ＿＿＿＿kW

(f)　0.098V = ＿＿＿＿mV

1.12 試求出下列各題之數量轉換：（寫成 10 的乘冪及符號）

(a) 45000　　(b) 2500000　　(c) 0.0072　　(d) 0.0000008

1.13 試求下列各題之 10 的乘冪。

(a) $(4 \times 10^3) \pm (6 \times 10^2)$　　(b) $1.4 \times 10^2 \times 2 \times 10^{-3}$　　(c) $(4 \times 10^{-3}) \div (2 \times 10^2)$

Chapter 2
基本電量

2.1 在真空中，若有 2×10^{-4} C 之正電荷與 4×10^{-5} C 之負電荷，相距 3m，試求其間之靜電力。

2.2 有 A、B 兩帶電球體相距 20cm，且已知兩球體間具有 1N 的斥力，若 A 球帶有 5×10^3 SC 的負電荷，試問 B 球所帶電量及電荷種類為何？

2.3 三個帶電小球置於空氣中，其間距離如圖(1)所示，Q_1 為+6μC，Q_2 為−2μC，Q_3 為+4μC，試求各球體之靜電力。

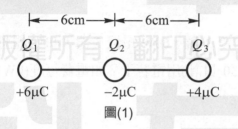

圖(1)

2.4 一未帶電之金屬小球，與另一大小相等但已帶電之金屬小球接觸後，放至相距 6cm 之位置。今測得其斥力為 4dyne，試求帶電小球原有之電量？如欲使其間作用力減為 1dyne，則其間之距離應增為若干？

2.5 兩帶電金屬球相距 2cm，已知其間之斥力為 10dyne，若其中一帶電體之電荷加倍，兩球之距離亦加倍時，斥力應為若干？

2.6 −150V 標度之伏特計，其電阻為 12000 Ω，今將此計接於 125V 之電路中，則其所消耗之電功率為若干？

2.7 試求跨於一 10Ω電阻器上的電壓，此時其接收之功率為 5W。

2.8 如圖(2)所示為一燈炮之 V-I 特性曲線，今若額定電壓為 120V，試求燈炮之額定瓦數，同時在此額定條件下，計算出燈炮之電阻。

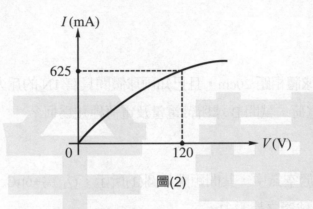

圖(2)

2.9 一用戶設有 100W 電燈 3 盞，60W 電燈 5 盞，40W 電燈 10 盞，若每晚平均用電 3 小時，則每月(以 30 日計)用電若干？如電費每度(kW)3.5 元，則月應付電費若干？

2.10 某直流電動機在 220V 電壓下，取用 25A 電流，其效率為 89%，試求其輸出馬力。

2.11 點亮一 60W 燈炮持續一年不斷，則所需能量(以 kWh 為單位)為若干？

2.12 某電動機產生 10hp，其效率為 89%，工作 10 小時，試求做功的 Ws 數為若干？若電費每度 2.10 元，試問需若干電費？

2.13 一個具有 450mAh 容量的電池，若放電流為 600mA，試求其使用壽命多長？

習題
演練

Chapter 3

電阻

基本電學

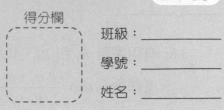

得分欄

班級：_____

學號：_____

姓名：_____

3.1 某導線其截面積為 14400C.M，試求其直徑為若干吋？

3.2 已知一銅導線的電阻為 1Ω，長度為 100 碼，試求此銅導線的直徑為若干吋？(設銅之電阻係數為 10.37C.M-Ω/ft)。

3.3 如圖(1)導體為一鋁條，若已知電阻係數 $\rho = 2.83 \times 10^{-8}$ (Ω-m)，試求其電阻值？

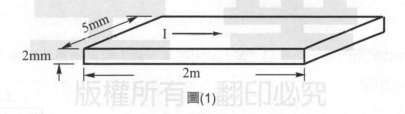

5mm

I

2mm

2m

圖(1)

3.4 直徑 2mm，長度 100m 之圓形硬抽銅線，求在室溫 20℃時，其電阻值為多少？

3.5 度為 100ft 的#28 銅製電話線，若直徑為 0.0126in，試求其電阻為何？

3.6 某銅導線在22℃時的電阻為100Ω，則該銅線在30℃及 − 16℃ 之電阻各為若干？

3.7 試證明任何導體在各種不同溫度時之電阻溫度係數為

$$\alpha_{t_1} = \cfrac{1}{\cfrac{1}{\alpha_0} + t_1} \quad 其中 T_0 = \frac{1}{\alpha_0}$$

3.8 有兩電阻 R_1 和 R_2，其電阻溫度係數分別爲 α_1 和 α_2，試證明其串聯後的總電阻溫度係數爲 $\alpha_T = \dfrac{R_1\alpha_1 + R_2\alpha_2}{R_1 + R_2}$ 。

3.9 試求銅在 25℃時之電阻溫度係數 α。

3.10 有 0.4A 的電流通過電燈泡，與 120V 的電壓跨於其上，試求電燈泡的電阻多少？

3.11 已知某導體之電導值爲 40m℧，試求其電阻值？

3.12 若一 200Ω電阻的額定功率爲 2W，試問在其上最大可流通電流爲多少，而不致超過其額定功率。

3.13 試求如圖(2)所示電路之電流 I、電導 G 與功率 P。

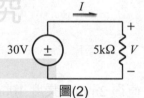

圖(2)

3.14 試求出下列色碼所代表的電阻值及其誤差範圍。

(a) R_1：白藍紅

(b) R_2：綠紅黑金

(c) R_3：灰紅黑金棕

3.15 電阻值爲 2.7MΩ ± 5%的電阻器其色碼爲何？

3.16 試找出(a)0.43Ω (b)5100Ω (c)24kΩ (d)10MΩ 具有 5%誤差電阻器之色碼。

習題
演練

Chapter 4
簡單電阻電路

基本電學

得分欄

班級：＿＿＿＿＿

學號：＿＿＿＿＿

姓名：＿＿＿＿＿

4.1 如圖(1)所示，試求 I_5 電流值。

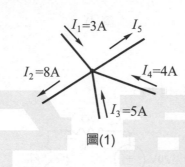

圖(1)

4.2 試利用克希荷夫電流定律求出圖(2)的電流 I_4 之值。

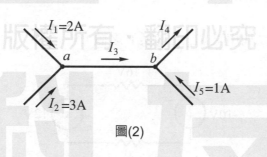

圖(2)

4.3 試應用克希荷夫電流定律試求出圖(3)的電流 I_3 及 I_5。

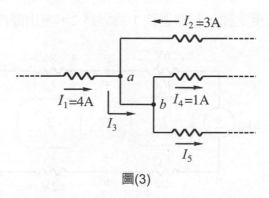

圖(3)

4.4 如圖(4)所示係電阻並聯電路，試應用 KCL 求 I_1、I_2、I_3 與 I_4。

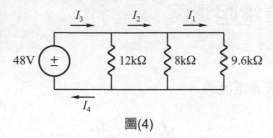

圖(4)

4.5 試求圖(5)電路中的電壓 V_1 和 V_2。

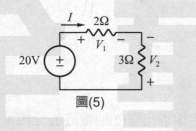

圖(5)

4.6 如卜圖(6)所示，試利用 KVL 求電壓 V 之值。

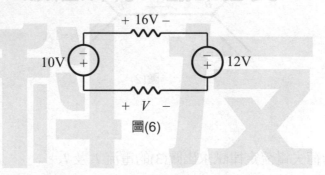

圖(6)

4.7 試應用克希荷夫電壓定律，利用迴路 1 及迴路 2，求出圖(7)中電壓 V_5 之值。

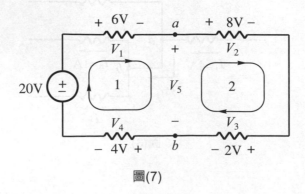

圖(7)

4.8 如圖(8)所示電路，試求電路中電流 I、I_1 與 I_2 之電流。

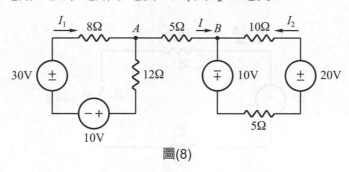

圖(8)

4.9 試應用 KVL 求圖(9)中的電壓 V_{ab} 之值。

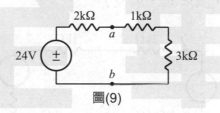

圖(9)

4.10 試求圖(10)中(a)電路電流 I，(b)電路總電阻 R_T，(c)未知電阻 R 之值。其中 1kΩ 上之功率為 100mW。

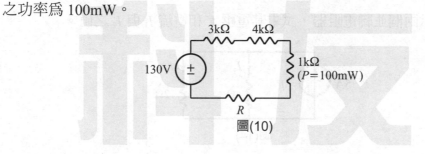

圖(10)

4.11 有一串聯電路如圖(11)所示，試求：(a)等效電阻；(b)總電流 I；(c)電壓 V_2；(d)電源所供給的功率。

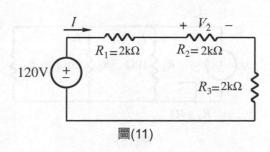

圖(11)

4.12 已知一串聯電路如圖(12)所示，其中 $V_2 = 14\,\text{V}$，$I = 2\,\text{A}$，試求 R_2，R_T 及 V 之值。

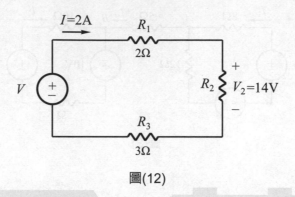

圖(12)

4.13 如圖(13)所示之電路，試求 V_T，R_T 及 I。

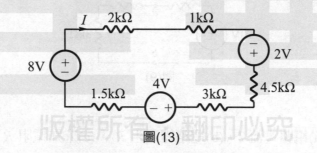

圖(13)

4.14 如圖(14)所示兩個並聯電阻器，試求其電壓 V 和電流 I_1 與 I_2 之值。

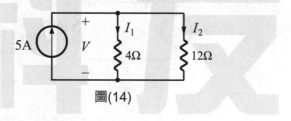

圖(14)

4.15 如圖(15)所示之並聯電路，試求：

    (a) R_3 之值；(b)電壓 V；(c) I_T；(d) I_2；(e) P_2 之值。

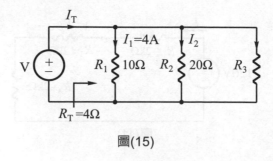

圖(15)

4.16 試求圖(16)電路的等效電阻 R_{eq}。

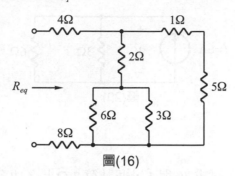

圖(16)

4.17 試求圖(17)電路的等效電阻 R_{ab}。

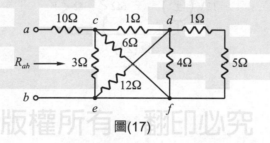

圖(17)

4.18 如圖(18)所示,試求其等效電導 G_{eq}。

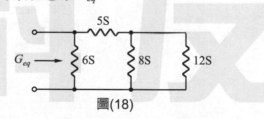

圖(18)

4.19 試求圖(19)中每一元件的吸收功率和供給功率,並證明功率不滅。

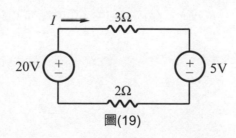

圖(19)

4.20 如圖(20)所示之並聯電路,試求供給所有電阻之功率 P_T。

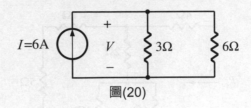

圖(20)

4.21 如圖(21)所示之電路,試求 V_o 與 I_o,並計算 $3\ \Omega$ 上之功率消耗。

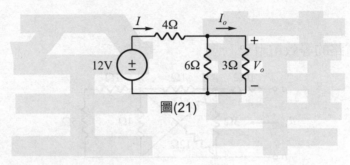

圖(21)

習題
演練

Chapter 5
電阻與電阻串並聯電路

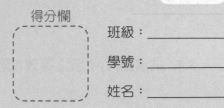

基本電學

得分欄

班級：＿＿＿＿＿＿

學號：＿＿＿＿＿＿

姓名：＿＿＿＿＿＿

5.1 如圖(1)所示之電路，試求其 R_T。

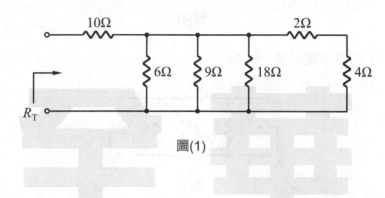

圖(1)

5.2 試求圖(2)所示由電源兩端看入的等效電阻 R_T，並利用此結果求出 I 值。

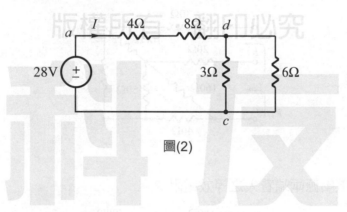

圖(2)

5.3 試求圖(3)所示之等效電阻 R_A 與 R_B。

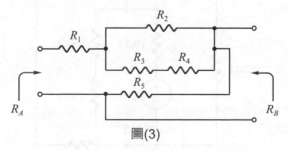

圖(3)

5.4 試求圖(4)所示之等效電阻 R_{T1} 與 R_{T2}。

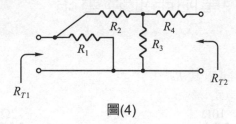

圖(4)

5.5 試求圖(5)中的等效電阻 R_{T1} 與 R_{T2}。

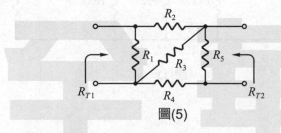

圖(5)

5.6 如圖(6)所示電路圖，試求其等效電阻 R_{ab} 與 R_{bc}。

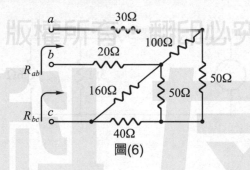

圖(6)

5.7 試求圖(7)由電壓源兩端看入之等效電阻 R_T。

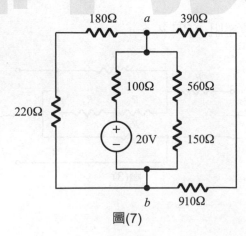

圖(7)

5.8 試求圖(8)所示串並聯電路中 $R_4 = 50\Omega$ 電阻上之電流 I。

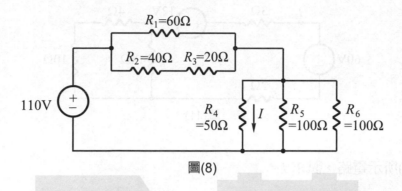

圖(8)

5.9 試求圖(9)中 $1k\Omega$ 電阻器上之電流 I。

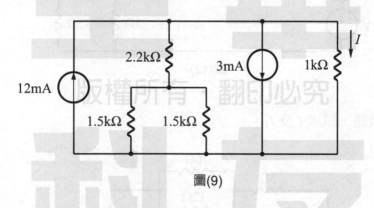

圖(9)

5.10 試求圖(10)所示串並聯電路中的 I，V_1，V_2，I_1 和 I_2。

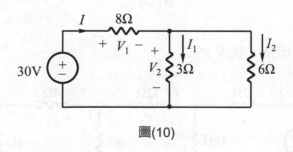

圖(10)

5.11 如圖(11)所示之電路，試求電流 I。

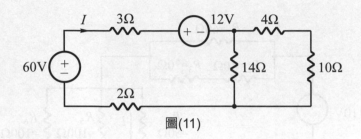

圖(11)

5.12 如圖(12)所示電路，試求 I。

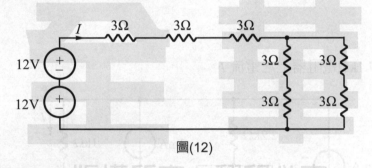

圖(12)

5.13 如下圖所示電路，試求 I 及 I_1。

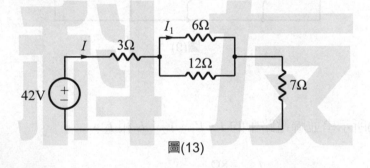

圖(13)

5.14 如圖(14)所示階梯電路，試求 V。

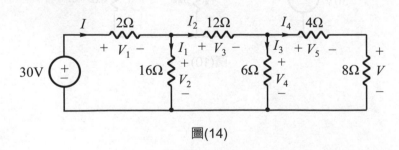

圖(14)

5.15 如圖(15)所示電路，試求其等效電阻 R_{eq} 與流過 50Ω 電阻上之電流 I_1 與 I_2。

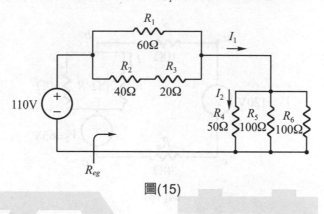

圖(15)

5.16 如圖(16)所示電路是為了測試 15V 的電壓源，在開關的三個不同位置提供三種不同的電路電流，其相對應的電流與開關的位置如下：

位置 1：$I = 10$ mA，位置 2：$I = 30$ mA，位置 3：$I = 150$ mA

若假設安培表為零電阻，試設計此一電路（即求這些電阻值 R_1、R_2 與 R_3）

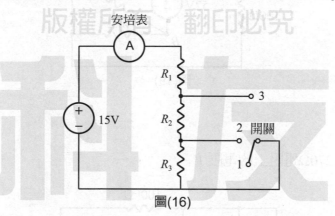

圖(16)

5.17 試求圖(17)所示中 V_{ab} 之值。

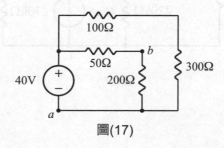

圖(17)

5.18 如圖(18)所示之電路，試求流過 20Ω電阻 R_2 之電流 I。

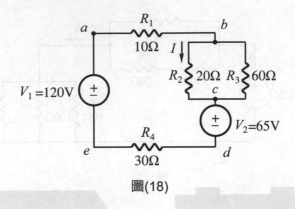

圖(18)

5.19 試求圖(19)所示電路 A、B 兩端之等效電阻，並求 100Ω電阻上之功率 P。

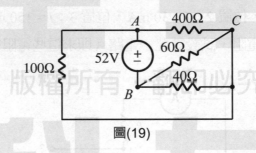

圖(19)

5.20 試求圖(20)中 270Ω電阻上的電壓 V。

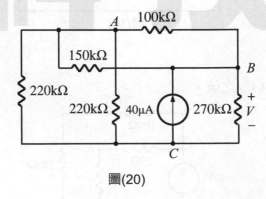

圖(20)

5.21 試求圖(21)所示電路中的電流 I_1，I_2 和 I_3 之值。

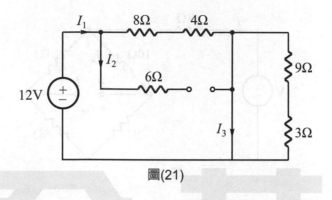

圖(21)

5.22 如圖(22)所示之電路，若電路開路在(a) a 點，(b) b 點，(c) c 點，試求其電流值 I。

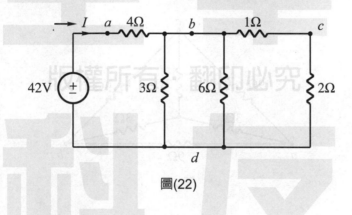

圖(22)

5.23 如上題所示，若有短路在(a) a 和 b 點，(b) a 和 c 點，(c) b 和 d 點之間，試求其電流 I。

5.24 如圖(23)所示電路中，試求 V_{ab} 之值為若干？

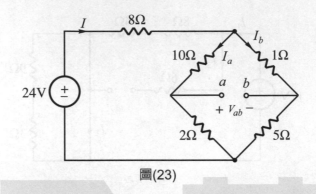

圖(23)

5.25 試利用中垂線對稱法求出圖(24)中 a、b 兩端的電阻 R_{ab}。

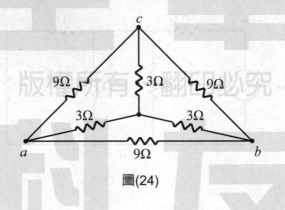

圖(24)

5.26 如圖(25)所示電路，試求 V_A、V_B 與 V_{AB} 之電壓值。

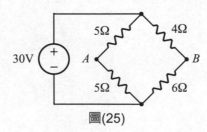

圖(25)

5.27 有一電阻電路連接如圖(26)所示，試用中垂線對稱法，求出 A、B 兩端之電阻 R_{AB}。

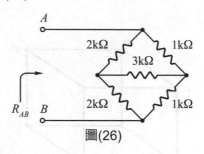

圖(26)

5.28 試用水平對稱法，重作上題。

5.29 試用中垂線對稱法求出圖(27)中 V_A 之值。

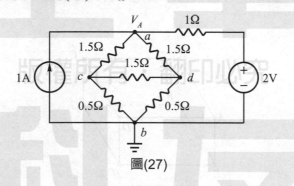

圖(27)

5.30 如圖(28)所示之電路，試用中垂線對稱法，求出電流 I_1 與 I_2 之值。

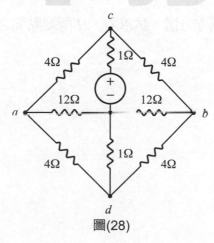

圖(28)

5.31 如圖(29)所示為一六面體，若每段電阻皆為 12Ω時，試求 a、b 兩端點間之等效電阻 R_T 為何？

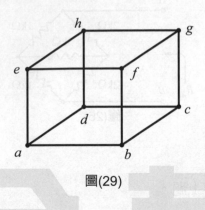

圖(29)

5.32 如圖(30)所示為一對稱立方體，若每段電阻皆為 2 Ω時，試求 A、C 兩端點間之等效電阻 R_{AC} 之值。

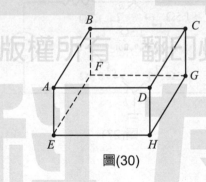

圖(30)

5.33 如上題所示相同之對稱立方體，試求 G、H 兩端點間之等效電阻 R_{GH} 之值。

習題
演練

Chapter 6

分壓及分流定理

得分欄

基本電學

班級：_____

學號：_____

姓名：_____

6.1　如圖(1)所示電路中，若 $V_1 = 12V$，$V_T = 30V$，$R_2 = 6\Omega$，試求(a)利用分壓求出 R_1 和(b) I 值。

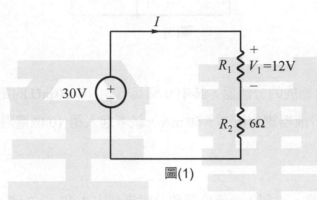

圖(1)

6.2　有 m 個電阻器的分壓器，所有電阻都是 R，若 V_T 為總電壓，試求每一電阻器的端電壓。

6.3　試用分壓定理求圖(2)中 V_{ab} 與 I 之值。

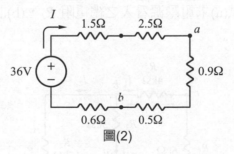

圖(2)

6.4 如圖(3)所示之電路中，試利用分流定理求 I_1 和 I_2 之值。

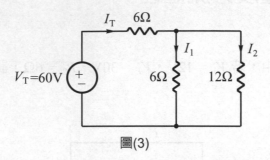

圖(3)

6.5 有 10 個排電阻所組成的分流器，其中 9 個具有相同 20 m℧ 的電導，第 10 個為 70 m℧，若進入分流器總電流 $I_T = 50$ mA，試求進入第 10 個電阻器的電流。

6.6 如圖(4)所示之電路，試利用分流定理和分壓定理求 I_1 和 V_1 之值。

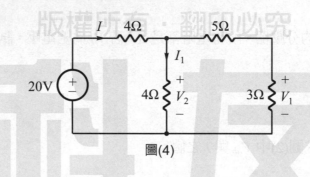

圖(4)

6.7 如圖(5)所示電路，試(a)求電壓源看入之總電阻 R_T，(b)計算 I_T、I_1 與 I_2 之值，(c)決定 V_2 與 V_4 之值。

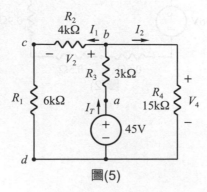

圖(5)

6.8 如圖(6)所示階梯電路，試利用分流及分壓定理求出 I_1、I_2、V_1、V_2 和 V_3 之值。

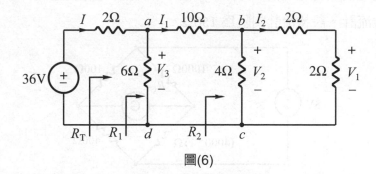

圖(6)

6.9 試求圖(7)所示階梯電路的 I、I_1、V_1、V_2 和 V_3 之值。

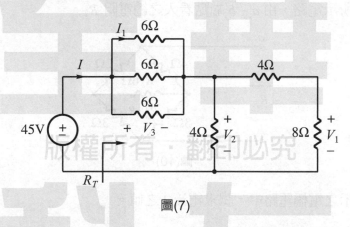

圖(7)

6.10 試求圖(8)所示電路之(a)由電源看入之總電阻 R_T，(b)電流 I_1、I_2 與 I_3，(c)電壓 V_{ab}。

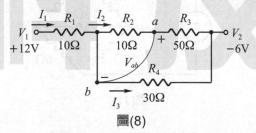

圖(8)

6.11 如圖 6.3 所示之惠斯登電橋電路，當電橋平衡時，$\left(\dfrac{R_2}{R_1}\right)$ 的比值為 0.1，且 $R_s = 70\Omega$，試求未知電阻 R_x 之值。

6.12 有一惠斯登電橋其各電阻器值如圖(9)所示，當標準電阻變化 1Ω時，將形成多少電流流過檢流計。設檢流計內阻為 150Ω。

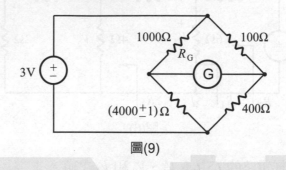

圖(9)

6.13 試求圖(10)所示電路，由 $a-b$ 端點看入之總電阻 R_T。

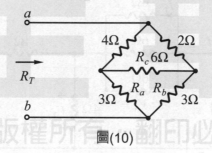

圖(10)

6.14 如圖(11)所示之電橋電路中，試求電流 I 之值。

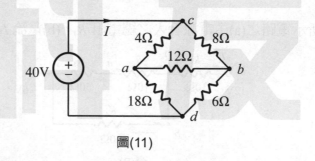

圖(11)

6.15 試求圖(12)所示電路中 80V 電源所供應之電流及功率。

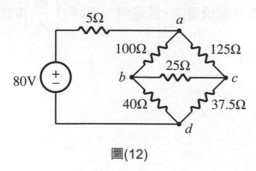

圖(12)

習題演練 | Chapter 7 直流電阻電路分析

得分欄

基本電學

班級：_____
學號：_____
姓名：_____

7.1 某迴路方程式如下：

$9I_1 + 6I_2 = 24$

$6I_1 + 8I_2 = 20$

試利用克拉姆法則，求出 I_1 與 I_2 之值。

7.2 某電壓方程式為：

$V_1 - 2V_3 = -1$

$3V_2 + V_3 = 2$

$V_1 + 2V_2 + 3V_3 = 0$

試利用克拉姆法則求出 V_1、V_2 和 V_3 之值。

7.3 某電流方程式為：

$3I_1 - 2I_2 = 6$

$-2I_1 + 6I_2 - I_3 = 0$

$-I_2 + 3I_3 = -3$

試求出 I_1、I_2 和 I_3 之值。

7.4 如圖(1)所示之電路，以支路電流法求出各支路上之電流。

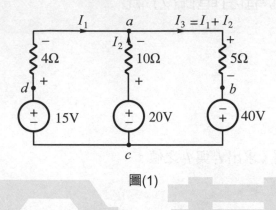

圖(1)

7.5 如圖(2)所示，試用支路電流法(a)求分支電流 I_1 和 I_2，(b)電壓 V_{ab} 之值。

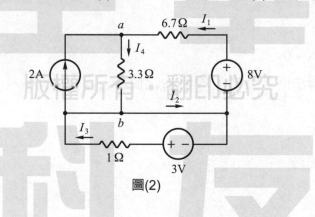

圖(2)

7.6 如圖(3)所示，試用支路電流法，求出(a) I 之值，(b) V_{ab} 之值。

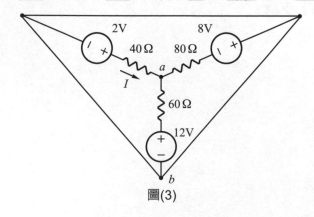

圖(3)

7.7 試用網目電流法求出圖(4)中各支路之電流值。

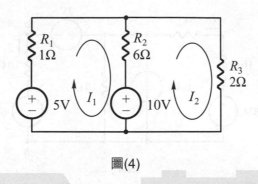

圖(4)

7.8 如圖(5)所示之電路,試以支路電流去求出流經各電阻器之電流及各電阻器之端電壓。

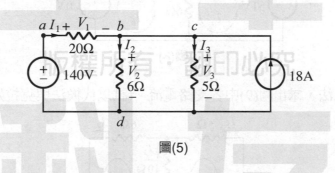

圖(5)

7.9 試用支路電流法求圖(6)所示電路中各支路電流。(試用行列式法)

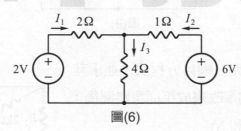

圖(6)

7.10 試用支路電流法，寫出圖(7)中(a)分支電流 I_1，(b) V_{ab} 電壓之值。

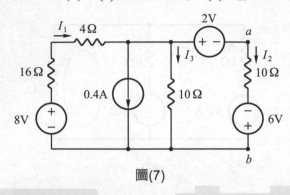

圖(7)

7.11 試求圖(8)所示電路的網目電流，元件電流，和 IR 壓降。

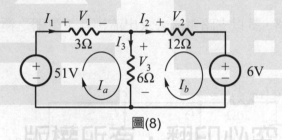

圖(8)

7.12 試以網目電流法，求出圖(9)中各支路電流。(試以代換法與克拉姆法則計算)

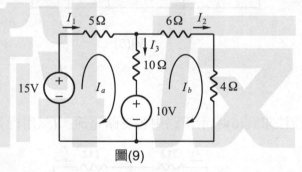

圖(9)

7.13 試列出圖(10)所示電路之網目方程式，並求其
網目電流。(將原電路圖改畫成平面電路圖後；
再定網目電流 I_1、I_2 和 I_3)

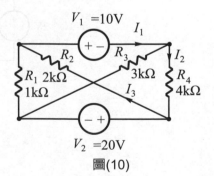

圖(10)

7.14 試使用節點電壓法，求圖(11)所示電路中的 I 值。

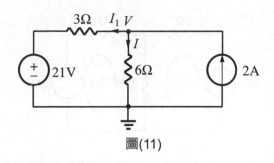

圖(11)

7.15 試求圖(12)所示電路中節點電壓 V_1、V_2 以及電流 I 之值。

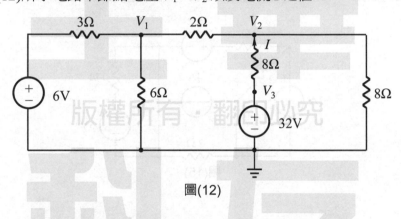

圖(12)

7.16 試以節點電壓法，求出圖(13)所示電路中流過 10Ω電阻器的電流 I_1 及電 7 電源輸出的電流 I_2。

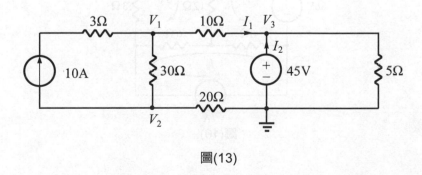

圖(13)

7.17 試用網目電流法,求出圖(14)中所有電阻上之電流(說明其方向與網目電流相同或相反)。

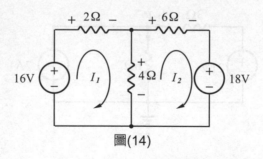

圖(14)

7.18 利用網目電流法,試求圖(15)中流經 6 Ω電阻之電流。

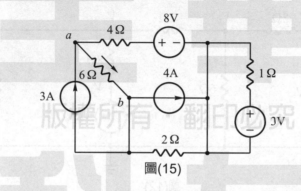

圖(15)

7.19 如圖(16)所示,試用網目電流法求網目電流 I_1、I_2 和 I_3 之值。

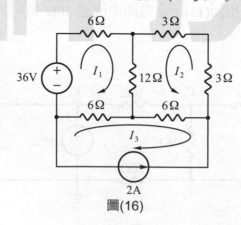

圖(16)

7.20 試利用節點電壓分析法，求圖(17)所示電路中電壓值 V_a 及 I_1、I_2、I_3 之電流值。

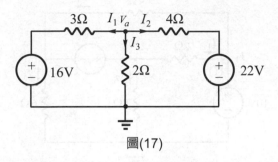

圖(17)

7.21 試以節點電壓法，用(a)消去法，(b)克拉姆法則，計算圖(18)中電路的節點電壓 V_1 和 V_2。

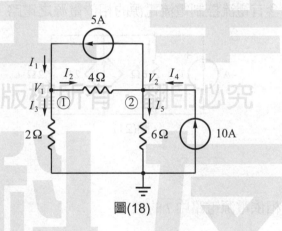

圖(18)

7.22 如圖(19)所示電路若元件 X 之(a)上端為正 12V 電源；(b)往上 8A 的電流源；(c)為 12Ω的電阻，試利用節點電壓法求 6Ω電阻器上之電壓 V。

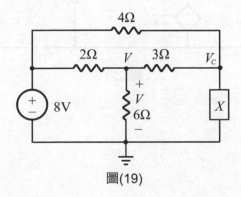

圖(19)

7.23 如圖(20)所示，試利用節點電壓法求解節點電壓 V_1、V_2 和 V_3。(應用超節點求解)

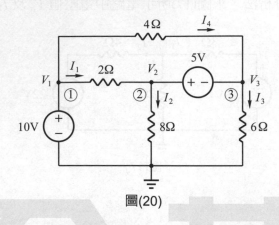

圖(20)

7.24 如圖(21)所示係含有電流控制電流電源的相依電源之電路，試求 V_x 及 I_x 之值。

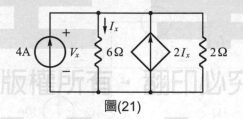

圖(21)

7.25 試求圖(22)所示相依電源電路中 I 的值。

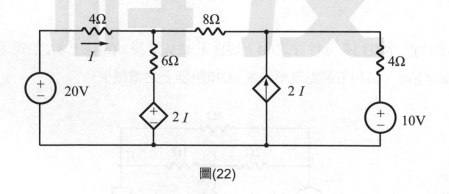

圖(22)

7.26 如圖(23)所示電路代表電晶體放大器在低頻時的另一模型,試求電壓 V_1 和 V_2 之值。

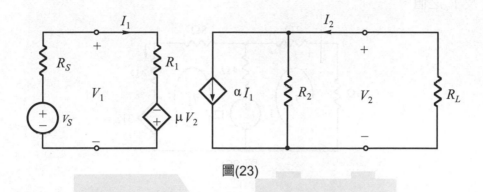

圖(23)

7.27 如圖(24)所示係含有電壓控制電流電源的相依電源之電路,試求

(a) V_x 之值,(b)送至 R_L 之功率 P_L 之值。

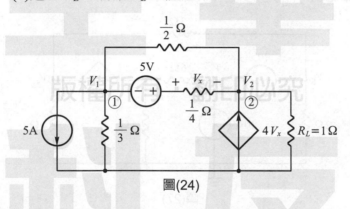

圖(24)

7.28 如圖(25)是含有電流控制電流電源之相依電源,試求下圖中(a)各節點電壓 V_1、V_2 和 V_3 之值,(b) I_x 之值。

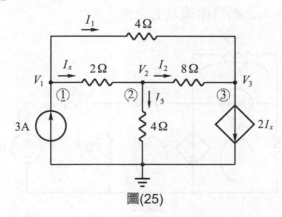

圖(25)

7.29 如圖(26)中,相依電源是電壓控制電壓電源,當 V_s = 12V 時,試求電路中的電流 I_o 及 V_x 之值。

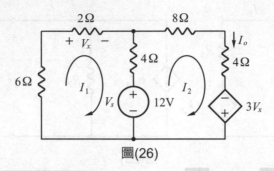

圖(26)

7.30 如圖(27)所示係含有電壓控制電壓電源的相依電源之電路,試應用超節點方法,求下列各節點電壓 V_1、V_2、V_3、V_4 之值及 V_x 之值。

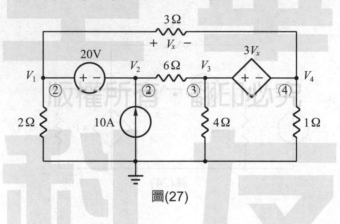

圖(27)

7.31 如圖(28)所示電路,係含有電流控制電流電源的相依電源之電路,試應用超網目方法,求下列 I_1 到 I_4 之網目電流及 I_o 之值。

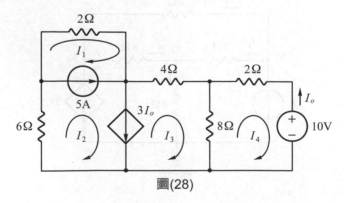

圖(28)

習題
演練

Chapter 8

網路定理

8.1　試求圖(1) $a-b$ 兩端之戴維寧等效電路，並求 $R_L = 2\Omega$ 時，流過其間之電流。

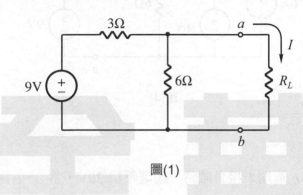

圖(1)

8.2　以戴維寧定理，求圖(2)中 3Ω 兩端點之戴維寧等效電路，並求其兩端之電壓 V。

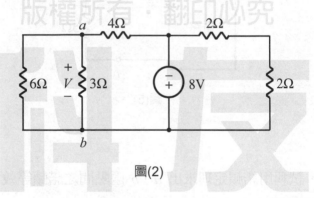

圖(2)

8.3　利用戴維寧定理，試求圖(3)中 8Ω 電阻的電流 I。

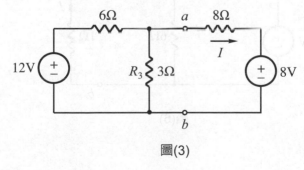

圖(3)

8.4 試求圖(4)所示電路中 a、b 兩點間之戴維寧等效電路。

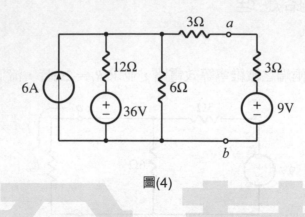

圖(4)

8.5 如圖(5)所示，a、b 兩端未接負載時，端電壓為 30V，當 a、b 兩端接上 5Ω 之電阻時，則其端電壓為 25V，試求 a、b 短路時之電流 I_{sc} 之值。

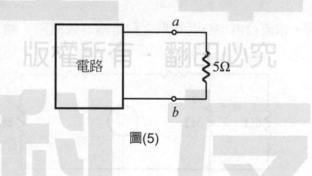

圖(5)

8.6 如圖(6)所示，試利用諾頓定理求出 a、b 兩點間之諾頓等效電路，並利用此結果求出流經 1Ω 電阻器上之電流 I。

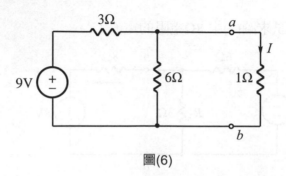

圖(6)

8.7 試求圖(7)中 a、b 兩點間左邊之諾頓等效電路。

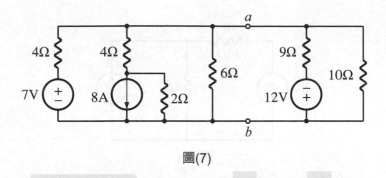

圖(7)

8.8 如圖(8)所示電路，試用諾頓定理求出 a、b 兩端之等效電路，並利用此結果，求出 I 與 V 之值。

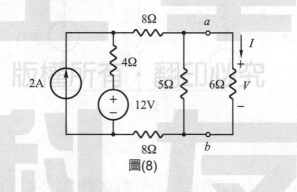

圖(8)

8.9 如圖(9)所示電路，試利用重疊定理求流過 R_1 電阻上之電流 I。

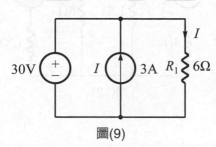

圖(9)

8.10 試利用重疊定理求出圖(10)所示電路中，流過 R_2 電阻上之電流 I。

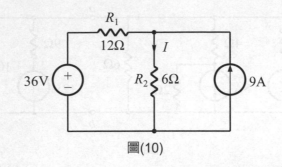

圖(10)

8.11 試以重疊定理求出圖(11)所示電路中 $6k\Omega$ 電阻之電壓 V。

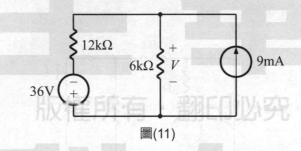

圖(11)

8.12 如圖(12)所示電路，試用重疊定理求流過 6Ω 電阻器之電流 I。

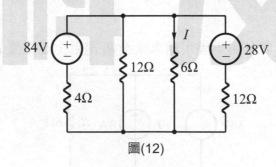

圖(12)

8.13 試將圖(13)所示之電流源轉換爲電壓源。

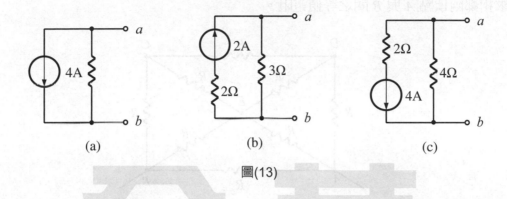

(a)　　　　　　(b)　　　　　　(c)

圖(13)

8.14 試將圖(14)所示之電壓源轉換爲電流源。

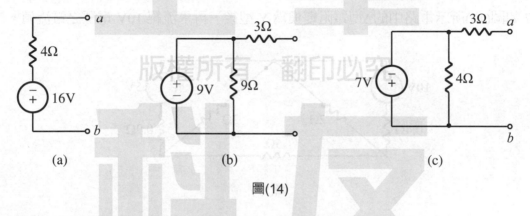

(a)　　　　　　(b)　　　　　　(c)

圖(14)

8.15 試利用電源轉換，求出圖(15)中電路所示之 V_o 電壓值。

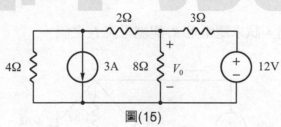

圖(15)

8.16 一電阻為 R 之導體 8 根，聯成一立方角錐體，自 E 點頂圖俯視如圖(16)所示，試求相鄰兩頂點 A 與 B 間之等值電阻。

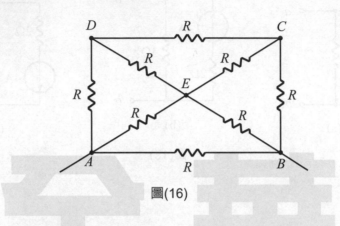

圖(16)

8.17 如圖(17)所示電路中的Δ型電阻變換為 Y 型後，再求流經 10V 電源之電流值。

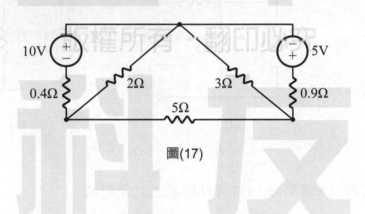

圖(17)

8.18 如圖(18)所示電路，試求總電阻 R_T 與總電流 I_T 之值。

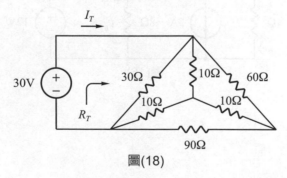

圖(18)

8.19 如圖(19)所示電路，試求 40Ω電阻上之電壓 *V*。

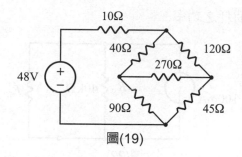

圖(19)

8.20 試計算圖(20)電路所示的等效電阻 R_{ab}，並利用它計算電流 *I*。

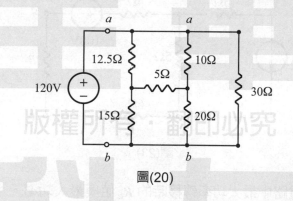

圖(20)

8.21 如圖(21)所示電路，當 R_x 為何值時負載功率為最大？

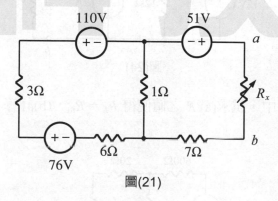

圖(21)

8.22 圖(22)所示係電晶體電路，試決定欲傳送最大功率至負載時 R_L 之值。並計算在此條件下，負載 R_L 所消耗之功率。

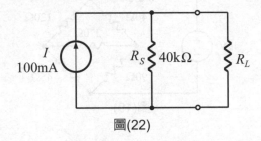

圖(22)

8.23 如圖(23)所示電路中，求輸出至 R 的最大功率及電阻 R 的值。

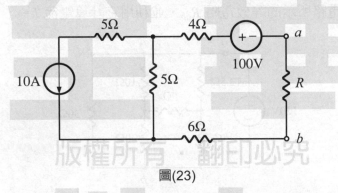

圖(23)

8.24 試求圖(24)所示電路中最大功率轉移時的 R_L 值與最大功率。

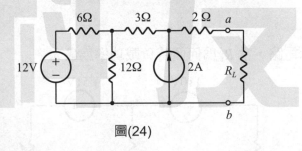

圖(24)

8.25 如圖(25)所示電路中，試求(a) R 之值使得 $R_L = R_{th}$，(b)計算 R_L 所消耗的最大功率 P_{Lmax}。

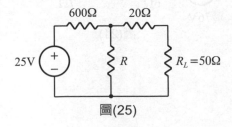

圖(25)

8.26 如圖(26)所示，若 $R_L = 2R_{th}$，則在 R_L 上之功率為最大功率的百分之幾？

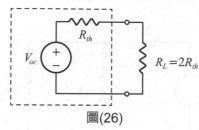

圖(26)

8.27 試使用密爾門定理求下圖(27)中的 V 值。

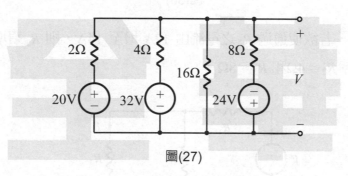

圖(27)

8.28 試以密爾門等效電壓源取代下圖(28)中的 $a-b$ 端點，並求出 40Ω 電阻上之電壓 V。

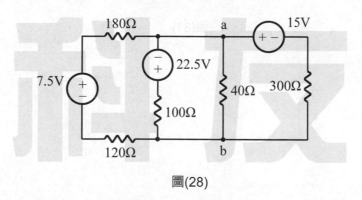

圖(28)

8.29 如下圖(29)所示之電路，試證明互易定理成立。

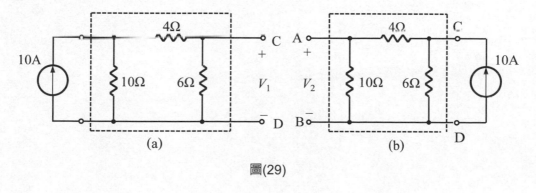

(a)   (b)

圖(29)

8.30 在下圖(30)中，若 6Ω變至 8Ω時，試求 12Ω之電流的變化量。

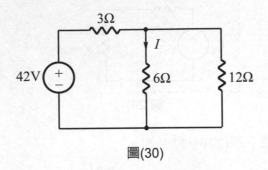

圖(30)

8.31 在下圖(31)中，若欲使通過 R_2 之電流由 12A 增至 14A，則 R_3 須增加多少歐姆？已知 $R_1 = 4Ω$、$R_2 = 4Ω$和 $R_3 = 8Ω$。

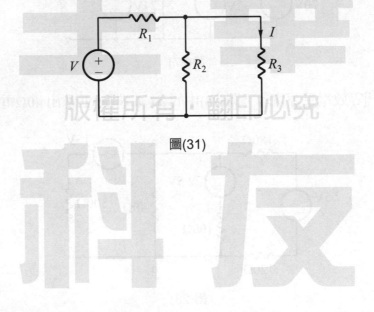

圖(31)

基本電學

習題演練

Chapter 9

導體與絕緣體

得分欄

班級：＿＿＿＿＿

學號：＿＿＿＿＿

姓名：＿＿＿＿＿

9.1 兩黃銅棒 A 及 B，其電阻係數爲每 cm^3 $11.4\mu\Omega$，設 A 棒長 100cm，截面爲圓形，面積爲 $4cm^2$；B 棒長 50cm，截面亦爲圓形，面積爲 $8cm^2$，試求每一銅棒之電阻值。

9.2 一發電機之線圈，係用直徑爲 2.5mm 之標準軟銅繞製，共長 1250m，若標準軟銅之電阻係數爲 $\frac{1}{58}$ $\Omega\text{-mm}^2/m$，則其電導爲若干？

9.3 有長 4000ft 的 10 號銅線，試求 20℃時的電阻。

9.4 在 20℃時，試求 31 號銅線長度分別爲(a) 6000ft，(b) 500ft 時之電阻。

9.5 如下圖(1)所示，連接二元件的導線爲 22 號導線，每一線長都是 600ft，試求電路中的電流 I (溫度爲 20℃)。

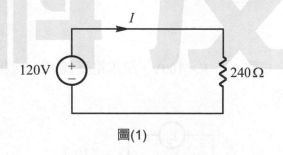

圖(1)

9.6 一 10hp 輸出之抽水機，使每分鐘有 400 加侖(gal)之水，迴流於一冷卻系統中，試求因此抽水機之作用，使水所昇高之華氏溫度數。

9.7 已知電路電阻 50Ω，通以 3A 電流 2 分鐘後，試求電阻所消耗的電量為何？又所發出的熱量有多少卡？

9.8 一電熱器自 110V 電源取用 0.5A 電流，若將其浸於 3000cm³ 之水櫃中，如略去輻射熱不計，則水每分鐘所能昇高之攝氏溫度為若干？

9.9 一 5 立升(ℓ)容量之電熱器，充滿溫度為 15℃之純水，如需熱至 100℃，則用電若干？

9.10 某電熱鍋爐(electric boiler)於室溫為 20℃時，注滿 40 立升(ℓ)之水，此爐中置有 14Ω 之電阻，若以 20A 之電流通過此電阻，則於 30 分鐘後，其水溫增為若干度？

9.11 求空氣以 V/mil 為單位的崩潰電壓。且使兩間隔為 $\frac{1}{8}$ ft 的兩導體，以空氣為介質的崩潰電壓為多少？

9.12 兩導體間絕緣體厚度為 $\frac{1}{4}$ ft，若介質材料為(a)橡膠，(b)雲母，試求使其崩潰的最低電壓。

9.13 如下圖(2)所示之電路，若 $V = 100V$，試求電壓表 V_1、V_2 和 V_3 的讀值。(保險絲為理想，如同短路)

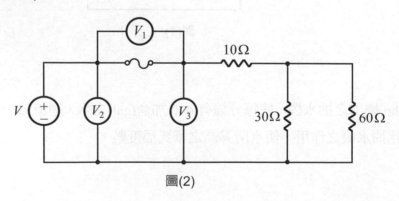

圖(2)

基本電學

習題演練

Chapter 10
電容器與 *RC* 電路

得分欄

班級：_____
學號：_____
姓名：_____

10.1 一平行極板電容器面積 $A = 0.3\text{m}^2$，距離 $d = 0.001\text{m}$，介電質為雲母，試求其電容量。

10.2 一平行極板電容器面積為 0.1m^2，兩極板間距離為 3mm，介質為空氣，試求其電容量。

10.3 若介質是陶器，重覆習題 10.2。

10.4 平行極板電容器的 $C = 1\text{F}$，$d - 0.1\text{m}$，介質是空氣，若平行極板是正方形，試求平行極板以吋為單位的邊長。

10.5 試證明兩平行極板電容器之電容。

10.6 一對平行極板，每板有 0.3m^2 面積，設其由二層介質材料，第一層為紙：厚 0.002m，$K = 3$；第二層為雲母：厚 0.001m，$K = 6$ 所分開，試求該對平行極板之電容。

10.7 一層厚 1mm 的雲母插在圖(1)中的電容器平行極板間。(a)試求兩極板間的電場強度，(b)其電容量，(c)每個極板上的電荷量。

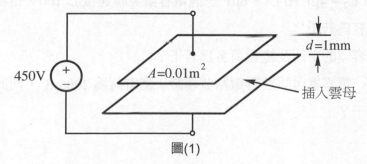

圖(1)

10.8 欲使相距 0.1cm 之兩極板間有 1F 之電容量，以空氣作介質，若極板是正方形，試求每板以 m 爲單位之邊長。

10.9 若一電容器其色帶由 *a*、*b*、*d*、*e* 和 *f* 分別依序爲黃、紫、紅、棕和黑色，誤差帶爲白色，試求標示之電容量、工作電壓及眞正電容值的範圍。

10.10 重覆上題，若色帶分別爲橙、棕、棕、綠(無 *f* 色帶)，誤差色帶爲黑色。

10.11 若在一電容器上儲存 24μC 電量需要一個 6V 電壓源。
   (a) 試求如圖(2)所示電路的等效電路，及由電源提供之總電荷。
   (b) 試求每一個電容器上之電壓。

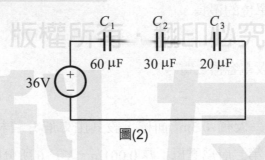
圖(2)

10.12 重覆 10.11，其中 $C_1 = 200$μF、$C_2 = 50$μF 和 $C_3 = 10$μF，電壓電源 $V = 10$V。

10.13 $C_1 = 2$μF、$C_2 = 4$μF 和 $C_3 = 6$μF 三個電容器並聯連接於 100V 電源，試求：
   (a) 總電容爲若干？
   (b) 各電容器的電荷及總電荷各爲若干？
   (c) 以另一電容器與該並聯電路並聯時，總電荷爲 2000μC，則此電容器的電容爲若干？

10.14 如圖(3)所示之電容器串並聯電路，試求電路中所有電容器上的壓降及電荷量。

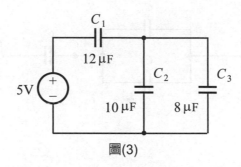

圖(3)

10.15 如圖(4)所示之電容器組合，試求其等值電容。

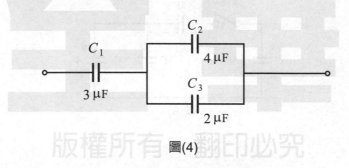

圖(4)

10.16 如圖(5)所示電路中，試求(a)等效電容 C_T，(b)總電荷 Q_T，(c)各電容器上之電壓。

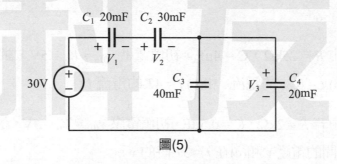

圖(5)

10.17 如圖(6)所示，當電路在穩態時，試求 V_{C1} 與 V_{C2}。

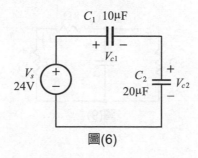

圖(6)

10.18 如圖(7)所示，試求其電壓 V_{ac}。

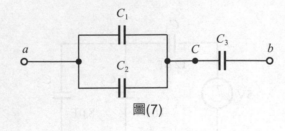

圖(7)

10.19 如圖(8)所示，當 $t = 0$ 時，$V_1 = V_2 = 0$，試求當 $t > 0$ 時，V_1 與 V_2 之值。

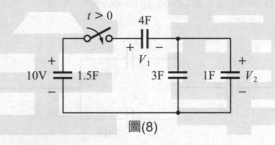

圖(8)

10.20 有電容各為 1、2、3μF 之小球，於帶電後，其電位各為 3、2、1V，試求其並聯後公共電位。

10.21 在圖 10.23 中 $R = 25kΩ$，$C = 4μF$，初值電壓 $v_{(0)} = V_0 = 5V$，試求(a)所有正時間的電流 i，(b) $t = 0.3s$ 的電流 i 和(c) $t = 4T$ 的電流 i。

10.22 在圖 10.23 中若 $R = 2kΩ$，$C = 0.5μF$，初值電壓 $v_{(0)} = V_0 = 5V$，試求(a)時間常數，(b)所有正時間的電壓 v 和(c)在 $t = 3T$ 時的 v。

10.23 在圖(9)電路中，令 $v_{(0)} = V_o = 15V$，試求 $t > 0$ 時的 v_C、V 和 i 之值。

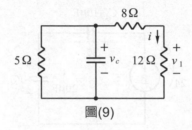

圖(9)

10.24 有三個電容器，其電容均為 6μF，如將此三電容器配合使用，可得若干種組合，其電容各為若干？若接於 200V 之電源，則所儲存的能量又為若干？

10.25 1μF 與 2μF 之電容器相串聯後，跨接於 1200V 之電源上，試求每一電容器上之電荷，及其兩極板間之電位差，如將此荷電之電容器，自電源取下，則於彼此分開後，再將同極相連，則最後電容器上之電荷及其兩極板間之電位差為若干？

10.26 如圖(10)所示之電路，若 $v_{(0)} = 30V$，而元件 E 是 6kΩ電阻器，試求電壓 v 在所有正時間($t \geq 0$)之值。

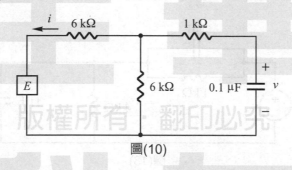

圖(10)

10.27 試求 10.26 題所示之電路電流 i 在所有正時間之值。

10.28 如圖(11)所示電路，若初值電壓 $v_{(0)} = 0$，試求所有正時間的電壓 v。

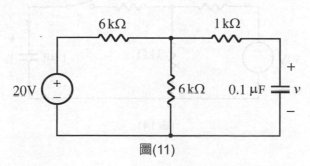

圖(11)

10.29 如圖(12)所示電路，若初值電壓 $v_{(0)} = 20V$，試求所有正時間的電壓 v。

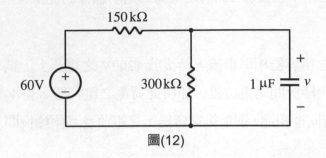

圖(12)

10.30 試求如圖(13)所示電路之 v_1 和 v_2 的穩態值。

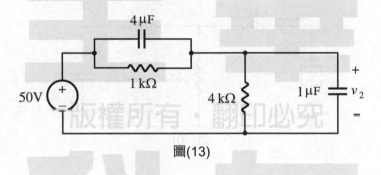

圖(13)

10.31 如圖(14)所示之電路，當開關 S 閉合之後，試求(a)在 $t = 0$ 及 $t \to \infty$ 時，i_C 之值；(b)時間常數 T；(c)在 $t = 2T$ 時，v_C 及 i_C 之值；(d)在 $t = 5T$ 時，v_C 及 i_C 之值。

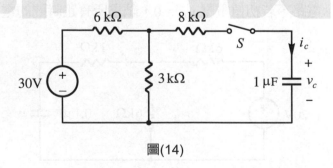

圖(14)

10.32 如圖(15)所示電路：

    (a)   若開關在 $t = 0$ 時撥至位置 1，試求 $t = 10\text{ms}$ 時的 v_C、i_C 和 v_{R1}。

    (b)   若開關在 $t = 30\text{ms}$ 時撥至位置 2，試求 $t = 50\text{ms}$ 時的 v_C、i_C 和 v_{R1+R2}。

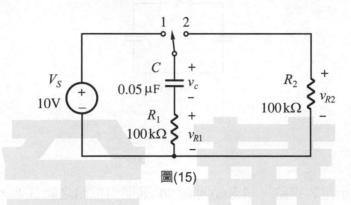

圖(15)

10.33 兩電容器電容量分別為 3μF 和 6μF 串聯後接至 300V 電源，試求各電容器所儲存的能量。

10.34 三電容器的電容量分別為 5、10、12μF，並聯於 600V 的電源，試求各電容器的能量與三個電容器的總能量。

10.35 有一電容器 10μF，原已充電至 100V，現繼續充電至 200V，試求其儲存的能量增加多少？

10.36 如圖(16)中，電容器 C_1 原存有能量 W_1 J (C_2 無儲存能量)，於時間 $t = 0$ 時，將開關關閉，經過短暫時間後，電容器 C_1 與 C_2 端電壓趨於穩定，試求此時之 V_C。

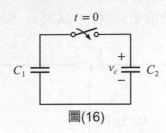

圖(16)

10.37 如圖(17)所示電容電路，試求(a)開關(SW)關閉前電路之能量 W，(b)SW 關閉後，電容之電壓 V_C，(c) SW 關閉後，電路之能量 W_C。

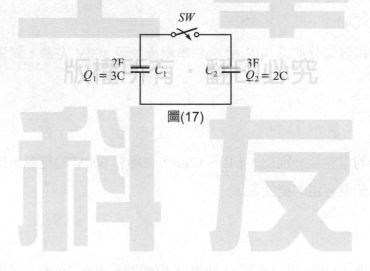

圖(17)

習題
演練

Chapter 11
電感器與 *RL* 電路

11.1 如例題 11.1 之圖所示，若總磁通量為 0.4×10^{-3} Wb 時，試求其磁通密度。

11.2 如圖(1)所示的鐵芯中，於截面積 A_1 處的磁通量密度為 $B_1 = 0.4$T，試求截面積 A_2 之磁通密度 B_2。

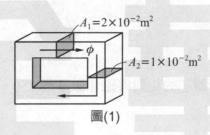

圖(1)

11.3 一電纜線長 100m，直徑為 1cm，帶電流為 50A，試求距電纜線多遠處的磁通密度為 10^{-5}T。

11.4 如圖(2)所示之環形鐵芯，具有圓形截面，且 $\phi = 628\mu$Wb，若內徑 $r_1 = 8$cm，外徑 $r_2 = 12$cm，試求其通量密度。

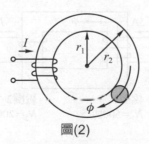

圖(2)

11.5 如圖(3)所示，若線圈電流為 500mA，欲建立磁場強度為 30A/m，試求線圈之匝數。(用最小整數值表示線圈匝數)

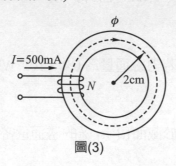

圖(3)

11.6 如例題 11.6 所示矩形鐵芯的相對導磁係數 μ_r 為 750，試求鐵芯中的磁通密度 B。

11.7 若一材料的相對導磁係數為 1，而磁通密度為 0.15T 時，試求材料中的磁場強度。

11.8 若一鐵芯的截面積為 8×10^{-4} m^2，長度為 8cm，鐵芯的磁阻為 4×10^6 A/Wb，試求鐵芯的相對導磁係數。

11.9 如圖(4)所示，若兩線圈之磁通量 ϕ 皆為 0.1×10^{-3} Wb，若磁場強度 H 為 1550 At/m，平均路徑為 0.25m，$I_1 = 1.5$A，試求 I_2 之值。

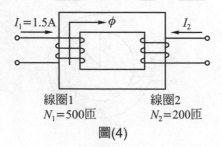

線圈1
$N_1 = 500$匝

線圈2
$N_2 = 200$匝

圖(4)

11.10 如圖(5)所示中，鐵芯的半徑 r 爲 1.25mm，鐵芯的平均長度 ℓ_c 爲 30cm，鐵芯的磁場強度爲 400A/m (氣隙的邊緣效應可忽略不計)，欲在鐵芯中建立 0.6×10^{-5} Wb 的磁通量，試求加到線圈的磁動勢應爲多少 At。

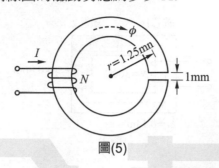

圖(5)

11.11 如圖(6)所示，若鐵芯的磁通量 ϕ_c 爲 0.1×10^{-3} Wb，截面積 A 爲 0.2×10^{-3} m²，平均路徑 ℓ 爲 0.25 m，磁場強度 H_c 爲 1550 At/m，試求線圈電流 I。(忽略邊緣效應)

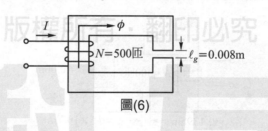

圖(6)

11.12 如圖(7)所示之鐵芯相對導磁係數 $\mu_r = 142$Wb/A-m，截面積 $A = 1 \times 10^{-4}$ m²，線圈匝數 $N = 50$ 匝，通以電流 I 所產生的磁通量 $\phi = 0.5 \times 10^{-4}$ Wb，試求線圈中之電流值 I。

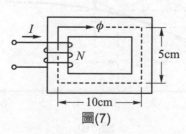

圖(7)

11.13 如圖(8)所示，若 $\phi = 0.16 \times 10^{-3}$ Wb，由二種不同相對導磁係數之鐵芯組成，其中鐵芯 1 之 $\mu_{r1} = 1200$，鐵芯 2 之 $\mu_{r2} = 300$，試求線圈中之電流 I。其中鐵芯之截面積 $A = 3.2 \times 10^{-4}$ m²。

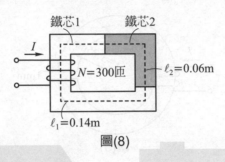

圖(8)

11.14 如 11.13 題所示之圖示，若將鐵芯 1 中切開一長爲 0.5 mm 之間隙，如圖(9)所示，在相同條件下，忽略邊緣效應，試求當磁通量 $\phi = 0.128$ mWb 時，線圈流過之電流值 I。

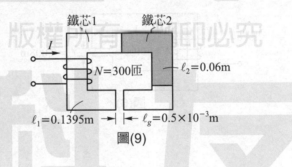

圖(9)

11.15 有一 20H 的電感器，其通過之電流 i 如圖(10)所示，試求在 $t = 2$ 秒時的端電壓。

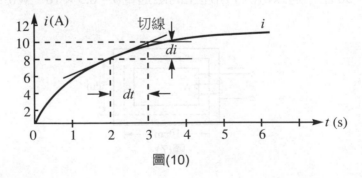

圖(10)

11.16 電感器匝數爲 200 匝，磁通量 ϕ 在 2ms 內由 0 以直線昇到 50μWb，試求其感應電壓。

11.17 有一 $a-b$ 端爲 0.1H 的電感器，進入端點的電流 i 如圖(11)所給的圖形，試求端電壓 v_{ab} 分別在時間(a) $t = 1s$，(b) $t = 3s$，(c) $t = 5s$ 時的值。

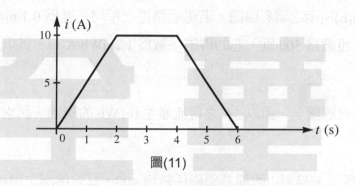

圖(11)

11.18 有一線圈 24 匝，若在 0.3 ms 內產生 2×10^{-4}Wb 的磁通量，試求線圈之感應電壓。

11.19 匝數爲 1000 匝之線圈，磁通量如圖(12)所示，試求在 t_1、t_2、t_3 時間內線圈之感應電壓。

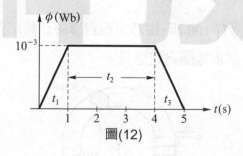

圖(12)

11.20 若在 1ms 之內磁通量均勻的變化而感應的線圈電壓爲 60V，則當相同的磁通量改變量發生在 0.01s 之內時，試求其感應電壓。

11.21 若 $N = 50$，$l = 0.05$ m，$A = 0.003 m^2$，而且是空氣芯，試求此空氣芯線圈的電感。

11.22 有一螺管鋼環，其截面積為 $0.283 in^2$，平均半徑為 2in，繞有 400 匝，鋼的相對導磁係數為 800，試求此環形螺管的電感。

11.23 如圖 11.3(b)所示之環形線圈，若磁通路徑之平均長度為 0.1 m，截面積是 10^{-4} m^2，匝數為 500 匝，芯的導磁係數為 1.2mWb/A-m，試求此線圈的電感。

11.24 一 500 匝之線圈上，通以 5A 之電流產生 0.1Wb 的磁通，試求其電感。

11.25 如圖(13)所示，線圈中的鐵芯導磁係數為 400，試求線圈之電感量。

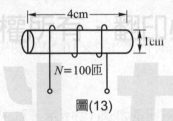

圖(13)

11.26 如圖(14)所示，若線圈有 100 匝，鐵芯之相對導磁係數 μ_r 為 1000，半徑 r 為 20 cm，截面積 A 為 $5cm^2$，試求線圈之電感量。

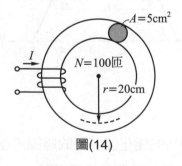

圖(14)

11.27 如圖(15)所示為流經一個 10mH 電感之電流波形，試求其電壓 v，並會出其電壓之波形。

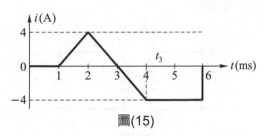

圖(15)

11.28 如圖(16)所示為兩線圈相鄰放置之電路，其耦合係數 $K = 0.5$，電流 i_1 在 0.1s 內，由 1.1A 增加至 1.2A，線圈 1 之通量由 1.1×10^{-2} Wb 增加至 1.2×10^{-2} Wb，試求 (a) v_2 之電壓，(b)互感值 M。

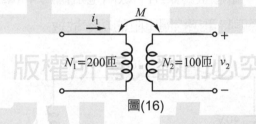

圖(16)

11.29 如圖(17)所示，兩相鄰線圈通以 i_1 電流後，線圈 1 之通量為 2×10^{-2} Wb，交鏈至線圈 2 之通量為 1.6×10^{-2} Wb，試求(a)耦合係數 K，(b)線圈 1 與線圈 2 之自感量，(c)互感值 M。

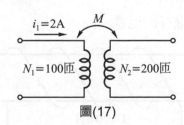

圖(17)

11.30 如圖(18)所示電路，當電流 i_2 在 0.1s 內，由 6A 降至 5A，試求(a)耦合係數 K，(b) v_1 之電壓值，(c) v_2 之電壓值。

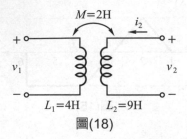

圖(18)

11.31 有 5mH 電感器儲存 40mJ 的能量，試求它的電流。

11.32 如圖(19)所示電路中，電感量為 0.2H，線圈電阻值為 400Ω，試求(a)在穩態時電感器之儲能，(b)在穩態時電感線圈電阻的功率散逸。

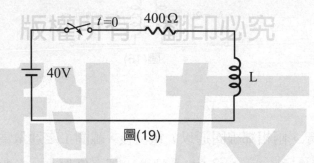

圖(19)

11.33 如圖(20)所示，若電池電動勢 $E = 10V$，$R = 2Ω$，$L = 20μH$，試求當電路之電流達到穩定值時，線圈所儲存的能量。

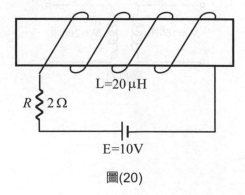

圖(20)

11.34 在圖 11.22 中的零輸入 *RL* 電路，若 *L* = 2H，*R* = 10Ω，初值電流 I_0 = 3A，試求
電流 *i*，計算此值分別在(a) *t* = 0s，(b) *t* = 0.2s，(c) *t* = 1s。

11.35 如圖(21)所示電路中，開關位置 1 是直流穩態。若 *t* = 0 時開關是移至位置 2，試
求 *t* > 0 時的電流 *i* 和電壓 *v*。

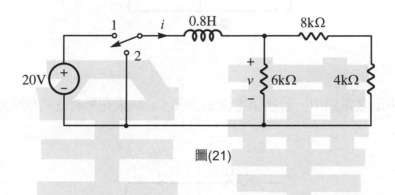

圖(21)

11.36 如圖(22)所示電路中，試求電感器電流 *i* 分別在(a)所有正時間 *t*，(b) *t* = 2 ms 及
(c) *t* = 5*T*，若電路中的 *R* = 200Ω，V_S = 6V 及 $i_{(0)}$ = 0。

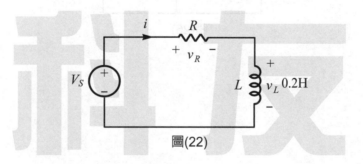

圖(22)

11.37 如圖(23)所示之電路，試求 i_1 和 i_2 的穩態值。

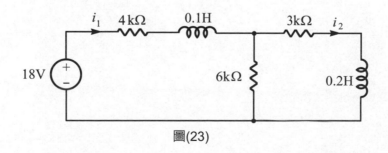

圖(23)

11.38 如圖(24)所示之電路，若 $i_{(0)} = 0A$，試求在所有正時間之 i 和 v。

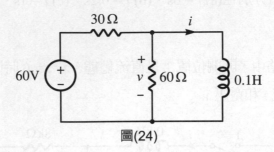

圖(24)

11.39 如圖(25)所示之電路中，若初值電流 $i_{(0)} = 6A$，試求在所有正時間電感器的電流 i。

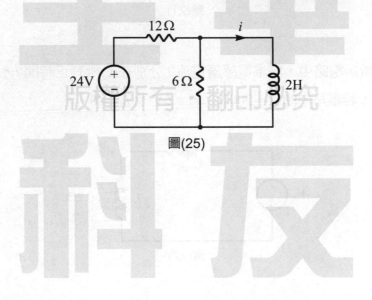

圖(25)

得分欄

班級：＿＿＿＿＿＿

學號：＿＿＿＿＿＿

姓名：＿＿＿＿＿＿

12.1 已知下列諸頻率(a) 60Hz；(b) 10kHz；(c) 5MHz；試求它們各別的週期。

12.2 試決定下列 AC 信號之頻率，已知它們的週期爲(a) 50μs；(b) 0.5ms；(c) 0.02μs。

12.3 有一正弦波電壓，其峰值爲 30V，試求在(a) 45°，(b) 120°，(c) 210°，(d)270°時之瞬時電壓值。

12.4 在 30°時，一電流有瞬時值爲 5mA，試求其峰值電流。

12.5 一交流電壓可產生與 120V 直流電壓相同的功率，試求其峰值。

12.6 有一正弦波如圖(1)所示，試求此正弦波之一般表示式。

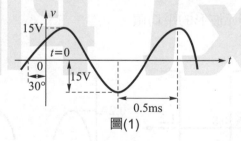

圖(1)

12.7 若一正弦波電流為：$i = 110\sqrt{2}\sin(377t)$ A，試求出

(a) i 之峰值，(b)峰對峰值，(c)頻率，(d)相位角，(e)在 $t = \dfrac{1}{240}$ s 時，i 之瞬時值。

12.8 若有一電壓波形為：$v = 110\sqrt{2}\cos(314t - 60°)$ V，試求

(a) v 之峰值，(b)峰對峰值，(c)頻率，(d)相位角，(e)在 $t = \dfrac{1}{100}$ s 時之 v 值。

12.9 求正弦函數 $v = 20\sin(100\pi t + 60°)$V 的波幅、頻率、週期和相位。

12.10 上題中，試求若(a) $t = 1$ms，(b) $t = 15$ms 和(c) $t = \dfrac{1}{600}$ s 時之 v 值。

12.11 若兩波形如下：$v = 110\sqrt{2}\cos(314t - 30°)$ V，與 $i = 5\sqrt{2}\sin(314t + 60°)$ A，試比較 v 與 i 之相位關係。

12.12 兩電壓波形為：$v_1 = 100\sin(377t + 60°)$ V 與 $v_2 = -60\sin(377t + 60°)$ V，試比較 v_1 與 v_2 之相位關係。

12.13 試求圖(2)(a)，(b)所示波形的平均值。

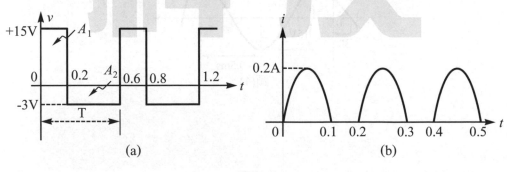

圖(2)

12.14 (a) 試求圖(3)所示波形之平均值。

(b) 試寫出以時間表示的電壓方程式。

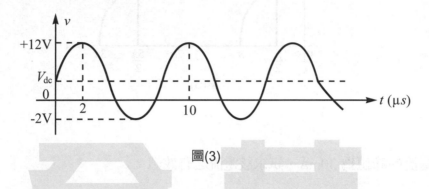

圖(3)

12.15 試求圖(4)所示函數 $f(t)$ 在 0 至 6s 間的平均值。

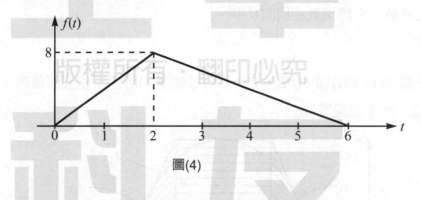

圖(4)

12.16 試求正弦函數 $i = 20 \sin 4t$A 在 $t = 0$ 至 $t = \dfrac{\pi}{4}$ s 間的平均值。

12.17 如圖(5)所示鋸齒波電壓波形，試求此電壓之平均值。

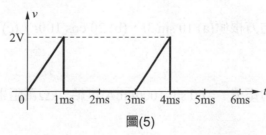

圖(5)

12.18 如圖(6)電壓波形，試求此電壓之平均值。

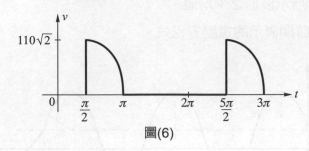

圖(6)

12.19 一電流的峰值為 30mA，試求該電流之有效值。

12.20 一直流電流在一 20Ω負載中，功率 80W，(a)試求直流電流；(b)試求一交流電流之峰值，它將損耗相同的功率。

12.21 試證明(12.10)式的面積，非常近似於如圖(7)所示正弦波面積為 $A = A_1 + A_2 + A_3$ (註：水平軸是時間)。

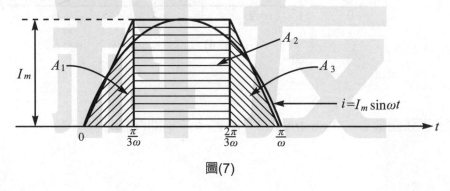

圖(7)

12.22 試求下列函數的均方根值(a) 10 sin 3t，(b) 20 cos 100t，(c) 5 sin (2t + 15°)。

12.23 試求由正弦函數的電流 i = 60 sin 1000t mA 供給 2kΩ電阻器的平均功率。

12.24 有一正弦波之峰對峰值爲 200V，試求(a)全週的平均值，(b)半週的平均值，(c)波形的有效值。

12.25 如圖(8)(a)、(b)所示之方波，試求(a)圖(a)之平均值與有效值，(b)圖(b)中，當 $a = 9$ 與 $a = 4$ 時，v 的均方根值。其中 $V_{m1} = 4V$，$V_{m2} = 2V$。

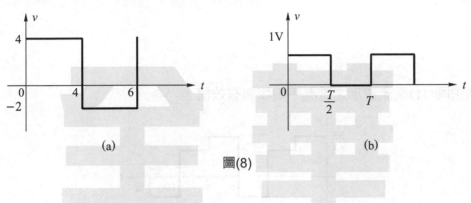

圖(8)

12.26 如圖(9)所示之電壓波形，$T = 1ms$，$T_1 = 0.1ms$，試求波形的平均值和有效值。

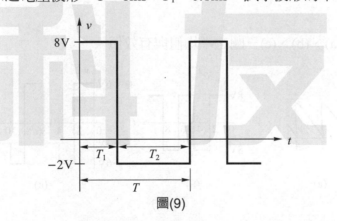

圖(9)

12.27 如圖(10)所示之電壓波形，試求(a)峰對峰值，(b)平均值，(c)有效值。

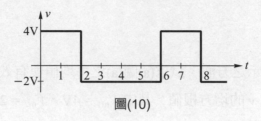

圖(10)

12.28 試求圖(11)電流波形之電流平均值與有效值。

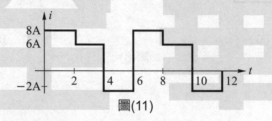

圖(11)

12.29 試求圖(12)(a)、(b)、(c)三圖之平均值與有效值。

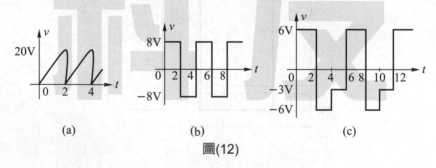

(a)   (b)   (c)

圖(12)

12.30 (a) 有一三角波其有效值電壓為 10V,試求其半週之電壓平均值。

(b) 有一對稱三角波電流信號,如圖(13)所示,試求其平均值與均方根值。

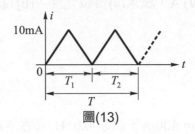

圖(13)

12.31 若在 2.2 kΩ電阻上之電流為 $i = 5 \sin (2\pi \times 100t + 45°)$ mA

(a) 試寫出在電阻上電壓之表示式。

(b) 電阻電壓之有效值為何?

(c) 在 $t = 0.4$ ms 時電阻電壓為何?

12.32 設 20Ω電阻上之電壓 $v = 100\sqrt{2}\sin(200\pi t + 30°)$ V,

(a) 試寫出電阻上電流之表示式。

(b) 電阻電流之有效值。

(c) 在 $t = 0.2$ms 時,電阻上電壓值。

12.33 若跨於 2μF 電容器之電壓為 $v = 4 \sin \omega t$V,試求其頻率為 1 kHz 時之電流 i。

12.34 若流經 15pF 電容器的電流為 $i = 0.45 \sin (10^8 t + 45°)$ mA,試寫出其電壓表示式。

12.35 在某負載元件的兩端,加上 $v = 10\sqrt{2}\sin(100t)$ V 之電壓電源後,設流經此元件之

電流為 $i = 10\sqrt{2}\cos(100t)$ A,試求(a)負載元件,(b)負載元件之阻抗,(c)負載元件

之電容量。

12.36 若電感器上電流 $i = 2\sin 400t$ A,試求 0.01H 電感器兩端之電壓。

12.37 若在 4H 電感器上電壓為 $v = 18\sin(2\pi \times 10^3\, t - 30°)$ V,試寫出其電流表示式。

12.38 如圖 (14) 所示之電感電路,當加上交流正弦波電源 v 時,設流經

$i = 10\sqrt{2}\sin(100t + 30°)$ A 之電流,若 $L = 50$mH,試求該電路之 X_L 與 v。

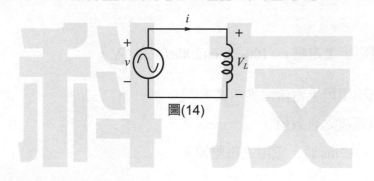

圖(14)

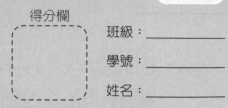

基本電學

習題演練

Chapter 13

相量(※)

得分欄

班級：_____

學號：_____

姓名：_____

13.1 試求(a) $\sqrt{-36}$，(b) $\sqrt{-9}\sqrt{-16}$，及(c) $\sqrt{-2}$。

13.2 試求簡化下列數值(a) $-j^6$，(b) j^{17}，(c) $j^3 \times j^8$。

13.3 試把下列直角座標 $N = a + jb$ 換成極座標型式
(a) $4 + j3$，(b) $-6 + j6$，(c) $-4\sqrt{3} - j4$，(d) $2.5 - j6$。

13.4 試將下列轉換成直角座標型式
(a) $10\angle 53.1°$，(b) $2 \times 10^{-3}\angle -30°$，(c) $5\angle -126.87°$，(d) $31.62\angle 161.56°$。

13.5 試求下列各式的運算
(a) $(4 + j7) + (3 - j2)$
(b) $(3 + j4) - (-1 + j2)$
(c) $50\angle -40° - 20\angle 120°$。

13.6 (a) 試求 $N_1 = 4\angle 35°$ 與 $N_2 = 10\angle 20°$ 之乘積。
(b) 試用下列的方式求 $N_1 = 3 + j4$ 與 $N_2 = 8 - j4$ 的乘積：
(i) 使用直角座標型式相乘，結果以極座標型式表示。
(ii) 把 N_1 和 N_2 轉換成極座標型式，然後相乘之。

13.7 已知二複數 $N_1 = 3 + j4$ 和 $N_2 = -1 + j2$，試以下列方式求 $\dfrac{N_1}{N_2}$ 之值。

    (a) 使用直角座標來運算。

    (b) 改成極座標後再運算。

13.8 試求 $12 - j16$ 之倒數：

    (a) 使用除法運算並表示成極座標型式。

    (b) 有理化此式並表示成直角座標型式。

13.9 試求出下列各題的結果：

    (a) $(62\angle 22°)^2$，(b) $(3 + j2)^4$，(c) $(3 - j2)^4$，(d) $\sqrt{216\angle -144°}$。

13.10 試求出下列正弦函數的相量：

    (a) $10 \sin 2t$，(b) $20 \sin(3t + 15°)$，(c) $40 \sin(7t - 20°)$。

13.11 試求下列相量的正弦函數：

    (a) $20\angle 45°$，(b) $100\angle -10°$，(c) $5\angle 90°$，每個角頻率都是 $\Omega = 6$ rad/s。

13.12 兩弦波電流 $i_1 = 1.5 \sin(377t + 30°)$ A 和 $i_2 = 0.4 \sin(377t - 45°)$ A 試求此兩弦波電流之差。

13.13 有一元件具有時域中的電壓及電流分別是：$v = 100 \sin(2t + 60°)$ V 及 $i = 5 \sin(2t + 15°)$ A，試求它的阻抗 Z。

13.14 (a) 若頻率 $\omega = 5$ rad/s，試求 $10H$ 電感器的阻抗。

(b) 若頻率 $\omega = 10000$ rad/s，試求 $10\mu F$ 電容器的阻抗。

13.15 若有一元件阻抗 $Z = 10\angle 45°$ Ω，電壓 $v = 40 \sin(6t + 10°)$ V，試求它的相量電流和它的時域電流。

13.16 若有 2H 電感器具有 $j1000\Omega$ 的阻抗，試求其頻率 ω。

13.17 如圖(1)所示電路，若 $R = 4\Omega$、$L = 2H$ 和 $C = 0.5F$，且 $v_s = 10 \sin 2t$ V，試求電流 i。

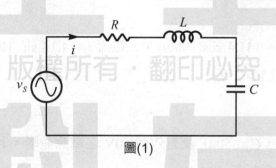

圖(1)

13.18 如圖(2)所示，若 $Z_1 = R = 5\Omega$、$Z_2 = j\omega L = j12\Omega$ 和 $V_s = 26\angle 0°$ V，試求出 I。(這是 RL 時域電路的相量電路)

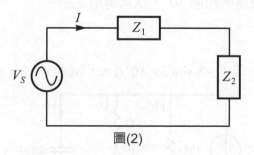

圖(2)

13.19 一 RC 並聯電路，在頻率 f_1 時阻抗為 $1+j7\Omega$，在頻率 f_2 時阻抗為 $10-j20\Omega$，試求其頻率比 $\dfrac{f_1}{f_2}$ 之值。

13.20 如圖(3)所示之電路，當 $\omega = 1000$ rad/s 時，其輸入阻抗為 $6-j8\Omega$，欲使輸入阻抗為純電阻性，則應並聯多電感器？

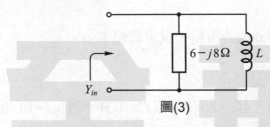

圖(3)

13.21 一元件之電壓 $v = 141.4 \cos(1000t)$ V，電流 $i=14.14 \sin(1000t)$A，試求此元件為何種元件？其值為多少？

13.22 一電路 $R = 30\Omega$，$C = 50\mu$F 及有效值 60V 之電源並聯，若電路總電流有效值為 2.5A，試求電源之頻率 f。

13.23 一 RLC 串聯電路，已知 $L = 10$mH，$C = 40\mu$F。加一角頻率 $\omega = 1000$rad/s 的交流電源，發現電流較電壓超前 $30°$，試求電阻之值。

13.24 如圖(4)所示電路，若 $i_s = 8 \sin(2 \times 10^6 t)$ A，試求 v，i_1，i_2，i_3 之值。

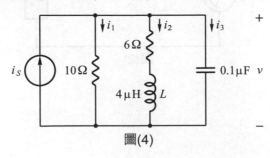

圖(4)

習題
演練

Chapter 14

基本交流電路

14.1 如圖 14.1 所示電路中，若 $L = 0.2$H，$v_s = 17 \sin(2000t)$ V，試求當電阻為何值時，將使得阻抗的相角為 30°？

14.2 如圖(1)所示電路，(a)在何頻率下，阻抗的相角為 45°，(b)當工作頻率為 200Hz 時，試求其阻抗。

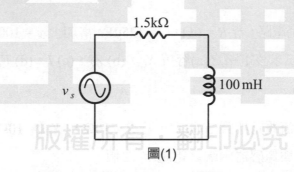

圖(1)

14.3 有一 RL 串聯交流電路，連接至 100V、159Hz 之電源電壓，若測得電流電源為 5A，電阻兩端電壓為 60V，試求電感量之值。

14.4 有一 10mH 電感器與 10Ω電阻器串聯接於 $v = 200 \sin(1000t + 60°)$ V 之電壓電源，試求該電路之(a)感抗 X_L，(b)總阻抗 Z_T，(c)結果以極坐標表示，(d)電流 i。

14.5 如圖 14.2 所示電路，若 $R = 3.3$kΩ，$C = 2.2$μF，且 $v_s = 18 \sin(240t + 45°)$ V，試求其總阻抗 Z_T。

14.6 如圖(2)所示之 RC 串聯交流電路，若 $R = 12\Omega$，$C = 62.5\mu F$，當加上 $v = 60 \sin(1000t - 53.1°)$ V 之電源電壓，試求該電路之(a) X_C，(b) Z_T，(c) i，(d)由所求之結果驗證 v。

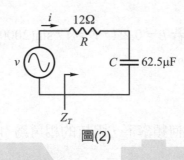

圖(2)

14.7 有一 RC 串聯交流電路，若 $R = 6\Omega$，$C = 125\mu F$，當加上 $v = 100 \sin(1000t - 60°)$ V 之電源電壓時，試求該電路之(a)容抗 X_C，(b) Z_T，(c) I，(d) V_C，(e) V_R。

14.8 有一 RLC 串聯交流電路如圖(3)所示，若 $R = 10\Omega$，$|X_L| = 10\Omega$，$|X_C| = 20\Omega$，試求電路總阻抗 Z_T 與電感器兩端之電壓 V_L 之值。

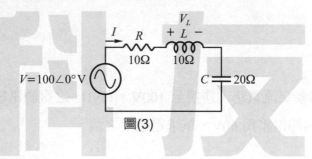

圖(3)

14.9 如圖(4)所示電路，外加電壓為 $50\angle 0°$ V，(a)試求其電流，(b)試求每一電壓降。

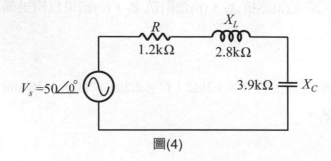

圖(4)

14.10 如上題所示電路，若 $R = 8\Omega$，$|X_L| = 10\Omega$，$|X_C| = 4\Omega$，$V_s = 120V$，試求(a)電路總阻抗 Z_T，(b)各元件之壓降，(c)相位角。

14.11 RLC 串聯交流電路，若 $R = 10\Omega$，$L = 0.02H$，$C = 100\mu F$，外接電壓電源 $v = 100 \sin(1000t + 60°)$ V，試求電路之(a)總阻抗 Z_T 與電路特性，(b)總電流 I 與 i，(c)各元件電壓。

14.12 有一 RLC 串聯交流電路如圖(5)所示，已知外加電壓電源 v 之角速度 $\omega = 10^3$ rad/sec，$L = 0.1H$，$R = 80\Omega$，在此電路測得電流 I 為 $1\angle30°$A，電容兩端電壓為 $|V_C| = 160V$，試求(a) V_L，(b) V_C，(c) V_R，(d) V，(e) v，(f)總阻抗 Z_T。

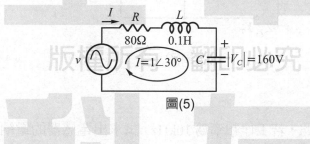

圖(5)

14.13 試求下列各元件之導納：

(a) 5Ω電阻器。

(b) 5mH 電感器且頻率 $f = 60Hz$。

(c) 0.2μF 電容器且 $\omega = 1.25 \times 10^6$ rad／s。

14.14 若電路的阻抗為 $Z_T = 12 - j8\Omega$，試求其導納，其結果並分別以極座標型式與直角座標表示之。

14.15 試求出如圖(6)所示電路之總阻抗 Z_T 與總導納 Y_T。

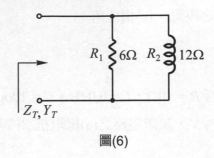

圖(6)

14.16 試求圖(7)所示電路之總阻抗 Z_T 與總導納 Y_T。

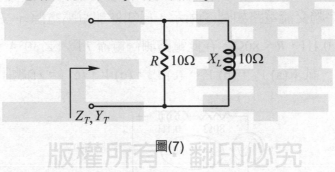

圖(7)

14.17 如圖(8)所示之電路，若工作頻率為 10kHz，試求出電感器的電納及電路的阻抗。

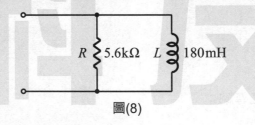

圖(8)

14.18 如圖(9)所示 RL 並聯交流電路，若 $R = 10\Omega$，$X_L = 10\Omega$，$V_s = 50\angle 0°\text{V}$，試求 (a)總導納 Y_T，(b)總阻抗 Z_T，(c)總電流 I_T，(d)電阻電流 I_R，(e)電感電流 I_L。

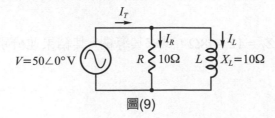

圖(9)

14.19 如圖(10)所示 RL 並聯交流電路，若 R = 3Ω，L = 4mH，當加入

v_s = 24 sin(1000t) V 之電壓電源，試求該電路之(a) G，(b) B_L，(c) Y_T，(d) I_R，(e) I_L，

(f) I_T，(g)電路特性。

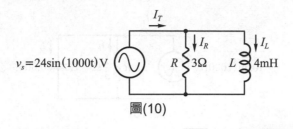

圖(10)

14.20 如圖(11)所示電路，試求在(a) 500Hz，(b) 10kHz 時，計算其各別的導納。

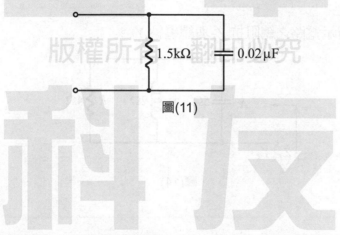

圖(11)

14.21 如圖(12)所示電路，若工作頻率為 2kHz，試求其串聯等效阻抗值。

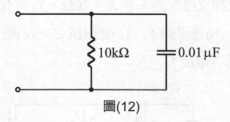

圖(12)

14.22 如圖(13)所示之 RC 並聯交流電路，若 $R = \frac{1}{3}\Omega$，$C = 0.004F$，當加入電壓電源

$v_s = 10 \sin(1000t)$ V 時，試求該電路之(a) G，(b) B_C，(c) Y_T，(d) I_R，(e) I_C，(f) I_T。

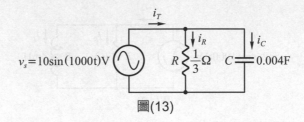

圖(13)

14.23 如上題圖示，若 $R = 20\Omega$，$X_C = 50\Omega$，$V_s = 100\angle 0°$，試利用分流法計算

(a) I_R，(b) I_C，(c) I_T，(d) Z_T，(e) Y_T。

14.24 試求圖(14)所示電路之總阻抗 Z_T 與總導納 Y_T。

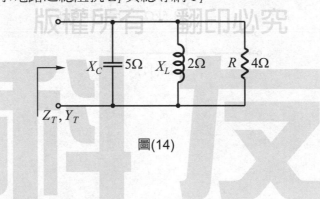

圖(14)

14.25 如圖(15)所示 RLC 並聯交流電路，若 $R = 10\Omega$，$X_L = 10\Omega$，$X_C = 5\Omega$，試求(a)總
電納 B_T 與電路特性，(b)總導納 Y_T，(c)總阻抗 Z_T，(d)總電流 I_T，(e)電阻電流 I_R，
(f)電感電流 I_L，(g)電容電流 I_C。

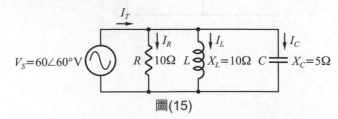

圖(15)

14.26 如圖(16)所示 RLC 並聯交流電路，若 $R = \frac{1}{3}\Omega$，$L = \frac{1}{4}$mH，$C = \frac{1}{125}$F，當加入

$v_s = 2\sin(1000t)$ V 之電壓電源時，試求(a) Y_T，(b) I_R，(c) I_L，(d) I_C，(e) I_T，(f)相位差 θ。

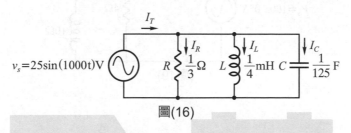

圖(16)

14.27 如圖(17)所示為 RLC 等效交流電路，設並聯阻抗 $Z_1 = 3 + j4\Omega$，$Z_2 = 10\angle53.1°\Omega$，若電流 $I = 12\angle0°$ A，試求該電路之(a) I_1，(b) I_2，(c) V，(d) V 與 I 之相位差 θ。

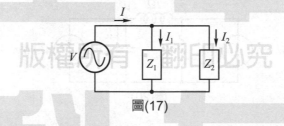

圖(17)

14.28 設容抗為 1.2kΩ與一 10kΩ電阻器並聯，(a)試求電路阻抗之相角，(b)求以何串聯電阻值代替 10kΩ之並聯電阻器，以導致相同的相位偏移。

14.29 如圖(18)所示之電路，試求電路之總導納與阻抗。

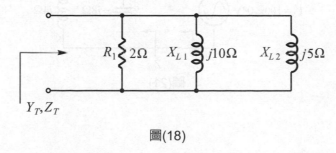

圖(18)

14.30 如圖(19)所示 *RLC* 串並聯混合交流電路，試求(a)總阻抗 Z_T，(b)總電流 I_T，(c) I_1。

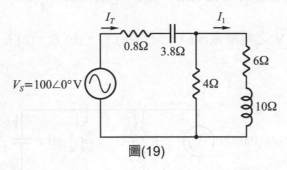

圖(19)

14.31 如圖(20)所示 *RLC* 串並聯混合交流電路，(a)試用節點分析法列出 V_1、V_1 之方程式並求解 V_1、V_2 之值，(b)試計算 I_C 之值。

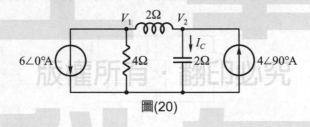

圖(20)

14.32 如圖(21)所示為 *RLC* 串並聯混合交流電路，試求該電路之(a) Z_{ab}，(b) Z_T，(c) I，(d) V_{ab}，(e) I_1，(f) I_2。

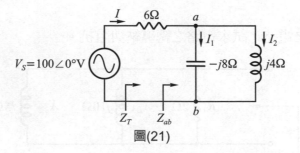

圖(21)

習題
演練

Chapter 15
交流穩態分析

15.1 (a) 一只 100μH 之電感器，當工作於 400kHz 時，其內阻 R_O 為 3.14Ω，試求電感器之 Q 值。

　　(b) 若其與 $R = 33.3$Ω串接，試求此串聯 RL 電路之 Q 值。

15.2 一 100pF 電容器之 Q 值為 900，當其工作於 20MHz 時，試求出其等效之串聯電阻值。

15.3 有一電壓 $v_1 = 10 \sin(2t + 10°)$ V，而另一電壓 v_2 分別是(a) $3 \sin(2t + 10°)$V，
(b) $4 \sin(2t - 25°)$ V，(c) $8 \sin(2t + 30°)$ V，試求 v_1 超前 v_2 多少度。

15.4 跨於某一負載元件之電壓為 $v = 100 \sin(628t + 90°)$ V，且流經之電流為
$i = 0.8 \sin(628t)$ A，試問該負載元件是何元件？

15.5 若 $v_1 = (\cos 4t + \sqrt{3} \sin 4t)$ V，$v_2 = (3 \cos 4t + 4 \sin 4t)$ V，試求 v_1 與 v_2 間之相位關係。

15.6 若 $|Z| = 10$Ω，$I = 4∠0°$ A，且電流落後電壓 30°，試求相量電壓。

15.7 如下圖(1)所示電路，若 $\omega = 500$ rad/s，試求其等效阻抗 Z_T。

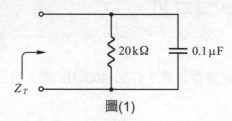

圖(1)

15.8 如下圖(2)所示電路，若 $\omega = 1000$ rad/s，試求其等效阻抗 Z_T。

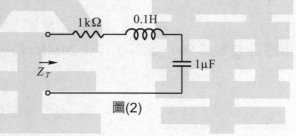

圖(2)

15.9 如下圖(3)所示電路，若 $v_s = 100 \sin 3t$ V，試求電路中的穩態電流 i。

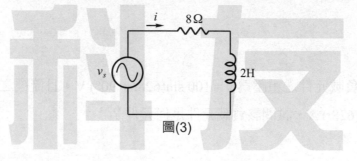

圖(3)

15.10 試求下圖(4)中，由輸入端看入之等阻抗 Z。

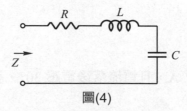

圖(4)

15.11 試下圖(5)中的 Z_T。

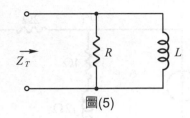

圖(5)

15.12 如下圖(6)所示電路，若 $v_S = 10 \sin 2t$ V，試求穩態的 v 和 i 之值。

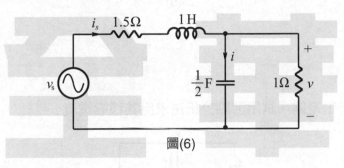

圖(6)

15.13 如下圖(7)所示電路，若欲使 R 之端電壓大小為 40V，則 R 應為何值？

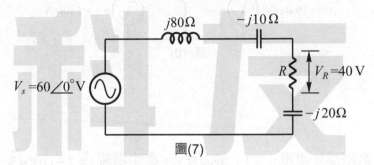

圖(7)

15.14 如下圖(8)所示電路，試用節點分析法求出穩態節點電壓 v。

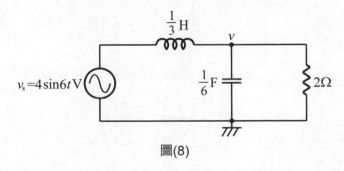

圖(8)

15.15 試以節點分析法求出下圖(9)電路的節點電壓 v_2。

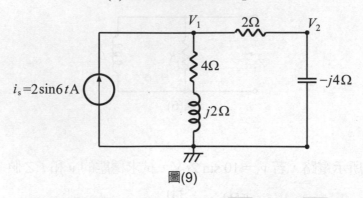

圖(9)

15.16 如下圖(10)所示電路,試用節點分析法求出其穩態電流 i。

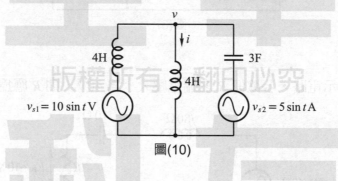

圖(10)

15.17 一條性負載兩端加電壓 $v_s = 1 + \cos\sqrt{3}t$ V,產生電流 $i = 2 + \cos(\sqrt{3}t - 60°)$ A,試求其負載為何種電路?

15.18 如下圖(11)所示電路,試利用網目分析法求其穩態電流 i_1 和 i_2 之值。

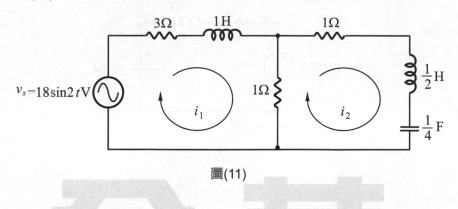

圖(11)

15.19 試利用網目分析法,求例題 15.8 所示電路之穩態電壓 v_3 之值。

15.20 如下圖(12)所示電路,試利用相量圖解法求 I。

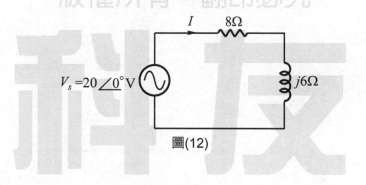

圖(12)

15.21 如下圖(13)所示電路,試利用相量圖解法求 V。

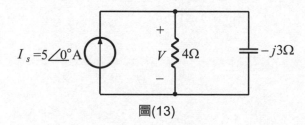

圖(13)

15.22 如下圖(14)所示串聯電路，試利用相量圖解法求 I、V_R、V_L 和 V_C。

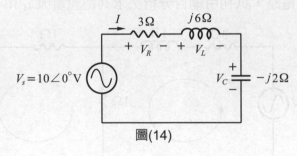

圖(14)

15.23 如下圖(15)所示並聯電路，試利用相量圖解法求 V、I_R、I_L 和 I_C。

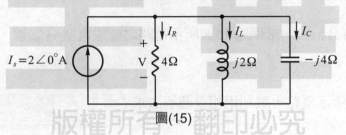

圖(15)

習題
演練

Chapter 16

交流網路理論

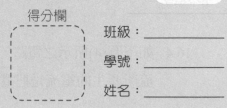

基本電學

得分欄

班級：＿＿＿＿＿＿

學號：＿＿＿＿＿＿

姓名：＿＿＿＿＿＿

16.1 如下圖(1)所示電路，試利用重疊定理求穩態電流 i。

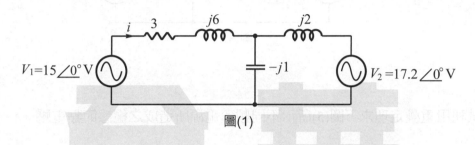

圖(1)

16.2 如下圖(2)所示之電路，若 $Z_1 = 30\angle40° \ \Omega$，$Z_2 = 100\angle20° \ \Omega$，$Z_3 = 20\angle60° \ \Omega$，試以重疊定理求流經每一阻抗之電流(以相量表示)。

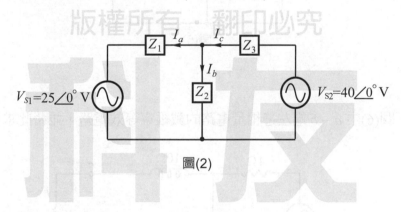

圖(2)

16.3 如下圖(3)所示之電路，試利用重疊定理求出其穩態電流 i。

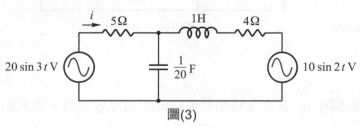

圖(3)

16.4 如下圖(4)所示之電路，試求其穩態電流 i。(提示：使用重疊定理，且由直流電流所產生的電流是把電感器及交流電源短路，而電容器以開路取代)

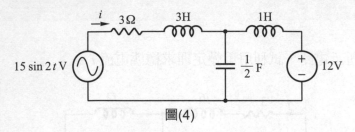

圖(4)

16.5 試利用重疊定理求下圖(5)所示不同頻率電源所造成之穩態節點電壓 v。

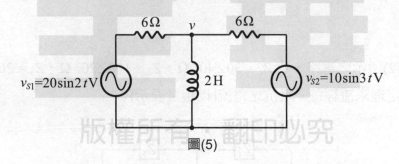

圖(5)

16.6 試求下圖(6)中 $a-b$ 端左邊相量電路的戴維寧等效電路，並藉此求相量電流 I。

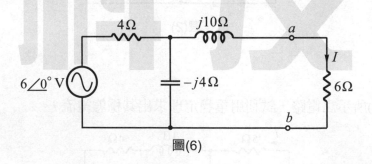

圖(6)

16.7 試求 16.6 題圖中 $a-b$ 端左邊相量電路的諾頓等效電路，並求相量電流 I。

16.8 如下圖(7)所示之電路，試求 $a-b$ 兩端左邊之戴維寧等效電路。

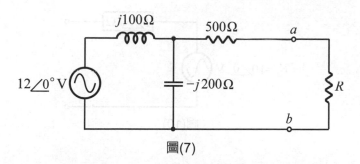

圖(7)

16.9 如下圖(8)所示之電路，試求由電感器兩端看入之戴維寧等效電路，然後再由此求出電感器之相量電壓 V_L。

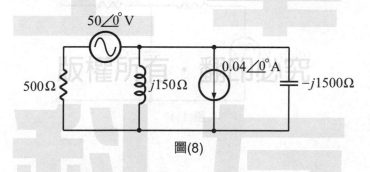

圖(8)

16.10 試求圖(9)所示電路圖由 $a-b$ 端向左看入之諾頓等效電路。

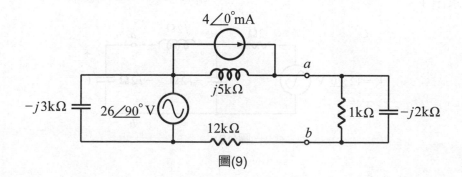

圖(9)

16.11 試將下圖(10)中電壓源轉換等效電流源。

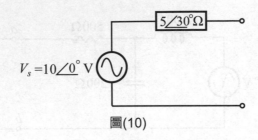

圖(10)

16.12 使用電源連續轉換法，求下圖(11)中電路的戴維寧和諾頓等效電路。

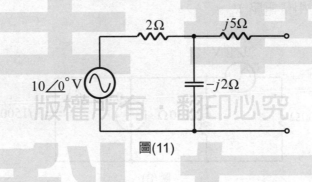

圖(11)

16.13 如下圖(12)所示電路，試用電源轉換法把 a、b 端左方以戴維寧等效電路取代，並求出 V。

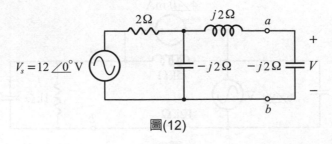

圖(12)

16.14 如下圖(13)所示電路，試把兩電壓源以電流源取代後，求出 V。

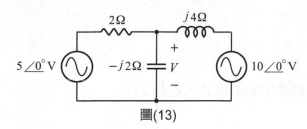

圖(13)

16.15 在圖 16.5(a)Y 型網路中各元件阻抗是：

$Z_1 = j10 \ \Omega$

$Z_2 = 10 + j10 \ \Omega$

$Z_3 = -j4 \ \Omega$

試求等效 Δ 型網路中的阻抗 Z_A、Z_B 和 Z_C。

16.16 在圖 16.5(a) Y 型網路中各元件阻抗是：

$Z_1 = 1 - j2 \ \Omega$

$Z_2 = j5 \ \Omega$

$Z_3 = 1 + j2 \ \Omega$

試求等效 Δ 型網路中的阻抗 Z_A、Z_B 和 Z_C。

16.17 在圖 16.5(b)Δ 型網路中各元件阻抗是：

$Z_A = 2 - j4 \ \Omega$

$Z_B = j6 \ \Omega$

$Z_C = -j2 \ \Omega$

試求等效 Y 型網路中的阻抗 Z_1、Z_2 和 Z_3。

16.18 在圖 16.5(b)Δ 型網路中各元件阻抗是：

$Z_A = j4 \ \Omega$

$Z_B = -j6 \ \Omega$

$Z_C = 4 + j2 \ \Omega$

試求等效 Y 型網路中的阻抗 Z_1、Z_2 和 Z_3。

16.19 試求下圖(14)中所示電路之等效阻抗 Z_T，若各元件阻抗是：

$Z_1 = \dfrac{2 + j1}{2} \ \Omega$

$Z_2 = Z_3 = Z_4 = 1 - j1 \ \Omega$

$Z_5 = Z_6 = j3 \ \Omega$

把 a、b、c 三端點之 Y 型連接中的 Z_2、 Z_3、Z_4 以它的等效 Δ 型所取代，並求 Z_T。

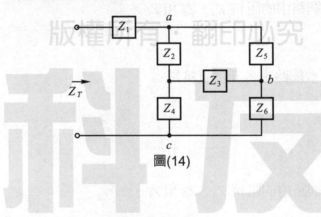

圖(14)

16.20 如圖(14)中的電路，使用 Δ→Y 或 Y→Δ 轉換，試求 Z_T。各元件阻抗是：

$Z_1 = 4 + j2 \ \Omega$， $Z_4 = -j2 \ \Omega$

$Z_2 = j4 \ \Omega$， $Z_5 = -j3 \ \Omega$

$Z_3 = 1 + j1 \ \Omega$， $Z_6 = j\dfrac{3}{2} \ \Omega$

習題
演練

Chapter 17

交流電路之功率

17.1 若在 10Ω 電阻器上的電流為 $i = 0.5 \sin(2\pi \times 100t)$ A，試求在 $t = 1$ms 時的瞬時功率。

17.2 試求圖(1)在頻率為 ω 時的輸入阻抗 Z，若輸入電壓為 $v_s = 10 \sin \omega t$ V，且電路是在弦波穩態下，試求送至電路上的瞬時功率為何？

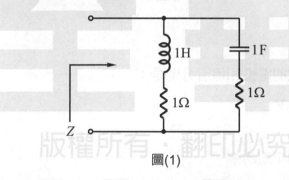

圖(1)

17.3 有一交流電路，電源電壓為 $v = 50\sqrt{2} \sin(377t - 30°)$ V，電流為 $v = 2\sqrt{2} \sin(377t - 30°)$ A 時，試求：(a)瞬時功率 P，(b)瞬時最大功率 P_{max}，(c)瞬時最小功率 P_{min}，(d)瞬時功率之頻率 f_p。

17.4 有一交流電路，電源電壓為 $v = 20\sqrt{2} \sin(100t - 30°)$ V，電流為 $i = 5\sqrt{2} \sin(100t - 30°)$ A 時，試求：(a) P，(b) P_{max}，(c) P_{min}，(d) f_p。

17.5 交流穩態電路，其電壓及電流分別為 $v = V_m \sin \omega t$ V，$i = I_m \sin (\omega t - 0)$ A，試求其平均功率 P_{av}。

17.6 若電流的均方根值是 2A，試求供給負載阻抗爲 $Z = 4 + j3$ Ω的平均功率。

17.7 試求圖(2)所示電路電源所供給的交流穩態平均功率。

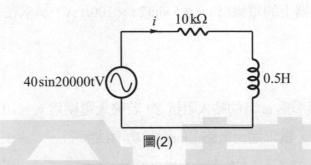

圖(2)

17.8 於時域中有一負載的電壓和電流分別是：

$v = 10 \sin(2t + 75°)$ V

$i = 2 \sin(2t + 15°)$ A

試求供給予負載的平均功率。

17.9 若一電阻爲 2Ω，其電壓爲 $v_R = 8 \sin \omega t$ V，試求其平均功率。

17.10 如圖(3)所示之交流電路，若負載 $R = 50$Ω，當接於 $v = 100\sqrt{2} \sin(377t)$ V 之電源電壓時，試求該電路之：(a)平均功率 P_{av}，(b)瞬時最大功率 P_{max}，(c)瞬時最小功率 P_{min}，(d)瞬時功率頻率 f_p。

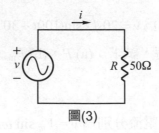

圖(3)

17.11 如圖(4)所示之電路，若 $v = 20\sqrt{2}\sin(314t + 60°)\,\text{V}$，試計算：

(a) P，(b) P_{max}，(c) P_{min}，(d) P_{av}，(e) f_p。

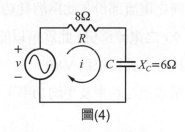

圖(4)

17.12 試求由 100Ω電阻器及 0.1H 電感器串聯在一起負載之功率因數，若頻率 $\omega = 500\,\text{rad/sec}$。

17.13 負載由 230V 電力線取用 20A 的電流，試求其視在功率。

17.14 如圖(5)所示 RLC 串聯電路，試求由電源看入之功率因數。

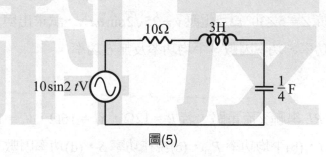

圖(5)

17.15 (a) 若 $v = 16\sin\omega t\,\text{V}$，$i = 0.4\sin(\omega t + 60°)\,\text{A}$，試求負載中的視在功率。

(b) 試求負載所消耗的平均功率。

(c) 試求該負載的功率因數。

17.16 一電路之阻抗為 $150\angle 30°$ Ω，外加電壓為 $230\angle 0°$ V，

    (a) 試求電源電流。

    (b) 計算與電源電壓相同之電流部份，此為消耗功率之電流部份。

    (c) 計算落後於電壓源 90° 之電流部份，此為用以能在電源與負載間作能量交換的電流部份，為電抗性，其單位為 VAR。

    (d) 由上述所得結果，試求視在功率及平均功率。

17.17 有一負載吸收了 20kW 的平均功率，若無效功率分別是(a) $Q = 500$ VAR，
(b) $Q = -20$ kVAR，試求其功率因數。

17.18 有一負載吸收了 10 kW 的平均功率，若無效功率分別是
(a) $Q = 0$ VAR，(b) $Q = 5$ kVAR，試求其功率因數。

17.19 有一負載阻抗 $Z = 5\angle 30°$ Ω 及電壓 $v = 25\sqrt{2}\sin\omega t$ V，試求出與負載相結合的複數功率、視在功率、功率因數、平均功率及無效功率。

17.20 如圖(6)所示 RL 串聯交流電路，若 $R = 12$Ω，$X_L = 16$Ω，$V_s = 100\angle 0°$V，試求：
(a)電路電流 I，(b)平均功率 P_{av}，(c)視在功率 S，(d)功率因數 PF。

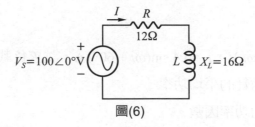

圖(6)

17.21 如圖(7)所示 RC 串聯交流電路，若 $v_s = 50 \sin(1000t + 30°)$ V，試求其無效功率 Q。

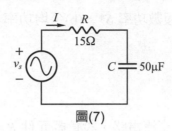

圖(7)

17.22 若一負載之阻抗為 $Z = 10\angle15°$ Ω，電壓 $v = 50\sqrt{2} \sin \omega t$ V，試求負載之複數功率、視在功率、功率因數、平均功率及無效功率。

17.23 有功率因數 0.9 落後及吸收 1kW 平均功率負載，試求複數功率。

17.24 如圖(8)所示電路，試求其總平均功率、總無效功率、總視在功率、功率因數及繪其功率三角形。

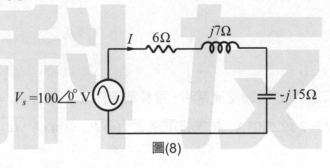

圖(8)

17.25 在一交流電路，若電源供應的複數功率 $S^* = 1000\angle60°$ VA，試求該電路之：
(a)平均功率 P_{av}，(b)無效功率 Q。

17.26 某交流電路，當加入 $V = 20 - j10$ V 電壓電源時，若產生 $I = 10 + j5$ A 之電源電流，試求該電路之：(a)複數功率 S^*，(b)平均功率 P_{av}，(c)無效功率 Q，(d)功率因數 PF。

17.27 如圖(9)所示之 RLC 串聯交流電路，設負載元件 $R = 3\Omega$，$X_L = 8\Omega$，$X_C = 4\Omega$，若流經電流 $i = 10\sqrt{2}\sin(377t)$ A，試求該電路之：

(a) P_{av}，(b) Q_L，(c) Q_C，(d) Q，(e) S，(f) PF。

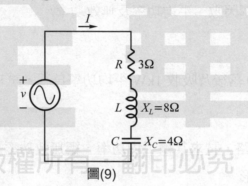

圖(9)

17.28 如圖(10)所示之 RLC 並聯交流電路，設負載元件 $R = 60\Omega$，$X_L = 20\Omega$，$X_C = 30\Omega$，若流經電流 $I = 2\sqrt{2}\angle30°$ A，試求該電路之：(a) P_{av}，(b) Q_L，(c) Q_C，(d) Q，(e) S，(f) PF。

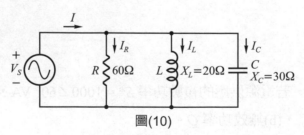

圖(10)

17.29 如圖(11)所示之 RLC 串並聯交流電路，試求該電路之：

(a) S，(b) P_{av}，(c) Q，(d) PF。

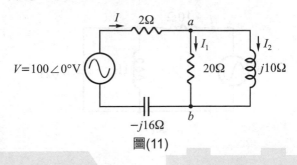

圖(11)

17.30 如圖 17.8 中，若電壓源 $V_s = 40\sqrt{2}\angle 0°$ V，和 $Z_s = 10 + j10$ Ω，試求負載 Z_L 所能取用的最大功率。

17.31 如 17.30 題中負載分別為(a) $Z_L = 10 - j9$ Ω與(b) $Z_L = 9 - j10$ Ω，試求出它們所吸收的功率。

17.32 如圖(12)所示之電路，若負載 Z_L 係由純電阻 R_L 組成，試求當負載可以得到最大功率輸出時 R_L 的值，並決定負載上最大功率 $\max P_{av}$ 及電源所送出的平均功率 $P_{s,av}$。

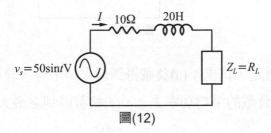

圖(12)

17.33 如圖(13)所示之電路中，若其輸入 $v_s = 10 \sin 5t$ V，試求 10Ω電阻器所吸收的平均功率為何？

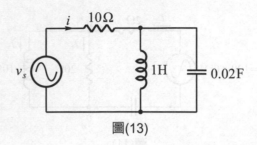

圖(13)

17.34 如圖(14)所示之電路，若 $V_s = 60\angle 0°$ V，$Z_s = 10 + j6$ Ω，試求最大功率轉移的 Z_L 值，及電源輸出的最大功率。

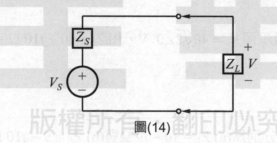

圖(14)

17.35 如圖(15)所示之電路，試求：(a)負載得到最大功率時，負載阻抗 Z_L 應為何值？ (b)由電源送出至負載的平均功率 $P_{s,av}$，(c)負載得到之最大功率 max P_{av}。

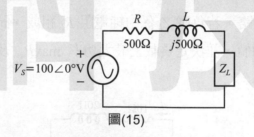

圖(15)

17.36 如圖(16)所示之電路，試求：(a)負載得到最大功率時，負載阻抗 Z_L 應為何值？ (b)由電源送出至負載的平均功率 $P_{s,av}$，(c)負載得到之最大功率 max P_{av}。

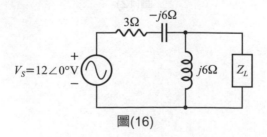

圖(16)

習題
演練

Chapter 18

諧振電路與濾波器

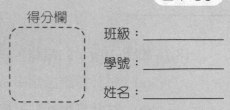

基本電學

得分欄

班級：＿＿＿＿＿

學號：＿＿＿＿＿

姓名：＿＿＿＿＿

18.1 如圖 18.2 所示之 RLC 並聯電路中，若 $R = 50\text{k}\Omega$，$L = 4\text{mH}$，$C = 10\mu\text{F}$，當輸入 $I = 2\angle 0°$ mA 時，試求其諧振頻率及諧振時輸出電壓振幅 $|V|$ 的值。

18.2 RLC 並聯諧振電路如圖(1)所示，若輸入相量為 I_S，響應相量為 I_R，試求其網路函數 $H(j\omega)$ (用 Q 及 ω_0 表示)。

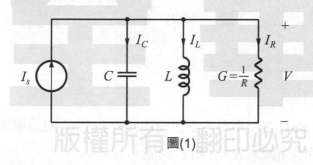

圖(1)

18.3 如圖(1)所示之 RLC 並聯電路，電路中若 $L = 100\text{mH}$ 及 $I_s = 20\angle 0°$ mA，在 1500Hz 的諧振頻率時，若電壓振幅的峰值是 $|V| = 100\text{V}$，試 R 和 C 之值。

18.4 如圖(1)所示之 RLC 並聯電路中，若 $C = 0.01\mu\text{F}$ 及諧振發生在 2 kHz 時，試求電路所需之電感值。

18.5 在 RLC 並聯諧振電路中，若 $R = 5$ kΩ，$L = 5\text{mH}$ 及 $C = 0.02\mu\text{F}$，試求 ω_0，BW，Q 及上下半功率點。

18.6 某 RLC 並聯諧振電路若包含 $C = 0.25\mu\text{F}$ 及 $L = 4\text{H}$，則 R 應為何值才能使，
(a) $Q = 100$，(b) BW = 40 (rad/s)，(c) $\omega_1 = 984$(rad/s)，(d) $\omega_O = 1100$ (rad/s)。

18.7 如圖(2)所示的電路,係由線性非時變元件所組成,

    (a) 試計算諧振頻率 ω_O 和 Q 值。

    (b) 試計算驅動點阻抗 $Z(j\omega)$。

    (c) 試計算 $\dfrac{\omega}{\omega_O}=1+\dfrac{3}{2}Q$ 時阻抗的大小與相角。

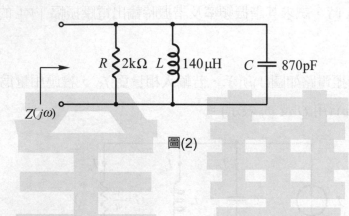

圖(2)

18.8 (a) 圖(3)所示為 RLC 並聯電路的諧振曲線[$|Z(j\omega)|$ (以Ω為單位)對 ω (以 rad/s 為單位)]試求 R, L 和 C 的值。

    (b) 欲在諧振頻率為 20kHz 時得到諧振, $|Z(j\omega)|$ 的最大為 0.1MΩ,試求 R, L 和 C 的新值。

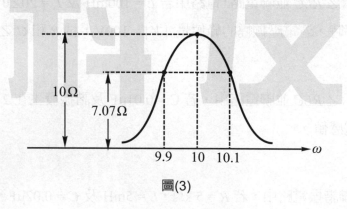

圖(3)

18.9 在 RLC 串聯電路中,若 $C = 20\mu\mu F$ 及 40kHz 時,產生諧振,試求所需電感器的電感量。

18.10 對於下列每一組 L 及 C 的值，試求其串聯諧振頻率。

若(a) $L = 22\mu H$，$C = 47pF$，及(b) $L = 40mH$，$C = 0.01\mu F$。

18.11 在 RLC 串聯電路中，(a)若 $C = 20\mu F$ 及在 40kHz 時發生諧振，(b)若 $C = 56pF$ 及在 9.3MHz 時發生諧振，試求所需電感器的電感量。

18.12 一串聯諧振電路需調諧於 4.1 至 5.8MHz 的頻率範圍，所用電感器的電感值為 $25\mu H$，試求所需之最大及最小的電容量。

18.13 在 RLC 串聯諧振電路中，若 $R = 100\Omega$，$L = 0.1H$ 及 $C = 0.1\mu F$，試求諧振頻率(f_O)，頻帶寬度(BW)，品質因數(Q)及上下半功率頻率點。

18.14 如圖(4)所示之 RLC 串聯諧振電路，試求諧振頻率及電流振幅的峰值。

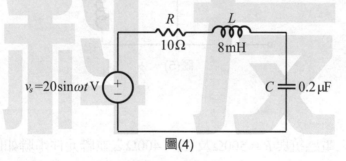

圖(4)

18.15 一 RLC 串聯諧振電路之頻帶寬度為 500Hz，設其諧振頻率為 5kHz，試求：

(a)品質因數 Q，(b)若 $R = 20\Omega$時的 L 與 C 值。

18.16 在 RLC 串聯電路中，若 $R = 100\Omega$，$L = 0.1\text{H}$，$C = 0.1\mu\text{F}$，試求
(a)諧振頻率 ω_O，(b)頻帶寬度 BW，(c)品質因數 Q，(d)截止點頻率。

18.17 在 RLC 串聯電路中，若 $R = 10\Omega$，$L = 8\text{mH}$，$C = 0.2\mu\text{F}$，$V = 20\angle 0°$ V，試求其
諧振頻率及電流振幅的峰值。

18.18 在 RLC 串聯電路中，其諧振頻率爲 5Mrad/s，其中一個半功率角頻率爲
4.5Mrad/s，若電容器 $C = 0.01\mu\text{F}$，試求其 Q，BW，L，R 之值。

18.19 如圖(5)所示之電路，試求其諧振頻率及 Q 值。

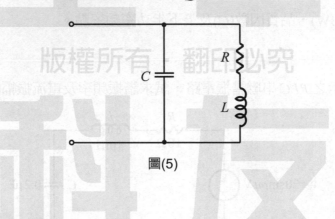

圖(5)

18.20 X_L 爲 250Ω 之電感抗與 $R = 500\Omega$ 及 $X_C = 400\Omega$ 之並聯元件串聯如圖(6)所示，頻率
爲 20kHz，試以 R，f，X_C 導出 f_O 之方程式，並計算 f_O 之值。

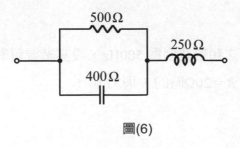

圖(6)

18.21 試求圖(7)電路之諧振角頻率。

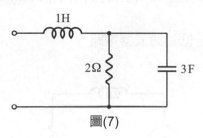

圖(7)

18.22 試求圖(8)電路之諧振角頻率。

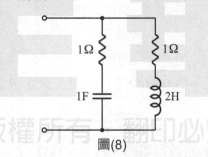

圖(8)

18.23 一 *RC* 低通濾波器之 *R* 值為 10Ω，*C* 值為 1μF，如圖(9)所示，試求其三分貝高值 f_H 之值。

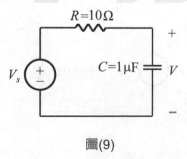

圖(9)

18.24 如上題所示之電路，試求圖(10)電路的網路函數 $H(j\omega) = \dfrac{V}{V_S}$ 以及藉著求振幅及截止頻率來證明此電路是低通濾波器電路。

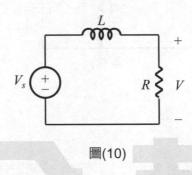

圖(10)

18.25 如上題所示電路，若 $f_H = 2000\text{Hz}$，$L = 0.1\text{H}$，試求 R 之值。

18.26 如例題 18.6 所示之低通濾波器電路，若 $R = 1\text{k}\Omega$，$L = 20\text{ mH}$ 及 $C = 0.01\mu\text{F}$ 試求 f_H 之值。

18.27 一 RC 高通濾波器之 R 值為 10Ω，C 值為 $4\mu\text{F}$，如圖(11)所示，試求其三分貝低 f_L 頻之值。

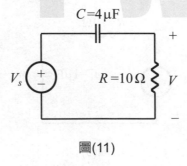

圖(11)

18.28 如圖(12)所示之高通濾波器電路，若 $R = 2\text{k}\Omega$，$L = 8\text{mH}$，及 $C = 1\text{nF}$，試求該電路的截止點 f_L 之值。

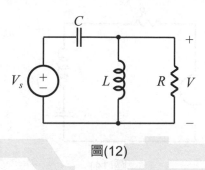

圖(12)

18.29 如上題之電路中，若 $R^2 = \dfrac{L}{2C}$ 試證明其振幅為 $|H(j\omega)| = \dfrac{1}{\sqrt{1 + \dfrac{1}{\omega^4 L^2 C^2}}}$，截止點

為 $\omega_L = \dfrac{1}{\sqrt{LC}}$，若 $C = 0.01\mu\text{F}$ 及 $\omega_L = 10000$ (rad/s)，使用此結果去求 L 之值。

18.30 如圖(13)所示之電路，欲設計其截止頻率為 60Hz，試求 C 之值。

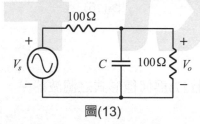

圖(13)

18.31 如圖(14)所示的帶拒濾波器中，若 $R = 20\Omega$，$L = 0.02\text{H}$，和 $C = 0.5\mu\text{F}$，試求 f_O，
BW 及 Q 值。(以 Hz 表示)

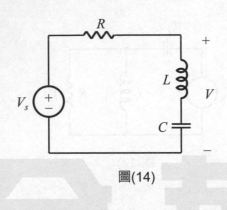

圖(14)

18.32 應用上題之結果，試求圖(15)所示之帶拒濾波器電路的諧振頻率。若 $R = 20\Omega$，
$L = 1\text{mH}$，$C = 4\mu\text{F}$，$R_L = 10\Omega$ 且當輸入為 $v_s = \sin \omega t$ V 諧振時之輸出電壓 v_O 之值。

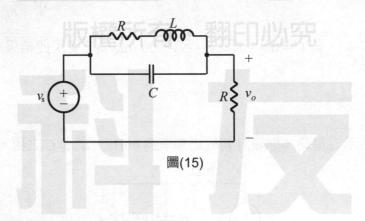

圖(15)

18.33 試判斷(a)圖(16)，(b)圖(17)為何種形式之濾波器。

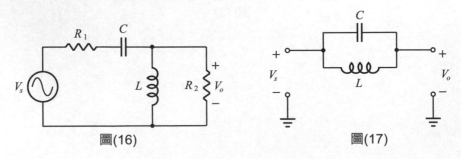

圖(16)　　　　　　　　　圖(17)

基本電學

習題
演練

Chapter 19

耦合電感器與變壓器電路

得分欄

班級：＿＿＿＿＿＿

學號：＿＿＿＿＿＿

姓名：＿＿＿＿＿＿

19.1 如例題 19.1 所示之耦合電感器，若圖中 $L_1 = 2H$，$L_2 = 5H$，$M = 3H$，電流 i_1 和 i_2 之變化率分別為 $\dfrac{di_1}{dt} = 10A/S$，$\dfrac{di_2}{dt} = -2A/S$，試求 v_1 和 v_2。

19.2 試求圖(1)中相量電流 I_1 及 I_2。

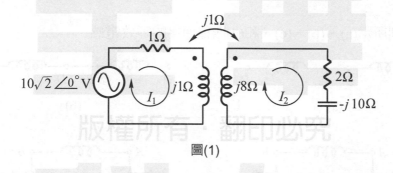

圖(1)

19.3 若 $\omega = 2$ rad/s，試求上題的變壓器在 $t = 0$ 時所儲存的能量。(提示：$j\omega L_1 = j_1$，所以 $L_1 = 1\omega = \dfrac{1}{2}$ H。)

19.4 一對耦合電感器具有下列電感矩陣：

$$L = \begin{vmatrix} 4 & -3 \\ -3 & 6 \end{vmatrix}$$

且其連接之參考方向如圖(2)所示：

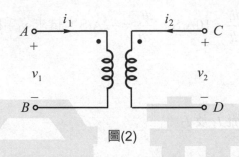

圖(2)

試求下列所示(a)、(b)、(c)、和(d)四種連接的等效電感

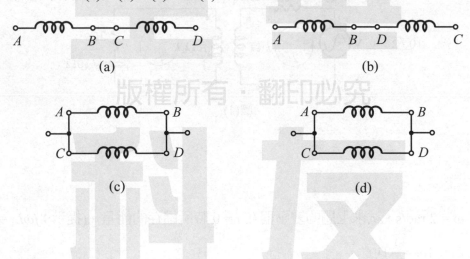

19.5 如圖(3) (a)、(b)和(c)所示電路中的電感器，試求其電感矩陣。

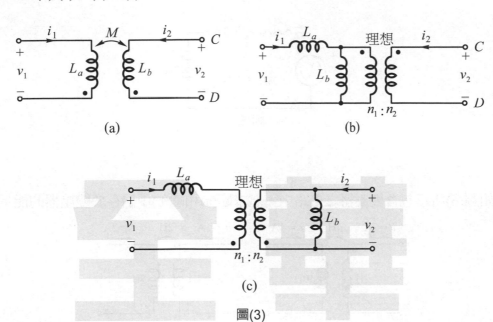

(a)　　　　　　　　　　　　(b)

(c)

圖(3)

19.6 如圖(4)所示之電路，若輸入 $v_1 = 10 \sin 10t$ V，試求 $\dfrac{v_2}{v_1}$ 之比值。

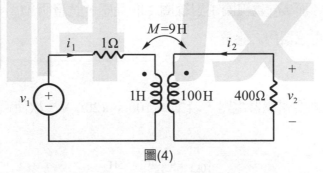

圖(4)

19.7 如圖(5)所示耦合電感器電路中,若電壓電源 $v_s = 120 \cos(2t + 10°)$ V,試求電流 i。

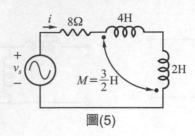

圖(5)

19.8 如圖(6)所示包含變壓器之電路中,試求圖(a)和圖(b)中儲存於變壓器的能量。

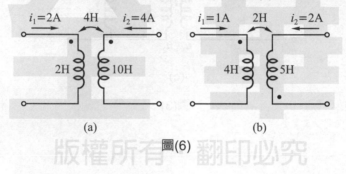

(a)   (b)

圖(6)

19.9 設一耦合電感器由線圈 1 和線圈 2 組成,如圖 19.1 所示,令 M_{12} 為線圈 2 對線圈 1 的互感,而 M_{21} 為線圈 1 對線圈 2 的互感,試證明 $M_{12} = M_{21} = M$,對求出儲存在耦合電感器內之能量。

19.10 如圖(7)所示耦合電感器電路,若 $v_s = 100 \sin(20t)$ V,欲使電路得到最大功率,試求 M 值。

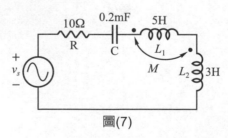

圖(7)

19.11 如圖(8)所示為耦合電感器串聯電路，若 $i = 2 \cos(500t)$ A，試求儲存於此電路之最大能量 $W_{L\max}$。

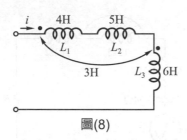

圖(8)

19.12 如圖(9)所示為耦合電感器並聯電路，若 $i = 10 \sin(377t)$ V，試求儲存於此電路之平均能量 W_L。

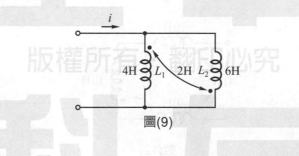

圖(9)

19.13 如圖(10)耦合電感器並聯連接之電路中，若電流電源 $i_s = 10 \cos(\omega t - 30°)$ A，試求(a)頻率 f 為何值時，電路可得最大功率，(b)最大功率 $P_{\max}$。

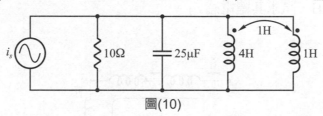

圖(10)

19.14 如圖(11)耦合電感器串聯連接之電路中，欲使 R_L 獲最大功率，試求耦合係數 k 之值。

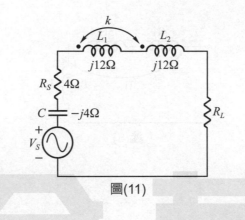

圖(11)

19.15 利用耦合的觀念，試求出圖(12)所示耦合電感器的電感矩陣及等效電感量。

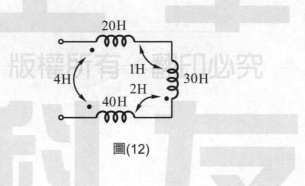

圖(12)

19.16 如圖(13)所示為三個耦合電感器之串聯電路，若其耦合電感矩陣為：

$$\begin{vmatrix} 10 & -2 & 1 \\ -2 & 4 & 3 \\ 1 & 3 & 7 \end{vmatrix} H，試求其總電感 L_T。$$

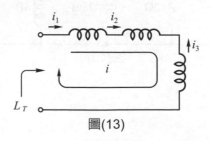

圖(13)

19.17 如圖(14)所示耦合電感器之串聯電路，試求其電感矩陣 L，並求其總電感 L_T。

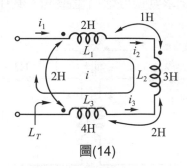

圖(14)

19.18 如圖(15)所示為耦合電感器之串聯電路，試求 A、B 兩端之電感矩陣 L 與其總電感 L_T。

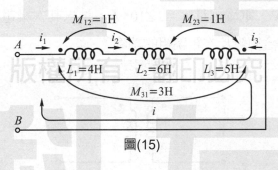

圖(15)

19.19 試求出使圖(16) (a)、(b)中的雙埠與 R_2 等效的表示式。

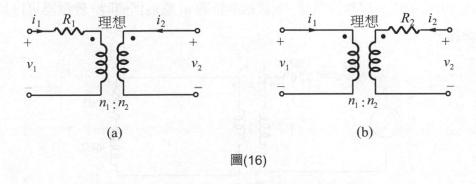

19.20 如圖(17)所示之電路，試求其穩態輸出電壓 v_0。其中 $v_S = 2 \sin t$ V。

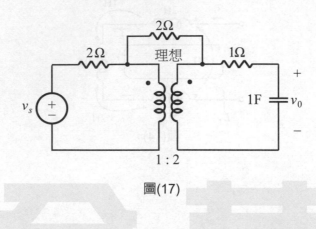

圖(17)

19.21 有一理想變壓器如圖(18)所示，其初圈有 100 匝，次圈有 600 匝，若初級電壓相量 $V_1 = 100\angle 0°$ V，電流相量 $I_1 = 2\angle 10°$ A，試求其次級電壓相量 V_2 及次級電流相量 I_2，並求供給初級及次級繞組的功率。

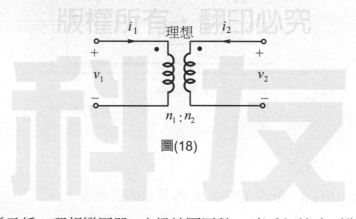

圖(18)

19.22 如圖(19)所示係一理想變壓器，次級線圈匝數 n_2 應為何值時，變壓器可得最大功率傳輸。

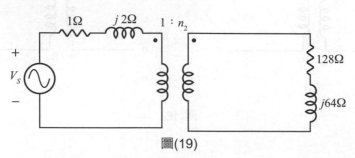

圖(19)

19.23 如圖(20)所示係一理想變壓器，初級線圈有 100 匝，次級線圈有 600 匝，若初級線圈電壓 $V_1 = 100\angle 0°$ V，電流 $I_1 = 2\angle 10°$A，試求：(a)匝數比，(b)次級線圈電壓，(c)次級線圈電流。

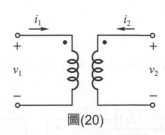

圖(20)

19.24 如上題，試求供給初級和次級繞組之功率。

19.25 如圖(21)所示耦合電感器電路，欲使送至 R_L 之功率最大，試求 X_C 之值。

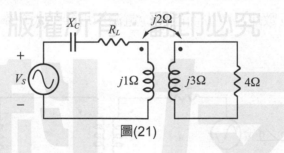

圖(21)

19.26 如圖(22)所示耦合電感器電路，試求該電路之(a)反射阻抗 Z_r，(b)輸入阻抗 Z_{in}，(c)電流 I_1。

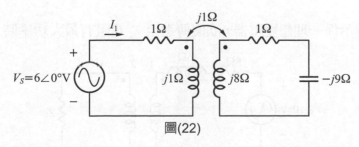

圖(22)

19.27 如圖 19.12 所示電路中，若 $V_S = 120\angle 0°$ V，$Z_S = 10\angle 0°$ Ω，$Z_L = 500\angle 0°$ Ω，及 $\left(\dfrac{n_1}{n_2}\right) = \dfrac{1}{10}$，試求 V_1、V_2、I_1 和 I_2。

19.28 如圖(23)所示含變壓器的電路中，試求 I_1、V_1、I_2 和 V_2。

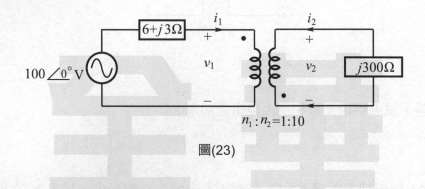

圖(23)

19.29 試求圖(24)中匝數比為多少而能使從電源中取得最大功率，並求最大功率 P_{max} 為多少？

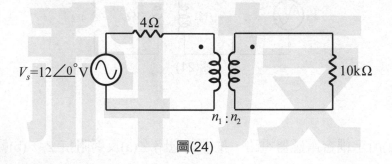

圖(24)

19.30 如圖(25)所示係一理想變壓器，欲使傳送至 Z_L 電阻有最大功率時，試求 Z_L 之值。

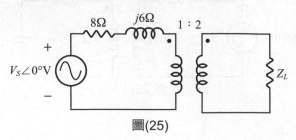

圖(25)

19.31 如圖(26)所示變壓器電路，R_L 應為何值才能使傳送至 R_L 有最大功率？最大功率
為何值？

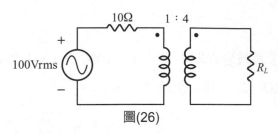

圖(26)

19.32 如圖(27)所示電路中，若 $V_s = 120\angle 0°$ V，$Z_s = 10\angle 0°$ Ω，$Z_L = 500\angle 0°$ Ω，和匝
數比 $a = 10$，試求 V_1、V_2、I_1 和 I_2 之值。

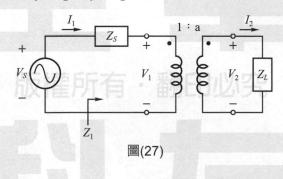

圖(27)

19.33 自耦變壓器如圖(28) (a)、(b)所示，試求圖(a)及圖(b)之 I_1、I_2 和 I_3 之值。

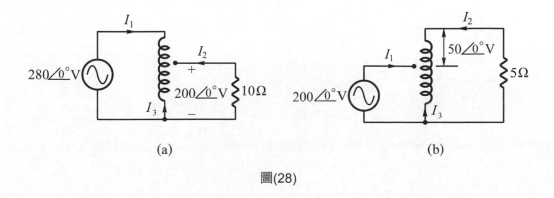

(a)   (b)

圖(28)

19.34 如圖 19.14(a)自耦變壓器中，若 $n_1 = 800$ 匝，$n_2 = 200$ 匝，和 $n_3 = 600$ 匝，電壓 $V_1 = 60\angle 0°$ V 及電流 $I_1 = 3\angle 10°$ A，試求 V_2 和 I_2 之值。

19.35 如圖 19.15 所示多負載變壓器中，若 $n_1 = 1000$ 匝，$n_2 = 200$ 匝，$n_3 = 400$ 匝，$Z_2 = 2\Omega$ 及 $Z_3 = j8\Omega$，試求輸入阻抗 Z_1 之值。